世界哲學家叢書

迪　　昂

李　醒　民　著

1996

東　大　圖　書　公　司　印　行

國家圖書館出版品預行編目資料

迪昂／李醒民著．--初版．--臺北市：
東大發行：三民總經銷，民85
　　面；　公分．--(世界哲學家叢書)
參考書目：面
含索引
ISBN 957-19-1949-7 (精裝)
ISBN 957-19-1950-0 (平裝)

1.迪昂(Duhem, Pierre Maurice
　Marie, 1861-1916)-學術思想
2.科學-哲學，原理

301.9942　　　　　　　　　　85010325

國際網路位址　http://sanmin.com.tw

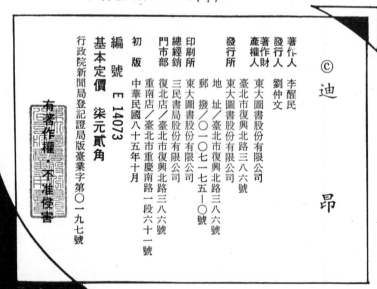

著作人　李醒民
發行人　劉仲文
產權財　東大圖書股份有限公司
著作人財

發行所　東大圖書股份有限公司
　　　　地址／臺北市復興北路三八六號
　　　　郵撥／○一○七一七五─○號
印刷所　東大圖書股份有限公司
總經銷　三民書局股份有限公司
門市部　復北店／臺北市復興北路三八六號
　　　　重南店／臺北市重慶南路一段六十一號
初　版　中華民國八十五年十月

編　號　E 14073
基本定價　柒元貳角
行政院新聞局登記證局版臺業字第○一九七號

有著作權　不准侵害

© 迪

昂

ISBN 957-19-1950-0 (平裝)

「世界哲學家叢書」總序

　　本叢書的出版計畫原先出於三民書局董事長劉振強先生多年來的構想，曾先向政通提出，並希望我們兩人共同負責主編工作。一九八四年二月底，偉勳應邀訪問香港中文大學哲學系，三月中旬順道來臺，即與政通拜訪劉先生，在三民書局二樓辦公室商談有關叢書出版的初步計畫。我們十分贊同劉先生的構想，認為此套叢書（預計百冊以上）如能順利完成，當是學術文化出版事業的一大創舉與突破，也就當場答應劉先生的誠懇邀請，共同擔任叢書主編。兩人私下也為叢書的計畫討論多次，擬定了「撰稿細則」，以求各書可循的統一規格，尤其在內容上特別要求各書必須包括（1）原哲學思想家的生平；（2）時代背景與社會環境；（3）思想傳承與改造；（4）思想特徵及其獨創性；（5）歷史地位；（6）對後世的影響（包括歷代對他的評價），以及（7）思想的現代意義。

　　作為叢書主編，我們都了解到，以目前極有限的財源、人力與時間，要去完成多達三、四百冊的大規模而齊全的叢書，根本是不可能的事。光就人力一點來說，少數教授學者由於個人的某些困難（如筆債太多之類），不克參加；因此我們曾對較有餘力的簽約作者，暗示過繼續邀請他們多撰一兩本書的可能性。遺憾的是，此刻在政治上整個中國仍然處於「一分為二」的艱苦狀態，加上馬列教

條的種種限制，我們不可能邀請大陸學者參與撰寫工作。不過到目前為止，我們已經獲得八十位以上海內外的學者精英全力支持，包括臺灣、香港、新加坡、澳洲、美國、西德與加拿大七個地區；難得的是，更包括了日本與大韓民國好多位名流學者加入叢書作者的陣容，增加不少叢書的國際光彩。韓國的國際退溪學會也在定期月刊《退溪學界消息》鄭重推薦叢書兩次，我們藉此機會表示謝意。

原則上，本叢書應該包括古今中外所有著名的哲學思想家，但是除了財源問題之外也有人才不足的實際困難。就西方哲學來說，一大半作者的專長與興趣都集中在現代哲學部門，反映著我們在近代哲學的專門人才不太充足。再就東方哲學而言，印度哲學部門很難找到適當的專家與作者；至於貫穿整個亞洲思想文化的佛教部門，在中、韓兩國的佛教思想家方面雖有十位左右的作者參加，日本佛教與印度佛教方面卻仍近乎空白。人才與作者最多的是在儒家思想家這個部門，包括中、韓、日三國的儒學發展在內，最能令人滿意。總之，我們尋找叢書作者所遭遇到的這些困難，對於我們有一學術研究的重要啟示（或不如說是警號）：我們在印度思想、日本佛教以及西方哲學方面至今仍無高度的研究成果，我們必須早日設法彌補這些方面的人才缺失，以便提高我們的學術水平。相比之下，鄰邦日本一百多年來已造就了東西方哲學幾乎每一部門的專家學者，足資借鏡，有待我們迎頭趕上。

以儒、道、佛三家為主的中國哲學，可以說是傳統中國思想與文化的本有根基，有待我們經過一番批判的繼承與創造的發展，重新提高它在世界哲學應有的地位。為了解決此一時代課題，我們實有必要重新比較中國哲學與（包括西方與日、韓、印等東方國家在內的）外國哲學的優劣長短，從中設法開闢一條合乎未來中國所需

求的哲學理路。我們衷心盼望，本叢書將有助於讀者對此時代課題的深切關注與反思，且有助於中外哲學之間更進一步的交流與會通。

最後，我們應該強調，中國目前雖仍處於「一分為二」的政治局面，但是海峽兩岸的每一知識分子都應具有「文化中國」的共識共認，為了祖國傳統思想與文化的繼往開來承擔一分責任，這也是我們主編「世界哲學家叢書」的一大旨趣。

傅偉勳　韋政通

一九八六年五月四日

自　序

茅檐常掃靜無苔，
花木成畦手自栽。
一水護田將綠繞，
兩山排闥送青來。

——宋・王安石〈書湖陰先生壁〉

　　在歷史上為數不多的哲人科學家當中，皮埃爾・迪昂(Pierre Duhem, 1861-1916) 無疑是其中的佼佼者。他是法國著名的物理學家、科學哲學家和科學史家，是科學思想界一位至關重要的人物。他學識淵博，才幹出眾，論著豐碩，思想敏銳，影響深遠。作為一位卓越的思想大師和寫作高手，迪昂從大學二年級發表處女作起到早逝的三十二年間，共出版了二十二部（共四十二卷）著作、約四百篇論文，總計兩萬個印刷頁❶，而且這些出版物沒有一個是多位作者署名的（這與現代科學出版物眾多作者署名形成強烈的對照）。這些出版物是迪昂以縝密的思維、系統的敘述、雄辯的論證、精妙的風格鑄就的豐碑，經過漫長歲月的洗禮，它們今天依然是砥礪智

---

❶　雅基的專著有一個詳細的文獻目錄。Stanley L. Jaki, *Uneasy Genius: The Life and Work of Pierre Duhem*, Martinus Nijhoff Publishers, Dordrecht/Boston/Lancaster, 1987, pp.437–456. 以下該書縮寫為*UG*。

慧的寶庫和啟迪思想的源泉，成為波普爾(K. Popper, 1902–1994)
「世界3」中的永恒之物，源源不斷地給人類帶來無盡的恩惠。

「誰云其人亡，久而道彌著。」❷迪昂的同胞、波爾多科學學會
主席維茨(A. Witz)1919年5月1日在紀念文章中稱頌迪昂三十年來
全心全意地投身於科學研究，作出了令常人難以想像的、富有成
效的工作。他說：「迪昂的工作是龐大的，具有顯著的深度和驚人
的多樣性。……後人將把迪昂列入我們時代最偉大的智者之中。」
(*UG*, p.237) 法國傑出的量子物理學家德布羅意(L. de Broglie,
1892–1987)在1953年對迪昂作了全面的評價：「皮埃爾・迪昂是半
個世紀之前法國理論物理學最有創見的人物之一。除了他的確實是
十分卓越的嚴格科學工作——在熱力學領域是赫赫有名的——之
外，他獲取了極其廣泛的物理數學科學的歷史知識，而且在對物理
學理論的意義和範圍作了許多思考之後，他就它們形成了十分引人
入勝的見解，在眾多論著中以各種方式加以闡述。因此，他這位優
秀的物理學理論家和科學史家，也在科學哲學中享有巨大的聲
譽。」❸德布羅意得出結論說：

> 皮埃爾・迪昂作為一名不屈不撓的學者，在五十五歲時過早地去世了，他在理論物理學、
> 科學哲學和科學史中留下了巨大的貢獻。他的嚴謹的科學研究的價值，他的思想的深邃，
> 他的學識令人難以置信的淵博，使他成為十九世紀末和二十世紀初法國科學的最卓越的
> 人物之一。(*AS*,p.xiii)

---

❷ 晉・陶淵明〈咏二疏詩〉。

❸ P. Duhem, *The Aim and Structure of Physical Theory*, Translated by
Philip P. Wiener, Princeton University Press, 1954,p.v. 以下該書縮寫為
AS。

　　但是，由於迪昂不合時宜的政治觀點，深厚而虔誠的宗教信仰，使人敬畏的科學才幹和學術成就，正直坦蕩的品德和獨立不羈的個性，以及種種客觀原因，他生涯坎坷，命運多舛，一生很不得志。雖然在他生前，馬赫 (E. Mach, 1838–1916)、萊伊 (A. Rey, 1873–1940) 等人也曾提及和討論過他的思想，但總的說來，它們被一道無形的緘默之牆阻隔，致使在相當長的時間內被忽視、被遺忘。難怪迪昂的傳記作者雅基稱迪昂為「不適意的天才」❹。在法國，遲至1932年才出版了一本研究迪昂的專著❺。1936年，迪昂的女兒海倫 (Hélène Pierre-Duhem, 1891–1974) 在姑母瑪麗 (Marie-Julie Duhem, 1862–？) 的幫助下，撰寫並出版了一本傳記《博學的法國人：皮埃爾・迪昂》❻。此時此刻，在英語世界，對迪昂的思想還幾乎沒有什麼反應。

　　在第二次世界大戰前後，隨著實用主義的興盛和維也納學派成員移居美國，迪昂開始逐漸引起美國學術界的注意。1941年，當洛因格 (A. Lowinger) 完成他的哲學博士論文《皮埃爾・迪昂的方法論》❼時，他依據的全是法文文獻，當時關於迪昂的英語文獻幾乎還是空白。1950年代初，隨著奎因 (W. V. O. Quine, 1908–) 有影響的論文〈經驗論的兩個教條〉的發表，迪昂的整體論思想開始引起人們的興趣。1954年，迪昂的經典科學哲學名著英譯本《物理學理

❹　雅基以此作為傳記著作的書名《不適意的天才：皮埃爾・迪昂的生平和工作》，參見❶。

❺　P. Humbert, Pierre Duhem, Paris: Bloud et Gay, n.d.

❻　Hélène Pierre-Duhem, *Un sarant français Pierre Duhem*, Paris: Plon, 1936.

❼　A. Lowinger, *The Methodology of Pierre Duhem*, New York, Columbia University Press, 1941. 以下該書簡稱*MPD*。

論的目的和結構》出版，標誌著迪昂的思想正式進入英語世界。不
過，這個時期比較全面、比較深刻的研究成果似不多見，以致米勒
(D. G. Miller)在迪昂逝世五十週年發表的紀念文章還冠以「被遺忘
的智者：皮埃爾・迪昂」❽。

進入1980年代，對迪昂的關注和研究漸趨活躍。這裡有三件事
值得一提。第一，自《保全現象》英譯本於1969年出版後，迪昂的
主要著作《力學的進化》、《宇宙體系》（節譯本）、《靜力學的起
源》、《德國科學》的英譯本相繼問世。第二，雅基教授通過對迪昂
原始文獻的廣泛研讀和實地考察訪問，完成了資料翔實的迪昂傳記。
該書於1984年初版，1987年重印，在學術界引起較大反響。第三，
1989年3月，在美國弗吉尼亞工學院和州立大學舉行了題為「皮埃
爾・迪昂：科學史家和科學哲學家」的學術會議。與會的歷史學家
和哲學家以及其他對迪昂感興趣的人，對迪昂的思想和著作進行了
廣泛而深入的討論。會後，《綜合》雜誌於1990年分別以「作為科
學史家的迪昂」和「作為科學哲學家的迪昂」出版了兩期專輯❾。
這也許是近百年來研究迪昂的最高峰。歷史是公正的，邏輯是永恒
的。歷史和邏輯終於等到了迪昂！

在中國，在1980年代之前，對迪昂的研究完全是一片空白，根
本無人問津。留心的學人至多也只不過是從列寧(V. I. Lenin,
1870–1924)的《唯物主義和經驗批判主義》❿中聽說有這麼一個被

❽　D. G. Miller, Ignored Intellect: Pierre Duhem, *Physics Today*, No.12,
　　1966, pp.47–53.

❾　*Synthese*, Volume 83, No.2, May 1990; Volume 83, No.3, June 1990.

❿　以下該書簡稱《唯批》，簡寫為*WP*。該書見《列寧選集》第2卷，人
　　民出版社（北京），1972年第2版，頁12–368。

錯譯為「杜恒」的人的，這種錯譯在新近出版的權威性的列寧著作版本中依然如故⓫，從而在學術界和理論界繼續造成不應有的訛誤和混亂。

其實，列寧對迪昂的生平、工作和思想基本上一無所知，頂多也只不過是一知半解。他甚至連迪昂的國籍也未搞清楚，誤以為迪昂是「比利時人」⓬(*WP*, p.309)。他武斷迪昂是「哲學唯心主義」，「一旦談到哲學問題的時候」「所說的任何一句話都不可相信」(*WP*, pp.310,349)。事實上，列寧的這些斷言是沒有什麼根據的，只要對迪昂的思想認真地作點研究，就不難發現它們是軟弱無力的。遺憾的是，列寧的有關論斷至今仍被某些人視為金科玉律，以訛傳訛的著述如汗牛充棟，因此本書的一個附帶任務就是要像拙作《馬赫》和《彭加勒》那樣，也順手清掃一下奧吉亞斯牛圈。

我是在1980-1981年間作碩士論文〈彭加勒與物理學危機〉時首次接觸到迪昂的，並在論文中有所涉及。1981年，我在處女作⓭中評論了以馬赫、彭加勒(H. Poincaré, 1854-1912)、迪昂、奧斯特瓦爾德(W. Ostwald, 1853-1932)、皮爾遜(K. Pearson, 1857-1936)為代表的批判學派的歷史作用、哲學根源和歷史歸宿，並首次公開

⓫ 例如，《列寧全集》第18卷，人民出版社（北京），1988年第2版；列寧《哲學筆記》，林利等譯校，中共中央黨校出版社（北京），1990年第1版。

⓬ 列寧的原著是這樣寫的：「Бельгийда П. Дюгема」。參見В. И Ленин, *МаТершализм и ЭмлириокриТицзм*, М. Политиздат, 1980, С. 421. 或者 В. И. Ленин, *Полное Собрание Сочинений*, Том 18, Издательство Политический Литератур61, Москва, 1976, С.321.

⓭ 李醒民〈世紀之交物理學革命中的兩個學派〉，《自然辯證法通訊》（北京），第3卷(1981)，第6期，頁30-38。

將「杜恒」正名為「迪昂」。數年之後，我才騰出手來，再次涉及到迪昂。由於資料不足，僅寫了兩篇論文❹。恕我孤陋寡聞，這也許是當時國內學者僅有的研究迪昂的專論，盡管現在我對它們並不十分滿意。在此之前，在我的建議和關照下，還翻譯、發表了國外有關辭書上的「迪昂」條目❺，從而使學術界對迪昂的概況較早有所了解。

在撰寫本書前，我搜集到較多的關於迪昂的第一手和第二手文獻資料，對迪昂的文本和話語作了認真的解讀和嚴肅的思考，基本上把握了迪昂思想的語境和脈絡。我將力圖在恢復歷史、理解歷史的基礎上，再現活生生的歷史。我希望讀完本書的讀者能夠領略作為一個科學家、哲學家和歷史學家的迪昂的嚴格、廣博、敏感的精神，也能夠窺見這位早已作古的人──一個大寫的平凡的人──的比較完整的形象。

法國科學家和哲學家帕斯卡(B. Pascal, 1623–1662)說得好：人只不過是一根葦草，是自然界最脆弱的東西；但他是一根能思想的葦草。思想形成人的偉大。我們的全部尊嚴就在於思想。由於思想，我們囊括了宇宙；沒有思想，人就無異於一塊碩石或一頭畜牲❻。

---

❹ 李醒民〈皮埃爾・迪昂：科學家、科學史家和科學哲學家〉，《自然辯證法通訊》(北京)，第11卷(1989)，第2期，頁67–78。李醒民〈簡論迪昂的科學哲學思想〉，《思想戰線》(昆明)，1989年第5期，頁12–18。

❺ P. 亞歷山大〈迪昂及其科學哲學〉，黃亞萍譯，李醒民校，《自然科學哲學問題叢刊》(北京)，1984年第1期，頁93–96。D. G. 米勒〈皮埃爾・迪昂〉，黃亞萍譯，曉旭校，《科學與哲學》(北京)，1985年第5輯，頁203–221。

❻ B. 帕斯卡《思想錄》，何兆武譯，商務印書館 (北京)，1985年第1版，頁156–158。以下該書簡寫為*SXL*。

科學家是創造思想的，像迪昂這樣的哲人科學家更是雙倍乃至多倍地創造思想。基於這種考慮，我企盼本書的撰寫和出版，能再次引起國人對於哲人科學家現象的研究和關注。

我是從1980年代伊始著手研究像彭加勒、馬赫、愛因斯坦(A. Einstein, 1879–1955)等大科學家的科學思想和哲學思想的，對他們思想之敏銳、深邃和超前時代深有感觸和體會。後來，當我讀到賴興巴赫(H. Reichenbach, 1891–1953)關於科學與哲學、關於科學家的哲學思想的論述時，自然而然地引起我的強烈共鳴。尤其是他的「在通向哲學領悟的道路上，科學家是路標的設置者」[17]的精闢見解，更令我拍案叫絕、擊節稱賞。以此為契機，我寫成了全面論述（正名、特點、作用）哲人科學家的學術論文[18]。當時，我稱哲人科學家為「作為科學家的哲學家」或「科學思想家」，並以英語合成詞philosopher-scientist作為譯名。此後，我私下已有所悟，於一年後正式改用「哲人科學家」[19]的稱呼。

近年在研讀有關文獻時，我發現早在賴興巴赫之前，有人就有言在先。馬赫在《認識與謬誤》(1905)中論述「哲學思維和科學思維」[20]時這樣寫道：「科學思想以兩種表面上不同的形式呈現出來：作為哲學和作為專門的研究。哲學家力求盡可能完備、盡可能綜合

---

[17]　H. 賴興巴赫《科學哲學的興起》，伯尼譯，商務印書館（北京），1983年第2版，頁112。

[18]　李醒民〈論作為科學家的哲學家〉，《求索》（長沙），1990年第5期，頁51–57。

[19]　李醒民〈自然辯證法研究的基本方法〉，《大自然探索》（成都），第11卷(1992)，第1期，頁29–32。

[20]　E. Mach, *Knowledge and Error*, Translation by T. J. McCormack, D. Reidei Publishing Company, 1976, pp.1–14.

地使他們自己與事實的總和發生關係，這必然使他捲入在從特殊科學借用的材料上從事建設。專門科學家起初只關心發現他的較小事實領域的道路。然而，由於事實在某種程度上總是以短暫的智力目的而任意地、強有力地定義的，因此這些邊界線隨科學思想的進展不斷地漂移：為了他自己的領域的取向之緣故，科學家最終看到，必須考慮其他專門的探索結果。顯然，專門探索者按這種方式也共同地通過所有專門領域的一體化對準總的圖像。由於這至多只能不完善地獲得，因而這種努力便導致或多或少地皈依哲學思維。」馬赫指出，像柏拉圖（Plato，前427-347）、亞里士多德（Aristotele，前384-322）、笛卡兒（R. Descartes, 1596-1650）、萊布尼茲（G. W. von Leibniz, 1646-1716）等這樣的「最偉大的哲學家也打開了專門探索的道路」，而像伽利略（Galileo Galilei, 1564-1642）、牛頓（I. Newton, 1642-1727）、達爾文（C. R. Darwin, 1809-1882）等這樣的「科學家也大量地提出了哲學思想，盡管他們未被稱為哲學家」。馬赫明確地看到：

> 在我們的時代，再次存在著這樣的科學家：他們並未全神貫注於專門研究，而是尋求更為普遍的指導路線。霍夫丁（Höffding）恰當地稱他們是「哲學化的科學家」（philosophizing scientist），以便把他們與本來的哲學家區別開來。如果我認為他們中的兩人奧斯特瓦爾德和海克爾（E. H. Haeckel, 1834-1919）是起點，那麼他們在他們自己領域中的重要性肯定是無可爭辯的。

顯而易見，馬赫在這裡借用的「哲學化的科學家」，與我們所說的「哲人科學家」其指稱是相同的。石里克（M. Schlick, 1882-1936）在〈哲學的轉變〉（1930）一文中也寫道：「如果在具有

堅固基礎的科學當中，突然在某一點上出現了重新考慮基本概念的真正意義的必要，因而帶來了一種對於意義的更深刻的澄清，人們就立刻感到這一成就是卓越的哲學成就。大家都同意，例如愛因斯坦從分析時間、空間陳述的意義出發的活動，實際上正是一項哲學的活動。」石里克進而斷言：

> 科學上那些決定性的、劃時代的進步，總歸是這樣一類進步：它們意味著對於基本命題的意義的一種澄清，因此只有賦有哲學活動才能的人才能辦到；這就是說：偉大的科學家也總是哲學家。[21]

馬赫和石里克從不同的視角切入問題，得到了完全相同的結論，這也許是人的心靈的溝通和一般文化發展的產物。有趣的是，我幸運地看到，海峽對岸的林正弘教授也在學術研究中得出如下的卓識：

> 筆者一直相信科學史上偉大科學家的著作中蘊含著豐富的哲學思想。探討他們的哲學思想不但有助於科學史的研究；在哲學方面，對知識論的研究工作也會有意想不到的啟發作用。哲學家對知識的結構、性質、可靠性及限制等等固然能夠作非常抽象而深入的分析；但是，科學家畢竟是真正從事追求及建造知識的人，他們對知識的見解是研究知識論的哲學工作者不應忽略的。然而，科學家通常不像哲學家那樣有意地提出一套完整的知識論或哲學體系。他們的哲學觀點往往隱藏在其科學理論的背後或零散地出現於科學著作之中。如何把這些哲學觀點抽繹出來，整理成有條理的學說，應該是科學史家或科學哲學家的工作。[22]

[21] M. 石里克〈哲學的轉變〉；《邏輯經驗主義》，洪謙主編，商務印書館（北京），1989年合訂本第1版，頁10。

[22] 林正弘《伽利略·波柏·科學說明》，東大圖書公司印行（臺北），1988年第1版，頁ii。

正是出於類似的動機，十五年來，我分出大半時間和精力，以批判學派和愛因斯坦等哲人科學家為研究對象，撰寫了八部專著並發表了五十餘篇論文。我還主編了一套《哲人科學家叢書》，第一批共七本❷已於1993年12月由福建教育出版社出版。我還想主編一套《哲人科學家譯叢》，擬把哲人科學家的科學哲學著作譯介給國內。這一設想因經濟方面的緣由目前難以在大陸實施，不知正弘兄能否協力合作在海峽對岸開闢出一片新天地？我期待他今年9月由英返臺後能鼎力相助，使我們共同的夢想變為現實。

我的這些已作的或擬作的工作的外在目的，也是十分清楚的。我想通過這些切切實實的工作，力圖發掘出哲人科學家的思想精髓，揭示出他們的精神氣質，企望達到展示哲人風範，傳播科學思想，普及科學方法，弘揚科學精神，理解科學價值的初衷，從而讓作為一種文化的科學逐漸駐足國人的自覺意識乃至潛意識，塑造國人的新精神和新人格，促進人的現代化。我還考慮到，即將來臨的二十一世紀必將是科學文化和人文文化整合的時代，中國傳統文化缺乏的恰恰是科學文化這一半，極需要盡快加以彌補。作為科學文化和人文文化締造者和承載者的哲人科學家若能進入國人之心靈，無疑將會加速這一彌補和整合過程。至於哲人科學家研究的內在學術價值，那是自不待言的，這是我十年如一日潛心於案頭的主要精神支柱。在當今這個無序加浮躁的社會轉型時期，「文化快餐」隨行就

---

❷　它們是胡作玄《引起紛爭的金蘋果・康托爾》；王前《探索數學的生命・希爾伯特》；俞曉群、孫宏安《通才的絕唱・彭加勒》；車桂《傾聽天上的音樂・開普勒》；胡新和《徜徉在量子王國・薛定諤》；張來舉《尋求和諧的世界・玻爾》；李醒民《理性的光華・奧斯特瓦爾德》。這些書已由臺北業強出版社陸續出版繁體本。

市，「文字垃圾」滿地堆積，一大幫寫手像攤煎餅似的「碼」出「立等可取」的漢字符號串。在這個盛行一次性消費的商業社會裡，連像樣的報紙也一本正經地高談闊論「人才市場」（怎麼總使人聯想到牲口市場）和「感情投資」（連純潔而神聖的愛情也得用金錢作尺度）。而對此情此景，我之所以能處之泰然、安之若素，除了對精神家園的守望和對永恆價值的信念外，一半是學人的良知，一半是個人的興趣。

盡管當今我對學術情有獨鍾，但是當初走上哲學研究這條道路卻十分偶然。1964年上大學時，我學的是物理學。在「史無前例」的十年文革期間，既荒廢了學業，也未做出什麼值得永久回味的事業，頂多只是幹了一些具體的技術工作。1977年，從報上欣聞于光遠教授招收自然辯證法（現亦稱科學技術哲學）專業研究生，我便倉促備考，有幸於翌年在二十取其一的競爭中考取，進入中國科學技術大學研究生院（現亦稱中國科學院研究生院），攻讀科學哲學和科學思想史。在這裡，我打下了學術研究的基礎，從1981年正式步入學術研究的道路。

俗話說：「三歲看大，七歲看老」。我與哲學結緣乍看偶然，但是也不是沒有一點必然性因素。我出生在農家，從小就背負起家庭的生活重擔，學習條件自然較差，然而家鄉的古老山水和人文氛圍畢竟哺育了我。我的故鄉地處關中平原中部，這裡是中華民族的發祥地，是周秦漢唐的京畿，曾有過昔日的輝煌和榮光。近代以降，它雖然日漸式微，但是物華天寶、人傑地靈的餘蓄和遺風無疑一息尚存。記得童年時代，那時人口絕沒有現在這麼多，廣闊的原野還有一種原始而古樸的氣息。雨過天晴，遠眺終南山（秦嶺支脈）巍然屹立、歷歷在目，使人不能不驚嘆大自然的鬼斧神功。在夕陽斜

暉之時，北望莽莽渭河灘外，渭北高原上的漢家陵闕縈繞在蒼茫的暮靄之中，使人頓生思古之幽情。夏夜在戶外，躺在地上的葦蓆上納涼，仰望繁星如織的夜空，辨認北斗七星、南斗六郎和天河兩岸的牽牛、織女星，不時激起深深的敬畏之情和無限的遐想。暑日在一人多高的玉米地鋤草、澆水，辛苦異常而僅得溫飽，不能不叫人思索人生在世到底有何意義。現在看來，這些與宇宙、自然、歷史、人生有關的疑慮和思考，都與上中學時才聽到的「哲學」這個名詞有牽連。但是要對它們作出明晰的回答，卻是何其之難！

既然人近中年皈依學門，那就只有甘於寂寞，方能修成正果。為此，我以「六不主義」自律，即不當官浪虛名，不下海賺大錢，不開會耗時間，不結派費精力，不應景寫文章，不出國混飯吃。對「六不主義」當然不能機械地理解。比如說，不開會指的是不開那些無意義的、形式主義的會議，有內容的、有興味的學術會議還是要適度參加的，順便還可以放鬆一下，消除長期坐冷板凳的疲勞。不出國不是說閉關自守，而是說出去後決不幹那些與學術無關的純粹賺錢事。這樣的「生活形式」也許單調、清苦，但是一旦研究成果問世，精神上自有一番樂趣。面對官場的勾心鬥角和商海的爾虞我詐，學術研究倒是適合我的志趣和心性，也使我獲得了最珍貴的內心自由和獨立性。

當我提筆寫《迪昂》時，我只聽命於心靈的呼喚和讀者的心願。我希望能寫好它，也企盼讀者能喜歡它，當然我也坦然地歡迎同行的中肯批評。不管反應如何，我可以告慰讀者的是，我沒有偷工減料，也沒有隨波逐流，更沒有譁眾取寵。我是在記下九個筆記本的外文資料的基礎上，通過自己的頭腦思索寫就的——這就是一切。

眼下在大陸，「跨世紀」一詞成了使用頻率最高的詞彙之一，

什麼跨世紀藍圖，跨世紀項目，跨世紀人才，……時值世紀之交，跨世紀的事情多一點也是尚在情理之中。不過我總懷疑，是否有那麼多的「跨世紀」的東西？它們一個個都名副其實？盡管我向來不願人云亦云地亂用時髦詞，但是我不能不認為，由劉振強先生策劃，由傅偉勳和韋政通教授主編的《世界哲學家叢書》，確實是一項真正的「跨世紀工程」——一項將要延續到二十一世紀的宏大的學術工程。這項工程的最終完成，將會在中國學術史和出版史上聳立起一座不朽的豐碑。汝若不信，請拭目以待！

李 醒 民

1995年5月29日于北京中關村

迪　昂

目　次

第一章 在坎坷中走向永恒

傲骨如君世已奇，

嶙峋更見此支離。

醉餘奮掃如椽筆，

寫出胸中魁礧時。

——清·敦敏〈題芹圃畫石〉

迪昂的全名是皮埃爾－莫里斯－瑪麗·迪昂(Duhem, Pierre-Maurice-Marie)，他的身體流淌著法國遠南和遠北地區的血液。迪昂的父親皮埃爾·約瑟夫·迪昂(Pierre-Joseph Duhem, 1825–1889)出生在法國最北端的工業城市魯貝(Roubaix)，其家族姓氏的早期拼寫是Du-Hem或Duhesme，暗示出佛蘭芒語系向法語主流的早期轉化。作為八個孩子中的長子，他不得不中斷學業，從小就挑起了家庭的生活重擔。二十多歲時，他從法國南部的謀生地遷居巴黎，當了一名紡織品推銷員。他具有魯貝人的進取精神，天性又勤奮好學（他外出散步時手上總是帶著拉丁語書籍），最終在巴黎站穩了腳跟，開拓了事業。

迪昂的母親瑪麗·亞歷山德蘭娜·法布爾(Marie-Alexandrine Fabre, 1834–1906)祖籍法國最南部奧德省(Aude)的卡布雷斯潘(Cabrespine)小鎮,位於有名的中世紀古城卡卡索納(Carcassonne)東

北四十公里處。她具有天生的文靜氣質，很有教養，談話富於魅力，充滿生氣。他們於1858年結婚成家。

第一節　為作發現來到世上

婚後三年，小皮埃爾於1861年6月9日（星期天）降生❶。也許是幸福的父親欣喜若狂，也許是出生之時夜已很深，父親在6月13日為小皮埃爾施洗禮時，把出生日簽署為6月10日。整整三天，作爸爸的一直守護著新生兒，幾乎沒有閤眼，只是偶爾打個盹。一年半後，家庭成員又擴大了，雙胞胎妹妹瑪麗和昂圖安妮特(Antoinette-Victorine Duhem)於1862年12月5日誕生。小皮埃爾從此有了歡樂的小伙伴。

使皮埃爾難以忘懷的是，1865年母親帶他們去卡布雷斯潘旅行。青翠的山巒，明澈的流水，多石的溪谷，這一切都使皮埃爾著迷忘情。村民的善良，舅父的健談，都給他留下了不可磨滅的印象，他後來把他對人類之愛的情懷歸因於舅父這位迷人的健談者的最初啟蒙。

皮埃爾常和兩個妹妹嬉戲。有時她倆揪著皮埃爾淺黃色的頭髮，而他一點也不叫屈。每逢此情此景，母親總是慨嘆：「皮埃爾，您實在太善良了！」 皮埃爾並不是沒有自己的意志，事實上當他長大成熟時，他表現出強烈的正義感和獨立性。其實，即使在早年，

---

❶ 在雅基考證之前，一般文獻都誤為6月10日。例如，D. G. Miller, Pierre-Maurice-Marie,C. C. Gillispie Editor in Chief, *Dictionary of Scientific Biography*, Vol.IV, Charles Scribner's Sons, New York, 1971, pp.225–233.

他就顯示出很有個性的跡象。當問及將來要幹什麼時，一般兒童的回答總是迷人的、典型孩子氣的：「當教皇」或「作四輪馬車御手」等等。而皮埃爾的回答卻與眾不同：「當律師，這樣我就可以講許多話。」

1867年，皮埃爾開始在一家私立學校讀小學。一開始，他的語言表達就特別清楚有力，數學問答也從未出錯。使他感到十分高興的是，1860年代的每年夏天，全家都從巴黎到凡爾賽大道中途的兩個森林公園中度過一段美好的時光。這裡是畫家的伊甸園和學生的遊樂天堂。皮埃爾在河灘撿拾奇石和貝殼，在花叢中追逐翩翩飛舞的蝴蝶，或靜下來仔細觀看畫家們繪畫。小皮埃爾也是一個小畫家，他外出時總是帶著速寫簿，畫出的墨汁畫令大畫家感到吃驚。這個時期他專注於繪畫和學習，在完成課業之餘也喜歡採集各種標本。

皮埃爾出生、成長在法蘭西第二帝國 (1852–1870) 和第三共和國 (1871–1940) 時期，這是一個政局動盪、戰事時有的多事之秋。1870年9月初，皮埃爾目睹法國軍團行軍縱隊開到首都，以抵禦占領色當的德軍繼續入侵。1871年，他又親身經歷了巴黎工人武裝起義的成功和失敗。皮埃爾生活在具有濃厚的天主教信仰和強烈的保皇主義氣氛的家庭裡，從小就不歡迎劇烈的社會變革和無休止的動亂，但是他也理解社會底層的民眾被剝奪的悲慘處境。他的深沉的正義感和正直的性格促使他後來讚美巴黎公社的一位領導人，因為這位領導人廉潔奉公，拒絕搬到豪華的房屋去住。

父親希望皮埃爾到國立大學預科（公立中學）讀書，這樣不僅著名高等學府承認學歷，而且也能減輕經濟負擔。但是，母親反對上反教權和世俗化的公立中學，堅持選擇一所天主教學校。就這樣，

皮埃爾在1872年秋進入斯塔尼斯拉斯學院(Collège Stanislas)學習。

皮埃爾在學校找到了他心靈的指導者塞居爾 (S.–G. Ségur) 閣下，這是一位過著聖徒一般生活的有名望的主教，他後來也成為皮埃爾母親的心靈的諮詢者。是年10月的一個夜晚，皮埃爾一到家就凱旋似地宣布：「我選擇了主教!」他指的是從適合於作學生的懺悔教父的教士名單中選中了塞居爾閣下，學生要以四天敬修開始新的學年。當時校方以口頭或書面通知：懺悔完全是每一個人的自由決定。

1872 年 9 月 30 日，皮埃爾的小弟弟讓 (Jean-Charles-Marie Duhem)出生了。然而，全家的幸福是短暫的。在潮濕陰冷的11月，白喉在巴黎流行肆虐，讓在患病三天後不幸於11月15日夭折。真是禍不單行，妹妹昂圖安妮特也染疾在身，皮埃爾和瑪麗不得不投奔外婆家躲避瘟疫。11月24日，還不滿十週歲的小妹妹也離開了人世。剩下的兄妹倆悲痛萬分，他們不知道兩個還不會獨立生活的弟妹的靈魂飛向天國後怎麼過活。在那些令人心碎的日子裡，作哥哥的皮埃爾關懷、親近和鼓勵著妹妹瑪麗，使她臉上露出笑容。她後來到修道院當了修女。

在斯塔尼斯拉斯，作為行為準則的紀律建立在使徒保羅的名言——所有權威來自上帝——的基礎上。準則的精神是「秩序、工作、馴順、正派、虔敬」，對秩序的愛本身被描述為「上帝之子的特徵」。這些紀律並不阻止孩子們在教室內外的嬉戲和玩要。這些準則的精神卻在皮埃爾的思想上打下了永不磨滅的烙印，在他以後的生涯中，我們似乎時時可以窺見到這些精神。

皮埃爾的家庭十分投入地參與了宏大的國民朝觀，他本人也捲入法國君主主義者最後的異常歡快之中。即使在第三共和國已建立

數年後，他在學院流傳的問題調查表上還自稱是「保皇主義者」，盡管斯塔尼斯拉斯並不是君主主義的大本營。皮埃爾一家的理想的保皇主義具有深刻的倫理方面的弦外之音：民主政體在實踐中毀壞了所有原則，煽動了「時代的邪惡」，這樣的證據俯拾皆是。皮埃爾敏銳地認識到，邪惡必然是在人的自我內首先發作的，這也許是使他比許多所謂的「改良的民主主義者」在德行上更為健全的一個原因。皮埃爾對宗教的信仰十分虔誠，對宗教大師十分尊重，但他無論如何不是一個執拗的人或傳道士。他從未用說教佈道，他僅限於以榜樣佈講。

皮埃爾對雙親很孝敬、很有禮貌。妹妹瑪麗看到，十多歲的皮埃爾受到父親訓斥時，總是恭順地低下頭。母親教他要自律和自制，要寬恕妒忌的、多疑的和帶有敵意的人。但是皮埃爾要完全控制自己著實不易，因為他的勇氣遠遠超過他的單薄的軀體，他為認準的信念敢說敢幹，永不畏葸。他的同學雷卡米埃(J. Récamier)回憶說：「從兒童時代起，我就在皮埃爾身上注意到那種個性的獨立，他一生的其餘時光都保持著這種獨立性。」皮埃爾意識到他的理智能力，但他並不賣弄它。「我比他差得多，但他從未說過一句有可能在這方面傷害我的話。」(*UG*,p.21)

皮埃爾的學習成績總是名列前茅，但這並不是在犧牲自由活動的情況下取得的。他建議青少年不要整天粘在書桌上。他在課餘讀亞里士多德的著作，他花時間參觀萬國博覽會。他特別喜歡散步，即使下瓢潑大雨，也不能阻止他外出。每逢夏季，他或去海邊消夏，或去巴黎北部的鄉下避暑。在海邊，他參觀十一世紀的教堂，收集軟體動物標本。正是在這裡，他不幸於1877年得了風濕病，痛苦的胃痙攣從此折磨了他一生。在鄉下親戚家，他成了「孩子王」，白

天帶領一群孩子旅行，晚上組織一些「恐怖」遊戲，以鍛煉他們的勇氣和膽量。皮埃爾在家裡經營著一個美麗的庭院，那裡培育和栽種著各種植物。他也在顯微鏡下追蹤真菌的繁殖，並以精湛的技巧和令人讚嘆的精確性逐一畫出生長期的圖樣。這不禁使人猜想，如果他把生物學選作奮鬥的目標，憑他的才幹和對自然史的愛好，他肯定也會在研究中找到自己的道路。

斯塔尼斯拉斯學院有不少第一流的教師，使皮埃爾·迪昂終生受益。歷史教師康斯(L. Cons)是廣泛使用的歷史教科書的作者，孔德(A. Comte, 1798–1857)實證論的擁護者。他把革命看作是充分達到理想的工具，但又認為所有特權現在都被廢除了，沒有理由開始新的革命，任何擾亂現有秩序的人都不是好公民。康斯對中世紀並不熱情，他指出中世紀的體制只服從於他們的目的，而不能妥善對待新事物。但是，康斯把居維葉 (G. Cuvier, 1769–1832)、安培 (A. M. Ampère, 1775–1836)、阿拉戈 (D. F. Arago, 1786–1853) 等科學家作為當代史的代表，讚賞阿拉戈拒絕效忠拿破侖三世 (Napoleon III, 1808–1873)，而後者仍容許阿拉戈任天文臺臺長，這必定給迪昂留下了印象。在康斯這位激勵人心的教師的影響下，他一度曾考慮作一個歷史學家。但是，康斯的稟賦未敵過四個非同尋常的數理老師，也未壓倒迪昂對科學的鍾愛之情。迪昂承認，他正是在馬萊克斯(Maleyx)、瓦澤勒(E. Vazeille)、穆蒂爾(J. Moutier)和比厄萊(C. Biehler)的感召下獻身科學的，尤其是穆蒂爾的言傳身教，使他更鍾情於物理學。

馬萊克斯教微積分引論，課程進度快，內容充實豐富，十分強調數學推理的嚴格性和精確性。他對代數根理論有獨創性貢獻，但很謙虛，偶爾講到這個領域的發現時也不提及他自己。他像是猛烈

的引發劑，能隨時激起聽講者的興趣和熱情，他的精力充沛的、富有特點的剪影也為迪昂這位漫畫家提供了無法抗拒的誘惑。

瓦澤勒教高等微積分，教學完美無缺，板書整齊漂亮，是真正的美的傑作。迪昂在1905年生動地回憶起這幾位老師的教學：

> 雅緻的詞語是瓦澤勒樂於宣講的東西的詞語。它肯定地概括了他的教學的特徵。他的課程是真正的藝術品。構成它的每一章都是用愛心雕鑿的。代數方法和幾何方法依次使用，彷彿是功能和技藝上的相互競爭。人類精神正是借助這兩種程序辨認出數學真理的，二者之間的這種競賽使理論以完美地平衡的對稱展示出來，從而排除了千篇一律的單調。這種雅緻從不裝模作樣！絕對的明晰性，理論的無瑕疵的有序，在所處理的問題的真正本性中，在這位教授把握這種本性的明察秋毫的直覺中，都有它們的存在理由。人為的簡單化，唯有成功才是正當的過分容易的步驟，在斯塔尼斯拉斯的高等微積分班級中是不容許的。瓦澤勒毫不放鬆地斷言，普遍的方法總是最直接的、最簡潔的和最簡樸的，倘若人們知道如何使用它的話。他解決最困難的問題的容易程度證明，他使自己成為倡導者的那個原則是正確的。(*UG*,p.29)

穆蒂爾在圓形階梯講演廳講物理學和化學。當學生正襟危坐、一片寂靜時，穆蒂爾總是感到不帶勁。但是，一旦當四周圍坐的學生像羅馬競技場上的觀眾被激發起來時，這位老師和思想家便處於最佳競技狀態：

　　　在達到沸點的聽眾面前發表演說時，他的講課因其簡潔、精
　　確、扼要而顯得神奇。沒有一個證明未被簡化為絕對必需的
　　命題。沒有一個定律的闡明未採取絕對嚴格的形式。幾個極
　　其有節制的詞彙就充分使假設、使具有可疑數值的實驗步驟
　　變得謹慎。形成他的學生的批判意識就是穆蒂爾向他自己設
　　定的目標。(*UG*,p.30)

穆蒂爾在法國開拓了吉布斯(J. W. Gibbs, 1839–1903)的熱力學，對
德、英關於該課題的文獻瞭如指掌。他在課外情不自禁地給迪昂輔
導熱力學，並講述了把法國化學家分為兩個陣營的痛苦鬥爭。迪昂
獲知，較年輕的群體的頭是貝特洛(M. Berthelot, 1827–1907)，他以
苯和酚的合成而聞名，但是在穆蒂爾看來，他對法國化學的未來是
一個壞兆頭。

　　比厄萊是準備升入大學的預科的校長。他在講課中說明前一天
的代數理論或微積分的某個方面時，「總是相同的聲音，總是無缺
點的措辭，極其嚴格和十分雅緻地提出證據。現在，他的講演進入
到正式的話題，他向我們展示出超越熟悉見解的、在我們眼前閃耀
的新真理的無限領域，科學的無限光彩。」(*UG*,p.30)但是，也有一
些蔑視這種理論化的人，迪昂稱其為「功利主義者」。 迪昂和他的
同學都明白，他們的校長犧牲了十分有前途的數學生涯，而致力於
領導工作，為的是使青年人成為「基督徒和大寫的法國人」。

　　在這些優秀的老師的薰陶下，迪昂養成了他的智力追求的特
點，這就是秩序和自由。他從未對功課感到吃力，從未在臨考前死
記硬背抱佛腳。他的學習安排很有規則性，總是顯得胸有成竹、遊
刃有餘。據雷卡米埃回憶，迪昂書寫整齊，沒有塗抹之處，他把這

個好習慣保持了一生。他畫的地圖是藝術品，盡管那是草圖。他學習什麼從不淺嘗輒止，總要打破砂鍋問到底。從三年級❷起，迪昂對雷卡米埃收集的軟體動物發生興趣，想把它們分類並畫出圖樣。在一個時期，迪昂似乎更熱衷於自然史方向而不是數學和物理學，常去自然博物館，把他收集到的標本——從礦物到蜥蜴——與博物館的展出標本進行比較。在最後一學年即一年級，他在寫哲學課的作業時完成了一篇論幸福的文章，該文表明他早就注重推理的嚴格性。他從理性和經驗兩方面分四層展開論證，證明了幸福是人的目標的命題。他的結論是：「因此，有必要使精神擺脫偏見，與壞傾向作鬥爭。」(*UG*,p.22)

1870 年代，第三共和國當局在法國各級學校大力加強愛祖國、愛軍隊的教育，普遍開展軍事訓練，為的是激發愛國主義，為1870年普法戰爭的戰敗報仇雪恥。迪昂因在軍訓中表現優秀而獲大獎。他後來回顧共和國警衛隊士兵時，讚頌他們具有「同樣簡樸而雄偉的思想情操：強有力的忍耐力，對紀律的尊重，對旗幟的崇敬」(*UG*,p.23)。

在斯塔尼斯拉斯，迪昂先後獲得五次獎金，六次榮譽表彰，並作為學校代表參加了四次競賽考試。迪昂的同學都敬佩地認為迪昂是「為作發現而來到世上的人」。每當迪昂被叫到中央講臺回答問題，圓形講演廳頓時鴉雀無聲，大家都想靜聽他的妙趣橫生的答案。迪昂的低年級同學、後來成為迪昂親密朋友的若爾當(E. Jordan)評論迪昂時說：「請牢牢地記住你們的同志的名字。他將在某一天成為名人。」(*UG*,p.32)

---

❷ 迪昂在私立小學讀了五年，從十一年級讀到六年級。斯塔尼斯拉斯學院中學學制六年，相當於五年級至一年級。

　　迪昂在1878年7月和1879年7月分別獲文科業士和理科業士❸，接著完成了兩年的大學準備課程，到1881年7月已從學院提供的所有科目中獲益。迪昂的父親想讓他報考綜合工科學校，這樣畢業後能在紡織行業中占據一個收入豐厚的職位，他父親的一位好友早已打過保票。但是，迪昂有自己的主見和獨立性，他太熱愛數學和物理學了，而且對當教師很感興趣，他早就把巴黎高等師範學校作為他的鵠的。1881年春，迪昂因患病未能參加高師入學競爭考試。校方讓他作了一年助理教師，這個職位在11月29日正式得到公共教育部的批准。部裡正式為他立檔，它成了迪昂生涯的寶貴的信息來源。他在1882年2月22日向公共教育部提交了履歷表，其中列舉了一大串獲獎項目，其中之一是法國科學協會1881年頒發的化學獎。履歷表的結束語這樣寫道：「我的願望是，在高等師範學校尤其獻身於物理科學和化學科學。」上司對他任職的最初正式評語是，他「只是要作高等師範學校的候選人，具有堅持不懈和堅定不移的使命感，在自然科學方面處於第一流，具有誠實的性格，傑出的思想和健全的判斷力。」(*UG*,p.34)

　　巴黎高等師範學校每年從全國各地最好的幾乎一千名學生中招收四十名（理科二十，人文二十），考試極其嚴格❹。迪昂經過激烈競爭，以理科第一名被錄取。1882年8月4日，他收到公共教育部

---

❸　文科業士 (bachelier-ès-letters) 和理科業士 (bachelier-ès-sciences) 是授予法國中學畢業會考及格者的學衛。

❹　6月26–29日，理科組的四七一名考生由公共教育部組織在各自的中學筆試。頭三天各用六小時回答數學、哲學、物理學問題，最後一天用四小時考拉丁語翻譯。6月19日初選出五十八名。7月23–24日在高等師範學校進行口試和筆試。評審團由高師校長擔任，8月1日形成結果，8月2日報教育部，名單以成績為序排列。

的正式通知書。盡管結果在他預料之中，但他還是春風滿面，心往神馳。一隻矯健的雛鷹就要起飛了！

第二節 高等師範學校的高才生

二十一歲的迪昂滿懷憧憬地跨進了高等師範學校的大門。這所知名的高等學府是在法國大革命(1789)後不久(1794)成立的，多年來為法國培養出許多傑出的文科和科學教師。該校的國際聲譽主要來自化學家和微生物學家巴斯德(L. Pasteur, 1822-1895)。巴斯德是1840年代中期的高師學生，1857年任高師教授，當了十年校長(1857-1867)。巴斯德肯定對迪昂具有強大的吸引力，因為迪昂一直對自然史和生物學興味盎然。

迪昂入校時，校長是法國著名歷史學家、用科學方法研究法國史的首創者甫斯特爾·德·庫朗日(Fustel de Coulanges, 1830-1889)。盡管他按照政府反教權的旨意把學校的小教堂用作教室和儲藏室，但這並未妨礙迪昂讚美他的校長。甫斯特爾主張研究歷史要保持完全客觀，不使用第二手材料，對原始資料也要持批判觀點，這一切在多年後對迪昂的編史學綱領有舉足輕重的影響。

在高師，迪昂每週都能見到中學老師穆蒂爾，他作為化學實驗室的客座研究員常來這兒。在1882-1885年間，實驗室主任是德布雷(H. Debray)和熱爾內(D. Gernez)，這二人也是迪昂的化學導師，曾敦促迪昂去巴黎大學選修課程。迪昂在巴黎大學聽了原子論支持者伍爾茨(C. A. Wurtz, 1817-1884)的課程，也聽了法國數學大師埃爾米特(C. Hermite, 1822-1901)和正在升起的數學新星彭加勒的講課。迪昂在高師也有數位傑出的數學導師，如塔納里(J. Tannery)、

阿佩爾(P. Appell)和皮卡爾(E. Picard)。在物理學方面，迪昂對導師貝爾坦 (E. Bertin) 也比較愜意，不過這位早年的軍艦總工程師像當時的許多物理教師一樣，都對理論物理學頗有微詞。高師這個文理兼備的學校給具有各種才能和專長的教師提供了顯露身手的機會，也給學生提供了廣闊的選擇餘地和自由的發展空間。在 1880 年代，高師開設有從文學、歷史、哲學、社會學到精密科學和自然科學的各種專業課程，各種新知識和新思想相互砥礪和滲透，迪昂正是在這樣有利的智力環境中脫穎而出的。

作為入學考試第一名，迪昂一直是高師的高才生和優秀生，其他人也沒有想到或希望爭奪他的智力優勢。迪昂在高師的一位同學烏勒維居厄(L. Houllevigue)在1936年回憶說：「當我們作為學生進入高等師範幾乎還是生手時，……迪昂已經是充分發展的人了。他的特性和智力已經獲得了確定的形式。他知道他會給世界什麼新真理。」(*UG*,p.43)曾經和迪昂同學和同事過的著名數學家阿達瑪(J-S. Hadamard, 1865–1963)在1928年回憶說，迪昂早在進入高師之前就具有獻身物理學的志向和稟性，當他成為物理學家時，他只想保留物理學家的頭銜。其時同學們都感到物理學有些死氣沉沉，罕見有人愛好它，尤其是處在第一流的數學家埃米爾特、彭加勒、達布(J-G. Darboux, 1842–1917)以及塔納里的教導和關照之下時。但是，早慧的迪昂卻卓爾不群。其實，即使就對數學的熱情而言，我們之中

> 沒有一個人覺得這種熱情比迪昂的更圓滿、更深沉，他的知識確實是無所不包，正如大家知道的，他也能夠成為生物學家，就像他能夠成為數學家和物理學家一樣。在自然史方面，他十分博學，只要花稍多一點氣力，他就能夠方便地把他關

於隱花植物的有獨創性的研究構成一個整體。……我感到他對埃爾米特和彭加勒的天才發生了共鳴，他比我們當中那些尤其專注數學的大多數人更緊密地追蹤他們的工作。但是，一般而言，他熟悉數學家的所有偉大思想，即在當時富有成效的思想。(*UG*,pp.43–44)

在高師，迪昂的興趣和閱讀書籍十分廣泛。這種學習方式對於考試來說並非總是最為有利，有時甚至還要冒風險，但卻為他日後多方面地展示才華打下了堅實的基礎。他讚賞科學家和文人的多渠道接觸。他也有一批志同道合的朋友，比如科學道德學會的同僚德爾博斯(V. Delbos)——此人對康德(I, Kant, 1724–1804)和斯賓諾莎(B. de Spinoza, 1632–1677)素有興趣和研究。迪昂十分迷戀帕斯卡的思想，他沉浸於帕斯卡的《思想錄》，為其虔誠而深沉的精神所征服。

從1880年代起，第三共和國發起了日益全面而致命的戰役，以便使法國擺脫教權主義的控制，一勞永逸地剝奪天主教的所有智力功能和社會地位。在這場戰役中，貝特洛起到了意識形態權威的作用。到二十世紀伊始，該戰役在法國各級學校和醫院幾乎取得了決定性的勝利。在此期間，高校學生在關於國家和教會的觀點方面受到仔細監視，當局希望這些知識精英能成為共和國意識形態的鬥士，「作為革命的女兒的大學要教革命」被視為天經地義。迪昂毫不掩飾的天主教信仰根本不會贏得公共教育部官僚們的好感。

迪昂對基督的虔敬是不摻假的，他照例星期天到教區教堂作彌撒，繼續致力於慈善事業。他過去沒有炫耀他的宗教信仰，現在也沒有試圖去隱瞞它。他覺得沒有必要進行有組織的「捍衛」或「反

抗」，他以內心的沉靜和健全的才智抵禦了形形色色的挑戰。他也意識到高師已轉變為空談共和主義和社會主義的堡壘，二者都在某種類型的科學主義中尋求支持，從而使迪昂鍾愛的物理學理想具有了意識形態的負荷。在迪昂看來，物理學僅僅是實驗材料的數學體系化，它無法像科學主義要求它的那樣，成為本質上是哲學的或神學的爭論的仲裁人。迪昂關於物理學自主性的思想也許此時就萌生了。

星期天對迪昂來說也是消除一週疲勞的、放鬆的日子，他常在雷卡米埃的陪同下到遠處的小湖旅行，或揚帆航行，或用墨汁畫速寫。1880年代初，在當時著名畫家雅莫(L. Janmot)的建議下，迪昂加強了繪畫的精確線條，但是他對輪廓明暗強度的愛好反映了他的堅定性和陽剛之氣。他的一些風景速寫畫被數學老師塔納里鄭重地懸掛在辦公室的牆上。迪昂忙於學習和研究，他沒有時間觀看甘必大(L. Gambetta, 1838–1882)❺和雨果(V. Hugo, 1802–1885)❻的國葬，但是他很可能在1886年6月初觀看了自由女神像──這是法國送給美國獨立一百週年的禮物──的裝箱啟運。1887年春，埃菲爾鐵塔四個基礎的奠基儀式也可能吸引了他。

1884年12月22日，迪昂在埃爾米特的引薦下，向科學院提交了一篇短論〈熱力學勢和伏打電堆〉。該短論標誌著迪昂在高師的智力發展和必然成為一個理論物理學家的前奏，標誌著他在科學界嶄

---

❺　甘必大是十九世紀法國共和派政治家。在色當戰役失敗後，是組織臨時國防政府的重要人物。1881年被任命為總理。1882年12月31日去世，享年44歲。1883年1月6日國葬。

❻　雨果是法國詩人、小說家、文藝評論家、政論家。1885年5月22日逝世於巴黎，6月1日舉國誌哀，將其安葬在先賢祠。

露頭角。高師三年級的學生登上科學院的著名論壇，這本身就是一個令人驚訝的奇蹟。迪昂從一開始就熟悉和精通當時世界第一流的物理學家的最新出版物。對於歐美大多數物理教授來說，吉布斯還不大為人所知，而一個黃毛小青年就向科學院報告了無論吉布斯、還是亥姆霍茲(H. L. F. von Helmholtz, 1821–1894)都未充分提供的關於熱力學的普遍信息。這是一個驚人的宣布，因為亥姆霍茲已舉世聞名。正如迪昂所表明的，雖然亥姆霍茲對伏打電堆的說明與實驗證據一致，但它決不是嚴格的理論。

宏偉的設想允許迪昂提出一種新理論，這在某種意義上變成他最基本、意義最深遠的發現。迪昂當時逕直把它命名為「熱力學勢」❼，並宣稱「這篇短論開頭闡明的基本理論變成熱力學第三原理。」(UG, p.46)這篇具有真知灼見的短論推翻了用反應熱作為自發化學反應標準的所謂「最大功原理」， 並按自由能概念嚴格定義了標準。受貝特洛支持的一位年輕研究者讀了迪昂的短論，貝特洛獲悉此事後不能不感到危若累卵。因為十餘年，至少在法國，「熱力學第三原理」的表達是與貝特洛的名字緊密地聯繫在一起的。貝特洛當時是法蘭西學院化學教授，是化學界的無可爭議的主宰者。他從1863年起就成為科學院院士，十分熱衷於用政治權力干涉和控制學術。在1886年，他熱切地接受了公共教育部長的要職。在貝特洛看來，他在 1873 年詳述的第三原理❽，是他的最重要的科學成就，

---

❼　熱力學勢$\Phi=E(U-TS)+P$，其中E是熱功當量，U是系統的內能，S是它的熵，T是它的絕對溫度，P是外力的勢能。

❽　按照該原理，「每一個在沒有外界能量介入的情況下完成的化學變化，都傾向於達到生成最大熱的物體或物體系的產物。」 迪昂在出版物中又稱其為「最大功原理」。

是他的神聖不可侵犯的寶物。它之所以在長時間未受到批判和挑戰，部分原因在於許多（盡管不是全部）化學變化似乎服從它，部分原因在於貝特洛的強有力的學術地位和政治權力。不過，即使在法國，人們從某個時候起就知道，丹麥化學家湯姆森 (H. Thomsen, 1826-1909)早在貝特洛之前二十年就闡明了該原理。熟知內情的人必然感到，年輕的高師學生的當頭一棒遠遠超出關於優先權的聲名狼藉的爭論❾，它沉重地打擊了原理本身。迪昂在短論結束時宣布，他不僅有充分證據證明該原理根本不適當，並正在廣泛地用某些更好的東西代替它。對於迪昂的「膽大妄為」，貝特洛大為光火，他耿耿於懷，隨時準備伺機報復，讓這個乳臭未乾的「愣頭青」嚐嚐他的厲害。

在1885年新一年的科學院第一次會議上，迪昂在埃米爾特的庇護下又提交了關於電磁感應的短論。這篇不到三頁的短論充分表明了迪昂必然變為理論物理學家的智力特徵。迪昂在結論中說，人們能夠看到「熱力學闡明了電動力學定律的有爭議的問題」。這種新觀點不僅在於從熱力學勢推出作為特例的最新電磁實驗發現的可能性，而且表明電磁感應「獨立於關於電流本性的假設」。(*UG*,p.47)

同年在《理論物理學和應用物理學雜誌》發表的〈論光譜線的倒逆〉，明確顯示出迪昂對相關權威文獻的毫不畏懼的批判審查，對自己的洞察充滿信心。文中感激地提到他所熱愛和尊敬的中學物理老師穆蒂爾。迪昂用具有頭等重要性的「虛速度」概念闡明了所

---

❾ 湯姆森是在1854年闡明他的原理的，貝特洛於1873年闡述了類似的原理，但未為世人所公認，這導致了兩位化學家之間激烈的優先權之爭。湯姆森在擴展他的原理上沒有貝特洛走得遠,遺憾的是兩人都錯了，這在一段時間裡把化學家引入歧途。

謂的「理性力學」(rational mechanics)，並指出熱力學不僅有助於填充力學不能填補的空隙，而且也能「解放物理學從分子吸引假設中獲取的那部分東西」。他讚賞地引用了穆蒂爾的出版物，但同時充分意識到他的思考的獨立性和獨創性。

巴斯德1864年創辦了《巴黎高等師範學校科學年鑒》，它不久就贏得了國際性聲譽。就在1885年，迪昂以「高師學生」的身分接連在其中發表了兩篇大論文。由於這樣的身分是為畢業的傑出校友和教授保留的，因而文章的刊行曾引起不小的轟動。四十八頁的〈熱力學對毛細現象的應用〉具有卓著的科學價值，它以其內容之新和篇幅之長而格外引人注目。二十頁的〈論熱力學對於熱電和溫差電現象的應用〉討論了熱力學勢的成功運用。

這些短論和專論開創了迪昂物理學研究的先河，從此源源不斷的出版物從他的筆頭和大腦中噴湧而出。這些研究也展示了迪昂這位理論物理學家終生追求的理想：分析的充分嚴格性，盡力避免荒謬的假設，結論的普遍性，表面分開的各物理學分支的牢固統一。他也從高師歲月起就深信，物理學概念或理論的歷史概觀是實現這一理想的組成部分。他的長篇論文的結論段落也清楚的表明，迪昂這位理論物理學家要求物理學史的支持，他的論文中就有歷史的回顧。正是迪昂對歷史關聯不可或缺的堅定信念，使他在二十年後，在大量被遺忘的書中，窺見到被文藝復興時期的作者隱蔽提及的不引人注意的中世紀人物的重要性。這位既未輕易採納也未試圖怠慢這些隱秘的物理學家，自然而然地成長為物理學史家。

就在向科學院提交第一篇短論的前兩天，即1884年12月20日，迪昂向巴黎大學提交了關於熱力學勢的博士論文，其中包含著後來以吉布斯—迪昂方程而聞名的珍寶。是數學教授塔納里和高師管科

研的副校長激勵迪昂這樣作的，因為這位高才生的水平完全達到了博士水準，盡管他還是三年級學生。

剛出茅廬的年輕人萬萬沒有料到，這一順理成章的舉動卻是他一生厄運的肇始。塔納里敏銳的學術判斷也在複雜的人事糾葛面前碰了壁。迪昂博士論文的主考委員會由三人組成：主席是李普曼(G. Lippmann, 1845–1921)，他有多種儀器發明，因發明彩色照像而獲1908年諾貝爾獎；其他二成員是埃爾米特和皮卡爾。李普曼在次年6月12日提出了一份完全否定的報告。他說論文作者誤解了克勞修斯(R. E. Clausius, 1822–1888)公式的真正意義，而且也忘記了克勞修斯為它的可靠性而作的實質性保留。他還認為該論文對他先前的老師基爾霍夫(G. R. Kirchhoff, 1824–1887)作了錯誤的詮釋。更糟糕的是，他甚至武斷作者計算的所有結果毫無價值。

李普曼的結論嚴重缺乏客觀性。事實上，他也缺乏必備的評價資格，因為他主要是一位實驗物理學家，這從他1886年在巴黎大學以理論物理教席交換實驗物理教席可以窺見一斑。明眼人不難看出，迪昂的博士論文使李普曼也感到了威脅，因為它遠遠優於李普曼在他的專著中所建構的熱力學。尤其是，李普曼是貝特洛的親信，可以保險地設想，他讓貝特洛讀了該論文。貝特洛不會容忍這顆新星的升起，因為迪昂是有禮貌地、然而卻是徹頭徹尾地使他心愛的最大功原理喪失信譽。李普曼顯然是秉承了貝特洛的旨意這樣作的，並且他不會擔心受到挑戰，因為答辯委員會其他二位成員是純數學家。埃米爾特沒有足夠的精神境界冒險提出異議，剛剛開始攀登學術階梯的皮卡爾的緘默似乎難以使人理解。當李普曼把論文和評語交給迪昂時，他們二人均不在場。迪昂沉靜地回答李普曼說：「好了，〔既然情況如此〕我將不提交另一篇物理學論文了。」(*UG*,p.52)

　　面對這一令人作嘔的「學術醜聞」，迪昂不甘示弱，他為捍衛真理挺身而出，把個人得失置之度外。他認為，不管謬誤在哪裡出現，都要無私無畏地與之鬥爭，這是基督徒的重要職責之一。於是，他把論文手稿交給巴黎一家有國際聲望的科學出版社 A. 赫爾曼。1886年秋，題為《熱力學勢及其在化學力學和電現象理論中的應用》的專著，以《科學創新》叢書之一出版了。在這部 258 頁的早慧著作中，迪昂用熱力學勢邏輯相關地闡述了下述現象：溫差電、熱電現象、理想氣體的混合和液體的混合、毛細現象和表面張力、溶解熱和稀釋熱、在重力場和磁場中的溶解、飽和蒸汽、離解、複鹽溶液的冰點、滲透壓、氣態的液化、帶電系統的電化學勢、平衡的穩定性以及勒夏忑列(H.–L. Le Châtelier, 1850–1936)原理的推廣。在這個綜合性的研究中，他汲取了吉布斯和亥姆霍茲的成果，運用了分析力學的方法與法國人馬西厄 (J. D. Massieu) 的特徵函數相關的兩個自由能函數，並在此基礎上加以擴大和深化。這部著作是迪昂許多非凡的、天才思想的顯露，標誌著他未來研究的總方向。書中直接指明批評貝特洛的地方並不多，對李普曼的批評更簡短，甚至還有公正地稱讚貝特洛之處（當然不是稱讚他的「第三原理」）。但是，為了保持教育部長的尊嚴，貝特洛還是無理地發號施令：「這個年輕人將永遠不能在巴黎教書。」(*UG*,p.53)

　　在高師的歲月，對迪昂具有經久不衰吸引力的是，巴斯德通過堅韌不拔的努力和紮實嚴謹的工作，終於在1885年為人類提供了抗狂犬病的疫苗。在第三學年，迪昂極有興致地追蹤巴斯德的研究工作，巴斯德本人也物色有才幹的助手。在 1885 年夏初大學畢業後，迪昂獲准在母校度過兩個學術年度，他成為巴斯德的主要候選者。巴斯德強烈堅持，迪昂應該到他的實驗室負責細菌化學工作。迪昂

有些猶豫不決，在雷卡米埃的催促下，迪昂經過幾天慎重思考後決定出任，在巴斯德系裡幹一整年。

在第一個學術年度，他向雜誌投寄了三篇論文，向科學院提交了兩個短論，出版了他的博士論文。在第二個學術年度，他在校長的勸說下，參加了大學教師任職資格考試。1886年10月20日，他被正式任命，年薪2400法郎，由高師提供膳宿。盡管他為準備考試花費了不少時間，但依然研究成果累累，發表的文章共十七項，而兩年的出版物總計超過 600 頁。迪昂在 1887 年評論麥克斯韋 (J. C. Maxwell, 1831–1879)的《電磁通論》的法譯本時寫道：「也許麥克斯韋著作的〔法國〕讀者將會遺憾，在那裡缺乏法國物理學家的明晰性和德國幾何學家的嚴格性；可是，英國數學家的方法迫使他通過以不同於他習慣的方式，有時以與他的習慣相反的方式再追溯電的主要理論，而幫助他發現新結果。」(*UG*, p.67)這也許是一個信號：要知道，在二十年後，迪昂對各種精神類型進行了饒有趣味的分析。

作為未來的大學教師，迪昂與荷蘭物理化學家范特霍夫 (J. H. Van't Hoff, 1852–1911)通信。他在1887年的文章中對范特霍夫滲透壓進行了批判性分析，范特霍夫在給迪昂的信中承認，用熱力學勢能更簡單地達到所描述的滲透壓的關係。迪昂的另一篇論文處理了居里(P. Curie, 1859–1906)的壓電性，發現了處於不同溫度下在電氣石晶體各層內建立平衡的機制。這一切成就，必定會使那些貶損他的人感到尷尬。

盡管迪昂為教物理在競爭考試中贏得第一名，盡管他的文章接二連三地發表，盡管迪昂想留在巴黎施展他的才華，但貝特洛大權在握，他的話就是金口玉言。迪昂被發配到里爾 (Lille)，他心情沮喪是可想而知的。他也意識到，這也許是終身流放的開始。

第三節　里爾的流放和雷恩的發落

　　1887年10月13日接到任命後，迪昂於月底從巴黎乘車到里爾赴任。從七年前開始，第三共和國曾忙於使里爾成為世俗化的堡壘。該戰役是由兩度出任政府總理的費里(J. Ferry, 1832–1893)發動的，那時人們常稱他為「世俗化的鼓吹者」。迪昂與里爾的許多人一樣，堅決反對費里的政策。但是，為了實現他龐大的科研抱負，他還是採取盡量避開政治的策略。不過，一個正直而虔誠的基督徒要不越過當局所劃的可笑的分界線，該有多麼困難。

　　迪昂以對學生負責、對工作盡職、對科學熱愛的態度投入教學。他起初作講師，後來當助理教授。他先後開設過電磁理論、流體力學、流體動力學、彈性學、熱力學、晶體學、化學力學等課程。他一絲不苟地準備他的講義，講義像論文一樣明晰，書寫均勻漂亮，幾乎沒有塗改的痕跡，甚至可以直接拿去排版印刷。他講物理課具有數學課的精確性和嚴格性，並不時夾有歷史回顧和哲學評論，既引人入勝，又啟發思考。在迪昂的努力下，里爾大學的物理學教學終於能夠達到第一任理學院院長巴斯德1854年提出的高標準：「當一個人是第三時，他必須變為第二；當一個人是第二時，他必須變為第一；當一個人是第一時，他必須依然是第一。」(*UG*,p.74)

　　迪昂的學生馬爾希斯 (L. Marchis) 後來在給迪昂女兒海倫的信中，回顧起他老師的講課：

　　　　……是奇蹟般的，向我們打開了未曾料到的視野。我們的老師不僅是第一流的淵博的學者，他也是無與倫比的普及者。

他知道如何在不犧牲精確性的前提下闡明基本物理學問題的
本質，如何借助恰當選擇的例子在力所能及的範圍內提出最
精確的問題。他知道如何用日常語言表達理論的基礎和發展，
而陳述最困難的理論。……在迪昂身上，一組難得遇見的品
質結合在一起。他是名副其實的學者和眾人稱道的教授。不
幸的是，嫉妒不容許他在充分廣泛的領域施加他的影響。假
如他在巴黎大學或法蘭西學院，他會從所有國家吸引學生並
革新物理學教學。(*UG*,p.82)

迪昂在學生中享有崇高的威望，他被請求擔任學生會的四個教師顧
問，其中有他的好友、中世紀史教授法布爾(P. Fabre)。他自己對他
的勤學、好問、多思的學生也充滿感激之情，他把他在1892年和1893
年發表的幾篇與哲學和方法論有關的文章歸功於同學們的激勵：

我有幸在里爾理學系傑出的聽眾面前教學。在我們的學生——
——許多人今天是我們的同行——中，批判意識幾乎沒有休
眠；要求闡明和使人窘迫的異議，接連不斷地向我們指出了
我們講演中重複出現的自相矛盾和各種循環論證，盡管我們
很仔細。……由於他們對在書中和人群中碰到的熱力學原理
的講解不滿意，我們的幾個學生要求我們為他們編輯一個關
於那門科學基礎的小專題論文。當我們力圖艱難地滿足他們
的需要時，當時已知的構造一個邏輯理論的方法的根本意義
日益更加堅定地為我們所理解。(*AS*, p.277)

校方對迪昂的工作和為人也比較滿意(*UG*, pp. 75–77)。校長庫

阿特(H.-A. Couat)在第一學年的評語中說:「迪昂是一位十分傑出的教員,……他全心全意地致力於他的教學。他的性格是充滿活力的,是一位給人深刻印象的思想家。」在第二學年,校長不無熱情地讚揚他的年輕下屬:

> 自我到里爾,迪昂極其熱忱地盡職守責。不論他個人研究數量之眾多,還是他健康的不良狀況,都未損害他的教學。盡管他偏愛困難的物理學問題,但他知道如何使他的聽眾品嚐他們學習的滋味,從而使學習一開始似乎就能高出所預期的教學水準。除了覺察到一點拘泥形式之外,在他的性格方面,每一個人都承認他的正直和道德品質。

一年後即1890年6月5日,庫阿特再次向巴黎報告迪昂教學的「傑出」和「深刻」,「絕對獻身於他的學生」,並請求公共教育部為迪昂加薪。

系主任德馬爾特雷(G. Demartres)在第二學年結束時認為,迪昂的「熱忱和守時尤其應該受稱讚」。他的「坦率和正直的性格」有時也「不完全正確」,但這些缺點「與他的品德相比是微不足道的」。他建議,迪昂一旦達到三十歲的規定年齡,應該授予迪昂教授職位。在1891年5月20日,這位系主任在報告中稱「迪昂肯定是高等教育中最傑出的教師之一」,「他全力投身於他的職責和教學」,「從未捲入他在大學職務之外的任何活動」。此後,迪昂的年薪才從最低水平的4500法郎吝嗇地調到5000法郎,並一直保持到他離開里爾,教授頭銜自然也未得到。貝特洛的打擊和壓制似乎以不止一種方式進行著。

　　然而，貝特洛無論如何再也無法阻止迪昂第二篇博士論文的通過。在那次「學術醜聞」之後，巴黎大學間接允許迪昂在兩年內提交基本上是同一主題的另一篇論文。這樣既補救了上次赤裸裸的不公正，也保全了有關頭面人物的面子。迪昂這次論文的標題是〈感應磁化〉，沒有涉及貝特洛和李普曼敏感的領域，也未用「熱力學勢」一詞。但是明眼人一看便知，它不僅是徹頭徹尾的熱力學課題，而且熱力學勢是它的真正支柱。在新論文中，迪昂很容易地避開了貝特洛的最大功原理。更重要的是，他能夠從更廣闊的觀點提出熱力學勢，作為囊括物理學分支的強有力的工具。證明其更廣泛的應用不用說取決於對支配電磁學和熱力學的數學公式的透徹分析，而這恰恰是嫻熟數學的迪昂的得心應手之處。這是一篇關於電磁學的數學理論的論文，貝特洛因隔行也不便插手。1888年2月15日論文正式批准付印，10月30日答辯並獲通過，答辯委員會成員是數學家達布、彭加勒和物理學教授布蒂(E. Bouty)。迪昂被授予理學博士學位，嚴格地講應是數學博士。

　　在里爾，迪昂是一個非正式的小組的成員。在這個思想活躍的群體中，迪昂通過交談、探討、爭辯，汲取了豐富的思想營養。法布爾十年前就因在梵蒂岡圖書館發現羅馬教皇收藏的十二世紀匯編而震動中世紀史學界。在與英國文學教師謝弗里榮(A. Chevrillon)及其助手昂熱利埃(A. Angellier)的交流中，迪昂對英國精神的特徵發生了極大的興趣。布居安(M. Bourguin)介紹了馬克思(Karl Max, 1818–1883)的著作和學說，迪昂在一些方面與布居安觀點相左，而布居安則常請迪昂、法布爾和謝弗里榮一起吃飯。化學講師莫內(E. Monnet)則使迪昂個人生活發生了戲劇性的變化。在莫內的家裡，迪昂常常與一些天主教徒、叛教者和自由思想者❿會面。法布爾以

其神秘的癖性把宗教建立在信仰的需要和心靈傾向的基礎上，而對帕斯卡作過專門研究並深受浸染的迪昂，則認為宗教的基礎在於理性的感恩和謙卑。

迪昂與潘勒韋(P. Pailevè, 1863–1933)同是高師校友，又同在理學系工作，幾乎天天見面。他們的關係的基礎不是個人和諧，而是各自讚賞對方的智力愛好，是良好的同志式的友誼和忠誠。他們二人都愛好辯論，有時在某個觀點上還寫詩相互競爭：潘勒韋辯論的目的在於自娛，而迪昂則設法擊敗對方。謝弗里榮認為，由於迪昂在辯論中堅持不懈地過分固執己見，「有時便毀滅了他的判斷」。「沒有什麼東西能夠動搖他改變他的觀點，他泰然自若地堅持它，從來也不惱怒。」(*UG*,p.87)多年後，迪昂向一個朋友透露，潘勒韋不能被信賴，他在1907年自願在貝特洛的葬禮致頌辭。迪昂恰恰相反，他從不隱瞞他的立場，而且慣用尖銳的評論詳述他的立場。他有時也幽默一下，唯妙唯肖地模仿他人的脾性、聲音、姿勢、面部怪癖和逗人發笑的特點，畫出有趣而珍貴的漫畫。

文體批評大師謝弗里榮在1930年代致海倫的信中，指出迪昂當時已擁有巨大的智力財富並樂於與人分享。迪昂已清楚地形成了物理學哲學與神學和科學史的關係之觀點。除了他思想的力量和強有力的信念之外，從未看到他囿於黨派性的立場。他認為科學體系從來也不止一個，還有許多其他可能的形式。自然規律與我們心智的邏輯必然性的一致建立在這樣一個假設的基礎上，即事物的秩序與我們心智的規律一致。這個假設是形而上學的，它是人的心智不可戰勝的幻覺，但人的心智卻把絕對客觀的價值賦予這個信念。謝弗

---

❿ 自由思想者(freethinker)尤指在宗教上不受權威和傳統的信仰所左右，而有其主見的人。

里榮接著勾勒出迪昂在里爾時的精神畫像：

> 他有令人讚嘆的智力資質。對於法國和古代的經典著作，他
> 知道得比我們大多數文學教授還要多。他閱讀希臘文比我們
> 更熟練。他透徹地了解亞里士多德的物理學、形而上學和邏
> 輯學；他能默誦盧克萊修 (T. Lucretius，前99/94?–55)；他
> 似乎對笛卡兒和帕斯卡作了專門研究。當人們回想起這一點
> 時，除了嚴格地所號稱的這一切科學外，他對數學、物理學、
> 化學、地質學、結晶學、生物學也熟悉，這種廣博也許能夠
> 由他的教養的異常廣泛來理解。他必定是一個不可思議的教
> 師。我目睹了他的講課在學生中激起的熱情。他把我所羨慕
> 的表達的明晰、自在、精確引入討論。我的手頭有他的一些
> 講稿：極其漂亮的、泰然自若的書寫，從未有過修改。他似
> 乎沒有細緻地檢查他的思想。他在大張紙上寫東西，以空前
> 未有的速度積累著。所有這一切表明了一種優秀的素質，對
> 這種素質的印象支配著我對他保持的所有記憶：充滿活力，
> 無可比擬的精神力量。(*UG*, p.89)

謝弗里榮慨嘆迪昂宏大的心智，指出迪昂當時就是一位哲學家，在
哲學推理藝術方面是一位大師，是一位偉大的作家。

　　盡管迪昂想竭力把政治從前門趕出去，但政治又不時地從後窗
溜進來，使得迪昂這位富有正義感的基督徒不能不面對政治。在迪
昂與朋友的談論中，並非只限於科學和哲學問題。迪昂雖則不同情
社會主義，但他不能不就1891年發生在富爾米鎮（僅距里爾15公里）
的軍隊與工人的衝突發表同情工人的尖銳評論。雖然他具有明顯的

保皇主義，但他對布朗熱 (G. Boulanger, 1837-1891) ⓫ 並不熱情，甚至心存疑慮。當然，迪昂樂於看到對第三共和國的批評，尤其是批評具有天主教意識形態的格調時。迪昂不滿意猶太人大量參與反教會的戰役，對在報紙和書籍中的反猶腔調也許抱贊成態度，但他本人並不是反猶主義者。迪昂雖然不喜歡任何組織起來的社團，但他還是於1891年參加了布魯塞爾科學學會。這是歐洲國家講法語的天主教科學家的一個非正式的地方團體，其目的是以它的存在證明，培育科學和實踐信仰決非勢不兩立。

1889年4月7日，迪昂父親因患重病逝世，母親和妹妹夏初來里爾暫住。年已二十八歲的迪昂還是單身，母親和朋友力勸迪昂找對象成家。但是，迪昂拒絕了好言相勸，他認為投身科學就是一切，在科學和他之間不應有第三者插足。也是上天有眼、情人有緣，迪昂在莫內家裡與夏耶(M.-A. Chayet, 1862-1892)邂逅相遇，兩人一見鍾情，不久便訂下終身。1890年10月28日，他們在巴黎舉行了婚禮，並到比利時作蜜月旅行。夏耶心純貌美，與迪昂情投意合。她也是一個十足的基督徒，對藝術和文化具有與迪昂相同的品味。在比利時，他們陶醉於自然之美，忘情於燕爾新婚。翌年9月29日，小生命海倫誕生於里爾，給家庭帶來無窮的歡樂。

然而好景不長，沉重的打擊如千鈞霹靂一樣從天而降。年輕的妻子不幸顯露出心臟病的症候，在1892年7月28日生下第二個女兒後幾小時母女雙亡。她在臨終前斷斷續續地對丈夫說：「皮埃爾，

⓫　布朗熱是法國將軍、陸軍部長。由於他善於沽名釣譽，人們認為他能為法國雪洗普法戰爭失敗之恥。他成為仇視共和體制的各派手中的工具，波拿巴主義者和保王黨人都支持他。因此，布朗熱運動蓬勃開展，在1889年初達到頂峰，布朗熱本人一度成為法國的風雲人物。

你不應獨自一個人過活，您太親愛了，您太年輕了；您要再婚，您要讓我們的女兒被您的母愛養育。」 我們知道，迪昂聽從了後一個叮囑，但卻從未再娶——女兒和科學對他來說已足夠了。

迪昂與日俱增地依戀他的女兒，他對科學的投入也是如此。在里爾期間，他共出版了七本書和五十篇專題論文及文章，這必定引起人們的稱讚或嫉妒，因為迪昂出版的書占同期系裡總數（十五本）的將近一半。除在幾種有影響的專業期刊發表論述熱力學基礎等方面的論文外，迪昂在里爾還向《科學問題評論》投寄科學史和科學哲學文章，其中大多數內容都進入他1906年出版的經典著作《物理學理論的目的和結構》。 與此同時，他也向奧斯特瓦爾德1887年創辦的《物理化學雜誌》撰稿，奧斯特瓦爾德親自翻譯了迪昂寄給他的頭三篇文章。

迪昂的專著《感應磁化》(1888)是他的第二篇博士論文。《力學化學引論》(1893) 包含有最大功原理的整個歷史的概觀，其中用證據表明，貝特洛論文中的幾個命題沒有一個不是與湯姆森的逐詞類似。在這些命題給出的熱化學系統的完備形式中，只是省去了湯姆森的名字。《流體動力學、彈性、聲學》(1891，兩卷本)是迪昂對相關領域研究的精湛總結，在這些專業領域產生了很大影響。尤其是《電磁學教程》(1891–1892) 洋洋大觀共三大卷。該書不僅展示了物理學各個分支能夠綜合統一的廣闊視野，而且也體現了迪昂所追求的科學理想的特徵。正如其序言中所寫的：

> 自1881年以來，當泊松(S. D. Poisson, 1781–1840)開創了電現象的理論分析以來，一群偉大的物理學家對該課題進行了堅持不懈的研究，他們的發現今天構成了最廣闊的科學聚集

體，從而似乎達到了協調如此之多的努力的結果的時刻；需要把在形形色色觀念中構想的、用各種語言寫成的、分散在無數期刊中的研究統一裝在一個包裹裡。如果人們成功地達到這樣廣泛的綜合，那麼人們也許會站在人類精神不斷形成的自然哲學的最美的體系面前。(*UG*, p.83)

迪昂並未花言巧語開空頭支票，他在1500頁的巨製中確實建構起這樣一個美麗而宏偉的綜合性的邏輯結構體系。他在亥姆霍茲工作的基礎上，展示了亥姆霍茲－迪昂電動力學構架，它比麥克斯韋理論更普遍，同時免除了複雜性和邏輯不一致。他在同一序言中這樣宣稱：

我們向我們提出的是，盡可能邏輯地闡明電磁理論，而不是理論的匯編。人們在這裡將找不到就電磁現象所說的一切，我們只是想要人們在這裡發現就該課題提出的真正清楚和富有成果的觀念。在含有科學的礦石中，也總是包含著雜質。我們要清除許多雜質。我們保留的東西的品位將全是富品位。(*UG*,pp.83–84)

迪昂對他的三卷本巨著的自我估價並非言過其實，而是相當務實和謹慎的，這從當時著名的電磁學專家赫茲 (H. Hertz, 1857–1894) 的熱烈反響和高度稱頌——這決不是出於客套——中可以略見一斑。1892年4月18日赫茲在寄去的名片上匆匆寫下了「萬分感謝您的令人喜歡的郵寄物」，同時在信中真誠地寫道：

您寄給我的《電磁學教程》使我極為高興，我衷心地感謝您。這樣的著作不能匆忙地閱讀；迄今我已通篇翻閱了它。無論如何，我已經看到，使所有法文著作顯出特色的明晰和透徹以最高的程度支配著它，我將從中大受教益。想到與您這位功成名就的學者開始接觸，我感到其樂無窮。在不長時間，我的關於電振盪的專題著作將再版，我將冒昧地把書寄給您，以答謝收到您的著作。這無疑是十分不對等的交換，但我只能提供這種交換。(*UG*,p.100)

盡管迪昂受到國際科學大師的讚譽，但他在法國卻被上層人士忘到腦後。幾次巴黎大學、法蘭西學院的教師空缺，就迪昂論著之多、水平之高而言，他應該是最恰當的候選人。科學院也忘記了，在法國某地還有一個有充分權利贏得獎賞和榮譽的人。但是，對於一個真正的以追求知識和真理為己任的學者而言，榮譽和地位畢竟是暫時的，是過眼煙雲；唯有成果和思想才是永恒的，是歷史豐碑。就此而言，謝弗里榮在1930年代給海倫的信中所作的下述評論永遠是合適的：

生活為迪昂辯護。名牌大學為數眾多的教授沒有生產出永恒的產品，而他作為一個物理學家在熱力學中的工作，像他作為科學史家和科學哲學家的工作一樣，對於整個學術界來說似乎永遠具有崇高的價值。(*UG*,p.95)

謝弗里榮說，迪昂不看重晉升；倘若他能夠工作、教書、實施他的計劃並講他所要講的東西，那麼他在地方大學還是回巴黎，對

他來說無關緊要。這段話前一句說得對，但後一句卻不完全符合實際。迪昂的確不大關心顯赫的地位和虛名，不過他還是想呆在巴黎——利用巴黎優越的學術條件更好地實施他的計劃和抱負。然而，迪昂回巴黎並不是無條件的，他的原則性很強。1893年，當科學史教席在法蘭西學院設立時，一個教授想通過若爾當查詢，迪昂是否願意接受提名。迪昂對朋友若爾當說：「我是一個物理學家。巴黎將得到的只是作為物理學家的我，如果我任何時候應該重返巴黎的話。」 迪昂的態度很堅決：他決不走科學史的「後門」回巴黎！(*UG*,p.181)

　　命運又一次跟迪昂開了一個不大不小的玩笑：他未如願以償地回巴黎工作，而被發落到雷恩(Rennes)。一場未曾料到的衝突爆發了，就像夏日突如其來的大雷雨一樣。事情發生在1893年7月初，由於天氣炎熱炙人，實驗考試日程不得不重新安排到從下午到凌晨進行，這樣便給實驗室主任佩洛(R. Paillot)增添了額外負擔，負擔與迪昂添加的一些說明有關。佩洛不理睬這一安排，迪昂顯然失去自制力，當著學生的面尖銳批評了佩洛的失職行為，要求理學院院長德馬爾特雷迫使佩洛為玩忽職守而認錯。院長只是想息事寧人，沒有滿足迪昂的要求，於是和迪昂發生了爭執。在此事件之前，迪昂一直認為德馬爾特雷是朋友，而不是心照不宣的對手，只是對他慣於採用的調和主義態度不滿。沒想到在爭執激烈之時，這位院長在眾目睽睽之下，舉起手像要打架一樣，反對他的年輕的下屬。德馬爾特雷還揚言，除非迪昂轉到其他地方，否則就無法滿意地了結這一事件，無論里爾大學蒙受多大損失也在所不惜。這分明是向迪昂下「逐客令」！

　　迪昂的朋友法布爾等勸迪昂忘掉爭吵，不要與小人一般見識，

要多向前看。但是潘勒韋告訴迪昂，反對他的計謀正在暗中緊鑼密鼓地策劃。迪昂不願與那些人周旋，他不耐煩了，他請求調離獲准。其實，雷恩大學早知迪昂的才幹，積極活動以獲得迪昂，且以教授席位相許誠邀。迪昂對此並不熱情，他嫌雷恩沒有好圖書館，更精糕的是理學院教授每年要參加文學院二千多預科學生的審查工作。迪昂未去成巴黎——巴黎的教席的價格在 1890 年代甚至在此後並非總是用學術成就和教學才能來衡量的——他只好在 7 月 29 日鬱鬱不樂地到雷恩受命。

與作為法國北部工業中心之一的里爾相比，位於巴黎以西稍偏南的雷恩只能算是農村，而且遠離巴黎。雷恩雖說是布列塔尼省的省會，但當時人口不到七萬，唯一的好處是「甜美的靜謐」。 迪昂的中學和大學的校友若爾當也同時到此任中世紀史講師，他常常看到迪昂通過散步解決學術問題。人們也能碰到迪昂領著三歲的小女兒散步，他有時抱著她，她則扯著爸爸的鬍鬚玩。

幾乎從第三共和國開始，雷恩就受共和主義者和激進主義分子的聯合統治，受反教權的官員操縱。幸運的是，大學——1896年才由四個學院正式聯合而成——對權力政治似乎不大熱衷。作為物理學講師，迪昂被分配教兩門課程：物理光學，流體靜力學、毛細現象和聲學。按理說，不管迪昂怎麼想，他的成就都會使他在不久獲得受尊敬的職位。可是，大學的現狀卻使迪昂感到心灰意冷：他不得不按最基礎的水平教學，有時教師甚至編寫的是針對中學高年級學生的教材；既缺少鼓舞和激勵人心的學生，也沒有智力超群的教授；大學圖書館只有幾個房間，落滿灰塵的資料混亂不堪。在迪昂的堅持下，圖書館才整理出供他研究所需的書刊，這件新鮮事曾在大學引起轟動。一年後當迪昂離開雷恩時，據說一位老教授發問：

「現在他走了，所有這些書有什麼用呢?」不管怎樣，迪昂的博學在雷恩理學院給人們留下了持久的印象。

迪昂不喜歡參加正式的、大型的專題學術會議，但是他還是在若爾當的陪同下，於1894年9月初參加了在布魯塞塞爾召開的第三屆國際天主教徒科學會議。會議是由布魯塞爾科學學會組織的，迪昂從1891年起就是該學會的會員。他不是以他提交的論文，而是以對麥克斯韋電磁理論的嚴厲批評引起反響的。

在哲學組，迪昂針對未來的巴黎天主教研究所所長比利奧 (P. Bulliot)關於物質和質量概念的論文，即席發表評論。他認為，如果把實證科學和形而上學的範圍作為對象的研究明智而謹慎地進行的話，那麼將導致基督教哲學和近代科學的和解。但是，這樣的研究是極其困難的。迪昂詳細申述了理由。鑒於迪昂的講話值得人們深思、記取和警惕❷，現不妨直錄如下:

> 只有各種實證科學的原理對哲學家來說是感興趣的;但是，為了了解這些原理，閱讀通俗讀物是不夠的，甚至閱讀有能力的物理學家所寫的專題著作的第一章也是不夠的。人們不理解科學所依賴的原理的意義和聯繫，除非人們對這些科學多年研究，用一千種方式把這些原理應用於特例，並且深刻

---

❷　在大陸，在列寧《唯批》的「革命大批判」遺風的浸淫下，一批批「科盲」或「半桶水」對自然科學哲學問題說三道四，誇誇其談，這種遺風至今仍未絕跡。當然，也有個別因年事已高而失去創造力的、過去時的科學家——他們今天是政客或準政客——動輒妄談哲學;他們既欺騙科學家 (在科學家面前大講「哲學」)，又欺騙哲學家 (在哲學家面前侈談科學)，幹著自己以為得計、他人覺得無聊的營生。

地掌握德國人所謂的科學素材的技巧。……

因此，如果我們想要勝任地和富有成效地把握對形而上學和實證科學是共同領域的問題，那就讓我們以研究實證科學十年、十五年為開端吧；讓我們首先單獨地、為它自身而研究它吧，而不要使它與如此這般的哲學斷言和諧；這樣，當我熟悉了它的原理時，以一千種方式應用它，我們才能夠探求它的形而上學意義，這種意義將並非與真正的哲學不一致。

任何一個覺得類似的勞動是言過其實的人，必須不要忘記，對與科學和哲學每一個前沿相關的問題之一的每一個草率的、在科學上不正確的答案，都會導致對我們事業的最大的偏見。哲學家必須仿效科學家的堅韌不拔。一旦提出問題，倘若必要的話，科學家就獻身數世紀去解決它。他們只接受精確的、嚴格的答案。

無論如何，我們正在與之戰鬥的學派給我們以例證。實證論學派、批判學派⑬出版了許多科學哲學著作。這些著作刊登著歐洲科學的最偉大的名人的名字。除非我們以也是實證科

---

⑬ 不清楚迪昂這裡所說的「批判學派」(critical school) 之所指（是指十九世紀末對經典科學基礎的批判，還是科學悲觀主義者的反科學、反科學客觀性和客觀價值的批判？也許是指科學主義對宗教或宗教哲學的批判。）不管怎樣，他比萊伊(A. Rey, 1873–1940)使用該詞要早。萊伊在《現代物理學家的物理學理論》(1907) 中按認識論傾向，把十九世紀末的物理學家分為三個學派：唯能論或概念論學派（馬赫和迪昂）；絕大多數物理學家支持的機械論或新機械論學派；介於這兩個學派之間的批判學派（彭加勒）。（參見WP, p.263）。我不完全同意萊伊的劃分，參見李醒民〈世紀之交物理學革命中的兩個學派〉，《自然辯證法通訊》（北京），第3卷(1981)第6期，頁30–38。

學大師的人所作的研究來反對他們，否則我們便不能擊敗這些學派。(*UG*, pp.113–114)。

迪昂即席發言時，房間裡擠滿了人，大多數是牧師。在參加會議的一千左右的人中，大半是哲學家，他們很容易對號入座，因此引起轟動便是必然的了。迪昂顯然歡快地寫信告訴他的母親：「我公正地告訴這些天主教哲學家：如果他們在對科學一無所知的情況下還要固執地談論哲學，那麼自由思想家就會奚落他們；為了講談科學和天主教哲學相互接觸的問題，人們必須用十年或十五年研究純粹科學；如果他們不變成具有深厚科學知識的人，他們必須依舊三緘其口。……這個觀念一旦發出將會取得進展；整個下午人們在會議上僅僅談論這個問題。我不後悔事已至此。我相信，我播下的種子將發芽、生長。這些虔誠的人還是第一次聽到所講出的真理，這不會使我吃驚，但是我驚奇地看到，他們作出了反應，或者是它們中的一些人作出了反應。」(*UG*, p.114)

盡管在雷恩之外，維凱爾(E. Vicaire)伯爵就物理學和形而上學的關係等問題與迪昂進行爭論，但是在此地迪昂卻深感智力上的孤獨。這裡缺少切磋琢磨的朋友，缺少好學善思的學生，沒有他發表高見的論壇，當然也沒有知音的聽眾。但是，這些不利條件並未遏止迪昂異乎尋常的多產性，因為他的思維太活躍了，以致情緒上的壓抑也難以阻止噴湧的新思想。他首次發表於關於判決實驗不可能的論文，闡明了盎格魯撒克遜精神和法國精神之間的差異。雖然十年前他在處女作中就明確提出，物理學理論的歷史發展是闡述它的概念完備性的一部分，但他並沒有詳細撰寫物理學史。在雷恩的一年內，他由對物理學理論的反思自然引起對物理學史的反思。他開

始在《布魯塞爾科學學會年鑒》上發表系列論文，作為他闡明光理論真正本性的手段。他在此期間還發表了關於熱力學原理、電動力學和電磁作用等方面的論文，比利時皇家科學院也為他提供發表的機會。

若爾當不能不注意到迪昂研究的訓練有素、井井有條的風格，這也許是他對秩序和邏輯的理性愛好的具體顯現。若爾當這樣回憶說：迪昂從未被工作弄得不知所措或焦頭爛額；盡管他手頭同時有三、四個項目，但是他總是有條不紊，從容不迫，按照允諾按時交稿或完成其他工作，就像他的寫字臺那麼井然有序一樣。他離開房間只是為了放鬆一下，散步對他來說也是工作，是消解難題的工作。一旦思路形成了，他則伏案疾書，一氣呵成，寫出一疊疊漂亮的、整齊的、清晰的手稿。

連雷恩大學校長也覺得迪昂在此是大材小用，頗受委屈。他在1894年6月12日致巴黎的報告中明確指出，迪昂的學術高水平在雷恩是莫大的浪費。巴黎當局認為迪昂有「不易相處的個性」，但理學院院長則擔保，迪昂與他的同事的關係是符合一般準則的，並未有人對他的性格表示不滿。迪昂具有傑出的精神，是一個堅定的人。

迪昂並不是不想去巴黎工作，只是他心裡明白，他的道路上的障礙在何處。潘勒韋完全理解他的朋友迪昂的沮喪之情，他寫信勸慰迪昂：時間和優勢在您一邊，您最終將凱旋而歸。迪昂本人也不懷疑他會在某一天轉移，但他暫時還希望在雷恩再呆些年頭。1894年10月10日，他出發前往布魯塞爾，向皇家科學院呈遞他的七篇專題論文的頭一篇。10月13日，當他出現在科學院時，公共教育部決定把他調到波爾多(Bordeaux)任職。這個意外的消息使迪昂呆若木雞。雖說波爾多要比雷恩條件好得多，但這個調令並不是教育部有

意重用迪昂，原來是臨時用迪昂填補波爾多大學物理學教授皮翁雄
(J. E. N. Pionchon)突然辭職而留下的空位。可是調令通知他仍是講
師頭銜，雖然他得盡教授的職責，且早已超過教授的水準。迪昂再
次被人愚弄了！

　　在驚愕和喪氣之中，迪昂寫信給高師的好友塔納里，表示他不
願接受調令。對於巴黎當權者這一缺乏善意的行為，塔納里也感到
意外和不滿，他直接找到公共教育部高等教育司司長利阿爾德 (L.
Liard)。利阿爾德告訴塔納里：「轉告您的朋友迪昂，他必須接受；
他必須明白，波爾多是通向巴黎的道路。」塔納里即刻向迪昂發了電
報，可信賴的摯友轉達的信息當然是可靠的。迪昂驅散了心頭的陰
雲，決定赴波爾多就任。他也許會想到在這個港口城市附近，兩個
困惑不解的旅行者的著名爭論的故事：人由於他們的自由意志，是
否不會像鷹那樣，能夠改變損害他人的習慣。迪昂不懷疑這一點，
他出於自由意志去了波爾多。但是，他哪裡知道，通向巴黎的大門
向他緊閉著。他依然是那個心懷叵測、不能徹底改變病態意志的人
的犧牲品。他在波爾多走到生命的終點，但卻也走向邏輯的永恒。

第四節　波爾多：邏輯是永恒的

　　波爾多是法國西南部瀕臨大西洋的港市，是法國與世界溝通的
一個港口。波爾多有幾家出色的圖書館，大學圖書館藏書二十五萬
卷（里爾僅五萬卷），這在一世紀前是不小的數量。正在擴大、發
展著的波爾多大學向迪昂伸出歡迎之手，《波爾多大學總匯》迅速
報導了迪昂的赴任：「迪昂先生滿載公認的聲譽，精神抖擻地來到
我們中間。」(*UG*, p.123)

迪昂到任後拜訪的第一個人是布律內爾(G. Brunel)。這位著名的數學家與迪昂1882年在高師相識，他從1896年秋起任理學院院長，1898年任代理校長。迪昂與布律內爾似乎心融神會：絕對正直的個性，有洞察力的心智，無私奉獻的責任感，廣泛的智力興趣。迪昂深知，像布律內爾這樣的人在大學中並不多見，尤其是在學術嚴重政治化的時期，因此二人的心心相印對迪昂潛心事業無疑是一個好兆頭。迪昂注意到，大學教師的視野必須擴展到本專業之外，促進各種較高知識分支的真正統一。為此，他第一個在波爾多——也許是在法國——開設了一門綜合性的課程，該課程在十年間吸引了各個學院的學生、教師以及其他聽眾。在這樣作時，迪昂從布律內爾那裡得到支持和鼓勵，布律內爾還把理學院教授1854年創立的物理學家和博物學家科學學會變成活躍的智力交流機構。

理學院院長雷厄(G. Rayet)高度評價迪昂的才華，但拖了兩個月，卻未向迪昂提及物理學空缺教席的問題。問題的癥結在於，一位年已五十八歲、在波爾多作了二十年講師的物理學教師也想得到這個席位；他雖說工作勤勤懇懇，但才能平庸。雷厄向利阿爾德建議，把現有的教席轉為實驗物理學教席給那位老教師，而為迪昂另增設一個理論物理學教席，這樣即可作到兩全其美。利阿爾德也樂於這樣作，以掩蓋他把迪昂流放到波爾多。

1895年3月11日，教育部頒布新教席的創設和迪昂的任命——最低級即四級教授，年薪6000法郎。迪昂對這一晉升的感情是複雜的。校長庫阿特早在里爾就是迪昂的上司，他對迪昂頭一年工作的評價頗高。他認為迪昂的教學是最成功的，對物理學實驗的組織是出色的，並讚揚迪昂是卓越的教授和優秀的同事，其表現是完美無缺的。

　　到1897年，迪昂通過巨大的努力，已把波爾多大學的物理學教學和研究提高到第一流的水準。在世紀之交那些年，迪昂先後開設的第一組課程包括熱力學、物理化學、流體力學、物理光學、彈性學、聲學和電動力學，第二組課程是永久變態和滯後作用、廣義熱力學或能量學、麥克斯韋理論和赫茲實驗、粘滯性和熱力學原理、剛體的有限變形、穩定性和小位移。這些課程的內容也反映了迪昂出版物的主要論題。迪昂全神貫注地致力於他的教學和寫作，他訂了一個二十年的長遠規劃，他不再迫切企望他的學術成就會最終贏得巴黎的教席。

　　長期從事智力探索的迪昂深深地體會到，科學像生物一樣，也是在競爭中進化的；創造一個自由競爭的智力環境，對於智力的發展是不可或缺的。今天借助達爾文進化論詮釋科學進步的人，一定會為迪昂1898年在一篇論文中的觀點的獨創性而震動：

　　　　對所有生物為真的東西對科學學說也為真：這就是通過在它們之中進行的鬥爭和選擇；這就是清除假觀念的戰鬥；這就是迫使正確的觀念要求使它們的證據更精確、更牢靠的鬥爭；這就是迫使富有成果的觀念提供它們所有產物的鬥爭。
　　　　假如科學完全處在一個地方，那麼這種觀念的鬥爭則是不可能的；當這種絕對的集中生效時，人們長期在每一個知識分支面前僅發現一個老師和這位老師的門徒們。這位不再面臨矛盾、早就習慣於把他構想的最佳觀念視為天才產物的老師，幾乎一點也不關心使他自己避免過分信賴他自己的判斷，避免過分信賴無法使他防範犯錯誤的習慣。門徒們認為老師的教導是至理名言，而不借助自由討論通過與對立學說接觸而

改進它們，他們對已經獲知的反覆教訓已形成了無動於衷的習慣，其結果不再汲取教訓了。

正因為我們感到聽任法國科學達到這一點是多麼危險，所以我們需要看到我們大學全力以赴武裝起來進行競爭。我們希望，在里昂宣布的學說可以遇到在圖盧茲或南希出現的對立的學說，在巴黎宣布的學說可以在里爾或波爾多得以發展。

我們希望，在法國每一個科學家可以每時每刻發現這樣兩個基本的科學工作的條件：支持容許他自由地提出他的所有觀念，反對責成他只產生成熟的觀念。(*UG*, p.133)

迪昂在波爾多成功地培養出八名博士生。迪昂是一位對實驗有很深根基的理論家，他指導的一篇博士論文就嚴重地偏向實驗。迪昂的一位博士生索雷爾 (P. Saurel) 是美國康奈爾大學的畢業生，在紐約市立學院工作了四年，能用法語流暢地講演和寫作。要知道，在法國讀博士學位的美國學生要花費很長時間，要通過各種科目的麻煩考試❹。索雷爾選擇到法國讀學位，顯然是衝著迪昂來的，這說明迪昂在美國科學界和學術界頗有聲響；廣而言之，也說明美國人對法蘭西精神——「迪昂就是這種精神的偉大代表者」❺——的欽慕和嚮往。在1900年的博士論文答辯中，迪昂是這樣揭示和讚美

❹ 有能力的美國大學畢業生在德國獲得博士學位僅需兩三年時間，而在法國則要花六至十年，而且要面對諸如法文寫作、法國歷史和文學、達爾文理論等科目的繁瑣的考試。

❺ 哥倫比亞大學哲學博士洛因格在他的博士論文 *MPD* (1941) 的獻辭中這樣動情地寫道：「謹以本書獻給不朽的和不屈不撓的法蘭西精神，這種精神將比以往任何時候更加壯麗地再次聳立起來，迪昂就是這種精神的偉大代表。」

法國精神的：

　　尤其愛好精確、秩序和明晰，天生敵視含糊不清的、不連貫的、有危險性的或過分的東西，法國精神似乎出於它的使命，通過授予每一個觀念以恰當的形式並賦予它正確的地位而組織科學。在英國以及在德國有一句俗話說，在沒有用法國方式深思一種學說之前，它並未獲得它的確定形式。人們樂於宣稱，法國人在把孤立的研究融合在一起並由它產生所謂的經典專論的邏輯成果之藝術品方面，達到了至高無上的程度。典型的心靈！柏拉圖和亞里士多德、歐幾里得（Euclid，約前330-260）和阿基米德（Archimedes，前287-212）使他們的觀念沉浸於其中的這種形式本身，不變地作為人的推理的十分美麗的模式和永遠真實的形式施加影響。根本不必驚訝，是這種精神的創造者並被他們的產物所迷戀——就像皮格馬利翁❶被他的雕像所迷戀一樣——的希臘人，能夠在其中辨認出優越於我們世界的理想世界的記憶或幻想。在現代成為這種心靈的保管人，正是法國的偉大的智力榮耀。為了使人們確信這個真理——如果法國不堅持這一古典心靈的準則，那麼在短時間後人類的知識便會迅速地變成巴別塔❷——

---

❶　據希臘神話，皮格馬利翁（Pygmalion）是塞浦路斯國王，他鍾情於阿佛洛狄忒女神的一座雕像。他創造出一座表現他的理想女性的象牙雕像，然後就愛上了自己的作品，維納斯女神應他的請求賜予雕像以生命。

❷　據《聖經》記載，巴比倫人想建造一座巴別通天塔(Tower of Babel)揚名，上帝便變亂他們的語言，使之互不相通，結果塔未建成而人類分散到世界各地。

這只要想起法國長期忽視的那些科學分支的渾沌狀態就足夠了。(*UG*,pp.139–140)

迪昂最後一句話似對法國精神的式微懷有憂慮之情。不過，迪昂對未來充滿信心，他希望更多的外國學生來波爾多學習，也希望法國精神和文化能在世界得以弘揚和傳播。在談到這一點時，他對邏輯和明晰性的癖好從未遏止他的藝術家的激情，他的詩人的才華和想像力噴湧橫溢：

> 在法國向來自世界各地的學生敞開她的大學的大門──直到最近之前還幾乎不可穿透──之時，她也改變了她的硬幣的鑄造。她把一位撒播善良的種子的婦女形象壓鑄在金屬幣上。我們難道不能從這種巧合中看到一種象徵和預示嗎？當思想的偉大播種者，我們親愛的祖國，用慷慨的雙手把法國學說的豐產種子撒滿智力世界的所有園地時，這種大學博士學位制難道不會支持她嗎？(*UG*, p.141)

　　盡管迪昂在波爾多是一位具有迷人魅力的教師，也是一位永不枯竭的多產的物理學家，但是直到1904年，他還是最低一級教授，自然也未加薪。早過「而立」已近「不惑」的迪昂似乎不再把這放在心上，他在家裡或小型集會（他認為開大會是絕對浪費時間）上非正式地進行交流和討論。尤其是波爾多科學學會，在布律內爾的主持下每兩週一次聚會，起到了啟迪思想和激發創造的作用。

　　迪昂常給學會的《論文集》和《會議錄》撰稿。他的207頁的長篇專題論文是1896年3月提供的，處理了毛細現象、摩擦和假化

學平衡的熱力學理論。尾隨它的是四卷本的《論化學力學基礎》
(1897-1899)。三年後出版的是《熱力學和化學》(1902)，《J.克拉克・
麥克斯韋的電磁理論》(1902)、《混合物和化合物》(1902)，還有接
著出版的二卷本《流體力學研究》(1903-1904) 和《力學的進化》
(1903)。在此期間，迪昂還發表了許多論文（其中一部分在國外發
表）， 他的有些專著就是在已發表的論文的基礎上寫成的或是論文
的匯集。這一切成果，都是迪昂在波爾多頭十年完成的。其中《熱
力學和化學》在次年(1903)就被迅速譯為英文。迪昂在為美國版所
寫的引言中說：「當我寫它時，我考慮的問題之一是使威拉德・吉
布斯的工作變得著名和受稱讚；我樂於認為它將在你們活動的大學
有助於提高你們卓越的同胞的光榮。而且，這種光榮每一天都越來
越燦爛；相律的作者似乎越來越清楚地成為化學革命的發動者；許
多人毫不遲疑地把這位耶魯學院的教授與我們的拉瓦錫 (A. L.
Lavoisier, 1743-1794)相提並論。」 ❽

　　在幕後處處刁難和設障的貝特洛，在他控制的範圍之外也難以
一手遮天。在巴黎科學院，當有機會時，對業績的考慮往往占支配地
位。1899年6月24日，政府頒布政令，在科學院為精密科學和自然
科學創設四個通訊院士新崗位。吉布斯和玻耳茲曼 (L. Boltzmann,
1844-1906)分別於次年5月21日和28日當選。迪昂確信他會當
選，他在高師的良師益友達布剛剛接替貝爾特朗德 (J. Bertrand,
1851-1917) 任科學院精密科學學部終身書記，也提供了背景信息。
果不其然，迪昂於7月30日在三十八票中贏得三十六張贊同票（另
兩票投給另外兩個候選人）。 人們祝賀這個遲到的通訊院士榮譽。

---

❽　　P. Duhem,*Thermodynamics and Chemistry*, Authorized Translation by
　　G. K. Burgess, New York, John Wiley & Sons, 1913, p.iii.

馬爾希斯代表迪昂以前的三十五個學生在11月8日向老師敬獻了一個漂亮而雅緻的花瓶，上面刻寫著三十五個文字：「科學院沒有想把你的選入與吉布斯的選入分開，因此這證明您不僅繼續了這位美國學者的工作，而且與他並駕齊驅，甚至超過了他。」(*UG*,p.145)據有人透露，科學院未早些採取行動的唯一理由是迪昂思想的「絕對獨立性」。

在此前後，迪昂還陸續贏得來自國外的榮譽。1900年5月19日，他被選為荷蘭哈勒姆科學學會外籍會員。同年6月7日，波蘭克拉科夫的亞蓋洛尼安大學在慶祝校慶五百週年時授予他榮譽博士學位。1901年4月9日，他應邀到布魯塞爾科學學會成立五十周年紀念大會發表演講。1902年12月15日，比利時皇家科學院選他為外籍院士。1905年4月14日，他被選為波蘭科學院院士；這個榮譽是奧匈帝國駐法大使和法國外交部頻頻交換信件才商妥的，迪昂對此感到十分可笑。對於這一切榮譽，迪昂持一種超然態度。當大學秘書向他索要榮譽頭銜一覽表時，他在1909年10月25日回信漠然而幽默地說：「請您把這張一覽表作為我未來的訃告而歸入檔案。」

迪昂經年累月地從早到晚工作：上午他習慣於研究和寫作，下午授課或與學生在實驗室。他把午飯後的閒空給予母親和女兒，晚餐和夜晚的時光是全家人最歡樂和最活躍的時刻，迪昂經常夜裡給視力衰弱的母親讀東西。女兒海倫回憶說：

那是難得的樂事，因為他習慣於以真正的技巧來讀。這種技藝來自深刻的詩意感和藝術感——它能妥善地處理包含在詞的和諧中的整個涵義——來自異乎尋常的模仿才能。人們聽他讀時睜大著眼睛。當他讀劇本時，角色的言行活靈活現，

　　每一個都有他的特殊個性，彷彿用他的聲調上演。(*UG*,p.146)

　　迪昂的母親是全家的真正靈魂。她表面看起來似乎嚴肅而嚴厲，實際心地善良。她言談富有魅力，充滿生氣。她十分精明能幹，把家裡收拾得井然有序，整潔明淨。她給迪昂創造了一個思考和工作的安靜環境，也抽時間教育孫女，監督學習。當迪昂還未成人時，她常常把挫折和痛苦埋藏在心底，盡量使孩子們中意和幸福。當兒子走入社會後，她分擔兒子的失意，分享他的成功。迪昂也樂於把自己的想法、計劃和工作告訴她，與她一起討論文章的論題、宗教、政治和文學。當迪昂在大寫字臺前寫作時，他母親坐在近旁椅子上織毛衣，女兒在寫字臺一端作家庭作業。當他暫時中止工作走到壁爐旁背靠著它遠眺時，女兒常常爬到他背上鬧著玩。祖母不讓她打擾兒子的思緒：「安靜點！爸爸正在探究一個定理。」小海倫很懂事地離開了，盡管她被父親愛稱為「我的司令官」。迪昂對母親十分尊敬、愛戴和順從，把母親的希望視為命令。一個中年人對母親如此孝順感動了許多局外人，其中包括一些喜歡宣講第四誡（須孝敬父母）的牧師。迪昂說：「上帝的第四誡並沒有說老母親不是母親……而且人一生只有一個母親。如果我不服從，對我來說這就好像失去了我的母親。」(*UG*,p.147)他說這話時很自然，完全是內心真實感情的流露，沒有一點裝模作樣的意思。

　　迪昂晚上常常翻閱他的速寫簿，以此休息或放鬆一下。這是每年暑假他外出旅行時所畫的風景畫。卡布雷斯潘的老家距波爾多不遠，每年暑假最後幾週，全家都要回去度假，他和女兒一起收拾庭院，栽植一排排黃楊樹。

　　迪昂愛好步行旅遊和考察，一旦乘車到達要去的地區，他便隨

心所欲地循景而遊，從不事先作出周密的計劃。每逢此時，他便像一個頑皮的孩子一樣，撲入大自然的懷抱，與大自然融為一體。他考察山谷、溪流、地質、地貌，敞開心扉與大自然交談，也不時發出內心獨白。在《靜力學起源》第二卷「結論」中的頭四段，他繪聲繪色地描畫了拉爾扎高原的形勝，他作為一個精細的觀察者的素質和下筆如有神的作家的才華表現得淋漓盡致：

乾旱的拉爾扎石灰石高原散布著灰色的環形小山丘，到處是散亂的岩石，猶如廢棄的城市的廢墟，旅行者穿越這個中央山的廣大地區後，他便接近瀕臨地中海的沖積平原。他現在必須沿陡峭的溝壑形成的羊腸小道行進，這些溝壑是古代河川的遺跡，或是乾涸的河床，隨著歲月的流逝，它們被沖刷得越來越深，一直延伸到石灰石高原內。不久，這些溝壑連接成一個峽谷。筆直的峭壁上插雲天，下抵河床，峭壁上風化的岩石似乎隨時有可能崩塌下來，一條美麗的河流曾經在幽深的河床上奔騰咆哮。今天，河床上只是布滿了年代久遠的、破碎的巨石，雜亂而無章。沒有山泉從石壁流出，沒有水坑浸濕礫石。在眾多的岩石中，沒有什麼植物能夠生長。住在該地區東南山區塞旺內的居民給這條死亡之河取名為維斯。

旅行者只能極其費力地穿過無數跌落下來的石塊前進，偶爾會聽到遠處的轟隆聲，彷彿天邊的悶雷在滾動。當他逐漸逼近時，這種轟隆聲變得越來越響，最後突然爆發出劇烈的撞擊聲。這是維斯河源頭富克斯的巨大聲音。

在石灰石岩壁，一個黑暗的洞敞開著，活像野獸張開大口。

白色的激流從這個洞口向前噴出，雷鳴般地飛沖而下，水晶
般透明的水珠與潔白的泡沫摻合在一起。遠處石灰石高原的
裂隙把這些水流收集在一個地下湖內。

突然一條河流出現了，由此向前流去，維斯河明澈而清涼的
水流在白色的岸邊和銀色的牡蠣塘之間流淌。它的令人愜意
的潺潺聲激起水磨的咔噠聲和塞旺內村民深沉的、響亮的笑
聲，燦爛的陽光在高原V形山谷的邊緣悄悄地滑動，一直滑
落到峽谷底部，給白楊樹枝披上金色的襯衣。❿

面對維斯河的景象，迪昂想起被偏見所竄改、被蓄意簡化所歪曲的
傳統歷史試圖描繪的精密科學發展的圖像。科學發展不是一帆風順
的，近代科學決不是突然出現的，表面看來尖銳的轉折則是由溪谷
中的每一個坑穴、岩石、轉彎逐漸改變的結果。迪昂的心靈與大自
然是和諧共振的：他不僅用肉眼捕捉每一個細微的外景，而且用精
神之眼洞察其中的底蘊和奧妙。迪昂外出遊覽時總是隨身攜帶鉛筆
和速寫簿，回家後再用墨水修描、潤色。他需要的是用風景畫記下
主要印象，而不是保持景點的嚴格圖像。他偏愛的是畫筆和畫布，
而不是照相機。

由於憧憬皇權，不滿第三共和國的政體和政策，迪昂在德雷福
斯(A. Dreyfus, 1859–1935)事件❷中出於正直堅持為當事人平反昭

---

❿　P. Duhem, *The Origins of Statics, The Sources of Physical Theory*,
Translated by G. F. Leneaux, V. N. Vagliente, G. H. Wagner, Kluwer
Academic Publishers, Dordrecht/Bostoh/London, 1991, p.438. 以下該
書簡寫為*OS*。

❷　德雷福斯是猶太商人之子，曾在巴黎綜合工科學校讀書。1882年進入

雪，也同情右翼的法蘭西行動❷。在他看來，他這樣作是維護法國
軍隊的榮譽，維護法國的尊嚴。迪昂是一位忠誠的愛國主義者，他
在1899年6月25日在波爾多發表的動人的千詞演說就是明證：

　　……我們讚美、我們熱愛、我們服務於相同的事業，這些事
　　業是由斯塔尼斯拉斯學院的紋章象徵的。

　　你們熟悉那個紋章：它的一半由一本書籍占據著，它的另一
　　半是從頭到腳武裝起來的騎士；二者的結合是法國的傳統。
　　書代表著由所有人、所有世紀的思想產生的所有的真、美、
　　善，尤其代表著希臘和羅馬心智的產物，希臘和羅馬是我們
　　民族天才的教育者，特別是法國思維方式的教育者，這種思
　　維方式在現代世界上是最明晰的、最精確的、最合乎邏輯的、
　　同時也是最人道的思維方式。這就是我們的老師最初教給我

軍界，1889年升至上尉。1894年調國防部工作，被指控向德國武官出
賣軍事秘密，同年12月22日被判處終身監禁在法屬圭亞那附近的魔鬼
島。由於證據不足，一批有勢力的政治家和包括小說家左拉在內的知
識分子掀起要求釋放他的群眾運動。1899年雷恩軍事法庭覆審，再次
確認他有罪，但改判十年監禁。1904年又重審，兩年後最高法院為其
平反昭雪，推翻以前全部罪名。德雷福斯事件從1894年開始一直延續
到1906年，是第三共和國的一大政治危機，當時全國分為兩個尖銳對
立的營壘。

❷ 法蘭西行動(Action Francaise)是從十九世紀末開始在法國活動、在第
二次世界大戰後結束的一個有影響的右翼反共和派別，其成員支持因
德雷福斯事件爭論而引起的反議會制、反猶主義和強烈民族主義的觀
點。該運動的首領要求恢復君主制，認為只有君主制才能統一四分五
裂的法國。在第一次世界大戰期間，由於民族主義情緒高漲，法蘭西
行動臻於鼎盛。

們品嚐的東西。他們的努力沒有白費。他們使聖克萊爾・德維爾⑳沉湎於科學的世界，……他們使我們之中的大多數人著手進行智力世界的和平征服，從而通過使人類的擁有更巨大而增進法國。

除了書籍之外，還有身跨戰馬、刀劍出鞘而準備衝擊的騎士。在他的身上，人們透過這位十八歲的騎士的火熱情感，看到的不是法國的具有明確觀念的大腦，而是法國的強烈跳動的心臟和沸騰的熱血，是軍隊！

……在書籍和騎士之間是法國國徽，它彷彿由於同一呼吸活躍起來，彷彿把科學的每一個領域、文學的每一種美和軍隊的所有勇敢融合在一個觀念和同一熱愛之中。在我們徽章的中心，在蔚藍色原野的背景上有三株潔白的百合花，它放置得何其之好，象徵著教育處處留心使我們了解和熱愛法國。……

了解和熱愛自己的國家是重要的，但並不是一切，還必須服務於它，有效地為它的繁榮昌盛作出貢獻。我們的老師知道這一點，並教導使我們成為有能力務必完成這一任務的人。他們首先要求我們成為有首創精神的人。具有首創精神不僅僅是提出了人們行動的目標。首創精神尤其在於面對逆境、誘惑和沮喪時保持堅定的意志，我行我素。首創精神在於為了整體生活而服從人們強加給自己的秩序。因此，為了學會如何運用我們的意志，我們的老師教我們服從，他們使我們

---

⑳ 聖克萊爾・德維爾(Sainte-Claire Deville, 1818-1881)是化學研究家，最早發明用經濟方法製鋁。曾任巴黎高等師範學校化學教授，具有將研究與教學緊密結合的才能。

遵從這樣的紀律——意志沒有紀律將變成任性——嚴格的、嚴厲的、明確的紀律，但卻是忠實地、愉快地接受的紀律，因為紀律是正確的、平穩的、並非出其不意的和突如其來的行動，尤其是因為那些把紀律強加於我們的人更嚴格地服從紀律，並且言傳身教。

在有首創精神的人的生活中，存在著一些嚴重的時刻：他必須在幸福和使命之間選擇，他必須犧牲自己。我們的老師預見到這些時刻，並在我們身上激發起犧牲精神。犧牲精神！科學和文學崇拜、愛國主義、遵紀精神和首創精神、犧牲精神——為了讓這些情操在我們身上發芽和生長，我們的教師依靠那些增強人心的人的幫助。在每一個真和美中，他們都向我們展示出永恒之真和至上之美的反映。在法國編年史即思想史和軍事史中，他們教導我們察覺上帝的戰士的英姿——有意識的和無意識的英姿。為了使我們過度的行為屈從於紀律的約束，他們教導我們一切權威來自上帝；為了在我們中間點燃犧牲精神，他們不斷在我們面前設立被釘死在十字架上的上帝的形象。為了把「毫不畏懼的法國人」給予法國，他們盡力把「無可指責的基督徒」給予教會。……(*UG,* pp.155–156)

我們之所以冗長地引用這篇講演，是因為它體現了迪昂坦白的政治觀點和鮮明的思想情操，以及他的內心世界的嚮往和激情。三天後 (28日)，這篇講演發表在保守的波爾多的日報《新聞傳播者》上。迪昂在波爾多的主要對手利用這個事件大作文章，把迪昂作為共和國的最活躍的敵人告到巴黎當局。在把革命奉為神聖的土地上，自

由的講演、清白的言語現在就是犯罪！迪昂的主要對手是比佐斯(G.
Bizos)，他在庫阿特1898年突然去世後繼任大學校長，曾迫使迪昂
離開大學理事會。按理說，迪昂的政治觀點雖然與官方意識形態相
抵觸，但他完全有資格作為第一流的公民為共和國服務，為法蘭西
效力。但是，狂熱的共和主義者比佐斯缺乏公正，甚至把迪昂看作
是對他自己的嚴重威脅。他在秘密報告中，誣告迪昂「言行任性」，
是「最激烈的信奉教皇極權主義的鬥士」與「不和的持續的和危險
的源泉」。他譴責迪昂講演公然違反職業責任，是極端的反共和的
教權主義的例證，並要求迪昂說清楚他的案例。可是，庫阿特在此
前卻認為迪昂的「科學勇猛」和「性格的獨立性（也許有點極端）」
是「眾所周知的」，他「全心全意地獻身於他的學生，卓越地服務
於理學院」。(*UG*,pp.157–158)

對迪昂來說，科學是神聖的事業。當科學的真理遭到扭曲和損
害時，他認為毫不畏葸地鬥爭和捍衛是他的天職。在貝特洛的《熱
化學》(1897) 出版後，迪昂立即在國外的《科學問題評論》發表長
文給以尖銳的批評。當時在法國沒有人敢這樣作，只有迪昂操起最
新的和最佳的數學物理學武器向學術權威和政治權勢挑戰。迪昂注
意到，自貝特洛的熱化學享有毋庸置疑的權威以來，沒有什麼論著
能獲得公正發言的機會。任何一個想使熱力學獲勝的人，其首要任
務就是要從上到下拆除最大功原理，以便為新熱化學騰出地盤。貝
特洛對最大功原理的保衛逃避了起碼的邏輯，用這樣的推理，人們
能夠證明任何想要證明的東西。針對貝特洛用個別例子證明他的原
理，迪昂一針見血地指出：「在我看來，最嚴格的邏輯似乎不需要
更有說服力的例子」，貝特洛「把最大功原理變成沒有王國的國
王」。(*UG*,p.166)

迪昂的觀點傳到了科學世界的各個角落。奧斯特瓦爾德在他主辦的《物理化學雜誌》寫道：「對舊觀點的代表人物來說，通過最近的進展對它的尖銳的、甚至是狂暴的駁斥被認為是偏激的，由於辨認到攻擊是必不可少的和勢不可擋的，印象變得更富有悲劇色彩了。」班克羅夫特(A. Bancroft)充分贊同迪昂的論點：「那是一篇可怕的指責，它的令人憂傷的部分是：它是正確的。」(UG,p.169)迪昂批評盡管尖銳和猛烈，但不會是洩私憤、報私仇。迪昂長期延遲為重大衝突而呐喊本身暗示，個人的勝利不是他的目的，讓科學戰勝謬誤，才是他向貝特洛的新作挑戰的神聖原因。迪昂把批評文章拿到國外發表，也許是想給貝特洛留點面子。

盡管如此，貝特洛還是察覺並感受到批評的不可抗拒的力量。三年後的1900年，他對選舉迪昂為通訊院士設障，在秘密投票那天有意老練地缺席。貝特洛日益意識到迪昂在科學上遠勝於他，但他仍不願承認這一點，不想讓迪昂在巴黎得到教席，否則就更難保護他的心愛的錯誤理論了。

迪昂成功地在法國使人們理解了他的觀點，這在1901年11月24日變得顯而易見。這天法國政治官員和學術精英聚會巴黎大學，慶祝貝特洛科學生涯五十週年。熟悉貝特洛理論的人都注意到，一道看不見的暗影掠過了燈火輝煌的慶祝會。貝特洛和數千名挑選出來的客人聽到一個接一個的講演，祝賀他作為化學家的成就，但是沒有一個人提及他鍾愛的最大功原理，雖則講演者常常涉及與它密切相關的熱化學和化學問題。尤其能說明問題的是，科學院院士、巴黎大學化學教授、未來的諾貝爾(A. B. Nobel, 1833-1896)獎得主穆瓦桑(F. F. H. Moissan, 1852-1907)那天發表了最長的、最詳細的專題講演，居然對最大功原理隻字未提。這種緘默有力地證明，科學

共同體心照不宣地承認，當年年輕的高師學生是正確的，巴黎大學
1885年對他的宣判是錯誤的。

　　二十世紀頭一年，迪昂覺得自己尚有餘力，於是他面向波爾多
有教養的公眾開設了關於物理學理論的目的和結構的講座，這些講
演發表在《哲學評論》上，不久（1906）以書的形式出版，成為科
學哲學的經典篇。從1903年秋起，迪昂發現了中世紀科學的「新大
陸」。此後十多年，他單槍匹馬地潛心於中世紀史研究，在臨終前
出版了十餘卷巨著，使他成為一個真正的歷史學家。他用翔實的史
料表明，中世紀科學並非漆黑一團，近代科學不是憑空突然誕生的，
而是立足於中世紀先驅者的思想。在新世紀，迪昂的物理學創造也
沒有停滯，直到1906年底，他的科學論文都保持著驚人的數量。兩
大卷的《論能量學或廣義熱力學》（1911），則是他終生所偏愛的能
量學研究成果的集大成著作，這是在1904–1909年為開設特別高等
課程而撰寫的講稿的基礎上完成的。

　　在能與之推心置腹交心的布律內爾逝世後，迪昂的性格隨著聲
望的增長而漸孤獨，他不善交際，也不喜歡交際——這對一個沉思
默想的思想家來說也許是幸事。他也完全明白，「政治的」因素日
益使得為公開性和公正性的鬥爭變得毫無效果。但是，由於天賦的
善和生性的剛直，迪昂還是沒有「事不關己，高高掛起」。有一次，
校方要強行解雇物理實驗室一位貧窮勤雜工，他求助校系領導無望，
便星夜兼程趕赴巴黎，謀求讓公共教育部保留他的職位。工作保全
了，而那位勤雜工不久卻患病不起。當他在病床上受折磨時，他只
許迪昂一人來探望他。迪昂也是唯一陪伴他的遺體到墓地的教授，
迪昂為這位無名的下層工人脫帽祈禱。迪昂的孤獨也是相對於他所
警惕的社會和個人而言，在可信賴的朋友圈子內，他則顯得溫和寬

厚。據迪富爾克(M. A. Dufourcq)回憶，迪昂很愛他的小孩，喜歡裝鬼臉與小生靈嬉戲，為小傢伙換尿布、畫速寫。迪昂雖說是一位大名人，可是他對一切人都一視同仁，不管其年齡大小，職位高低。

迪昂的公正和正直在下述事件上充分體現出來。1903 年 2 月 3 日，迪昂看到最近一期《科學導報》重印了他1897 年批評貝特洛《熱化學》的文章。他立即寫了兩封信,一封是給貝特洛的：

> 五年前，我認為批評你的觀念是我的責任。今天，《科學導報》重印了我在那時所寫的文章。我想使你了解，這次重印是在沒有我的授權、沒有徵求我的意見，甚至沒有預先通知我的情況下進行的。我只是在幾小時前才看到它已是既成事實。我想讓你相信，假如〔他們〕請求我同意的話，我是會拒絕的。(*UG*,p.178)

另一封強烈的抗議信寄給 《科學導報》 編輯凱內維勒 (G. Quesneville)。達布事後告知迪昂，凱內維勒這位理學博士和醫學博士對貝特洛的兒子提升而自己遭受冷落心懷不滿，才出此「絕招」給貝特洛父子一點顏色看看。迪昂認為，這種對學術的誤用和濫用是對正直原則的破壞，正直要求公開正視自己的對手，開誠布公地澄清是非，而決不意味著背後暗算或伺機報復。迪昂不是在貝特洛失勢或逝世後才據理反抗，他也不是刻意報仇雪恨。正如對貝特洛的批評和反抗不帶成見和偏見一樣，他也不希望背地告密的比佐斯感到羞辱。迪昂的正直和不妥協的目的在於把公正給予受輕蔑和受誣陷的人，而不是全力以赴壓倒有罪之人。貝特洛在1903年好像也覺察到，迪昂毫不妥協地批評最大功原理，並不是缺乏正直和記私

仇。在1904年1月迪昂晉升（從最低的四級教授升為三級，年薪增加2000法郎）時，貝特洛講了公道話：「人們必須在這裡只估量迪昂的科學價值。」表決結束時，他走到達布和塔納里跟前說，他希望迪昂知道，僅有的一張反對票不是他投的。公正姍姍來遲，但畢竟來了。這也許應了迪昂常說的一句話：「邏輯是永恒的，由於它能夠忍耐。」(OS, p.xvii)

從那些濫用公眾善意的人那裡接受恩惠或榮譽，也是與迪昂的正直概念不相容的。1908年，當局擬把榮譽勛位勛章授予迪昂，這項顯赫的桂冠幾年前還是由共和國總統親自簽發的，把它授給一位聲望急劇增長的教授也是水到渠成之事。誰知道，迪昂用九個詞謝絕了榮譽，他認為從共和國反教權主義中堅人物那裡接受這項榮譽對他來說是虛偽的。當時的校長帕代(H. Padé)對此難以置信，他在5月7日寫信勸說迪昂。迪昂的回答同樣是簡單的：「我的原則會迫使我謝絕它。」迪昂對他人從未使用雙重標準，他對自己親屬要求更為嚴格。當他的學法律的外甥興致勃勃地告訴他，打算去作上議院議長（主要的反教權主義者）的秘書時，迪昂表示堅決反對：「為那些思想是虛偽的和空洞的、心腸是邪惡的人服務，是最無趣的。」(UG, pp.183–184)

1904年初，中世紀科學的土地已開始清晰地浮現在迪昂的心理地平線上，他讓母親和女兒也一起分享他探險的激動人心的時刻。當迪昂把從圖書館收集到的中世紀手稿由巴黎和其他地方帶回家時，約丹努斯（Jordanus Nemorarius，活動於1220年代）、比里當(Jean Buridan, 1300–1358)、薩克森的阿爾伯特（Albert of Saxony，約1316–1390）和奧雷姆（N. Oresme，約1325–1382）等成了全家熟悉的明星。她們看著他譯解中世紀神秘的文本，伏案尋章摘句，

寫滿了一個又一個筆記本❷，聽到他構想一個又一個的研究和寫作
計劃。他的母親看到他頑強不屈的精神再度迸發，但是她老人家未
能看到兒子宏偉藍圖的實現，不幸於1906年8月26日晚去世。迪昂
受到沉重打擊，內心萬分痛苦，攜女到好友若爾當那裡小住一段時
間。從此，他與愛女相依為命。海倫1936年還能清楚地回憶起她與
父親暑期在卡布雷斯潘度假的幸福情景：

> 遠足一開始是與小腿相稱的，但是不久小腿小跑得和爸爸的
> 腿一樣快了。就是在那時，在如此之多的歲月裡，他們翻山
> 越嶺，探索整個地區，熟識羊腸小道，訪問與世隔絕的山村
> 和僻遠的農莊；他們穿過荊棘和亂石，奮力攀登，直達峰巔，
> 在炎炎烈日之下，精疲力盡，口乾舌燥，可是從絕頂放眼望
> 去，美景盡收眼底，頓時使人心曠神怡。(*UG*,p.185)

　　1908年，迪昂把海倫帶到巴黎，交妹妹瑪麗照管。海倫長大了，
她沒有上大學，這既與她的性格有關，也與她對一些宗教使命的感
情有關——她獻身於社會慈善服務業事。1910年，母親故居的房產
權轉移給迪昂，他從此把從母親那裡接受的神聖遺產精心加以照料。
每年暑期他和女兒（有時還有妹妹）都要在卡布雷斯潘小山莊度過
將近三個月時間。村民們與這位簡樸的教授相處得十分融洽，迪昂
對窮人的善心和善行也富有傳奇色彩。他常去教會醫院看望無人照
顧的孤獨病人，定期寄給必要的物品。他慷慨向窮人布施，有時在
門口竟排起長隊，沒有一個人被空手打發掉。有一次，一個假裝的

---

❷　迪昂前後共寫了一百多個筆記本，筆記本的規格是21×17cm，每本200
　　頁。由此可見他積累資料之多與工作之浩繁。

盲人由女兒引導領了救濟品，次日在大街上見到迪昂時忘了他的詭計，向迪昂連聲道謝，迪昂沒有揭露他。數天後，這位假盲人獨自一人又來求助。迪昂批評了他，仍舊給他一份救濟品，因為他畢竟是一個貧窮的可憐人。有位神父在迪昂逝世後描述了他最後七年關心和同情窮人的情景：

> 他時常利用機會走進窮人的寄宿處。不幸的人的苦難撕裂他的心。他知道，付租金對於一些沒有工作的人也是沉重的負擔，冬天對沒有柴火取暖和沒有麵包充飢的窮人是嚴酷的。真正慈善的人都應這樣作，唯有上帝能夠分辨他的博愛的程度。(*UG*, p.227)

在1916年之前，迪昂不用說成為波爾多市和大學的驕傲。貝特洛在1907年逝世，在此前四年他減緩了對迪昂的敵意。盡管李普曼等反對者還在臺上，但達布在1907年還是成功地一致支持迪昂贏得一項純粹數學和應用數學傑出大獎，獎金一萬法郎，比迪昂1904–1910年的年薪還多2000法郎。兩年前達布曾支持迪昂入選，但卻遭到失敗。此次選舉迪昂的委員會有皮卡爾、達布、彭加勒、阿佩爾、潘勒韋等七人，正式宣布獲獎是在12月2日的科學院會議上。在1909年12月20日的科學院年會上，迪昂又被授予比諾克斯獎，這是對迪昂作為一個科學史家的承認。繼《靜力學起源》(1905–1906)出版後，迪昂又先後出版了《列奧納多・達・芬奇研究》三卷本(1906, 1909, 1913)、《保全現象》以及關於從古希臘到十九世紀的絕對運動和相對運動研究的著作(1909)。他還編輯了中世紀拉丁語手稿，並加了長篇引言，這可與羅吉爾・培根（Roger

Bacon，約1214-1294）的《第三著作》相媲美。在此時期，國外有
關學術機構也對迪昂表示極大的敬意。他先後被選為鹿特丹的荷蘭
實驗物理學學會會員（1909年7月7日），意大利威尼托科學、文學
和藝術研究會會員（1912年3月24日），意大利帕多瓦科學院榮譽院
士（1913年5月8日）。波爾多大學校長帕代說得對：「大學因迪昂獲
得榮譽而增光」，「迪昂是給波爾多大學帶來最大聲譽的教授」(*UG*,
p.194)。

從 1909 年起，迪昂把主要精力用來完成他的紀念碑式的著作
《宇宙體系》。1913年初，公共教育部決定購買這部巨著每卷各三
百本，從而保證了書的順利出版。這年 3 月，他與出版商簽定了一
個非同尋常的合同，保證在接著的十年內每年向出版商交 800 頁書
稿。為此他盡可能多地取消了有關計劃、邀請和約稿，閉門潛心研
究和寫作。他的朋友若爾當報導說：

> 如果不與任何其他東西比較的話，那麼一件事就能使他持續
> 一生，這就是《宇宙體系》。當他開始時，他肯定沒有預想到
> 他的不成熟的目標，但卻意識到該事業的龐大規模。一天我
> 問他，他是否有時擔心可能看不到它的結局。他對我說：「我
> 不認為如此。如果上帝斷定這部著作是有用的，他將給我時
> 間去完成它。要不然的話，那又有什麼關係呢？」[24]

迪昂懷著對上帝的熱愛和忠誠，以頑強的毅力，在八年時間內

---

[24] R. N. D. Martin, *Pierre Duhem, Philosophy and History in the Work of
Believing Physicist*, Open Court Publishing Company, La Salle, Illinois,
1991, p.183. 以下該書簡寫為*PD*。

（並非用全部時間），完成了十卷幾乎6000印刷頁的手稿。假如他晚兩年見上帝的話，他還會寫出計劃中的討論哥白尼 (N. Copernicus, 1473–1543) 成就的另兩卷以及一個無學術注釋的300頁概要。

1913年3月17日，國家立法機構最終通過了巴黎科學院要求增設六個非常駐院士的提案，該提案被擱置了較長時間。事實上，早在一年前，有各種不同奢望和野心的人早在一年前就在幕後積極活動，而迪昂對此連想也不去想。十多年前，他對當選通訊院士的榮譽就看得很淡，更何況現在已過「知天命」之年了。那個時期，他在給女兒的信中這樣寫道：

> 您告訴我，自從我成了通訊院士以來，我具有較大的影響。我認為，真實的情況正好相反：我的著作越來越一掠而過而不受注意。今年，我的關於電的大部頭著作一本也沒人買。對我來說，這個榮譽僅等價於放在棺材裡的花環，物理學的先生們把還在活著的我已釘在這個棺材裡了。(*PD*, p.211)

對於一個真正的學者來說，他關心和鍾愛的只是他的精神創造成果──著作和思想，名譽、地位、官職之類的東西在他看來只不過是過眼煙雲，無足輕重。科學院把迪昂列入候選名單之中，迪昂對此不甚在意。數學科學學部執行書記勸說迪昂：「我相信，您若謝絕我們想授予您的榮譽，那將是十分錯誤的。」在這種情況下，迪昂向科學院提交了125頁的《皮埃爾·迪昂的科學書目和工作簡介》，開列了三一六項出版物，其中有十二種多卷著作。迪昂在《簡介》中用近百頁的篇幅，提供了他在理論物理學、科學哲學和科學史相關研究中的目的、動機和成就的分析和概要。1913年5月9日，

迪昂寫信告訴女兒，他已正式授權科學院，把法布爾(H. Fabre)放在他的前面。H.法布爾是一個正直的基督徒、天才的博物學家，已經九十歲了，任何時候都可能去世，迪昂欽佩他的業績和人格。這再次顯示了迪昂的無私的正直和上帝之愛。

12月8日下午，迪昂在五十七票中贏得四十五票，當選為巴黎科學院非常駐院士。他收到了來自國內外的祝賀，法國報紙也對此作了報導(*UG*,pp.202–203)。巴黎《費伽羅報》在12月9日這樣評論：「迪昂以如此明晰、如此漂亮的風格寫了許多論著，閱讀它們對我們大家都大有裨益：正是從思想的碰撞中，總是迸發出火花。」波爾多一家報紙這樣寫道：

> 世界都知道他是法國物理學大師。我們擁有偉大功績的實驗物理學家，但是就理論物理學家即創造者而論，我們只有一個人——迪昂。

1913年初，波爾多大學天主教學生會成立並開始它的活動。該會每兩週召開一次討論會，內容十分廣泛。迪昂未參加政治和社會討論，他不大滿意學生會的綱領，擔心它變成一個政治組織或機構。關於神學和教會問題的討論，迪昂從未缺席。在短短三年間，他成為學生會的焦點，學生們也把他視為自己的同學。一個學生在1916年回憶說：

> 他極其謙遜，看起來完全像一個「大孩子」。我們看他一直很年輕，充滿了青春活力。……他言談舉止如此樸實無華、莊重偉岸，人們能夠從中注視到異乎尋常的物理學的嚴格性。

他的生動的面龐煥發出他的理智的力量、他的卓爾不群的獨立性、他的心靈的坦蕩而熾熱的善意——具有奔放的、歡快的、不屈不撓的氣勢。(*UG*,p.204)

1914年6月4日，迪昂在該學生會週年宴會上發表祝酒詞時，談到如何對待名譽、地位的問題，談到良心和道德。熟悉迪昂坎坷生涯和內心境界的人不難看出，它是迪昂思想情操之寫照，生活體驗之真釋，人生智慧之灼見。它必定在聽眾的心靈上引起強烈的共鳴或震撼：

> 我的親愛的朋友，請你們不要貪求所有的職位。當一個職位空缺時，你們要問你們的良心：我是需要填補這個職位的人嗎？是占據這個恰當位子的名副其實的人選嗎？如果你的良心告訴你不，那麼你就不要走上前去。如果你的良心告訴你是，那麼你一瞥四周。你要探究一下，在你的同行申請者中，是否有人比你更有價值獲取你所欲求的崗位。如果你看到有人，你要讓他前行；事實上我想說，你要幫助他前行。如果你在你的內心和良心中深切地認識到，你是最有價值獲得這個崗位，那麼你要禁止你自己使用任何在光天化日之下不能使用的手段、任何不是最襟懷坦白的誠實的步驟。……我的親愛的朋友，你們相信，避免所有這樣的斥責的幸福、昂起頭而不羞愧的自豪，難道不是對某些冷遇和不公正的充分安慰嗎？(*UG*, pp.206–207)

6月25日，波爾多大學的女學生成立了自己的學生會，要求迪

昂主持集會並發表演說。對學生向來十分熱情的迪昂此時卻有點勉為其難，因為面對許多年輕的女人，他感到沒有把握。機敏的迪昂還是找到了他的開場白：「在你們和我之間豎起一堵高牆，在這堵高牆後面，最疼愛、最信任的女兒即使對他父親來說也是一個神秘之謎。」迪昂繼續說，只有認為女人是一本打開的書的人，才是她自己的精神顧問。在迪昂看來，法國精神是陰柔的。為了把人的自我從兩個極端中拯救出來，需要有使法國婦女智力生色的品質。(*UG*, pp.208–209)

當迪昂講話時，法軍在第一次世界大戰中已與德軍浴血奮戰了將近兩年。就在四個月前，在被稱為「絞肉機」的凡爾登要塞上，法國幾十萬兒子獻出了寶貴的生命。迪昂由衷讚賞法國兒女的英雄行為和犧牲精神，與此同時他也在智力戰場上進行他的戰鬥。前一年他看到《宇宙體系》第三卷出版，第四卷剛剛問世，寫到十三世紀的第五卷正最後潤色，將於次年出版。此外，他的案頭還堆放著幾千頁達到出版程度的手稿，是同一著作另外五卷的內容。在當選為科學院院士後，他重申他是一個理論物理學家，一篇篇論文發表在科學院的《匯報》和其他刊物上。為了法國的智力事業，迪昂付出了他的全部時間和精力。他1913年2月在寫給女兒的信中，提到他強加給自己的工作重擔：「我的生活因工作而負荷太重，致使這個學術年的假日到來時，我無法用來旅遊。在這些星期，課程正全力進行，我未能成功地作需要作的一切。」可是，他重複了他喜歡的警句：「工作從未殺死任何人。」然而，迪昂恰恰在這一點上錯了：過度的工作使他提早走上死亡之路。

自戰爭爆發以來，德、法兩國的科學家和學者也在進行「戰爭」。例如，德國九十三位知識精英和學術名流發表了臭名昭著的

〈告文明世界宣言〉㉕，為德國的侵略行徑辯解。法國的一些知識分子也不甘示弱，針鋒相對，表現出強烈的民族主義情緒。迪昂雖說是一位愛國主義者，但他並未滑入極端民族主義的泥潭，他有自己的獨立性：他沒有像一些法國人那樣，先前盲目崇拜條頓人的精神和方法，現在又極力詆毀德國的一切。迪昂在寫給女兒的信中表白了他的態度：

> 不太久之前，我使每一個人都返回到我一邊，因為我未讚美德國實驗室的荒謬理論，並認為德國哲學是危險的和虛偽的，它的歷史方法沉浸在壞的信仰之中；一模一樣的風氣現在把德國人的一切統統給抹黑。我講了我不得不講的話，我將不沒完沒了地重複我的話；無論如何，為了不像其他每一個人那樣去行動，我將要講「Boches」㉖的一些好話。(UG, p.210)

事實上，迪昂已開始撰寫〈對德國科學的一些反思〉，發表在1915年2月1日的《兩個世界評論》上。他認為德國科學家高斯(C. F. Gauss, 1777–1855)和亥姆霍茲是人類的純潔的天才，是未沾染民族傾向的人。他把牛頓視為英國的熟悉的天才，但未把任何法國人放在同樣受尊敬的地位上。他肯定德國人在科學中長於邏輯演繹，但是壓倒一切的演繹卻在黑格爾(G. F. W. Hegel, 1770–1831)及其後繼者手中導致極壞的唯意志論。

1915年2月25日至3月18日，他每週星期四就德國科學在天主教

㉕　O.內森，H.諾登編《巨人箴言錄：愛因斯坦論和平》(上冊)，李醒民譯，湖南出版社(長沙)，1992年第1版，頁16–21。

㉖　Boches是對德國人或德國兵的蔑稱。

學生會總部發表了四次專題講演。由於聽眾爆滿，後三次講演不得不移至附近的劇院（因政教嚴格分離，講演不能在校禮堂舉行）。迪昂的主要目的是使學生有意識地抵制外國的，尤其是德國的不良智力影響，繼承和弘揚法國精神的明晰性理想。5月5日，迪昂在給迪富爾克的信中談到他這樣作的動機和目的：

> 我像您一樣相信，在這種可怕的風暴之後，堅持和加強國家的一致是我們的責任。但是，恰當地講，除非毫不妥協地嚴厲對待那些長期擾亂法國理智和道德統一的人，特別是那些能夠一再鬆動統一的人，否則我們便無法這樣作。我們將不饒恕他們，尤其是我們將無情地蔑視他們。我們將把他們在如此之多的程度上看作是德國人，我們將不放棄任何機會證明他們在多大程度上轉化為「德國人」。公開的恥笑十分經常地是我們最好的武器。我們將常常使用它。在外國思想的辯護者面前，我們將不再是被「學問高深的先生」嚇住的膽小的孩子，而在此之前我們一直是膽怯的小孩。我們將公開地、輕蔑地嘲笑他們。在上帝可以容許我在為他服務和為我們熱愛的國家服務中度過的歲月裡，我確實期待由此獲得許多樂趣。(*UG*,p.212)

《德國科學》一書在講演後兩個月（5月）即印出，在兩個月內便售罄，獲得廣泛的好評和歡迎。迪昂也買了一百本，送給同行和學生。該書的成功使迪昂甚覺寬慰和振奮，他接著在同年夏天對十七和十八世紀的化學史作了考察：一方是德國的施塔爾 (G. E. Stahl, 1660–1734)和舍勒(K. W. Scheele, 1742–1786)，另一方是法

國的拉瓦錫。他作為一種放鬆，在幾週內完成了一本《化學，它是法國的科學嗎?》的小冊子，為拉瓦錫作為化學開拓者的獨創性辯白，以反對德國化學家關於「化學是德國的」主張。迪昂的「放鬆」告訴我們，他具有超常的心理能量，同時也說明他剝奪了自己必要的休息。他還為一本文集《德國人和科學》(1916) 撰寫了〈德國科學和德國人的美德〉的文章，文集是由將近三十位著名法國學者撰稿的，其目的在於團結起來捍衛法國科學和文化。該書的口吻比雙方學者生產的其他大多數「戰爭文獻」要嚴肅一些，但迪昂的文章態度更為拘謹，也比較客觀。

1915年6月，為了扶助大波爾多地區的戰爭孤兒和寡婦，成立了一個慈善性質的委員會，迪昂應邀在第一次群眾大會上發表講演，說明委員會的目的和活動。迪昂讓與會的二百多位寡婦放心，她們能夠得到她們所需要的物質幫助和道義支持。從這年秋天起，迪昂盡可能每個星期天都來委員會，義務從事登記新孤兒和分配物資的工作。

延續幾年的無情戰爭，成千上萬的孤兒寡母，接二連三的親朋戰死的噩耗，揪扯著迪昂善良的心。他看到侵略戰爭的殘酷和非人道，看到科學在戰爭狂人手中的異化。他認為這是反對仁慈和聖靈的罪惡行徑，其根源不在科學本身，而在於人的本性的墮落。1916年炎炎夏日，當他在外地主持完學士考試回到卡布雷斯潘時，頭腦中浮現出新的計劃。關於德國科學講演的成功啟示迪昂，有必要再就公眾關心的問題作系列講座。他計劃討論功利主義對科學的危害，擬寫出明春在波爾多的系列講稿。正在進行的世界大戰難道不是把有用的東西看得至高無上，而忘記真和善的科學的結果嗎? 在一度處於科學主義支配下的法國，迪昂卻考慮到如下的觀念:

　　　長期以來，科學已不再是無私的探索，以致它使自己服務於
　　功利主義。這是一種反對聖靈的罪孽。因為這種罪孽，上帝
　　在某種意義上已遺棄了人。其結果，科學轉而反對人。正是
　　借助科學，現實的戰爭是所有戰爭中最野蠻的。(*UG*, p.215)

　　返回到卡布雷斯潘，迪昂收到圖盧茲市立圖書館館長吉塔爾德
(E. M. Guitard)的來信，告知該市一位年輕人馬塞爾・于克(Marcel
Huc)想得到迪昂的文獻詳目。在迪昂從吉塔爾德8月8日的信中獲
悉，他打算給其提供資料的小于克是圖盧茲《通訊》負責人的兒子，
並且是一位極為激進的活躍分子時，便打消了擬議的念頭。迪昂寫
信給館長吉塔爾德，說他與報紙負責人的兒子通信不恰當，這容易
在我們活著時引起不必要的分裂與不和，希望館長能善意相告。對
於小于克充滿阿諛奉迎語句的來信，迪昂沒有直接答覆。

　　小于克被及時告知，老于克則火冒三丈。他認為迪昂這位國家
雇員拒絕為他兒子服務（當然迪昂沒有這個責任和義務必須如
此）， 是出於宗派目的濫用大學教授職權，實際則是不滿迪昂傷了
他這個有頭有臉的人的面子。怒氣沖天的老于克把他在9月7日寄給
迪昂的信刊登在9月10日的《通訊》頭版，從而使事情公開化。該
專欄以大黑體字TOLÉRANCE（寬容）一詞作標題（這豈不是自我
諷刺?），他把它放在法國士兵向前線進軍的照片之下，顯然是為了
產生預想的心理效果（迪昂沒有兒子上前線）。 專欄以小于克的請
求開始，接著是迪昂拒絕提供幫助的敘述。老于克把迪昂描繪成聲
名狼藉、前後矛盾的罪犯。他狡辯說，如果迪昂讀《通訊》， 那麼
他就違反了不許他自己受無派性觀點沾污的職業原則；如果他不讀
《通訊》，他這位科學家、事實的敏銳觀察者就對于克先生用非事實

的知識構成偏見。

當這樣裝著一幅可憐相的冷嘲熱諷引起迪昂的注意時，更嚴重的打擊已先期降臨。他心裡很清楚，這是死神在向他招手。那是在9月2日，當他從山坡返回家裡時，他感到難以忍受的艱難和痛苦。當晚夜半時分，心臟病發作折磨著他。他強忍疼痛，不願去打擾女兒的睡眠，更不用說打擾她的客人——一個她從巴黎帶來沐浴新鮮空氣的貧窮孤兒。海倫早晨走到父親臥室前，才聽到父親痛苦的嗚咽。他幾乎無法順暢地講話了，只聽他艱難地說：「我正在進行我的戰鬥。」醫生再次誤診為肺病，認為無危險性，而他自己則明白他的健康狀況的嚴重性。第二天，他在談到病情時說：「我理解。這意味著：思考死亡。」幾天來，他已無法堅持正常工作，這也許是他思考一生經歷的難得機會。他一點也不畏懼死亡，他說：「除了在我的女兒能夠安全地離開我之前願上帝留住我之外，我從未向上帝要求任何東西。」迪昂的意思很清楚：現在我可以離開人世了。作為一個基督徒，他在身體十分健康時，就在卡布雷斯潘的小教堂裡吃了聖母升天節的聖餐。他是為創造永恒而生的，在無力再創造之時，走向永恒的死亡在他看來也許是最佳的選擇和最後的歸宿。

可是，只要一息尚存，創造永恒的欲望在迪昂身上是難以壓抑和止息的。他讓醫生看了他的工作計劃和寫作安排，他可能未告訴醫生他一生的坎坷經歷和所付出的沉重代價，但可能講了他內心進行戰鬥的痛苦。作為一個愛國主義者，他為沒有兒子上前線保衛國土而感到痛苦。他傷心地向女兒講了使女兒倍感傷心的話：「我多麼想使您是一個小皮埃爾，那我至少會有一個兒子去戰鬥。」無奈之下，他只能按照自己的方式去戰鬥。幾天來，醫生不讓他走到郵局那兒去散步，過去他常去那兒看戰況簡報，講給村民聽。他再也

不能爬山涉水融入大自然的懷抱了，他只能坐在門前的石階上，眺望神奇的大自然。他現在才發現，從他的前院望去，有值得用鋼筆畫下來的美景：一行栗子樹像串起的珍珠一樣排列在院子旁的小河岸邊，教堂的尖塔孤零零地聳立在屋頂之上。他還發現在伸手就能觸及的老牆根，有許多值得研究的奇花異草。他告訴女兒：「我從來也沒有下功夫鑽研植物學。我將著手處理它。我們將採集植物，我們將恰恰在我們周圍發現許多使我們忙碌的事情。」在屋內的寫字臺上，放著他正在校對的《宇宙體系》第五卷的校樣。

即使在這最後的時分，他的關心遠遠超越了自身。他操心他的學生，他必須在10月會見他們。他想到大講演廳的聽眾，他們能聽清他的聲音嗎？他患病的消息不脛而走，良好的祝願源源而來。老于克的攻擊事後只不過逗樂了他。他立刻寫信給吉塔爾德館長，對事態的出乎預料的發展感到抱歉。盡管老于克煽起不和，他還是滿足了小于克的要求。女兒不理解父親的和解行為，他解釋道：「請相信我，這是更為符合基督教的態度。」在也許是最後寫的一封信中，他深情地慨嘆：「啊，長久地徜徉在我們的山巒！每年這是我的最大的幸運和最大的放鬆。」迪昂抱怨多雨的天氣妨礙他們外出遠足。

當他稍微感到有些好轉時，他再也無法抑止大自然的召喚，即使不是遠山的呼喚，至少也是毗鄰小丘的呼喚。他緩慢地走向那裡，下坡時感到十分不適。9月14日早晨，當女兒走進他的房間時，他正坐在寫字臺旁。他中斷了前一天的教堂尖塔的速寫，準備去郵局看最新的戰況簡報。為了使女兒高興，他坐到安樂椅上交談。話題旋即轉向戰爭。在聽到「失敗主義者」一詞從他嘴裡發出時，他開始列舉排除法國失敗的種種理由。「接著，冷不防地，他無聲地倒下去了。他開始氣喘吁吁，幾秒鐘後，他沒有恢復意識就斷氣了。」

女兒海倫是這樣記敘他的最後幾分鐘的。他的終生朋友若爾當則如此敘說：「在巨大的疼痛的刺激下，他的面部突然抽搐起來。他在幾分鐘內未能說一個字就死去了。」 意大利理論物理學家馬爾科隆戈(R. Marcolongo)教授在迪昂逝世後不久中肯地評論道：

> 人們感到完全被他所傾倒：他能夠獨自處置的富有成效的工作是如此之眾多，學問如此之宏大，對人類精神創造的東西的深究如此之完備，大膽而機靈的比較、重構、詮釋如此之富有啟發性，思想之崇高，明晰而透徹的作家之才幹。……現在他已經逝去了。他是作為一個衝鋒陷陣的戰士而死的，也許是因付出超過常人的辛勞而死的，在不同於姐妹民族戰鬥的戰場上，他為和平、公正和工作而衝鋒陷陣。(*UG*, p.225)

卡布雷斯潘小村莊給他以它能夠給予的最高榮譽。在當地教區牧師勃朗(L. Blanc)神父的帶領下，一大群地位低微的人陪伴他走向永恒的歸宿地。 他被葬在小公墓的正中心。在一個石砌的地窟裡，他能夠永恒地休息了。他的女兒海倫1974年4月24日去世後，也葬在這裡。海倫・迪昂的白大理石小匾聳立在墓前灰石基座上，灰石碑上刻著迪昂的妻子、雙親、妹妹和弟弟的名字，一些字跡已不大清楚了。基碑本身用裝飾華美的紅大理石貼蓋著，上面銘刻著十字架，十字架寫著幾行簡單的文字：科學院院士皮埃爾・迪昂長眠在這裡，1916年9月14日逝世，享年五十六歲。

一顆正直的心臟停止了跳動，一個睿智的大腦停止了思想。只有頭頂的微風仍舊在竊竊私語，只有腳下的小溪亦然在汨汨低吟，彷彿在訴說一個偉大而平凡的人在坎坷中走向永恒的動人故事。

第二章 「世界3」中的不朽豐碑

> 故人西辭黃鶴樓，
> 煙花三月下揚州。
> 孤帆遠影碧空盡，
> 惟見長江天際流。
>
> ——唐·李白〈送孟浩然之廣陵〉

作為名副其實的哲人科學家和科學思想界的舉足輕重的偉人，迪昂在他所涉及的每一個研究領域都作出了第一流的、開創性的貢獻，創造了輝煌的業績，留下了卷帙浩繁的著作和萬古不沒的思想。而且，他的卓爾不群的人格和超凡脫俗的美德作為無價之寶，也融進法蘭西精神乃至人類精神，成為後人追求和效仿的楷模。這一切，作為科學文化的精神內容，在波普爾所謂的「世界3」——客觀精神或客觀知識的世界——中聳立起一座不朽的豐碑。

令人感到莫名其妙的是，在迪昂生前和死後相當長的一段時期內，這座不朽的豐碑卻被一道更高的無形的緘默之牆——從迪昂遞交博士論文時就精心構築起來——與世隔絕開來。情況正如海倫1936年所寫的：

貝特洛宣布：「這個年輕人將永遠不會在巴黎教書。」這句話

具有宣判的後果。從那時起，在以巴黎大學為一方，以皮埃
爾・迪昂為一方之間，開始了三十年的鬥爭。他將是敵人，
是從不講話的敵人，他的所有成果將被忘掉，他的發現將統
統不被提及，他們希望用這種緘默和忘卻使他洩氣，甚至今
天他們還影響人不去引用他，即使一本著作中的句子似乎是
從他的著作之一中逐字抄錄的。(*PD*, p.199)

這類問題似乎是存在的。迪昂在《結構》中就提到他的法國同胞米
奧德(G. Milhaud)、勒盧阿(E. Le Roy, 1870–1954)、彭加勒不加說
明地引用了他早先的思想(*AS*, pp.144–145)。彭加勒的三本科學哲學
名著有合適的議題和足夠的機會提及迪昂，但卻一次也未出現迪昂
的名字。巴黎大學醫學教授德爾貝 (P. Delbet) 的《科學和實在》五
部分中有四部分都需要討論迪昂的思想，但迪昂即使在〈能量〉一
章也不是個人物。柏格森(H. Bergson, 1859–1941)在一篇關於法國
哲學的文章(1915)中頌揚彭加勒和米奧德揭示了科學方法的局限，
但並未為迪昂加冕，盡管他在二十年後不得不承認迪昂在批判性地
考察科學方面走在上述二人之先。萊伊等法國科學史家也漠視或忽
視迪昂的中世紀史研究。迪昂不僅被物理學家釘入棺材，也被科學
哲學家和科學史家釘入棺材了。

　　飽經人世艱辛的迪昂，後來似乎也不再在乎這一切，他只知道
聽從上帝的召喚，默默地筆耕不輟。也許他喜愛的《仿效耶穌基督》
（他總是把它放在床頭或伸手可及的抽斗內）一書中的話既使他不
畏學術權威和政治強權，又使他淡泊名利和超然物外：「請告訴我
——你們熟知的所有那些導師和大師，盡管他們曾活得心滿意足，
在學識上名揚四海，可現在他們在哪裡？其他人已經占據了他們的

位置，我不知道他們是否回想他們。在他們活著時，他們好像是重要人物，但是現在沒有人提及他們了。」(*PD*,p.212)其實，迪昂從來也不對即刻的成功或立竿見影的轟動感興趣，也不會因逆境或缺少反應而垂頭喪氣，他相信邏輯和真理的持久力。確實，邏輯和真理終究能穿透緘默之牆，堅定不移地邁著自己的步伐，泰然自若地實現自己的意志。其道路可以迂迴曲折，但大方向卻一往無前。迪昂的下述言論也許正是這種歷史必然性的真實寫照：

> 每一個工作者都構想了大廈的藍圖，並為實現這個藍圖提供了材料；現在大廈倒塌了，但是為建造它而用的材料似乎完全放在新紀念碑的適當位置。……不用自負地誇口，他有權相信，他的努力將不是無結果的；在數世紀之內，他所播種並發芽的觀念將繼續成長且結出它們的果實。(*EM*, pp.188–189)

迪昂的終生勞作的確沒有白費：他的碩文巨著是一座高聳入雲的紀念碑，永恒而不朽；他的思想作為全新的文化信息，正在不斷啟迪和激勵更多的思想；他的生命是一種非個人的和超私人的生命，依然閃耀著理性的光華，煥發出迷人的魅力。下面我們擬分門別類地評介一下迪昂的科學貢獻和學術成就。

第一節　使法國理論物理學煥發新榮光

十九世紀頭三十年，通過拉普拉斯(P. S. M. de Laplace, 1749–1827)、拉格朗日(J. L. Lagrange, 1736–1813)、菲涅耳(A. J.

Fresnel, 1788–1827) 的工作，法國的理論物理學呈現出一派生機，顯示出邏輯的嚴格性。相比之下，接著的兩代人則暴露出理論上的某種「疲軟」，畢奧(J. B. Biot, 1774–1862)、阿拉戈和拉梅(G. Lamê)等人的貢獻主要在實驗方面。人們不得不承認，法國的物理學不再是唯一的和偉大的發起者。在1880年代前後，法國能誇口的只有斐索(A. Fizeau, 1819–1896)和勒尼奧 (H. V. Regnault, 1810–1878)，但二人均是實驗物理學家。只是由於彭加勒和隨之而來的迪昂的崛起，法國的物理學才煥發出新的理論榮光。

迪昂從學生時代起就掌握了淵博的物理學知識、高超的數學技藝和嫻熟的實驗技能❶，加上他的強烈的批判意識、敏銳的直覺能力和廣闊的交叉視野，這使得他有條件在眾多的物理學分支中作出第一流的建樹。但是迪昂畢竟是一個經典物理學家，在世紀之交物理急劇變革的時期❷，他似乎顯得有些保守，難以適應新的格局。

當迪昂進入斯塔尼斯拉斯求學時，經典物理學還保持著鼎盛時期的勢頭❸。在穆蒂爾的有力影響下，年輕的迪昂完全浸潤在熱力學的氛圍之中。迪昂本人認為，亥姆霍茲的專題論文〈化學過程的熱力學〉和巴黎的化學教授勒穆安納(G. Lemoine)的專著《化學平衡研究》對他成為物理學家起了關鍵性的作用。尤其是前者，被普朗克(M. Planck, 1858–1947)說成是純粹熱力學的開端，它撇開了特

---

❶ 迪昂教過實驗課程，帶過偏向實驗物理學的博士生。他還用簡單的儀器就完成了複雜的放射性實驗，而在玻耳茲曼的實驗室，則是用更精緻、但卻「更混亂的」器械完成的(*UG*, p.193)。

❷ 李醒民《激動人心的年代》，四川人民出版社（成都），1983年第1版，1984年第2版。

❸ 広重徹《物理學史》，李醒民譯，求實出版社（北京），1988年第1版。參閱該書有關章節和年表。

設的氣體運動論假設，僅局限於熱力學兩個定律的展開和應用。這成為迪昂終生永不偏離的路線。

迪昂的主要科學建樹在熱力學領域。他的1884年的未被接受的博士論文不僅對熱力學勢進行了理論探討（他洞察到勢力學勢與虛速度原理的類似）和系統應用，而且以此為起點的一系列研究，也使他與范霍夫(J. H. Van't Hoff, 1852–1911)、奧斯特瓦爾德、阿倫尼烏斯(S. Arrhenius, 1859–1927)、勒夏忿列一起成為現代物理化學的奠基人。

1887年，迪昂對吉布斯著名的靜熱學(themostatics)論文進行了深入的批判性的分析。在關於吉布斯熱力學著作的研究中，迪昂首次給可逆過程下了一個精確的定義。迪昂證明，一個系統的兩種熱力學態之間的不可逆過程，能夠通過使系統和環境之間力的不平衡在每一步趨近於零而產生的真實過程的有限集合來構成。這種有限的過程現在稱為準靜態過程。如果同一過程以相反的順序進行，且同一不現實的限度被達到，那麼該過程就是可逆的。

迪昂對熱力學的重要貢獻之一是發展了處於動態的物體的熱力學理論。在迪昂研究之前，熱力學基本局限在靜力學範圍內。從1892年到1894年，迪昂發表了題為〈熱力學原理評論〉的一組著名論文。在這裡，迪昂首次嚴格地定義了不可逆「準靜態」熱力學過程。這是一種類似滯後現象的過程，對這種過程而言，在一個方向平衡態的有限集合與在同樣兩個熱力學態之間的相反方向的不相同。這組論文包括迪昂兩個開創性的貢獻。他對熱力學第二定律、熵和熱力學勢作了詳細闡明，對熱力學第一定律進行了公理化處理，這在目前看來仍是驚人的成功。值得注意的是，熱量首次借助於功和能被抽象地定義了。由於這一先驅性的工作，迪昂成為物理學理

論公理化的奠基人，他對其他學科的公理化研究的影響也是相當顯著的。與迪昂同時代的偉大數學家希爾伯特(D. Hilbert, 1862–1943)直接受到迪昂關於熱力學公理化工作的感召，先後開始了他的關於幾何學和物理學公理基礎的重大研究。

1896年，迪昂發表了一篇研究粘滯作用的論文。這對應於吉布斯的「無源阻力」，屬於可逆過程，而摩擦則屬於不可逆過程。迪昂把摩擦作為一種普遍的物理現象，用它來研究「假平衡」問題，這屬於力學化學範圍。迪昂在化學熱力學方面的研究成果收集在他的四卷專題論著《論力學化學基礎》和《熱力學和化學》中。

根據吉布斯的建議，迪昂提出了一個明確的關於吉布斯相律的非約束性證據。同時，又將它推廣到超出僅僅考慮強變量的情況，並給出了確定各個相的必要條件。對於壓力－溫度和體積－溫度這兩對變量，其條件是不同的，它們的表述稱之為迪昂定理。此外，對於共沸性（azeotropes）是其簡單特例的「中性」系統的性質，也作了較為詳盡的討論。

迪昂十分注重假平衡和摩擦的熱力學。在迪昂看來，假平衡可以分為兩類：表觀假平衡和真實假平衡。前者例如飽和溶液，在給一個小擾動後，它即刻便返回到熱力學平衡；後者諸如金鋼石或石油構成的有機化合物，相對其他物質來說，這樣的化合物在熱力學上是不穩定的，但卻經歷了整個地質時期的巨大擾動仍然保持不變。但是，如果這種擾動相當大（通過加熱金鋼石變成石墨），它們將轉變成穩定的產物。吉布斯也持有類似的觀點。

迪昂的興趣也曾集中在流體力學和彈性學上。1891年，他出版了《流體力學、彈性、聲學》（兩卷）的講義，對數學家和物理學家產生了重大影響。迪昂進而在 1903–1904 年以兩卷本出版了

《流體力學研究》一書，它包含了關於納維埃(L. M. H. Navier, 1785–1836)－斯托克斯(G. G. Stokes, 1819–1903)流體的一些開創性的探索成果，以及波在粘滯流體中的傳播、考慮到穩定性和可壓縮性的流體等課題的研究。

在流體力學領域中，迪昂是第一個在粘滯的、可壓縮的導熱流體中利用穩定性條件和熱力學的充足資料研究波的傳播的學者。他得出了一個當時令人震驚的結果：真正的衝擊波（即密度和速度不連續）或高階不連續根本不可能通過粘滯流體傳播。這與嚴格的非粘滯流體的結果相矛盾。迪昂證明，在粘滯流體中唯一的不連續是橫向的。他引入「準波」的概念，建立關於衝擊波的定理。他還推廣、完善、校定了流體穩定性的早期結論。

在當時，迪昂實際上是嚴格的、合理的、有限的彈性理論的唯一培育者，他強調建立精密的、普遍的定理的重要性。迪昂對彈性理論進行了廣泛的研究，其結果匯集在《彈性研究》(1906)一書中，在第一次世界大戰前，這些理論曾起過顯著的影響。迪昂也是彈性波傳播、熱傳導和在有限形變下粘滯連續體的開創性的研究者。

迪昂雖然承認麥克斯韋的個人天才和理論的獨創性，但卻極其嚴厲地批評了麥克斯韋的理論。他認為，這種理論缺乏首尾一貫的和綜合的邏輯結構，即使在其最終的抽象形式中，也顯示出人為的力學產物的標記，此外它還有符號上的錯誤、概念上的混亂（介質電流無物理量與之對應）、 代數錯誤、使用術語不一致等。由於亥姆霍茲的影響，迪昂偏愛大陸的電動力學，因為它能夠用邏輯的方法由經典的基本的電磁實驗來構造。經過迪昂精心闡述和改進的亥姆霍茲－迪昂理論比麥克斯韋理論具有更大的普遍性，能簡單地描述光的電磁理論和赫茲實驗。而且，這種理論包含兩個附加參數，

適當選取參數的值，麥克斯韋理論就成為它的特例。迪昂不久便認識到，麥克斯韋理論在他所處時代的物理學家中得到廣泛的承認，而他的批評卻無人問津，麥克斯韋的理論當然是勝利了。不過，他還是希望，在將來人們將會認識到，亥姆霍茲理論確實是傑出的成果。他說：「邏輯是永恒的，因而它能夠忍耐。」(*UG*, p.279)在他逝世前僅一年，他察覺他在電磁學研究中的一個重大邏輯失敗。正如他似乎相信的，該結局並非僅僅由邏輯指明，而且也是由感覺證據即事實指明。事實最終勝過邏輯，不管是多麼嚴格的邏輯。迪昂對麥克斯韋理論的低估，主要出於他對絕對嚴格性的過分偏愛和對力學模型的厭惡，當然也與該理論的固有缺陷❹以及亥姆霍茲理論的邏輯嚴謹和普適性❺有關。

　　能量學或廣義熱力學❻是迪昂科學生命的核心，是他心目中的理想化理論的胚芽。在能量學的透視內，空間中的運動（移動）不能作為比任何其他變化更簡單的變化形式來處理。所有的變化都處於相同的立足點，它們都只不過是系統的變更。力的概念必須讓位

❹　麥克斯韋引入特設性的位移電流，其電磁場方程有八個，基本量不明確，引起種種混亂。赫茲澄清了它的含混不清之處，明確了基本量，把方程簡化為四個。參見❸，頁297–314。

❺　亥姆霍茲電磁理論把當時最成功的三種理論（其中之一是麥克斯韋理論）囊括在一個嚴密的邏輯體系中，迪昂的理論是在此基礎上發展的。參見李醒民《彭加勒》，東大圖書公司印行（臺北），1994年第1版，頁111–112。

❻　迪昂在1896年之前還不知道蘭金(J. M. Rankin, 1820–1872)在1853年首次使用了「能量學」(energetics)一詞，他使用的是「廣義熱力學」。當他1897年知道能量學的起源時，迅速承認蘭金的優先權，後來把廣義熱力學改稱為能量學。雅基在這裡把蘭金首次使用「能量學」的時間誤寫為1885年(*UG*,p.268)。

給作用的概念，而在牛頓的定義中，力也與空間範疇有關，即與運動物體的加速度有關。這樣擴大了的功的概念使得熱量的新定義成為可能的，在迪昂看來這是能量學學說的主要革新之一。新概念排除了關於物質終極實在或熱本性的形而上學假設，從而不需要以此為基礎定義溫度測量。能量學力圖把力學、熱力學和電動力學或電磁學囊括在一個統一的體系內，不僅能處理嚴格意義上的所謂力學問題，而且能處理一切物理變化和化學變化。它既與把熱力學還原為力學的立場相對立，也與克勞修斯、基爾霍夫和李普曼試圖使熱力學變為一門獨立的學科之立場相對立。迪昂認為，他的兩卷本專著《論能量學或廣義熱力學》是他對科學的最重要貢獻，這是他對物理學和化學作了近三十年廣泛研究而完成的。這本專著未包含電磁學論題，看來迪昂還未找到滿意的電磁學的能量學。二十世紀的物理學在拋棄了力學自然觀後，雖然並未沿電磁自然觀和能量自然觀的路向發展，但是迪昂的努力並不是無意義的，更何況今日的物理學出現了以能量概念為本位的傾向。

迪昂的物理學貢獻在他生前和死後較長時間受到輕視或忽視。其科學方面的原因在於，迪昂所反對的麥克斯韋理論、原子分子論和相對論都取得了勝利；也在於世紀之交層出不窮、日新月異的新事實和新發現以神奇般的速度占滿了物理學舞臺，把經典理論擠到不顯眼的角落；尤其是，迪昂沒有活著看到他的物理學進路和方法後來的復活和興起。由於這些原因，有人在迪昂去世後不久就認為，他的物理學變成歷史的紀念或陳列，已沒有什麼現實意義和用處，甚至認為迪昂耗費一生十分仔細地建立的語法已無人再講了。

米勒強調指出：「這種否定的觀點是不可接受的」，迪昂的純科學研究「在今天還是重要的、有用的、有意義的」，甚至「有顯著

的歷史性的意義」 ❼ 。事實上，隨著超音速飛行時代的到來，對連續媒質研究的勃興以及渾沌學的出現，迪昂所作的工作開始引起人們的關注和重視。吉布斯－迪昂方程、迪昂－馬古勒斯 (M. Margules, 1856–1920)方程、克勞修斯－迪昂不等式、菲涅耳－阿達瑪 (J.-S. Hadamard, 1865–1963) －迪昂定理等專有名詞頻頻出現在相關的文獻裡，這是迪昂成就不朽和思想永恒的明證。費里埃 (J. K. Fériet) 在評論迪昂具有先見之明的流體粘滯性、衝擊波等研究時說：「不論物理學中原子論的透視多麼成功，作為連續媒質考慮的流體力學依然是十分活躍的科學，它的技術應用是巨大的和重要的。」(*UG*, p.310) 普里戈金 (I. Prigogine, 1917–) 在他的一本專著中特別討論了「迪昂定理」（該定理給出若干內張力和外張力系數，完全決定了封閉系統平衡的每一相）和迪昂－馬古勒斯方程，他認為迪昂第一個認識到非補償熱的重要性，並指出迪昂的《論能量學》是一部偉大著作，是對第一原理給出最透徹論述的著作。(*UG*, p.309) 德布羅意1956年寫下的評論也許是對迪昂物理學工作的恰當總結：

> 迪昂是一位把美妙的和偉大的工作傳贈下來的理論物理學家，今日的物理學家還能夠從中發現許多值得研究和有效反思的論題。(*UG*, p.309)

第二節　現代科學哲學的先行者

❼ D. G. Miller, Ignored Intellect Pierre Duhem, *Physics Today*, No.12, 1966, pp.47–53.

迪昂向來認為，他是一個物理學家，而不是什麼哲學家，形而上學不是他的研究領域。然而，迪昂的新穎的哲學思想、深刻的哲學著作，尤其是在哲學上的重大而深遠的歷史影響已經證明，迪昂是一位不可小視的科學哲學家，在哲學史上占有不可動搖的地位。

正如亞歷山大❽所中肯地指出的，十九世紀中期之前的科學哲學的特徵是：科學研究被認為是以自由的、無偏見的觀察開始的，通過歸納形成經驗概括的定律，並通過進一步的歸納從定律群達到具有更廣泛普遍性的陳述或理論；定律和理論被認為從它們演繹出的推論與觀察結果的陳述之比較而受到進一步的支持；科學家的意圖無疑是發現被視為外部世界組分的可觀察客體的本性和在它們之間所實際包含的關係；在那裡，這些關係是借助於像力或原子這樣的不可觀察的實體來描述的，這些實體同樣被看作是其性質能夠被發現的世界的組分，並通過訴諸它們之間隱藏的關聯能夠說明現象。顯而易見，這樣的傾向是樸素實在論的、古典經驗論的和機械論的或還原論的。

在十九世紀中期之後陸續崛起的哲人科學家❾，尤其是馬赫、赫茲、彭加勒、迪昂，通過對科學現狀的分析、歷史的考察和自身科學實踐的內省，越來越對傳統的和流行的觀點表示懷疑，並在堅

---

❽ P. Alexader, The Philosophy of Science, 1850–1910, *A Critical History of Western Philosophy*, Ed. by D. J. Conner, New York, Free Press, 1964, pp.402–425.

❾ 他們之中大都是物理學家。這也許是由於物理學當時比其他學科都發達，對其他學科影響較大、滲透較多，也由於物理學的題材相對均質、較少複雜性、較易把握。這也造成了一種不良傾向：把物理學哲學等同於科學哲學，把物理學理論作為所有理論的理想典範，甚至作為生物學和心理學理論的典範。

持經驗論合理根基的前提下進行了廣泛而大膽的修正，給科學的哲學和方法論增添了或注入了理性論、約定論、整體論的精神。這些作為行動在十九世紀末科學危機之前，並在科學危機中得以拓展、深化和傳播，從而成為科學合理性和客觀價值的新的立足點。

迪昂的科學哲學也是在未充分感受到所謂的科學危機之前陸續提出和逐漸形成的。迪昂的科學哲學起點是1892年的〈對物理學理論的目的的一些反思〉，這是在里爾教理論物理學課程時所作的開放講演。修正和擴展的成果是1893年的〈英國學派和物理學理論〉、〈物理學和形而上學〉以及1894年的〈關於物理學實驗的目的的一些反思〉。這些材料盡管重新安排和擴展了，但幾乎是重印❿在1906年出版的集大成著作《物理學理論的目的和結構》⓫中。與彭加勒相比，迪昂的科學哲學似乎主要不是對科學危機作出的直接反應和解決方案。

但是，面對1890年代初的所謂「科學破產」爭論和法國的智力氛圍，迪昂也不得不作出反應和抉擇。當時，在國際科學界，出現

❿ 迪昂的書大都是由早年或近年發表的論文構成的，很少改寫或重寫。這種作法對像迪昂這樣的大忙人和長期患慢性病的人有吸引力；但缺陷也很明顯：易於影響整體平衡，結果不會十分連貫，不易分清作者思想的變化和修正，從而引起誤解。

⓫ P. Duhem, *La théorie physique:son object et sa structure*, Paris: Chevalier & Rivière, 450pp. 以下簡稱該書為《結構》。它是由1904和1905年發表在《哲學評論》上的多篇論文構成，出版者作為《實驗哲學專題叢書》第二種出版。1914年該書第二版 (擴大版，viii+514pp.) 出版，〈附錄〉中收入了迪昂的兩篇論文：〈信仰者的物理學〉(1905) 和〈物理學理論的價值〉(1908)。《結構》中有許多腳注，其中一部分涉及到保護他的優先權問題，並把他自己的觀點與討論中的其他人的觀點區別開來。

了萊伊所謂的三個派別❷和實用主義派別，迪昂雖屬於反機械論的
和唯能論的學派，或我界定的批判學派❸，但他的觀點在學派內外
都是獨立的。法國是實證論的故鄉，實證論傳統根深蒂固；面對科
學危機這一反常狀態，各種時髦的反理智主義、唯靈論、唯心論、
激進約定論、極端直覺主義、反實在論等大行其道，呈現出所謂的
「心靈對理智的反叛」和「科學客觀性的消解」。素有獨立性的迪
昂既沒有在舊的哲學陷阱中窒息，也沒有被新的哲學羅網捕獲，面
對十九世紀科學的兩個特徵性信念——自然界中的所有現象能夠還
原為力學定律的信念和科學將最終揭示出宇宙的「真理」的信念，
他選定了自己獨特的張力哲學之道。

具有科學和科學史雙重智力結構的迪昂，在進入科學哲學領域
時，肯定具有自己的優勢。他把嚴密的邏輯分析、深長的心理探索
和確鑿的歷史論證巧妙地結合在一起，既顯示出邏輯的嚴格性，又
體現了直覺的洞察力和歷史的啟發意義，從而給科學哲學帶來時代
的新氣息。

迪昂的科學哲學發端於他的科學實踐和教學經驗，是圍繞著對
「物理學理論的邏輯審查」（他在《簡介》中敘述他的科學哲學貢
獻時使用的標題）而展開的。他明確而有說服力地把物理學與形而
上學斷然分開，牢固地確立了物理學的自主地位，同時也充分肯定
了形而上學的固有價值。他第一個系統地構築起物理學理論體系的
宏偉大廈，深刻地剖析和透視了它的邏輯結構。他繼承了哲人科學
家的優良傳統，是本體論背景上的秩序實在論者。他汲取了傳統經

---

❷ 參見第一章❸。

❸ 李醒民〈論批判學派〉，《社會科學戰線》（長春），1991年第1期，頁
99-107。

驗論的合理因素，肯定並倡導方法論文脈中的科學工具論。他的最有價值的哲學創造是認識論透視下的理論整體論，這在今天仍是經久不衰的議題。他沿帕斯卡等人開創的道路，對人類心智進行了壯麗的探險。他在進行歷史研究的同時，形成了自己獨特的科學史觀和編史學綱領。他汲取了前人和同代人各種學說、眾多流派的哲學營養，融入了自己的反思和創造，造就了一種斑駁陸離的張力哲學。迪昂的科學哲學兼具馬赫和彭加勒思想之所長，又有明顯的邏輯分析和整體論特色，因而成為維也納學派和邏輯經驗論的又一先驅，成為現代科學哲學的先行者。當今科學哲學討論的許多問題和提出的新穎命題，都能在迪昂的論著中找到思想源泉和智力酵素。正如德布羅意在評價迪昂的《結構》時所講的：

> 迪昂論述物理學理論的著作值得大加讚譽，因為這部建立在作者偉大的個人經驗和無比強大的精神的敏銳判斷的基礎上的著作，包含著往往是非常正確和深刻的觀點，甚至在我們不能夠無限制地採納它們的情況下，它們依然是有趣的，並為思考提供了足夠的素材。(AS, p.xi)

迪昂的科學哲學的代表作是《結構》。《結構》完整地體現了作者的哲學思想，它是科學哲學的經典篇，是科學思想的里程碑，它的論題即使在今天看來還是新鮮的和激動人心的，甚至連不滿意它的人也不得不承認它是有缺點的傑作。內格爾 (E. Nagel, 1901–1985)在1954年英譯本的封頁上這樣評論說：「迪昂的書是關於現代科學哲學的最重要的經典著作之一，盡管自初版以來幾乎已過去了半個世紀，但是它與目前的問題和當前思想的活躍源泉密切相關。」

《結構》共分兩編、十一章外加兩個附錄。書中包含著關於假設的邏輯作用的成熟思想，定律與理論的關係，測量、實驗、證實和說明在物理學理論結構中的本性，作為與大陸物理學中的演繹方法相對照的英國物理學家的力學模型，物理學相對於形而上學和神學的自主性，物理學家的精神類型等等。即使書中一些並非主要的論題和並非著力分析的命題也是富有吸引力的，例如判決實驗不可能，假設選擇無嚴格的邏輯，觀察滲透理論，感覺資料與數學符號化的差異，物理學中的語言翻譯和詮釋等等。迪昂在該書的引言(AS, p.3)中為自己設定了一個謙遜的目標:「我們將對物理科學作出進步的方法提供簡單的邏輯分析。」他給自己限定了分析研究的範圍:不把所提出的思考擴展到物理學之外的科學，不要求引出超越於恰當的邏輯目的的結論。迪昂的視角是物理學家的，而不是形而上學家的，因為他申明:

> 書中所提出的學說不是對從普遍觀念的沉思而唯一導致的邏輯體系，它也不是通過某種對具體細節敵視的冥想而構造的。它是在科學的日常實踐中誕生和成熟的。

因此，迪昂對他延續了二十餘年的勞動成果充滿必勝的信心:「這種長時間的檢驗期使我們確信，觀念是正確的和富有成效的。」在八年之後的第二版序中，迪昂指出:「自那時以來，關於物理學理論的爭論在物理學家當中十分盛行，物理學家也提出了若干新理論。這些討論或發現，都沒有向我們揭示對我們陳述的原理投以懷疑的任何理由。事實上，我們比以往任何時候都更加確信，這些原理應該牢固地確立。」(AS, p.xvii)在九十年後的今天看來，迪昂的自信不

失為一種先見之明。

第三節 積厚流廣的科學史家

　　迪昂雖然從未自詡為科學史家，但是他的學術成就和宏篇巨製卻使他成為現代科學史的奠基人。在這個領域，他也許勝過了當時所有其他科學史家，因為沒有人接近他研究的深度和廣度。有人甚至有點言過其實地認為，與迪昂相比，他的同時代的科學史家似乎有點外行人的味道，因為他們缺乏迪昂那樣卓越的才幹和博大精深的素養。迪昂是第一流的科學家和科學哲學家，他熟知科學家如何思維和創造，他有能力深刻地評價、分析、批判過去的科學工作的內容。迪昂說過，批判任何科學工作，就是要分析和評價它的邏輯結構，它的假設內容，以及它與現象的一致。只有下述科學家用完善的才能和巨大的信心才能作到這一點，這些人創造了基本的科學，同時也是第一流的科學哲學家，而且通曉多種古典語言和現代語言，能夠全面把握他研讀的文本的背景和知識❹。顯然，迪昂是能夠完全滿足這些條件的，因此他順理成章地成為彪炳史冊的第一流科學史家。

　　迪昂是從對物理學理論的反思引起對物理學史的思索和探討

---

❹　迪昂翻閱和引用的原始資料的語種有古典希臘語，古典的、基督教會的或文藝復興時期的拉丁語，文藝復興早期的法語，意大利語，德語，甚或斯蒂文 (Simon Stevin, 1548–1620) 的佛蘭芒語。他的淵博的學識也使他不僅能夠完備地把握西方傳統的科學論據的內部邏輯，而且也能完整地把握表達這些論據的規範。他是十九世紀西歐教育的特有產物。在我們這個日益專門化的時代，這樣的典型像恐龍一樣滅絕了。

的，其意圖是為了把握科學的概念基礎，理解當今的科學和支持他
的科學哲學觀點。1884年，在他的第一個真正的出版物中，他就提
到物理學理論的歷史發展是闡明它的概念完備性的一部分，當時他
還沒有詳細寫物理學問題的歷史。1888年，他在關於感應磁化問題
的論著中，伴隨著同一主題的歷史概覽。1892年的〈原子標記法〉，
是他的1890年代眾多科學史文章的先行者。正是在雷恩的那一年，
他開始發表系列光學史論文，作為闡明光理論真正本性的手段。此
外，他還就引力理論、力學模型和十七世紀以來的科學進化寫了史
論文章。在這個十年結束時，迪昂的歷史寫作速度和規模增強了。
他在本世紀初出版的幾部著作，尤其是《力學的進化》，都用大量
篇幅描繪了科學觀念的進化。在1904年之前，迪昂是以歷史－批
判的風格撰寫科學史的，這種風格也是時代的風尚。杜林(E. K.
Dühring, 1833–1921)的《力學一般原理批判史》（1873初版，1877
再版），馬赫的《力學史評》（1883）就是此類著作的代表作，迪昂
可能是通過《數學科學通報》的書評文章，在1886年首次獲悉馬赫
的書的主要觀點和總傾向的。

　　《力學的進化》⑮是迪昂1903年在《科學綜合評論》所發表的
七篇系列論文的匯編，時隔兩年後(1905)又再版。這本重要的歷史
－批判著作原來是期望啟發當時的專業人員的，在今天依然具有巨
大的啟發價值。迪昂在引言中概述力學發展的現狀時已點明了這個
意思：

　　　在十九世紀中期，理性力學似乎被放置在這樣一個不可動搖
　　的基礎上，就像歐幾里得把幾何學所放置的基礎一樣牢固。

⑮ P. Duhem, *L'évolution de la mécanique*, Paris: A. Joanin, 1903, 348pp.

由於確保了它的原理，它可以容許它的推論的和諧發展順利
進行下去。

物理學急劇的、持續的、激動人心的成長已經開始，搖撼了
這種平靜，觸動了這種自信；由於糾纏到新問題，力學賴以
建立的基礎的可靠性受到懷疑，它再次向新的發展邁進。

它採取什麼路線呢？幾條道路可以看見；它們每一個的入口
都敞開著並且十分暢通；但是人們剛走上一條道，就看到堤
路變窄了，道路的行程變得不清楚了；不久人們看到的不過
是荊棘叢生、沼澤密布、深淵阻隔的羊腸小道。在這些道路
中，誰想在這樣焦灼的阻隔中變得不知所措呢？誰想在懸岩
的邊緣突然停下呢？有人會一直走到所希望的目標並在某一
天碰到金光大道嗎？力學猶豫不決，焦急渴望，她豎起她的
耳朵傾聽那些自稱引導她的人，她沉思他們相反的勸告，不
知道她應該信任誰。

……可以肯定，這種懷疑狀況對於每一個思考的人來說，都
是有價值的考慮對象；因為關於力學命運，關於她將發展她
的理論的方法，都取決於整個自然哲學的真正形式。**⑯**

《力學的進化》第一編〈力學說明〉共十四章，敘述了從亞里
士多德到赫茲力學和開耳芬勛爵 (Lord Kelvin, 1824–1907) 旋渦原
子的觀念進步；表明各種觀念是如何受到贊成，如何發展，爾後又
是如何被拋棄的；另一些觀念又是如何受到偏愛，如何變化，如何
在轉變中得以保留的。第二編〈熱力學理論〉概觀了十九世紀末的

---

⑯ P. Duhem, *The Evolution of Mechanics*, Translated by M. Cole, Sijthoff
& Noordhoff, Maryland, U.S.A., 1980, pp.xl–xli. 以下該書簡寫為*EM*。

力學物理學，特別闡明了力學的相互不同的四個部分，即能可逆變化的系統、摩擦系統、具有滯後作用的系統和電流流過的系統。在該書中，中世紀❶並沒有科學：迪昂從亞里士多德直接跳到笛卡兒，二者之間未著一筆。他甚至明言：「在十七世紀初科學的新興」與亞里士多德的質的物理學決裂，也許在於「突然的幸運轉折」(*EM*, p.5)。

被稱為「信仰世紀」的中世紀長期以來被打上「黑暗世紀」的印記。從拉格朗日到馬赫的眾多科學家，以及文藝復興及其之後的人文學者，都認為中世紀無科學可言。拉格朗日在《分析力學》的引言中把伽利略作為力學的開端；達朗伯(D'Alembert, 1717–1783)在《百科全書》序言中提到「黑暗時代」時，只不過重複了流行的老生常談，當然不乏冷嘲熱諷；杜林在《力學一般原理批判史》中認為在阿基米德和十六世紀之間一無所有，有的只是「歷史的沙漠」(*PD*,p.137)；馬赫也把中世紀作為不毛之地而略去❶。在迪昂學術

---

❶ 中世紀(Middle Ages)是一個伸縮性很大的時間概念。十五世紀後期人文主義者首次使用該詞，用以表述西歐歷史上從五世紀羅馬文明瓦解到人文主義者正在參與的文明生活和知識復興的時期，約395–1500年。亦說是從455年西羅馬帝國滅亡到十五世紀文藝復興前夕約一千年的時間。用宗教術語表達也可稱為「千年王國」。

❶ 在那個時代的哲學家和人文學者也如是觀。例如，莫里哀(Molière, 1622–1673)譏諷中世紀一無所獲，經院哲學思想是「睡眠的古董癖」；庫辛(V. Cousin, 1792–1867)認為中世紀是進步的障礙；惠威爾(W. Whewell, 1794–1866)把中世紀描繪為「正午的睡眠者」。(*UG*, pp.381–384)恩格斯(F. Engles, 1820–1896)也寫下了「在中世紀的黑夜之後，科學以預料不到的力量一下子重新興起」的話；參見恩格斯《自然辯證法》，于光遠等譯編，人民出版社（北京），1984年第1版，頁27。

生涯的頭二十年，他具有實證論的同代人的觀點：中世紀在科學上是無足輕重的、不結果實的。

1903-1904年之交，是迪昂在科學史研究中的分水嶺。這位一向迷戀連續性的學者，卻突然發生了研究工作的斷裂和學術風格的跳躍❶。在1903年秋完成的《力學的進化》中，迪昂雖對莫里哀譏諷經院哲學頗有微詞，但他還未窺見到中世紀科學的地平線。接著，迪昂應邀為《科學問題評論》雜誌撰寫關於靜力學起源的系列論文；第一篇發表在該刊1903年10月號。他在其中提及利布里(G. Libri)六十年前出版的著作講過列奧納多·達·芬奇(Leonardo da Vinci, 1452-1519)的虛速度概念「極其重要」。這意味著把力學史從伽利略上溯了一百年，但在列奧納多之前就再也找不到什麼了。因此，對迪昂來說，沒有什麼東西比從亞里士多德直接跳到列奧納多更為自然的了，正如他在文中所評論的：「經院哲學對亞里士多德『力學問題』的評論並未為亞里士多德的觀點添加任何東西。為了看到這些觀念在新的支流流出並結出果實，我們必須等到十六世紀初。」顯然，迪昂此時還沒有看到有理由向中世紀黑暗的陳腐之見挑戰，他視為嚮導的利布里的數學史著作肯定也無這樣的挑戰。迪昂在1905年3月21日回顧起這種狀況時說：

> 在著手研究靜力學起源之前，我讀了幾種處理這門科學歷史的著作。很容易辯認出，它們中的大多數十分濃縮而缺乏細節，但是我們沒有理由假定它們是不正確的，至少在廣闊的

---

❶　R. N. D. Martin, Duhem and the Origins of Statics: Ramification of the Crisis of 1903-1904, *Synthese*, 83 (1990), 337-355; 以及 *UG*, pp.384-385; *PD*, pp.147-158.

綱要上。因此，當我們轉到研究它們涉及的文本時，我們預期要添加或改變許多細節，但是沒有什麼東西導致我們懷疑，靜力學的歷史在整體上會因我們的研究而被擾亂。(*OS*,p.7)

按照事件的通常進程，迪昂接下來的論文應該發表在1904年1月號。然而，正常進程中斷了，接著的第二篇發表在4月號，而且公然與早先的不一致。迪昂一開始就宣布他發現了近代科學的中世紀源泉：

但是，我們迄今僅僅得到從古代到文藝復興靜力學發展的粗糙梗概：就基本輪廓而言，我們已給出了，但是還必須添加眾多細節。為了確立這種細節，我們不得不把單調乏味的辛勞強加於我們自身之上：我們必須審查和分析國家圖書館和馬薩林圖書館擁有的與靜力學有關的手稿。我相信，這種分析容許我們發現直到現在未知的或被誤解的不止一個源泉，這些泉水為近代科學的形成提供了豐富的水源，……(*OS*, pp.61–62)

迪昂不僅拋棄了中世紀是科學不毛之地和十七世紀初突然啟蒙的陳說舊見，而且也大大變革了他的編史學綱領——以真正的歷史學家的姿態、以全新的方式撰寫真實的科學史。他現在需要把中世紀靜力學的原始資料集中起來，他強調指出先前沒有提到的十三世紀人物約丹努斯的科學貢獻。這個偶然發現或大轉變發生在1903年10月底或11月初⑳，即在馬赫收到《力學的進化》贈送本的一兩個月內。

這就是迪昂第二篇文章推遲三個月發表的原因。

從此，迪昂幾乎是孑然一身埋頭於浩如煙海的中世紀手稿堆裡，單槍匹馬地粉碎「科學暗夜」的神話。他的發現不期而遇，他的著作接踵而至。與早先的科學史著述相比，現在的著作都是多卷本的宏篇巨製，完全依據原始文本和第一手資料，集中敘述中世紀的科學成就。

用數學家和數學史家史密斯(D. E. Smith)的評論來說，《靜力學的起源》❷❶「作了使科學史成為可能的那類工作」(*UG*, p.408)。該書追溯了靜力學原理從古希臘到拉格朗日的發展，他使迪昂一舉成為西方思想史上新大陸的發現者。由於迪昂發現了塔爾塔利亞(N. F. Tartaglia, 1499–1557)的文本，他透過後者的「厚顏無恥的剽竊行為」追蹤到十三世紀的力學家約丹努斯。早在十三世紀初，也許甚至更早，約丹努斯就從下述公設出發證明了槓桿定律：當用相同的動力提昇不同的重物時，重物通過的高度與其重量成反比。這種觀念能夠在約丹努斯的論文中找到它的胚芽形式，並通過他的追隨者得以發展（確定斜面上的重物平衡定律，用幾何作圖確定曲槓桿的平衡定律），直到從列奧納多至笛卡兒（他幾乎毫無改變地採納了

---

❷⓪ 當時，迪昂因原始資料不足而煩惱，請求塔納里幫助他尋找某個歐幾里得的文本。塔納里的明信片覆信寫於1903年12月，這是大轉變的時間參照（參見⓳第一個文獻）。雅基認為大轉變是在1904年1月(*UG*, p.377)。無論如何，他1904年4月號的文章已向世人宣告了他的重大發現和轉變。

❷❶ P. Duhem, *Les origines de la statique*, Paris: A Hermann, Tome Premier, 1905, iv+360pp.; Tome II, 1906, viii+364pp. 第一卷由1903–1905年發表的六篇論文構成，第二卷由1905–1906年發表的五篇連載文章構成。

約丹努斯的思想)、 拉格朗日、吉布斯的工作中達到它的最系統的
闡述（虛位移原理）。迪昂以此為據斷言：

> 西方的中世紀不僅僅直接或間接地以阿拉伯為中介繼承了某
> 些希臘關於槓桿理論和羅馬天平的傳統，而且通過它自己的
> 智力活動，產生了自古代以來自主的靜力學和在古代未知的
> 靜力學。……因此，我們今日理所當然為之自豪的科學，是
> 通過來自誕生在約1200年的科學相繼進化而成的。(OS,p.8)

迪昂進而揭示出，不僅約丹努斯，而且薩克森的阿爾伯特這位給巴
黎大學傑出的唯名論學派帶來巨大榮譽的學者之一形成了重心理
論，該理論得到很大重視並產生了持續影響，從而使得中世紀力學
對近代科學的基礎作出了貢獻。十五和十六世紀的力學家和物理學
家無恥剽竊他的成果而不提他的名字，該理論在十七世紀繼續興旺
發達，托里拆利(E. Torricelli, 1608–1647)所宣布的靜力學原理就是
從阿爾伯特的理論發展而來的。迪昂通過靜力學起源的研究形成了
一個充分普遍的結論：

> 今日如此自豪的力學科學和物理科學，在我們看來是從中世
> 紀經院哲學所公開宣布的學說中，通過幾乎難以覺察的細緻
> 改制的抄襲之結果而來的。所謂的智力革命，在大多數情況
> 下，無非是在長時期內的發展進化。所謂的文藝復興往往只
> 不過是不公正的、未結果實的反應。最後，對傳統的尊重是
> 所有科學進步的必不可少的條件。(OS, p.9)

《列奧納多・達・芬奇研究》㉒是迪昂在潛心研讀了列奧納多的筆記、原始資料和十六世紀科學家的文獻的基礎上完成的，是一部資料十分豐富、觀點相當驚人的劃時代著作。該書頭兩卷的副標題是「他解讀的人和解讀他的人」。至少就力學而言，它是重構列奧納多的原始資料和他的影響，而更多的是強調列奧納多的思想在其中世紀前驅著作中的來源，這些前驅大都是巴黎大學的校友或在巴黎大學教書。例如，特蒙(Themon)明顯地影響了列奧納多，他關於流體靜力學的論述行動在後者之先。他概覽了薩克森的阿爾伯特的著作，這位在文藝復興之初為人所知的偉大哲學家卻被後人忘卻了。第二卷的序有兩段重要的話 (*UG*, p.393) 必然會引起讀者的注意。他在第一段談到「基督教思想在十三世紀末打碎了逍遙學派㉓哲學的專制」。在第二段他提到，意大利思想家在十六世紀與古希臘幾何學接觸，這使他們更多地接受了十四世紀巴黎大師們的教導：「這種接觸向他們注入新的生命，科學復興就是新生命的證據。」「可以說在列奧納多身上概括和濃縮了所有的智力衝突，意大利的文藝復興通過這種衝突變成了巴黎經院哲學的繼承者。」迪昂在書末注釋中討論了中世紀粉碎了亞里士多德對多世界即世界無限性的反對，這對科學的未來意義重大，因為它對形成慣性概念掃清了思想

㉒　P. Duhem, *Etudes sur Léonard da Vinci*, Paris: A. Hermann, Première Série, 1906, vii+355pp.; Seconde Série, 1909, iv+474pp.; Troisième Sèrie, 1913, xiv+605pp.該書第一卷由1905–1906年發表的六篇論文及先前未發表的兩章、注釋和序構成;第二卷由1907–1908年發表的三篇論文及先前未發表的兩章、注釋和序構成; 第三卷由1909–1912年發表的八篇論文及新序構成。

㉓　逍遙學派即是亞里士多德學派。古希臘哲學家亞里士多德在學園內漫步講學，故有此稱謂。

障礙。在這裡，基督教對造物主無限能力的意識起了舉足輕重的作用，這就是迪昂為什麼把決定性的象徵意義賦予1277年3月8日，此日巴黎主教唐皮埃 (E. Tempier) 譴責包含否認多世界可能性在內的216號提議。迪昂感到：「如果我們必須指定近代科學的誕生日，那麼我們無疑應該選取1277年。」(*UG*, p.394)

第三卷的副標題變為「伽利略的巴黎前驅」，顯示出作者探討的視角從列奧納多在科學史中的作用轉向伽利略成就的中世紀起源，從評價列奧納多作為近代科學先驅和發現他的先驅的雙重任務轉向僅僅發現近代科學前驅的唯一任務。從此，迪昂心目中的英雄比里當、奧雷姆、梅羅納的弗蘭西斯 (François de Meyronnes，約1285–1328 以後) 等成為中世紀科學進程的主題。該卷在科學史出版物中是最富有戲劇性的，它涉及到物理學中的兩個關鍵性概念，即動量守恒定律和自由落體定律。前者在比里當對亞里士多德著作的評論中以衝力 (impetus) 的名字萌生。亞里士多德創造了促動者必須與運動之物直接接觸的概念，比里當則倡導世界及其運動是永恒的。比里當在神學的基質上充分認識到：

> 存在著我從來也不能以令人信服的方式反駁的觀點。按照這種觀點，正是從世界創生的那個時刻，上帝使天球以與它們還在運動等同的運動而運動。他把各種衝力(impeti)施加於它們，它們借助於衝力繼續以勻速運動。因為這些衝力事實上沒有遇到任何反抗它們的阻力，所以它們從不消失和減少。
> (*UG*, p.394)

迪昂在第三卷中兩次引用比里當的話語，可見他深知這個新宇宙綱

要的決定性意義㉔。他在序中寫道:「如果人們想要用一條分明的線把古代科學與近代科學分開的話,那麼人們應該把這條線追溯到約翰·比里當構想該理論的時刻;此時,人們不再把行星看作是神的理智使之運動的存在物;人們至此已承認天上的運動和地上的運動都依賴於相同的力學。」(*UG*, p.395)

第三卷關於自由落體的前伽利略敘述也富有戲劇性。迪昂在細節上也是過細的,例如兩百多年間在兩個命題間缺乏關聯:一是關於勻加速運動的速度,二是關於自由落體的速度是時間的函數。迪昂證明,到西班牙的多明我時代,在巴黎受教育的索托的多明戈(Domingo de Soto),約在1560年首次在出版物中提出正確的自由落體定律作為勻加速運動的例子,該定律在巴黎和其他地方似乎是公共知識。例如薩克森的阿爾伯特給落體定律以兩種系統的闡述,其中正確的一個被列奧納多接受。有證據表明,伽利略也充分了解十四世紀「巴黎學者」的工作。迪昂在此背景上評論說: 「在支持這兩個命題時,雖然伽利略能夠從推理或從實驗提出新的論據,但他至少將不需要發明它們。」 ㉕(*UG*, p.395)正是這些研究結果使科學

㉔ 迪昂在同年提交給科學院的《簡介》中又一次談到沖力概念的意義:「沖力在比里當的這種動力學中所起的作用,十分正確地是伽利略將賦予 impeto(沖量)或 momento(動量)、笛卡兒將賦予 quantity of movement(運動量)、 萊布尼茲(G. W. F. von Leibniz, 1646–1716)將賦予 force vive(活力)的東西;這種對應是如此之正確,以致托里拆利為了闡明伽利略的動力學,在他的《學術教學》中重複了比里當的推理,幾乎重複了原話。」(*MPD*, p.11)

㉕ 迪昂在《簡介》中進而得出結論,在伽利略和所謂的近代科學奠基者之前,「我們看到巴黎學派的物理學家設置了伽利略、他的同代人和他的追隨者將要發展的力學的整個基礎。」(*MPD*, pp.11–12)

史家認識到，迪昂在他們的領域開闢了一個新時代。正如羅馬大學的米耶利(A. Mieli)1914年在第一流的科學史期刊《科學》中評論第三卷時所寫的：

> 皮埃爾·迪昂在所有活著的科學家當中是最廣泛、最合意的精神之一。……迪昂對動力學和運動學原理的發展在一些方面給我們以確定的洞察，他深思了許多對科學史具有重大意義的新事實，達到了十分新穎、十分有趣的結果。(UG,p.410)

巴特菲爾德(H. Butterfield, 1900–1979)在1959年提到迪昂的三卷巨著時說：「即使這部專著有嚴重的缺陷，我們仍可以說，它所開闢的某些探索方向一直延續到我們的時代。」❷❻

《保全現象》❷❼的副標題是「論從柏拉圖到伽利略的物理學理論的觀念」，它可以視為《宇宙體系》的可信的摘要。盡管該書是概述的和綱要性的，但歷史細節也很豐富，引用的都是原始資料。該書的科學哲學色彩較濃，易於引起爭議和誤解，事實上不同立場和視角的人從各自的詮釋解讀它：工具論或實證論的，新經院哲學的，為羅馬教庭辯護的，……

在該書中，迪昂通過從前蘇格拉底（Socrates，前470–399）時起的歷史的科學文本的研究，提出了他的方法論原理，即物理學理

---

❷❻　H. 巴特菲爾德〈科學史與歷史研究〉,《科學思想史指南》, 吳國盛編, 四川教育出版社（成都）, 1994年第1版, 頁171。

❷❼　P. Duhem, ΣΩΖΕΙΝ ΤΑ ΦΑΙΝΟΜΕΝΑ, Paris: A. Hermann, 1908, 144pp. 該書由1908年4月到9月發表在《基督教哲學年鑒》上的五篇連載文章構成。

論不應該在試圖保全現象中包含關於潛藏在現象之下的物質層次的性質之思索。物理學和形而上學的關係是什麼？或者用古人的術語說，天文學和物理學之間的關係是什麼？迪昂以簡潔的筆墨，「迅速地評論了希臘思想、阿拉伯科學、中世紀基督教經院哲學和後來的文藝復興天文學家對這個問題給出的答案」；以眾多原始資料的引用和清醒而淵博的分析，「重構了從柏拉圖到伽利略的科學家和哲學家所堅持的物理學理論的概念」❷，勾勒了從托勒密（C.Ptolemy，活動期公元二世紀）到哥白尼的主要天文學體系，從而表明這些體系是如何按照流行的關於物理學理論本性的概念被接受、被拒斥或被修正的。該書出版不久就受到稱讚。芒西翁 (P. Mansion)1909 年1月22日寫信告訴迪昂：「我興味盎然地讀了它，在閣上書時，我自言自語：現在戰鬥勝利了。所有讀它的人最終將了解物理學理論是什麼。」(*UG*, p.408)迪富爾克在1913年評論該書時以更廣闊的視點寫道：

> 人們對科學的起源的所知比對科學發現的所知還要少。我們從科學的征服獲益，毫不關心它們出自的源泉而享用科學的好處。可是沒有有趣的研究。無論在什麼領域，人的進步也不是由一些自發的、必然的進化促成的。重要的是要了解科學誕生的條件，科學進步加速的條件，以便可以更好地定向我們未來的步驟。為此理由，迪昂的著作必須受到高度的估

---

❷　P. Duhem, *To Save the Phenomena, An Essay on Idea of Physical Theory From Plato to Galileo*, Translated by E. Doland and C. Maschler, The University of Chicago Press, Chicago and London, 1969, p.3.該書以下簡寫為*TSP*。

價。它們在廣泛的證據的基礎上確立了，近代科學所依賴的
原理是在牛頓、笛卡兒、伽利略、哥白尼、列奧納多本人之
前，由十四世紀巴黎大學的大師們闡明的。(*UG*, p.409)

　　《宇宙體系》❷的副題是「從柏拉圖到哥白尼的宇宙論學說的
歷史」，這是一部紀念碑式的偉大著作，無論是歷史事實的描述還
是原始資料的分析，都是偉大的。就連帶頭反對迪昂史學觀點的夸
雷(A. Koyré, 1892–1964)，也不得不承認該書是智力里程碑。他在
1956年這樣寫道：

---

❷　P. Duhem, *Le système du monde*, Paris: A Hermann et Fils, Tome I,
1913, 512pp.; Tome Ⅱ, 1914, 522pp.; Tome Ⅲ, 1915, 549pp.; Tome
Ⅳ, 1916,597pp.; Tome Ⅴ, 1917,596pp.; Paris: Hermann, Tome Ⅵ,
1954, vi+740pp.; Tome Ⅶ, 1956, 664pp.; Tome Ⅷ, 1958, 512pp.; Tome
Ⅸ, 1958, 442pp.; Tome Ⅹ, 1959, 528pp. 迪昂去世後，海倫把下餘的五
卷手稿存放到科學院，一個四人委員會研究並安排手稿的整理和出
版。四人之一是迪昂的老師和好友、科學院終身書記達布。可是，達
布不幸於1917年去世，手稿被擱置起來。到1930年代，海倫充分意識
到，必須激活一個長期暫停的計劃。在她的丈夫以及迪昂的好友、科
學史家塔納里的支持下，*Isis* 在 1937 年刊出一個呼籲，籲請國際資助
出版手稿，國際科學史學會法國分會也在其機關刊物*Archeion*發表類
似的呼籲。海倫在此之前寫完了她父親的傳記，讚揚她父親透徹的思
想和優美的文筆，從而加強了呼籲效果。可是，由於財政困難和意識
形態上的反對，第六卷只有一小部分在1938年排了版，另一批校樣十
年後才送來，但計劃不幸再次受挫。直到1953年，出版計劃才從國家
科學研究中心得到經濟支持。1954年，第六卷和頭五卷的重印本一起
問世，下餘四卷也在1959年之前全部出齊。

《宇宙體系》是一部有永恒價值的著作，它的文獻的豐富性是如此巨大的勞動的成果，巨大得足以使精神混淆不清；盡管學習和研究了四十年，它依然是不可替代的知識源泉和研究工具，因此是不可或缺的。❸⓪

《宇宙體系》頭兩卷的標題是「古希臘的宇宙論」，它處理了從柏拉圖到菲洛波努斯（J. Philoponus，活動時期六世紀）的古典古代宇宙論的進化，這給迪昂帶來了希臘哲學史家的聲譽。這兩卷完美地敘述了古希臘和希臘化時期的宇宙論科學。迪昂在處理這個問題時深信，整個科學是世界觀的函數，尤其是古希臘人關於世界統一性的信念隱含在任何有意義的科學工作中，盡管他們仍未擺脫占星術和有機論的世界的幻想。迪昂指出，古希臘哲學的信徒——逍遙學派、斯多葛派(Stoics)、新柏拉圖主義者——都對那時的宇宙體系的構成作出了貢獻；阿布・馬薩爾（Abu Masar，約786–886）對該體系表示了阿拉伯人的尊敬；從亞歷山大里亞的斐洛（Philo of Alexandria，前15/10–?）到邁蒙尼德(M. Maimonides, 1135–1204)的最傑出的猶太教牧師接受了它。為了把它作為一種怪異的迷信加以譴責和廢棄，基督教必須到來。迪昂在第二卷裡得出結論說：

教會教父以基督教教義的名義攻擊異教哲學家的觀點，……通過這些攻擊消除了逍遙學派、斯多葛學派和新柏拉圖主義者的宇宙論，教會教父為近代科學清理了場地。……人們可

---

❸⓪　P. Duhem, *Medieval Cosmology, Theories of Infinity, Place, Time, Void, and the Plurality of World*, Edited and Translated by R. Ariew, The University of Chicago Press, 1985, p.xix.

以說，近代科學將在人們敢於宣布下述真理的那一天誕生：
同一力學、同一定律支配天上的運動和地上的運動、太陽的
運動、海的漲落、物體的下落。這樣的觀念可以表達出來：
恒星必然應該從古代把它們放置的神聖的等級中移走；神學
革命必然發生。這種革命將是基督教神學的工作。近代科學
從希臘異教神學和基督教神學之間的碰撞所激起的火星中燃
起大火。(Tome II, p.408; *UG*, p.404)

第三、四卷的標題是「中世紀拉丁人的天文學」，大部致力於
描述各個中世紀學派，如寺院外的教士、多明我會修道士、方濟各
會修道士、巴黎學者和意大利學者培育的天文學，致力於中世紀拉
丁人的天文學理論，並從龐大的哲學層面上加以討論，探討它們最
根本的或形而上學的類型。迪昂在第四卷這樣寫道：「人的理智的
處於支配地位的野心是促使他理解宇宙的野心。」(Tome IV, p.309;
UG, p.405)第五卷標題是「亞里士多德主義的漲潮」，集中論述了日
益增長起來的亞里士多德潮流。他以布拉班特的西格爾 (Siger of
Brabant, 約1240–1281～1284) 對亞里士多德的擁護結束了這一卷。
按照迪昂的描繪，西格爾的態度不是有意告誡逍遙學派的學說與基
督教信仰不相容，而1277年的決定才有意告誡。

還在迪昂在世時，他的巨著就引起有關人士的關注。米耶利看
到迪昂的研究「具有特殊的價值」，褒揚他的「廣泛的文獻證明和
完備的說明方法」，讚賞他本人「具有數學家、物理學家、哲學家
和歷史比較語言學家的真正機敏的、聰穎的理智」。米耶利進而評
論說：

我們必須使自己慶幸，這種類型的工作由這樣一位深刻的、
如此被忽視的中世紀的專家著手進行，無論如何，他提供了
極其豐富的事實。我們必定更加歡欣鼓舞，因為迪昂顯示了
真正的歷史感，從我們不久將指出的廣闊視野審查他的課題。
大多數所謂的現代哲學家都無能為力處理這樣的課題，或者
因為沒法勝任，或者因為準備不足。假如他們提出關於它的
普遍理論，那麼他們便會誤解這些理論，而相信思想的進化
恰恰與現代哲學家認為是他們自己思想的進化一致。(*UG*,
p.411)

　　時隔幾十年後出版的第六卷的標題是「亞里士多德主義的退
潮·1277年的譴責」，它描繪了1277年3月7日對216號提議的譴責的
影響。正如迪昂斷定的，這個日期是近代科學的誕生日❸，「本書的
主要目的之一就是證實這一斷言。」(Tome Ⅵ, p.66;*UG*, p.428)這個
日期是一個分水嶺：在它之前，亞里士多德的潮流流行；越過它，
退潮日益變得明顯。在追尋了根特的亨利(Henry of Ghent，約1217–
1293)、德國多明我會修道士、鄧司·司各脫 (J. Duns Scotus，約
1265–1308)、 盧盧斯(Raymundus Lullus, 1235–1316)、讓·讓登
(Jean Jandun)、奧康姆 (William of Ockham，約1258–約1349) 和
比里當的哲學和神學著作的進展之後，迪昂在翔實的資料的基礎上
得出結論說：

---

❸　迪昂在第七卷中指出，是迪富爾克使他洞察到這一譴責的重大意義。
　　迪富爾克在關於教會史的著作中證明，這個譴責是理智的突破。它強
　　調了神的全能與亞里士多德的必然論相對，說明基督教也能卓有成效
　　地生育。

在許多劇變之後，基督教信念和實驗科學戰勝了亞里士多德的教條主義以及奧康姆的極端懷疑論。它們結合起來的努力使基督教實證論得以誕生，它的法則是由比里當公布的。這種實證論將不僅僅被比里當實踐，而且也被他的門徒薩克森的阿爾伯特、尼古拉・奧雷姆、因格亨的馬爾西利烏斯（Marsilius of Inghen，約1330-1396）實踐。正是這些將創造巴黎的物理學，他們將用這一真正的方法創造它。(Tome VI, p.729;*UG*, p.428)

接著的三卷的標題都是「十四世紀巴黎的物理學」，迪昂以濃墨重彩著力描繪了當時「人才雲集」的巴黎大學的經院哲學家的豐功偉績。在第七卷中，迪昂通過考察巴黎物理學的形成過程，告誡人們近代物理學是從中緩慢發展起來的：

亞里士多德物理學的破壞並不是突然崩潰的；近代物理學的建築物並不是在沒有留下什麼聳立的東西的地面上建立的。從一個階段到另一個階段，都是通過一長串部分變化的序列進行的，每一次變化都自稱修飾或擴大了大廈的某個局部而沒有改變任何整體的東西。但是，當某些細節的修正作完時，人類精神只要打量一下長期工作的結果，便覺察到古老的宮殿沒有留下什麼，在它的原地建立了宏偉的新建築。那些在十六世紀估量用一種科學代替另一種科學的人受到奇怪的幻想的支配。他們想像，這種替代是突然的，它是他們的成果。他們宣告，逍遙學派的物理學正是在他們的打擊下倒塌的，他們彷彿用魔法在那種物理學的廢墟上建立起明確的真理寓

所。對於這些人的真誠的幻想或傲慢地固執的錯誤，後來世
紀的人們或者是輕信的受騙者，或者是十足的同謀。十六世
紀的物理學家被作為創造者加以讚頌，世人把科學的復興歸
功於他們。他們十分經常地只不過是繼續者，有時是剽竊者。
(Tome VII,　pp.3–4;*UG*, pp.428–429)

在這一卷中，迪昂全面討論了無限小和無限大、位置、運動和時間
等概念，其中包括十分重要的加速運動參數的數學化。迪昂斷定：
「直到微積分發現之前，沒有均勻變化的運動的定律比奧雷姆的證
明更好。」(Tome VII, p.633; *UG*, p.429)

　　在第八卷中，迪昂把具有更為專門的特徵的物理科學的論題提
出來討論，例如真空和真空中的運動、拋射體運動、自由落體和基
督教反對占星術的洞見。迪昂在每一個議題的討論中，都以強有力
的評論為他的英雄佩上花冠，例如在結束比里當關於天體運動的開
端時評論道：

　　比里當以不可思議的膽量說：天上的運動與地上事物的運動
　　一樣，服從相同的法則。只有一種力學，所有被創造出來的
　　事物都受它支配，太陽的軌道以及兒童驅動的陀螺都是這樣。
　　在整個物理科學領域，也許從來也沒有如此深刻、如此富有
　　成效的革命。某一天，牛頓將在他的《原理》的最後一頁上
　　寫道：我用引力給所有天上顯示出的和我們海洋呈現出的現
　　象以闡明。在那一天，牛頓將宣布，比里當播下種子的鮮花
　　正在盛開。可以說，播種之日就是近代科學誕生之時。(Tome
　　VIII,　p.340; *UG*,p.429)

迪昂談到，從米德爾頓的理查德(Richard of Middleton)等中世紀研究者到「有獨創性的」伽利略，關於拋射體的思想經歷了「迂迴曲折的前進」(Tome VIII, p.260;*UG*, p.429)。迪昂從不懷疑伽利略的天才，他探究的是他的中世紀英雄的敏銳。迪昂把奧雷姆視為巴黎大學物理學衰落的起點，這種衰落在十五世紀加速了。第九卷集中討論了奧雷姆，其中許多是通過十四世紀的潮汐討論進行的。這些討論表明，迪昂一再反對具有牽強觀點的「過分熱情的」中世紀史專家。他經常申明的是：

> 如果人們應該頌揚比里當及其追隨者和門徒是牛頓及其後繼者的先驅的話，那麼最恰當的作法是，對於他在巴黎學派中所發展的乾的土地與海洋平衡的理論，與其讚美結果，莫若更多地讚美方法；與其讚美該理論所完成的幾乎精確的命題，莫若更多地讚美使它富有生氣的精神；這並非是因為他們十分幸運地猜測到引力理論將證明其正確的命題。更確切地講，是因為他們為了從力學根據中推出他們的整個學說，他們拒絕統統求助於終極原因和所有占星術的考慮。(Tome IX, pp.234–235; *UG*, p.430)

第十卷的標題是「十五世紀的宇宙論・十五世紀的學派和大學」，從中可以明顯看到作者議題的範圍。這個世紀的科學成就沒有超越比里當、奧雷姆及其門徒所取得的進步，迪昂指明的兩個理由是：

> 為了展示奧雷姆、比里當及其門徒的教導所隱含地包括的豐

富東西,尤其有必要具有比那些大師必然滿意的更為完備、更為深刻的數學知識。而且必須具備供人們操縱的儀器和實驗方法,這才會容許人們以較大的精確性研究物體及其運動。對於僅有算術和幾何學的基礎、只不過用赤裸的五官作觀察的人來說,十四世紀的巴黎人在幾乎每一個領域裡都盡可能遠地向前推進了。盡管他們裝備貧乏,十五世紀的繼承者也不會比他們走得更遠。如果人們看一看,由比里當和奧雷姆在地裡播下種子的學說開花結果,那麼首先必須的是,歐幾里得《原本》的知識由於阿基米德創造了更先進的方法而被擴展了。重獲它們並再次找到它們的用處將是十六世紀的工作。於是,物理學家借助儀器必將獲得正確而精細的測量的技藝。伽利略的世紀將向他們揭示這種技藝。只要這兩種進展沒有達到,經院的物理學就不能超過十四世紀巴黎人讓它達到的限度。(Tome X, p.45; *UG*, p.431)

總而言之,迪昂對科學史的重大貢獻是:徹底粉碎了中世紀是科學的黑暗世紀的神話;肯定了從1200年左右到文藝復興,物理學的發展是連續的,尤其是發現了十四世紀巴黎的經院哲學家和基督徒的功績;列奧納多和伽利略有其前驅,且了解他們的工作;使中世紀文化和近代科學的起源成為有意義的研究課題。這在當時和後來得到一些學者全部的或部分的確認。例如,迪富爾克在1913年的評論中說:「以信仰的名義斷言的信仰者和以經驗名義斷言的觀察者的這種雙重推動,推翻了亞里士多德,產生了那種巴黎的新科學。」他以深刻的透視得出結論:

迪昂的工作表明，把中世紀與文藝復興對立起來的傳統是多麼錯誤。無疑地，這種傳統的內行不再敢於描繪中世紀風格中的野蠻藝術了，也不敢就此而論描繪十二和十三世紀文明中的專橫而盲信的統治了。但是，直到迪昂的書出版之前，他們還能夠把那兩個時代的對立放在它們對待實驗方法的不同態度上，並概括地把文藝復興描述為科學的出現和信仰的崩潰。今天我們看到，人們應該想到這一切：正是在整個中世紀，科學誕生了。(*UG*, pp.409–410)

巴特菲爾德這位科學革命論的鼓吹者雖然與迪昂的科學史觀（緩慢進化和連續發展）迥然不同，但也坦率地承認：

> 在我們所考慮的領域中，迪昂的著作是科學史家對中世紀的態度發生重大變化的一個重要因素。……近代世界在一定的意義上乃是中世紀的繼續——而不僅僅看作是對它的反動。作為其結果，某些科學史家傾向於認真地為「文藝復興」這一傳統概念正名，並認真地領悟至少從十一或十二世紀起西方思想發展的連續性。[32]

不過，總的說來，迪昂的科學史工作受到忽視或輕視，至少引起的反應與他提出的材料的廣博性和詮釋的革命性不相稱。究其原因，除與那堵高大的緘默之牆有關外，也與當時科學史並未引起人們的關注和重視——只是通過科學史界的領袖人物薩頓 (G. Sarton,

---

[32] H. 巴特菲爾德《近代科學的起源》，張麗萍等譯，華夏出版社（北京），1988年第1版，頁14。

1884–1956) 多年堅持不懈的努力情況才有所變化——有關；此外，迪昂的著作被打上為基督教辯護的烙印，也是影響它被廣泛接受的一個因素。另一個重要原因是，那時有影響、有實力的一些科學史家，例如薩頓、夸雷、巴特菲爾德都排斥和反對迪昂的中世紀史詮釋和科學編史學綱領。

薩頓雖然與迪昂都不贊成科學革命觀，但薩頓的新人文主義無疑與迪昂的宗教信仰和中世紀基督教孕育科學的觀點格格不入，另外他對迪昂因宗教原因拒絕幫助他創辦自由主義的《愛雪斯》(*Isis*)雜誌也感到不快。薩頓在五十多年內很少提及迪昂，幾乎等於完全緘默。他在1914年公正地肯定了《宇宙體系》第一卷，但對後繼的、尤其是涉及中世紀的出版物則置若罔聞。他在紀念列奧納多逝世四百週年(1919)時也承認，認為中世紀的一切都是錯誤的和黑暗的看法，是一種長期以來已被駁倒的觀點。並非如此之多的經院哲學家都是笨伯，他們中的一些人也是天才人物。但是他同時補充說，他們的見解從來也沒有擺脫神學的或法定的偏見。他們過分自信，除了他們自己的無知以外他們無所不知。對薩頓來說，列奧納多是偽宗教十字軍東征的中心人物，因而不能太多地依賴中世紀，更不必說依賴作為基督徒的經院哲學家的見解了。(*UG*, pp.417–418) 奇怪的是，這位享有盛譽的科學史大師竟沒有研究過中世紀的手稿或歐洲藏書，也沒有直接涉及迪昂時代起開始撰寫的中世紀科學史，而他卻是靠四卷關於古代和中世紀的巨著樹立起學術威望的。

夸雷認為迪昂的著作作為信息庫具有永恒的價值，但否定迪昂的觀點和學術成就。夸雷斷定：「在中世紀科學和近代科學發展中表面上的連續性（迪昂……如此強烈地強調的連續性）是一種幻覺。」(*UG*, p.424)他反對迪昂關於中世紀科學和伽利略科學之間具

有有機聯繫的主張,認為沖力理論不能對付亞里士多德的所有論證,更不能負荷近代科學的整個結構。至於巴特菲爾德這位崇尚科學革命的史學家,他認為迪昂「可能誇大了這些中世紀先驅者的作用,因此而低估十七世紀革命的重要性。」❸

不用說,迪昂那麼多的論著不可能沒有錯誤。1960 年代以來,隨著中世紀科學史研究工作的勃興,人們逐漸看到,迪昂過分看重1277 年巴黎大主教唐皮埃的譴責了,這必定是由於他的宗教同情心❸。再者,迪昂雖然正確地強調了伽利略及其後繼者受惠於中世紀後期的科學,但他們對沖力理論的精製仍然是決定性的。由於迪昂依據的奧雷姆的文本不完整,因而錯誤地認為奧雷姆是解析幾何的發明者和地球自轉的早期提出者。後來的歷史研究不支持迪昂對約丹努斯作用的強調,也不支持他對於列奧納多所設想的先驅者的猜想。人們通過細緻的反思也發現,迪昂為比里當時代的巴黎大學的理智力量描繪了一幅過於熱情的畫面。在這裡,迪昂的宗教同情心和愛國主義(他相信,巴黎是不朽城,一切好東西都來自巴黎)顯然多少起了作用。(*TSP*,p.xix)有人指出,迪昂不了解阿拉伯科學,常常在與此有關的論述中犯錯誤。例如,他認為伊斯蘭科學大部分是盜竊劫掠的希臘科學的廢品,基本上否認阿拉伯天文學有任何意義。這顯然背上了歐洲文化中心主義的包袱❸。

---

❸ 同❸,頁14。巴特菲爾德頌揚近代科學革命「不僅推翻了中世紀的科學權威,而且也推翻了古代世界的科學權威,也就是說,它不僅以經院哲學的黯然失色,而且以亞里士多德物理學的崩潰而告結束。因而,它使基督教興起以來產生的一切事物相形見絀,同時把文藝復興和宗教改革降到僅僅是一支插曲、僅僅是中世紀基督教體系內部改朝換代的等級。」參見同書頁1。

❸ 關於這種宗教同情心的積極作用,我們將在適當的地方論及。

後來的研究也證明，迪昂的不少具體結論是正確的。有人重新審查並印證了迪昂關於中世紀動力學和近代早期守恒理論之間的連續性問題，認為運動總量守恒的定律是使先驗地導出的經久不變與月下運動的現象的易變和諧起來的嘗試❸。有人通過文獻考察指明，十四世紀牛津和巴黎關於分析計算的工作經由西班牙和葡萄牙的索托的多明戈等傳播到羅馬和其他耶穌會士聚集的中心，並在十七世紀初數學物理學的興起中嶄露頭角。這些研究結果證明迪昂在近代科學起源上的觀點是正確的，而夸雷否認伽利略有前驅的看法則是錯誤的❸。

迪昂否認他自己是歷史學家，也未渴望被人稱為天才。他深知科學發展的躊躇猶豫和迂迴曲折，他完全意識到無論多麼完美的工作都能加以改善。一位普通讀者(C. Treasdell)在1961年的一個書評中的評論也許是明智的：

> 最好勸告物理學家讀讀迪昂，辨認一下誇張和不精確之類的東西。當然，期望任何歷史學家都具有從迪昂著作背後放射出的才華也許是不公正的。迪昂不僅是中世紀力學的發現者，他自己也是創造者，在理性力學和理論物理學中的偉大創造者。這樣一個人有時會匆忙作出後來必然要被拋棄的結論；

---

❸ F. J. Ragep, Duhem, The Arabs, and History of Cosmology, *Synthese*, 83(1990)，pp.201–214.

❸ S. Menn, Descartes and Predecessors on the Divin Conservation of Motion,*Synthese*, 83(1990), pp.215–238.

❸ W. Wallace, Duhem and Koyré on Domingo De Soto, *Synthese*, 83(1990), pp.239–260.

他可能在翻譯中疏忽，他將不編輯文本。然而，他給我們以出自創造性思維特性的深沉和把握；有時因為他了解科學家如何思維，所以他比較刻苦、較審慎的歷史學家更接近創造者。(*UG*, p.432)

事實上，迪昂留心並歡迎把新穎的事實和合理的詮釋結合起來的學術批評，即使批評相當尖銳也無關宏旨。對於「極端宗教狂」、「越軌放肆」和「迪昂主義」之類的指控，他並不放在心上。正如一位評論者(M. Clagett)在1958年所指出的：只要涉及他的「龐大的」工作，他的「異常新穎的」進路和所有中世紀科學學生歸功於這位偉大先驅的「無價的恩惠」(*UG*, p.432)，就可以使那類指控無隙可乘、無地自容。

第四節 一個正直的學者和人

迪昂生活和工作的法蘭西第三共和國，是一個政治和意識形態色彩強烈，各種社會力量鬥爭極為錯綜複雜的國度。雖然他想方設法避免過多地介入政治事務，但是由於他生性正直又富有正義感，心懷坦白又不願隱瞞自己的觀點，因此他的政治態度是鮮明的。迪昂的政治態度以及宗教信仰與共和國的政治體制和意識形態大都格格不入，從而使迪昂的生涯帶有某種悲劇氣氛。

迪昂是一個不折不扣的保皇主義者和反共和主義者。當今的讀者對於迪昂的這種「倒行逆施」和「反動」觀點似乎覺得難以置信，其實只要了解一下法國的歷史，疑惑便會煥然冰釋。在法國大革命(1789)後的近百年間，政權更替恰似走馬燈：三個共和國、兩個君

主政體和兩個帝國，實施過十餘部憲法。僅在1789–1815年間，法國的政體就變幻過絕對君主制、君主立憲制、資產階級共和國、民主專政制、督政府制、執政府制、帝國制等。在十九世紀後期，第三帝國本身危若累卵，社會危機和政治醜聞接連不斷。在這樣的環境中，政治就易於把忠誠和價值捲入到社會最基層，迫使像迪昂這樣清白而善良的人們在痛苦的爭端中作出抉擇。

其實即使在當時，共和國也不是必然的結局，認為其不可避免不過是幻覺而已。1804年5月18日，元老院就設立「法國人皇帝」舉行公民投票，贊成者超過三百五十萬人，反對者僅二千五百人。拿破侖一世(Napoleon Bonaparte, 1769–1821)於是登基加冕，復辟稱帝（第一帝國）。 1852年拿破侖三世恢復帝制（第二帝國）時，七百八十萬人在公民投票中贊成，反對帝制的僅有二十五萬人[38]。1870年5月的全民投票，贊成帝制的達735.8萬人，而反對的是一百五十七萬，贊成者仍占壓倒多數，第二帝國的垮臺，純粹是由拿破侖三世的「自殺」政策造成的。在第三共和國1871年的議會中，正統的保皇主義者議員為數不少，還有極右翼的波拿巴派議員[39]。1875年在制定第三共和國憲法時，共和派與保皇派各持己見，最後的修正案僅以一票的微弱多數（353對352）通過，共和制就這樣被勉強承認，難怪有人說這是「從窗縫潛入的共和國」[40]。加之第二帝國(1852–1870)的政體從1850年代的「專制帝國」發展到1860年

---

[38] 張芝聯主編《法國通史》，北京大學出版社（北京）， 1989年第1版，頁222，329。

[39] J.–P. 阿澤馬等著《法蘭西第三共和國》，沈煉之等譯，商務印書館(北京)，1994年第1版，頁iii，23。

[40] P.米蓋爾《法國史》，商務印書館（北京），1985年第1版，頁423。

代的「自由帝國」，又在近二十年間完成了工業革命，工農業獲得較大發展，社會比較穩定❹，這與第三共和國初期的戰爭、恐怖、動亂、無序形成鮮明的對照，使人不免頓生懷舊之情。從這種背景來看，迪昂持保皇政治立場也就不足為奇了。問題在於，當共和國在1880年代以來處於溫和、穩定乃至鞏固時期之時，迪昂的立場依然未變，這也許是他太耿直了，不習慣或不善於見風使舵、改換門庭吧。

正是出於伸張正義和維護真理的耿直，迪昂在德雷福斯事件中，站在以社會主義者、左傾激進派和進步知識分子為主體的平反昭雪派的陣營中，而沒有與由鼓吹民族沙文主義、軍國主義和反猶主義的軍人、保皇分子、教權派組成的反平反冤案陣營沆瀣一氣。也正是出於強烈的正義感，在為無罪釋放德雷福斯而鬥爭的戰役中，他這位右翼分子與戰役組織者、左傾的數學家阿達瑪（他是德雷福斯的姐夫）攜起手來。迪昂雖然同情法蘭西行動要求恢復君主制（認為唯此才能統一四分五裂的法國）的綱領，但並未採取什麼行動。布朗熱運動對第三共和國構成威脅，這對反共和的迪昂來說無疑是好消息，事實上保皇派也把布朗熱看作恢復帝制的工具，給其提供了大筆資金，「布朗熱萬歲！」的呼聲也一度甚囂塵上。但是，心地純正的迪昂對布朗熱的譁眾取寵、沽名釣譽的行徑不以為然，並懷疑這位政治冒險家的真實動機。迪昂這位真正的學者雖說在變幻莫測的政治上顯得天真和幼稚，但他有自己的道德尺度和為人準則，這保證了他在政治問題上不見得事事正確，但卻永遠光明正大、問心無愧。

迪昂被人指控為民族主義、沙文主義和反猶主義❷(*EM*,p.x)，

---

❹ 同❸，頁330–342。

這似乎有些捕風捉影或言過其實。迪昂雖然偏愛和盛讚他的祖國的文化和精神，但是並沒有把光榮統統歸於法國，也未把其他國家和民族貶得一文不值。他認為真正的天才不是哪個民族的，而是全人類的；健全的精神不是哪個國家，而是各國精神的優點之集大成；理想的科學無國家特徵，而是世界性的。他說：

> 如果一個作者的國家特徵在他所創造或發展的理論中被覺察到了，那是因為這種特徵形成的理論與它們的完善類型相背離。正是由於它的缺點，而且僅僅是由於它的缺點，科學才與它的理想拉開了距離，變成這個國家或那個民族的科學。於是人們能夠預料到，對於每一個國家來說合適的那些才華的標誌，將在二流工作中，在一般思維者的產品中特別突出。偉大的大師十分經常地具有所有能力以和諧的比例分配的理智，以致他們十分完美的理論消除了每一個個人的、甚至國家的特徵。在牛頓那裡沒有英國精神的痕跡，在高斯或亥姆霍茲工作中沒有德國人的痕跡。在這樣的工作中，人們不再能分開這個國家或那個民族的天才，而僅僅是人類的天才。❹

---

❷ D. G. Miller, Duhem, Pierre–Maurice–Marie, C. C. Gillispie Editor in Chief, *Dictionary of Scientific Biography*, Vol.IV, Charles Scribner's Sons, New York, 1971, pp.225–233.

❸ P. Duhem, *German Science, Some Reflections of German Science, German Science and German Virtues*, Translated by J. Lyon, Open Court Publishing Company, La Salle Illinois, U.S.A., 1991, p.80. 以下該書縮寫為*GS*。

即使在第一次世界大戰期間，民族狂熱病泛濫成災，德、法兩國科學家和文化人用充滿民族仇恨和火藥味的言辭相互攻訐時，迪昂這個忠誠的愛國者還是保持著清醒的頭腦和健全的理智，肯定德國人的美德，為德國講了不少好話：

> 德國人是勤勞的。他為工作而工作；他不僅在他所作工作趨向目標時找到樂趣，而且也在工作本身中找到樂趣。因而，德國科學不會從任何任務退卻，不管任務可能是多麼艱巨和持久。他擅長於完成把下述人嚇跑的工作：這些人畏懼持久的、使人厭倦的任務，而偏愛通過短暫的、簡單的路線達到他們的目標。……
>
> 德國人是細緻的。在交托給他的任務中，不存在他忽略的細節。這就是為什麼當要求最嚴格的精確性時，德國科學優於所有其他國家的科學。批判性的版本，博學的研究，一切都需要詳細觀察和列舉而不遺漏任何項目——這些就是它的偏好。……
>
> 德國人是有紀律的。他的每一個行為都受正規的和固定的規則支配，這只會使他高興。在每一個研究領域也是這樣，德國學者將使他的行進方式最嚴格地符合他的研究所遵循的方法。除了受他對確定性的關心的法則支配之外，他將不會容許更快行進的急燥要求。……
>
> 德國人是順從的。……德國人的紀律使他自願放棄他的特殊利益和他的個人抱負，以便服務於他把自己交給的主人的利益和名望。……就這樣，那些集體的工作，那些紀念碑被完成了，……(*GS*, pp.116–118)

正因為迪昂能冷靜地看到德國人的美德和德國科學的長處，所以他才明確指出不理睬德國科學是「十分不幸的」，而應該批判地加以汲取和利用：

> 德國的實驗科學和德國人的博學壘成材料之山，在建立真理的聖殿中不利用它們是神經不正常的。當然，這些材料，這些觀察資料，這些文本，不應當不加批判地接受。重要的是，要通過嚴格的審查弄清楚，具有預想觀念的過多的成見沒有引入欺詐，德國高於一切的公理沒有肢解並否證它們。但是謹慎並不是避開。為了改造法國科學，你將要嚴重地憑藉德國科學積累起來的文獻寶庫。像希伯來人一樣，當他們離開了他們被奴役的土地，你將帶走埃及人的金瓶。(*GS*,p.68)

迪昂被誤認為是反猶主義者，恐怕與迪昂與許多猶太人的信念（政治的、文化的和宗教的）不完全一致，而迪昂本人又始終如一地堅持他自己的信念有關。由於根深蒂固的歷史原因，猶太教作為基督教共同體內的一種有組織的宗教對基督教懷有敵意，因為猶太教譴責耶穌是騙子，並否認耶穌的神威，從而認為基督教是騙人的宗教。此外，在共和國反教會的戰役中，有大量的猶太人參與。這一切肯定引起迪昂對猶太人的不悅或反感。但依此為據認定迪昂是反猶主義者則不免偏頗。事實上，迪昂並未因德雷福斯上尉是猶太商人之子，而在事件中落井下石或袖手旁觀。要知道，公眾起初僅以這一點就相信德雷福斯是有罪的；反猶集團也藉機大肆宣傳，指控德雷福斯象徵著法籍猶太人對國家不忠。另外，迪昂和猶太人阿達瑪也保持著終生的友誼，他與許多猶太人學生和同事也能友好相

處。

迪昂沒有染上上述幾種時髦的時代病，不用說與他的客觀公
正、人道博愛等思想和情操有關，也與他對真理的正確理解，把熱
愛、崇尚、追求真理視為人生的最高價值密切相關。他在1893年就
明確認為：真理高於種族、文化、語言和國籍。物理學無論如何不
是由一個人（不管多麼天才），或一個時代、文化，或一個民族使
之完備的。(*UG*, pp.333–334) 正如迪昂二十年後在他的《熱力學和
化學》美國版引言中所寫：

> 真理的充分發現需要所有的人，他們的各種智力穎悟，他們
> 的構想觀念，提出它和表達它的不同方式的協力。在這方面，
> 排他性會再次受到不結果實的懲罰。❹

不管怎麼說，迪昂無疑是一個不折不扣的愛國主義者，尤其是
在他的祖國遭到侵略時，他的愛國（以及愛軍隊）之情更為熾烈。
面對德國軍隊和德國文化的入侵，他在1915年對天主教學生會學生
的講演中，號召年輕人以寶貴的鮮血為代價奪回被侵占的領土，用
工作使祖國恢復靈魂的充實和純潔。他動情地說：為了保全和拯救
法國的土地，你們的先輩和你們的同學正在用鮮血這個無價之寶浸
透它。當法國處於真正的危險時，年輕人履行他的責任是十分幸福
的。我看到，年輕人緊握著報仇雪恥的拳頭，戰士的母親、妻子、
姐妹、女兒強忍著折磨和痛苦，從他們眉宇流露出的悲憤中，放射

---

❹ P. Duhem, Thermodynamics and Chemistry, Authorized Translation by
G. K. Burgess, First Edition, Revised, New York, John Wiley &
Sons,1913, p.v.

出勇於犧牲、樂於奉獻的光輝。(*GS*, p.5) 迪昂懊悔自己不能上前線也沒有兒子上前線，但是他嚴守他自己的崗位：

> 我正在分配給我的鬥爭崗位上進行工作。這個崗位沒有危險，因而將沒有榮耀。我將沒有機會在那裡流盡我的鮮血，但是我將用盡我心中包含的所有忠誠。
>
> 在你們面前，我謙卑地參加到國家防禦中去。(*GS*,p.6)

　　迪昂的強烈的愛國主義激情從青少年時代就樹立起來了，這也是第三共和國把愛國主義作為國家意識形態和教育目標之一的最終結果。當時，共和國的締造者和政要把「對祖國神聖的愛」❹⑤作為最高國策，一時間「以書本和利劍報效祖國」❹⑥成為流行口號。教育部長貝爾(P. Bert, 1833–1886)在1882年發表演說：「我們就是要使這種對祖國的信仰，這種既熱烈又深思熟慮的崇拜和愛，滲透到兒童的心靈和頭腦裡，並使之深入骨髓；這是國民教育要做的事。」政府總理費爾 1885 年在眾議院的講話已帶有沙文主義和民族主義的色彩了：「法國不能只是一個自由的國家；還應該是一個能對歐洲命運施加自己一切影響的偉大國家。……它應當把這種影響傳播到全世界並把它的語言、風尚、旗幟、軍隊和才智帶到它力所能及的所有地方。」對軍隊的頌揚和崇尚也不絕於耳：「如果人類社會有能得到全體贊成的神聖事業，那就是軍隊。」「軍隊是法國人民意志的偉大統一。」❹⑦在我們先前和剛才引用的迪昂的言論中，我們不難發

---

❹⑤　同❸⑨，頁122。

❹⑥　同❸⑧，頁417。

❹⑦　同❸⑨，頁123–125。

現時代打上的烙印。

愛國主義是一種本能的、自然的、正常的、易於通過教育強化的情感和思想，對於某些目的是很重要的，也是正當的。但是，這種見識畢竟不是眼光廣闊的科學家的特點，這種以我為中心的見識只適合於實用的目的。如果不加戒備和警惕，輕者易滋生夜郎自大、唯我獨優、盲目排外、自我封閉等心態和行為，甚者便導致民族主義和沙文主義，給人類造成巨大的災難。問題在於，如何在愛國主義、民族主義和國際主義、世界主義之間保持必要的張力，如何把國家利益與全人類利益結合起來。迪昂意識到這一點，意識到應該「把貫徹到犧牲之點的愛國熱情與貫徹到最戒備的無偏見的熱愛真理協調起來」(*GS*, p.50)。

迪昂自幼就具有深摯的宗教信仰，這在天主教一度是國教、長期是大多數人的宗教的法國，本是不足為奇的。問題在於，迪昂終生都是一位虔誠的基督徒，這是需要堅定的信念乃至犧牲精神的。從1870年代起，第三共和國就大力推行世俗化運動，限制或禁止教會辦學，不准在校內進行宗教活動。與此同時，無神論思想逐漸在民眾階層流行，共和制也日益深入人心。在這種形勢下，羅馬教皇不得不敦促法國教會勢力承認共和體制，容忍世俗化改革。於是在1890年11月的一次宴會上，拉維日里(C. Lavigerie, 1825–1892)樞機主教首先號召天主教徒接受共和制度，並舉杯為共和國祝酒。可是，迪昂沒有改變他的政治立場，也沒有放棄他的宗教信仰。1905 年，他在回答萊伊指責他的物理學是「信仰者的物理學」時公開表白：

> 不用說，我以我的整個靈魂相信上帝向我們揭示的、他通過他的教會教導我們的真理；我從來也沒有終止我的信仰，我

所信仰的上帝將永遠使我不為信仰而羞愧，我從我的心底裡
希望：在這個意義上，說我作為職業的物理學是信仰者的物
理學是可以允許的。(*AS*, pp.273–274)

但是，迪昂斷然拒絕萊伊的指云：基督徒的信仰或多或少有意識地
指導了物理學家的批判，它們使他的理性傾向於某些結論。

的確，迪昂在私人的內心信仰和普遍的科學知識之間劃出了一
道分明的界限：他未把信仰引入科學，也未用科學為信仰辯護，更
未滑進或訴諸信仰主義。對於他的科學研究而言，宗教信仰不是外
在強加的指導原則或被迫服從的教條，而是一種價值目標、精神動
力和道德約束。因此，只看到迪昂宗教信仰的負面影響而無視其積
極作用是片面的。尤其是在中世紀科學史研究方面，由於當時的科
學是在基督教文化基質和經院哲學母體中孕育、成長起來的，因此
任何狹隘的而非寬容的方法，任何宗派的而非誠實的認識，都是行
不通的。在這裡，需要羅素(B. Russell, 1872–1970)所謂的「歷史的
與心理的想像力的方法」，「既不是尊崇也不是蔑視，而是應該首先
要有一種假設的同情」❹；需要用庫恩 (T. S. Kuhn, 1922–) 所謂的
「準人種學詮釋」「恢復過去」❹。迪昂的深沉的宗教信仰和深厚的
宗教情感正好有助於起到這樣的「移情」作用，從而成為研究中世
紀科學史的又一有利條件。理性與信仰，實證與情感的微妙結合，
使迪昂在視為「黑暗的中世紀」發現了科學之光。誠如有人恰當地

---

❹　B. 羅素《西方哲學史》（上卷），何兆武等譯，商務印書館（北京），
　　1963年第1版，頁67。

❹　T. S. Kuhn, The Presence of Past Science, The Shearman Memorial
　　Lectures, 1987. Type–script.

比喻的：

> 正像現在我們大家都知道的那樣，事實上，中世紀後期的「黑
> 暗」在很大程度上是視覺上的；把人們的觀察儀器轉到一個
> 恰當的偏振面時，看上去就很明亮，但這個偏振面過去和現
> 在都不是現代科學家自信地據以工作的東西。❺⓪

迪昂的宗教信仰更多地是充實和淨化他的內心，規範他的日常
行為和生活實踐。貝尼厄斯(V. L. Bernies)神父在提及迪昂宗教信仰
的核心時說：「像帕斯卡——他受到帕斯卡的哺育並喜歡引用帕斯
卡——一樣，他在我們時代的框架內復活了耶穌的玄義，他在整個
一生閱讀和重讀福音書❺①，他努力研究和實踐主的忠告。」(*UG*,
p.233) 迪昂以上帝之愛對待善良的人們，以基督徒的平靜心態和正
直面對迫害，以光明正大的行為進行抗辯。借用帕斯卡的說法，迪
昂是那種「找到了上帝並侍奉上帝的人」， 他是「有理智的而且幸
福的」(*SXL*, p.123)。

迪昂的政治態度和立場被看作是對共和國的不忠和威脅，他的
宗教信仰在反教會的鬥爭中也往往被視為非個人的私事，因此作為
國家雇員的迪昂與當局及當局所倡導的意識形態時不時地處於對立
之中。他不得不採取一種既要正直，又得倖存的戰略。他在不違背

---

❺⓪ A. R. 霍爾〈科學史可以是歷史嗎?〉，同❷⑥，頁212。

❺① 福音書的文風是值得讚美的，其中之一就是對耶穌基督的劊子手和敵
人從不曾罵過。這決不是故意矯揉造作以便引人注目，而是自然地
體現了作者無私的動機和淡泊的心境。想想迪昂對待論敵和法國的敵
人的態度和言論，不也是如此麼?

正義和良心的情況下，盡量不介入或避開政治和宗教爭論；他堅持物理學的自主性，力圖把它與形而上學和神學分隔開來；他發現了中世紀科學的基督教基質，但又未讓教會利用它作為辯護和反攻的武器❺。迪昂的戰略基本上達到了預定的目的，但是也付出了沉重的代價。第三共和國不信任他，不重用他，甚至有時還找他的麻煩；天主教教士懷疑他，指責他不為教會公開而有力地辯護，甚至有時視他為特洛伊木馬。迪昂生涯的不適意和悲劇色彩蓋源於此，他不得不設法應付各方。假如在一個政治上寬容、信仰上自由的國度裡，迪昂豈不是一個任何人都無可指責的好公民、好教徒嗎？不過，面對無法避免的政治的和宗教的攻擊，迪昂的心態很坦然。他在1896年1月12日的一封信中這樣寫道：

> 我的堅定的意願是，從來也不與這些人同流合污：追求真理，而且當我認為我找到真理的顆粒時，便把關於真理的消息傳向四面八方，讓烏鴉呱呱叫去。❺

《聖經》上說：「有信，有望，有愛：這三樣其中最大的是愛。」奧古斯丁(A. Augustinus, 354–430)以此為中軸，展開了他的倫理學。尤其是，他把愛作為首推的美德，對基督教之愛作了淋漓盡致

---

❺ 教會權威十分歡迎迪昂關於中世紀科學的研究成果。因為天主教辯護的持續主題就是證明，教會在中世紀如何支持教育和學問，教會對理智事情的控制如何是善行。而且，經院哲學之中的科學有利於自然神學關於上帝存在的現代化證據。

❺ R. N. D. Martin, Duhem and the Origins of Statics: Ramification of the Crisis of 1903–04, *Synthese*, 83(1990), pp.337–355.

的闡述,創造了以「愛的秩序」為基本概念的「愛的倫理學」❺。
他說:「假如你的內心充滿了愛,那麼你就如你所欲而為,也是不會
有錯的。」 ❺迪昂正是以這種基督教之愛真心實意地對待學生、山
民、工人、窮人和戰爭孤兒,從而贏得了人們對他的由衷崇敬和愛
戴。他的學生不僅把他看作「一位無與倫比的老師」, 而且也看作
「一位恩人,一位庇護人,一位父親」(*UG*,p.229)。貝尼厄斯神父
是這樣描繪這顆清如玉壺冰的偉大心靈的:

> 這位著名科學家有一顆純樸的、正直的心靈,在某種程度上
> 有些鬱悶——許多人不理解他的這一點——但是這顆心靈在
> 他的深處卻是充滿深情的、脆弱的、敏感的,當他感到被打
> 動時,即使在男子氣的限度內也是如此。他是一位忠誠的、
> 可信的朋友;當情況需要時,他時刻準備去服務,去忘我地
> 犧牲自己。(*UG*, p.232)

迪昂一生的眾多言行已向我們表明,他是一個高尚的人,一個
有道德的人。可悲的是,迪昂卻不得不為他的美德付出沉重的代價
——類似的悲劇似乎從未停演過❺——這是時代的悲劇和人類的損

---

❺ 趙敦華《基督教哲學1500年》,人民出版社(北京),1994年第1版,
頁170–171。

❺ 洪謙《維也納學派哲學》,商務印書館(北京),1989年第1版,頁150。

❺ 例如偉大的經濟學家、歷史學家和哲學家米澤斯(L. von Mises,
1881–1973)也有類似的遭遇。他的巨著《人類行為》可與亞當・斯密
(Adam Smith, 1723–1790)《國富論》媲美。由於他提出的建立在個人
自由哲學基礎上的自由市場經濟理論與傳統的中央控制的指令經濟
理論格格不入,他的理論也遇到緘默之牆,被冷落到一邊,他本人連

失！然而這樣的代價又是迪昂甘願付出的，從而更加說明他的人格
的偉大。波爾多大學教授卡拉斯(R. Calas)在1952年說，迪昂最有價
值的遺產來自他的人品：

> 迪昂這位科學家不追求榮譽；即使以失去晉升機會為代價，
> 他也不願意犧牲任何他認為是真理的東西。無疑地，法國大
> 學應該把他們現在享有的完全獨立性歸功於像迪昂這樣的
> 人。(*UG*,p.243)

關於迪昂的性格和待人接物，薩頓是這樣描繪的：「他是一個
非常高傲的人，獨立不羈，暴躁易怒，而且刻薄，他在巴黎沒有結
交會對他有用的朋友。」❺這明顯地與我們前述的諸多事實不符。薩
頓也許曾因迪昂的「拒絕」而產生了一種「不滿情結」，從而對迪
昂的評論顯得言過其實或心存偏見。倒是奧拉瓦斯(G. Æ. Oravas)的
看法較為切合實際：

> 迪昂是這樣一個人：他的性情自尊但不自負，敏感但不虛榮，
> 在任何對抗中顯得苛刻但並無報復心，多慮但不虛偽，自信
> 但不傲慢，有主見但不獨斷專行，他是一位值得真正的專業
> 人員尊敬的人。(*EM*, p.xxix)

大學教學職位也不可得。他像迪昂一樣，也剛直不阿，不在原則上妥
協。

❺ G. 薩頓《科學的歷史研究》，劉兵等譯，科學出版社（北京），1990年
第1版，頁126–127。

米勒(D. G. Miller)❺❽和雅基(*TSP*, p.xi; *UG*, p.175)的看法可資佐證。米勒認為，迪昂絕對正直，信守原則，為自己的獨立性而自豪，總是斷然反對他視為不公正的事情，挺身而出與邪惡作鬥爭。他是一個激烈的批評家，從不害怕反駁和打擊，從不顧忌對手的地位和名聲，他唯一服從的是正義和真理。他平時彬彬有禮，富有魅力，惹人喜歡，有許多親密的朋友，學生很敬慕他。在待人接物上，他誠心誠意，樂於助人，義務為慈善事業服務。他直率、坦白，討厭偽君子，從不隱瞞自己的觀點。他是謙卑的，從未抱怨他內心的痛苦和不公平的待遇，也沒有上竄下跳，刻意謀求晉升。他不願朝拜身居高位的人，卻對下層平民滿腔熱忱。他把名利看得很淡很淡。雅基認為，迪昂在許多方面是一個「刺」，他的某些個性使他樹敵甚多。他的十足的正直，異常的傑出，無私的奉獻，十字軍東征的熱忱，贏得了學生們的無保留的稱讚，但也招致了一些當權者和同代人的嫉恨。在他看來，一種特別神聖的事業就是科學真理的純潔，他甘願為此付出一切代價而在所不惜。他不好交際，從不走後門，拉關係。現在，環顧我們周圍，像迪昂這樣富有正義感、責任感、科學良心和理想主義的正直學者和人實在太少了，而圓滑世故、實惠利己、玩世不恭、麻木不仁、見風使舵、沽名釣譽、投機鑽營、諂上傲下、落井下石、巧奪豪取、天良喪盡的陋風惡習正在不斷地侵蝕社會的肌體和人們的靈魂。在這種情況下，我們又有什麼理由苛求這位作古之人呢？我們即便千呼萬喚迪昂精神的回歸，還得嘆惋鞭長莫及呢！

迪昂是基督教的篤信者，不從這個視角洞察，就難以窺見他的

---

❺❽　D. G. Miller, Ignored Intellect Pierre Duhem, *Physics Today*, 1966, No.12, pp.47–53.

內心世界，也就無法深入理解他的立場、態度、德行乃至個性。奧拉瓦斯對此作了中肯探析(*EM*, pp.ix–xiii)。他認為，像迪昂這樣一個有教養、有理性的人，他的一言一行決不會簡單地受盲目的感情的支配。作為學者，他是一位非凡的人物，有著堅不可摧的獨立性。作為人，他是一位真實的中世紀基督教的信奉者，具有基督教紳士的道德準則和基督教騎士的無畏勇猛。他時刻準備著，當他的基督教原則受到挑戰時，他就奮不顧身地進行十字軍東征。他了解中世紀歷史的細節，對中世紀成就懷有高度敬意。他樂於承認，西方文明是基督教文明，這種文明在文化上融合了希臘文化；作為一種文明，它是中世紀——天主教的中世紀——的創造物；這一事實給他留下了強烈的印象。在人類的歷史上，中世紀的早期在人的歷史上是一個最早慧的時期，在人的生活上是一個空前的精神的、技術的和科學的進展時期。他十分清楚地意識到，與神聖不可侵犯的個人良心相關的獨立的個體的基督教概念，源於中世紀的基督教信仰，他的作為人的個人價值和內在尊嚴就寓居在這個重要概念內。作為上帝的兒女，個人的精神獨立和平等，每一個人的價值和作為個體的人在私人生活中的選擇自由，是根本的基督教信念。迪昂從他的西方文明中學會鑒賞它們，並給其以崇高的敬意。在迪昂的整個一生中，他都身體力行基督教的博愛原則：憐憫和同情不幸的弱者，寬恕作惡的懺悔者。在迪昂看來，基督徒對尋求真理負有責任，因為耶穌基督說過，只有真理才能使人變自由，為此他不惜一切地追求和捍衛真理。

迪昂充分意識到，基督徒在西方文化中扮演了極其重要的角色，因為他們相信基督教的道德準則，這從本質上造就了西方人。對於像迪昂這樣的虔信者來說，任何違背這樣的基本基督教信仰的

事情都是腐蝕西方社會的傳統，從而挖去了作為基督教文明的西方文明的基礎。因此，無論何時當他的基督教原則遭到危險時，他都要單槍匹馬地挺身而出予以捍衛。他在原則問題上決不畏葸，決不屈從於體制化的官僚政治的意志和高官顯貴的狂想，而是以基督徒的責任感與之抗爭。迪昂認為，自由主義的自由思想家是第一共和國雅各賓派極權主義民主政體的思想體系的產物，是自啟蒙運動以來法國社會中異教徒和無神論者的最突出的促動者。因此，迪昂明確反對自由主義，拒絕幫助薩頓創辦自由主義的科學史雜誌。按照迪昂的看法，他所處的第三共和國也代表著極權主義民主政體的傳統，它挖掉了基督教的原則，剝奪了普通法國人的尊嚴。它也助長了平民的不誠實和貪得無厭，掠奪正派生產的基督徒的勞動成果，這違背了基督教的十誡，是不道德的行為和十足的罪惡。這是迪昂反對共和體制的重要緣由之一。

迪昂並非心胸狹窄，無容人之雅量。只要不危害和攻擊基督教原則和基督徒尊嚴，即使觀點相左他都能夠諒解和容忍，即使牽涉到個人私利他也能謙讓和等待。但是，對於任何褻瀆真理、踐踏正義、違背良知、蔑視尊嚴的行為，他認為採取堅定的基督教立場是他作為一個基督徒的責任。在這種情況下，不管他的對手官有多高，權有多大，他都毫不退縮，即使個人為此蒙受災難也毫不在意。迪昂另一個顯著的基督徒特點是，他並不是為獲得榮譽和聲望而從事研究工作，他把這看作是聽從上帝的召喚和對上帝的奉獻，因為這些研究揭示了上帝的偉大作品即自然界的真理，從而服務於上帝的子民的利益。帕斯卡說過：「沒有一個人能像一個真正的基督徒那麼幸福，或那麼有理智、有德行而且可愛。」(*SXL*, p.238)迪昂這位真正的基督徒不正是這樣麼？

迪昂具有帕斯卡所說的「精神的偉大」（思想）和「智慧的偉大」（仁愛）(*SXL*, pp.394–396)，也具有中國古語所謂的「三不朽」中的「太上有立德」，「其次有立言」❺⑨。這難道不是「世界 3」中的永恒豐碑麼？

---

❺⑨ 《左傳‧襄公二十四年》引古語。

第三章 構築物理學理論的邏輯大廈

黃鶴仙人不少留，

洲名鸚鵡更堪愁。

三湘登眺還吾輩，

千古江山獨此樓。

——清·許虹〈登黃鶴樓〉

　　作為一位在科學前沿工作的富有創造力的理論物理學家，以及對物理學的沿革有透徹了解的歷史學家，迪昂自然熟悉歷史上的和他所處時代的各種物理學理論（以下簡稱PT）。從1892年第一篇科學哲學文章〈對PT的目的的一些反思〉開始，到1906年《結構》的出版，迪昂對PT進行了深入而細緻、系統而全面的邏輯的（這是主要的）、歷史的和心理的分析，從而構築起PT的邏輯大廈。他的分析在深度和廣度上不僅大大超過以往的科學家和哲學家，而且也明顯勝過同時代的聲名顯赫的哲人科學家馬赫和彭加勒，即使當代的科學哲學家，能望其項背者也著實寥寥無幾。他構造的邏輯大廈外觀之宏偉，內部結構之嚴謹，恐怕亦是前無古人、後無來者。下面，我們擬就迪昂關於PT及其結構的觀點加以論述。

第一節　對物理學理論的洞析

迪昂多次在不同的上下文中給PT下定義，他的幾個典型的定義是：

> PT不是說明。它是從少數原理推導出的數學命題的體系，其目的是盡可能簡單、盡可能完備、盡可能正確地描述實驗定律集。(*AS*, p.19)

> 真正的理論並不是給物理外觀(appearance)❶以與實在符合的說明的理論；它是以滿意的方式描述實驗定律群的理論。(*AS*, pp.20–21)

> 於是，PT將是邏輯地聯繫起來的命題的體系，而不是力學的或代數的模型的不一致的系列。為此目的，這個體系將不提供說明，而是提供包括在一個群內的實驗定律的描述和自然分類。(*AS*, p.107)

在這裡，迪昂的意思很明白：PT是假設演繹體系，而不是實驗定律的匯集；PT是描述和自然分類，而不是關於實在的說明。迪昂所謂的「自然分類」(natural classification)是指「表達事物之間的深刻而真實的關係」的分類(*AS*, p.28)。他所說的「說明」(explanation, explication)指什麼呢？

> 說明就是剝去像面紗一樣的覆蓋在實在上的外觀，以便看到

---

❶ Appearance可譯為外觀、現象、顯現、顯像、出現、呈現等。為了與相近的phenomenon（現象）區別，故將appearance譯為「外觀」。

赤裸裸的實在本身。(AS, p.7)

在迪昂看來，我們對各種物理現象的觀察，並不能使我們與隱藏在可感覺的外觀之下的實在發生關係，而是使我們在特定的和具體的形式中理解可感覺的外觀本身。此外，各種實驗定律也不是把物質實在性作為對象；而是以抽象的和一般的形式表達這些所獲取的感性外觀。理論則企圖揭掉或撕破可感覺的外觀的面紗，進入外觀之內和潛入外觀之下，尋找在物體中實際存在的東西。

在這種現象論的框架內，迪昂認為聲學實驗定律告訴我們聲音是什麼樣子，而不是告訴我們聲音本身在發聲的物體之中是什麼樣子，例如告訴我們強度、音高和音色與弦長的關係。聲學理論則告訴我們，在發聲體中存在著很小、很快的週期運動；強度和音高是這種運動的振幅和頻率的外部表現；音質則是這種運動的真實結構的表觀顯示。這樣的聲學理論是說明。不過，在大多數情況下，PT並不能達到如此完善的程度；它本身不能提供可感覺外觀的確定說明；它宣稱實在隱藏在那些現象後面，但並不能使我們的感官接近它。它只是滿足於證明，我們所有的感覺之所以產生，彷彿就是它宣稱的實在在起作用。這樣的理論是假設性的說明，例如光理論中的以太就是光理論所宣稱的那類實在。

因此，事態很明顯：如果PT是說明，那麼除非把每一個感性外觀移除以便把握住物理實在，否則理論的目的就沒有達到。在這裡，有兩個問題明擺著：存在著不同於感性外觀的物質實在嗎？這個實在的本性是什麼？對此迪昂指出：「在只能得到感性外觀的實驗方法中沒有它們的來源，實驗方法不能發現超越感性外觀的東西。這些問題的解答超出了物理學所使用的方法；它是形而上學的對象。」

(*AS*, p.10)

在迪昂對PT的定義中和對說明的闡釋中，已明確道出了PT的目的。他不贊成某些邏輯學家的回答：「PT就其目的而言，就是說明在實驗上已確立的定律群。」他同意其他思想家的說法：「PT是一種抽象系統，其目的是概括和在邏輯上分類實驗定律群，而不是標榜說明這些定律。」(*AS*, p.7)在引入自然分類的概念後，迪昂進而指出：

> PT的目的是變成自然分類，是在各種實驗定律之間建立邏輯的協調，用來作為一種真實秩序的圖像和反映，逃避我們的實在就是按照這一秩序被組織起來。我們也可以說，在這個條件上，理論將是富有成果的、將啟發發現。(*AS*, p.31)

迪昂通過對從古到今的各種PT的考察中看到，這些理論實際上大都由兩個不同的部分構成：其一僅僅是描述部分，它是為分類定律而提出的；其二是說明部分，它是為把握潛藏在現象之下的實在而提出的。在迪昂看來，認為說明部分是描述部分存在的前提，是它由以長出的種子或是養育它發展的根，那就距真理差了十萬八千里；實際上，這兩部分之間的聯繫幾乎總是最脆弱的和人為的。描述部分就其自身而言，是由於理論物理學的恰當的、自主的方法而發展的；說明部分達到這種充分形成的有機體，並像寄生蟲一樣把自己附著在有機體上。理論的一切有用性、多產性和好東西，都可以在描述部分中找到；這都是物理學家在他忘記探究說明的時候發現的。另一方面，理論中虛假的、與事實矛盾的東西，尤其能在說明中找到；物理學家把錯誤引入其中，這是由於他們想要把握實在而引起的。迪昂從對光學理論等的考察中發現，當實驗物理學進步

到與一種理論對立並迫使理論被修正或改變時，純粹描述部分幾乎整個進入新理論中，同時使新理論繼承了舊理論的全部有價值的財富；而說明部分則被剝去了，以便給另外的說明開闢道路。在這裡，持續的和富有成效的是邏輯工作，通過邏輯工作，物理學說借助幾個原理演繹出定律，從而對大量的定律進行自然分類；易逝的和無結果的東西是從事說明這些原理的勞動，為的是把原理與隱藏在感性外觀之下的實在之假定聯繫起來❷。(*AS*, pp.32–33,38) 因此，迪昂贊同基爾霍夫(G. R. Kirchhoff, 1824–1887)關於「盡可能完備、盡可能簡單地描述在自然界所產生的運動」，以及馬赫把理論物理學定義為自然現象的抽象的、濃縮的描述的觀點，認為PT的本性在於它不是說明，而是按照成長得越來越完備、越來越自然的分類，簡化地、有秩序地描述定律群。(*AS*, pp.53–54)

在迪昂的心目中，這樣的關於PT本性的觀點是比較謙虛、比較有遠見的。可是，有些物理學家卻因他們使用的強有力的方法而自豪，以至於誇大了它的範圍，相信PT能揭示事物的形而上學本性。為此，迪昂多次強調PT的限度，他把本體論的問題排除在科學之外，而交給形而上學處理。因為物理學的實證方法（觀察和實驗）無法走到經驗領域之外，它無法把握現象背後的實在；即使我們獲得了所有現象的完備知識，也無法推斷出產生它們的實物及其本性的完備知識，因為一個結果可由多種不同的原因產生。同樣地，「就其本質而言，實驗科學不能預言世界的終結以及斷定它的永恒活動。」(*AS*, p.290)

---

❷ 庫恩在 T. S. Kuhn, *The Copernican Revolution*, Harvard University Press, 1957, pp.264–265中似乎採納了迪昂的這一立場，即科學中的描述定律的歷史是連續的和漸進的，而說明圖式的歷史並非如此。

　　既然PT無法告訴我們現象背後的實在或事物的真實本性，那麼它有什麼用處或功能呢？迪昂認為，首先PT以很少的命題即基本假設代替大量的、相互獨立出現的、每一個都必須孤立學習和記憶的定律。假設一旦已知，數學演繹便容許我們以十足的把握想起所有的物理學定律，而不會遺漏或重複。這樣把許多定律濃縮在少數原理之中，大大減輕了人們的精神負擔。誠如迪昂所說：「用定律代替具體的事實達到了經濟，當精神把實驗定律濃縮為理論時，便產生了雙倍的經濟。」(*AS*, p.22)

　　理論不僅僅是實驗定律的經濟描述，它也是這些定律的分類。實驗物理學可以向我們提供在同一級別上混在一起的定律群，而無能為力把它們分為用親族紐帶結合在一起的定律群。觀察者往往出於偶然的原因和表面的類似，在研究中把不同的定律匯集在一起。可是，通過把原理與實驗定律關聯起來的演繹推理的眾多結果，理論便在這些定律之間建立起秩序和分類。它把一些定律密切地排列在同一個群中，把另一些放置在相隔很遠的群中，彷彿給出了目錄表和各章的標題，從而使這些有秩序的知識能夠被方便地使用和安全地應用。迪昂由衷地驚嘆：

> 秩序無論在哪裡支配，都隨之帶來美。理論不僅使它們所描述的物理學定律群更容易把握、更方便、更有用，而且也更美。(*AS*, p.24)

　　對迪昂來說，這種審美情感不是達到高級完美階段的理論所產生的唯一反應，它也勸服我們看到理論中的自然分類。每一個實驗定律在物理學家創造的分類中找到它的位置的簡潔方式，以及給予

這個定律以如此完美秩序的鮮明的明晰性，使我們不能不相信，這樣的分類不是純粹人為的，這樣的秩序並不是由足智多謀的組織者強加在定律之上的純粹任意的集群引起的。我們不能用物理學方法說明這一確信，但也不能擺脫它，我們正是在這個系統的正確秩序中看到藉以辨認自然分類的標誌。在不宣稱說明潛藏在現象之下的實在的情況下，「我們感到，我們理論建立起來的集群對應於事物本身之間的真實的親緣關係。」(AS, p.26)

迪昂指出，有一種情況特別清楚地表明我們對於理論分類的自然特徵的信念。當我們要求理論在實驗進行之前告訴我們實驗結果時，這種情況就出現了。此時我們給它一個大膽的指令：「成為我們的預言家。」事實上，在假設定立之後，我們往往能從中推導出不與任何先前已知的實驗定律對應的推論，它們僅僅表達了可能的實驗定律，我們可以把它們交付事實檢驗。如果它們正確地描述了支配這些事實的實驗定律，那麼理論將添加了新定律，其價值將增大。如果這些推論中有一個與事實截然不一致，那麼該理論或多或少要被修正，甚或要被拒斥。尤其是在達到自然分類的理論中，即在「表達了事物之間的深刻而真實的關係」的理論中，「我們將不會為看到它的推論行動在經驗之先並激起新定律的發現而驚奇」(AS, pp.27–28)。「它容許人們十分精確地預見在給定的環境下什麼將發生，它的預期幾乎保證不會失敗。」(GS, p.35) 到此，迪昂把PT的經濟、分類、示真（審美）預言功能簡明地概括如下：

於是，正如我們已經定義的，PT把濃縮的、有利於智力經濟的描述給予龐大的實驗定律群。

它通過分類使這些定律分門別類，使它們更容易、更安全地

使用。同時，它把秩序給予整體，它增添了它們的美。

在它被完善時，它呈現出自然分類的特徵。它建立的群容許就事物的真實的親緣關係作出暗示。

尤其是，這種自然分類的特徵是以理論的多產性為標誌的，該理論走在還沒有觀察到的實驗定律之前，並促進了實驗定律的發現。(*AS*, p.30)

迪昂認為，這一切充分證明，對PT的探求是合理的；即便它沒有追求現象的說明，但也不能說它是徒勞的、無效的任務。引人注目的是，迪昂在完善的PT即達到自然分類的PT中，洞察到美（秩序）和真（真關係）的和諧統一。

PT的價值是什麼？迪昂認為這是一個屬於所有時代的問題：只要自然科學存在著，它們就會被提起(*TSP*, p.3)。在對這個問題的回答上，迪昂堅決反對否認PT作為知識的價值，堅決反對貶低科學的認知能力的實用主義和功利主義的觀點：

當代的實用主義斷言，PT並不具有作為知識的價值，它們的作用完全是功利主義的，它們經過最終分析只是能使我們在外部世界「成功地」行動的「方便處方」。為了反擊這一斷言，我們需要為下述物理學的古老概念辯護：PT不只是具有實際的功用，而且也尤其具有作為物質世界的知識的價值。它不是依據另外的方法保護這種價值，這種方法由於在同時應用於同一對象，可以補償物理學方法的不充分性，並把超越於理論自己本性的價值賦予它的理論。物理學方法能夠用來研究物理學所研究的對象，不存在除物理學方法以外的方法；

物理學方法本身竭盡為PT辯護；它唯有它表明，這些理論作為知識是有價值的。(*AS*, p.314)

在迪昂的心目中，PT的「理想形式」是「自然分類的形式」。他認為，無矛盾性、自洽性、與實驗定律相符僅僅是 PT 的「邏輯條件」，這並不是理論應該滿足的唯一條件，滿足這些條件的理論也不是同樣令人滿意的。「邏輯上可接受的理論太容易獲得了」，而理想的理論即達到自然分類的理論則是「緩慢的和漸進的進化結果」，而不是「突然創造的產物」。(*AS*, pp.200–201)這樣的理想理論具有迪昂所追求的嚴格性、一致性和明晰性。尤其是，「在這種自然分類或在達到它的最高完美程度之後的 PT 與完成的宇宙論用以排列物質世界的實在的秩序之間，存在著十分正確的對應。」(*AS*, p.301)

在迪昂看來，熱力學是「抽象理論的範式❸」(*AS*, p.95)，它是從幾個基本原理出發構成的演繹體系，而不訴諸不可見的分子及其

---

❸ 當我初次讀到這段話時，感到十分驚奇。1994年10月，我到北京圖書館查閱了法文原版書 P. Duhem, *La Théorie Physique: Son Object-sa Structure*, Paris, Marcel Rivière, Éditeur, 1914. 該書p.139的原文是type des theories abstraites（抽象理論的類型），而英譯者P. P. Wiener把它譯為 the paradigm of abstract theories，其中 paradigm（範式）一詞意指「典型的例子」，它已具有庫恩用語的涵義之一。因此，迪昂雖不能說是範式論的先驅，但Wiener分明先於庫恩五年在科學哲學的意義上使用（前者1954年使用，後者1959年使用）paradigm一詞。12月，我在閱讀文獻*UG*時，發現雅基也注意到：「不熟悉法文原文的讀者會被誘使認為迪昂是範式論的先驅。他從未使用過這個現在著名的詞，即使他這樣作了，對他來說它只是意指『典型的例子』。」(p.349)

運動。尤其是，他認為廣義熱力學或能量學「攜帶有理想理論的胚芽」；這個判斷是通過沉思物理學的現狀、由實驗者所發現並使之精確化的定律構成的廣義熱力學的和諧整體告訴我們的，尤其是通過導致PT達到它目前狀態的進化的歷史告訴我們的。(*AS*, p.306)迪昂在《簡介》中詳細地論及他的能量學的進路❹。能量學不是以笛卡兒主義者或原子論者的方式❺處理的。它的原理根本不追求把我們察覺的物體或我們報告的運動分解為不可察覺的物體或隱蔽運動。能量學不提出關於物質真實本性的關聯。能量學宣稱不說明任何東西。能量學僅僅給出實驗家觀察到的定律是其特例的普遍法則。

另一方面，能量學也沒有遵循牛頓的方法❻。能量學無疑辨認出它所承認的原理的實驗起源，在這種意義上，觀察啟示了它們，實驗多次勸告修正它們。但是，能量學不認為，這些說明能量學所體現的原理的可能發生的實驗能夠把無論什麼樣的確定性授予這些原理。能量學認為這些原理是純粹的公設或理性的任意的法令。當它們產生了許多與實驗定律符合的推論時，能量學認為它們完好地扮演了分配給的角色。

用這樣的方法構成的能量學既不是說明的，也不是歸納的，而

---

❹ P. Duhem, Logical Examination of Physical Theory, *Synthese*,83(1990), pp.183–188.

❺ 這種方式把通過感官和儀器察覺到的物體分解為眾多的、更小的、只有理性才能認識的物體。可觀察的運動被看作是這些小物體的不可察覺的運動的組合效應。當它們被適當地組合、並辨認出在一起能夠等價於我們觀察到的現象時，那麼就宣稱這些現象的說明被發現了。該注及下注❻均參見❹。

❻ 這種方法雖然拒絕關於不可察覺的物體和隱蔽運動的假設，但卻認為原理是僅僅是通過以事實觀察為基礎的歸納得到的十分普遍的定律。

是描述的和演繹的體系。迪昂摒除笛卡兒方法，因為它不是自主的，使物理學從屬於形而上學。他擯棄牛頓方法，因為它是不切實際的；當科學不再直接觀察事實，而用儀器給予的量的測量代替它們時，歸納就不能以牛頓方法所要求的方式被實踐了。迪昂指出：

> 能量學所遵循的方法不是一種革新；它能夠為它自己喚起最古老的、最連續的、最崇高的傳統。但是，我們應該就這門科學的基本概念和根本原理說些什麼呢？當能量學定義這些概念和安排這些原理時，邏輯並不需要能量學的任何辯護；邏輯讓它自由地安置像它所希望的基礎，只要在達到它的頂點時，該大廈能夠毫無強制地或毫無混亂地容納實驗家所確定的定律就行了。這裡說能量學任意地定義這些概念和無理性地安排這些原理嗎？根本不是。雖然邏輯並未把任何強制強加於能量學，但歷史的教導卻極其確實可靠、極其小心謹慎地指導它；回憶過去的嘗試以及這些嘗試的幸運的和不幸的命運，防止能量學去接受把舊理論導向崩潰的假設，或者說服它採納已經證明是富有成果的觀念。能量學不能證明它的公設，而且也不必去證明它們；但是，通過追溯它們在達到目前形式之前所經歷的變遷，它能夠獲得我們對它們的信任，即當它們的推論受到我們預期的實驗確認時，對它們來說能夠得到某種信任❼。

在結束本節時，我們務必注意：只有明確理解了迪昂的「描述」

---

❼　P. Duhem, Research on the History of Physical Theories, *Synthese*, 83(1990), pp.189–200.

和「說明」的涵義，才能恰當把握迪昂對PT的詮釋。迪昂所謂的「描述」(representation)❽，並不是指對事實或現象的描繪，而是理論對實驗定律群的表示。迪昂所謂的「說明」，是指對物理現象或物理外觀作出符合物理實在的詮釋，這是一種本質主義的、尋求終極原因的說明（因而屬於形而上學的領域），而不是當今科學哲學中在於回答「為什麼」的泛說明，也不是用某些普遍規律來說明經驗現象，在經驗現象中找出某些規律性的聯繫。因此，嚴格地說，迪昂排斥的並不是說明本身（請回憶一下聲現象的說明），而是「形而上學的說明」。與亨佩爾(C. G. Hempel, 1905–)的關於科學說明的相關性要求和可檢驗性要求、演繹律則模型和歸納統計模型❾比較一下，就不難明白迪昂的所指。

洛因格對迪昂在描述和說明以及描述理論和說明理論之間所作的截然二分法提出異議 (*MPD*, pp.165–167)。他認為這樣的區分並不具有明確的恰當性，而且也不構成實際科學過程的一部分。對於專業工作者來說，區分是在能夠經得起專業科學處理的理論和經不起的理論之間，即區分是在實驗觀察、數學演繹和實驗確認程序在專業科學工作平面上可以應用的理論和它們不能應用的理論之間。例如，密立根(R. A. Millikan, 1868–1953)對電子的研究在迪昂術語的意義上利用了說明類型的理論，但它與吉布斯和迪昂本人的描述理論一樣具有專業上的科學地位。因此，存在著專業上具有科學地位的物理學說明理論，而不存在在專業上具有科學地位的形而上學說明理論，從而僅包括物理學說明理論而排除所有形而上學

---

❽　representation含有描述、描繪、陳述、表示、表象、代表等意思。

❾　C. G. 亨佩爾《自然科學的哲學》，陳維杭譯，上海科學技術出版社(上海)，1986年第1版，頁53–78。

說明理論的純粹物理學是科學境況中的一個不可抹殺的事實。

　　洛因格的批評是有一定道理的。的確，迪昂對作為區分準繩的可觀察性作了狹義的、固定的理解，他沒有強調這個準繩隨科學發展的可變性以及描述與說明二者界限的可變性。但是，在任何時候，這個界限在二者的結合部是一個模糊的領域，而不大可能是一條截然分明的線條，因而洛因格的關於物理學的說明與形而上學的說明的區分同樣在科學實踐中是難以操作的。至於洛因格針對迪昂所得出的結論（包括力學的、能量學的、空時的、原子論的以及連續的理論的異質物理學是科學境況中的一個不可抹殺的事實），　不能算是對迪昂的深中肯綮的批評，因為迪昂雖然偏愛自認為優越的能量學理論，但並未一概排斥其他類型的理論。更何況，迪昂要把說明從物理學清除出去，是為了實現他的大目標——確立物理學的自主性。

第二節　形成物理學理論的四個基本操作

　　形成 PT 的四個基本操作是迪昂對於物理學方法論的實質性貢獻。這四個相繼的基本操作是：

> 1. 在我們著手去描述的物理學性質中，我們選擇我們認為是簡單的性質，這樣其他性質將假定地是它們的集群或組合。我們通過合適的測量方法與數學符號、數和量的某個群對應。這些數學符號與它們描述的性質沒有固有本性的關聯；它們與後者僅具有記號與所標示的事物的關係。通過測量方法，我們能夠使物理性質的每一個狀態對應於表示符號

的值，反之亦然。

2. 借助於少數命題，我們把這樣引入的各種各樣的量關聯起來，這些少數命題在我們的演繹中將作為原理看待。這些原理在該詞的詞源學意義上可以被稱之為「假設」，因為它們確實是將要賴以建立的理論的基礎；但是它們並不以任何方式宣稱陳述了物體的真實性質之間的真實關係。這些假設當時可以以任意的途徑形成。限制這種任意性的唯一絕對不可逾越的障礙或者是同一假設的術語之間的邏輯矛盾，或者是同一理論的各個假設之間的邏輯矛盾。

3. 理論的各種不同的原理或假設按照數學分析的法則組合在一起。代數邏輯的要求是理論家在這一進展過程中必須滿足的唯一要求。他的計算所依據的量並未被宣稱是物理實在，他在他的演繹中所使用的原理並未作為陳述這些實在之間的真實的關係；因此，他們所進行的操作是與真實的還是與想像的物理變換相對應，則是沒有什麼要緊的。人們有權要求他的一切就是，他的符號系統是可靠的，他的計算是精確的。

4. 這樣從假設引出的各種結果，可以被翻譯為許多與物體的物理性質有關的判斷。對於定義和測量這些物理性質來說是合適的方法，就像容許人們進行這種翻譯的詞彙表(vocabulary)和秘訣一樣。把這些判斷與理論打算描述的實驗定律加以比較。如果它們與這些定律在相應於所使用的測量程序的近似程度上一致，那麼理論便達到了它的目標，並被說成是好理論；如果不一致，它就是壞理論，它就必須被修正或被拒斥。(AS, pp.19-20)

我們之所以冗長地引用迪昂的原文，是因為這些論述太精彩、太深湛、太經典了。而這竟是百年之前的思想！縱覽當代科學哲學家汗牛充棟的相關論著，到底有幾個人能超過迪昂?! 下面，我們擬比較詳細地逐一展示一下迪昂思想之丰采。

1.物理量的定義和測量

迪昂採納了亞里士多德關於量和質的定義、屬性的觀念：量是具有相互外在部分的東西；質是在許多意義上所接受的那些詞之一；每一個不是量的屬性便是質；二者的重要不同在於是否具有相加性。(*AS*, pp.110–112)

在這裡，有啟發意義的是迪昂所謂的「原質」❿概念。(*AS*, pp.121–131)迪昂指出，從經驗給予的物理世界中，我們將分離出被視為原始的質的那種質。我們不去試圖說明這些質，也不把它們還原為更隱蔽的屬性。我們將把它們看作是不可還原的概念，視為應該構成我們理論的真正要素(element)，這就是原質。於是，我們將把原質與對應的數學符號關聯起來，這便容許我們借用代數語言就它們進行推理。

迪昂抱怨古代和中世紀的學者針對不同的現象引入不同的新原質，從而造成原質的泛濫和混亂。為了給物理定律以盡可能簡化、盡可能概要的描述，達到最完備的思維經濟，因此我們在構造理論時，必須使用最少數目的被看作是原始的概念和被視為簡單的質。

---

❿ primary quality也可譯為第一性的質、原始質、原初質、基本質、主質等。鑒於迪昂並未像伽利略、笛卡兒、牛頓、洛克(J. Locke, 1632–1704)等人那樣把物體必定具有的「第一性的質」和僅存於主體知覺經驗中的「第二性的質」明確對置起來討論，以及它的特殊涵義，我們在此將其譯為「原質」以示區別。

我們應該運用分析和還原方法,把感官把握的複雜的性質分解開來,還原為少數的基本性質。在確定分解和還原的終點時,我們並不求助形而上學或把哲學箴言作為試金石和尋找標準。當我們認為一種性質是原始的和基本的時,我們無論如何不會斷言,這種質就其本性而言是簡單的和不能分解的;我們只是宣稱,我們把這種質還原為其他質的所有努力都失敗了,我們分解它是不可能的。因此,每當物理學家弄清了一組迄今未觀察到的現象,或者發現了一群表面上顯示出新性質的定律時,他應首先研究一下,這種性質是否是先前未曾料到的、在流行理論中被接受的已知的質的組合。只是在他作出了各種努力失敗後,他才能把這個性質看作是新的原質,並把新的數學符號引入到他的理論中。

迪昂特別強調,「原質」的稱號依然是暫定的、相對的。今天不能被還原為任何其他物理性質的質明天將不再是獨立的;也許明天物理學的進步將使我們在原質中辨認出性質的組合,一些表面上十分不同的結果長期向我們顯示出這些性質。於是,理論進步本身導致我們把他們起初認為是原始的質加以還原,並證明兩種曾認為是截然不同的性質不過是同一性質的兩個不同的方面。

但是,迪昂認為由此得出下述結論是輕率的:進入我們理論的質的數目一天天地減少,作為我們理論化的主體的物質在基本屬性方面將越來越不豐富。他指出,理論的真正發展無疑可以不時地產生兩種不同理論的融合,可是實驗物理學也不斷發現新的現象範疇;為了分類這些現象並把它們的定律聚集成群,就必須賦予物質以新性質。這兩種相反的運動──把質還原為其他質並傾向於使物質簡單化的運動,或者發現新性質並傾向於使物質複雜化的運動──究竟哪一個將占優勢?迪昂認為,就這個問題作任何長期的預言都是

不慎重的；不過，至少可以肯定，在我們時代第二種趨勢將比第一種趨勢更為強有力，並且正在把我們的理論導向越來越複雜的概念，在屬性方面越來越豐富。

關於量(*AS*, pp.107-120)，迪昂的看法是：為了在物體中發現的屬性可用數學符號來表達，其充要條件是這個屬性屬於量的範疇，即這個屬性是量值(magnitude)。他很不滿意笛卡兒從物質事物的研究中完全消除質，僅僅訴諸幾何學廣延，從而把物理學變成純粹定量的物理學。在迪昂看來，一個概念的純粹定性特徵，並不反對使用數使它的各種狀態符號化。同一質可以以無限不同的強度出現，我們能夠用標籤或數附著於這些強度中的每一個，從而加以識別。

在這裡，測量問題自然而然地提到議事日程上來。正像量值不僅僅是由抽象的數確定一樣，而是由與標準的具體知識相結合的數確定一樣，質的強度也不完全是用數字符號表示的，而必須把適合於得到這些強度尺度的具體程序與這一符號結合起來。只有這種尺度的知識容許人們給代數命題以物理意義，這些代數命題是我們就描述所研究的質的不同強度的數而陳述的。不用說，用來作為校準質的不同強度的尺度，總是以這種質作為它的原因的定量結果。我們以這樣的方式選擇結果，即當引起它的質變得更強時，它的量值相應地增加，從而可以應用量的相加法則。於是，尺度的選擇容許我們用服從代數運算法則的數的考慮代替質的各種不同強度的研究。以往物理學家在用假設性的量代替向感官揭示的定性性質，並在測量該量的量值時，他們尋求的優點十分經常地能夠在不使用假設性的量，而僅選擇合適的尺度而得到，例如電荷便給我們提供了這方面的例子。迪昂的結論是：

為了使物理學變成普適的算術——正如笛卡兒曾經想要作的
——根本沒有必要仿效大哲學家並排斥所有的質；因為代數
語言容許我們就質的各種強度進行推理，就像就量的各種量
值推理一樣。(AS, p.120)

請注意，測量在迪昂形成 PT 的基本操作中起著十分重要的作
用：它是把 PT 與觀察資料聯繫起來的鏈條，它是把物理學翻譯為數
學語言的工具。在迪昂看來，理論物理學必須是數學物理學。因為
物理學只要不講幾何學家的語言，它就不能變成明晰的科學、精確
的科學，從而難以免除無休止的、無結果的爭吵，就無法把普遍一
致性強加於它的學說。只有通過測量把物理學翻譯為數學語言，用
代數語言談論物理學的質，才能使邏輯在其中達到完美的程度。由
於運用符號語言，每一個觀念在其中都用毫不含糊定義的符號來表
達，每一個演繹推理的句子在其中都用把這些符號按照嚴格固定的
法則結合在一起的運算來代替，通過計算其精確性總是容易檢驗。
(AS, p.107) 迪昂以下述精闢的文字概括了他的測量理論，他認為這
些原則早在1855年就由蘭金在〈能量學科學綱要〉一文中提出了：

經驗事實的分析引導我們構想或多或少強烈的質的抽象概
念；我們使數值符號對應於這種質，質越強烈，數值符號的
值越大。這種對應的概率以完全普遍的方式被斷定，它在廣
泛的情況中是由儀器的使用保證的；這種儀器近似地決定了
對應於實際上給定的質的符號的數值。在缺乏測量程序時，
使質符號化的物理學的量值的確定便會是不完備的、沒有意
義的。只有這個程序確保了從用來表達理論物理學定律的普

遍而抽象的代數公式，到人們希望把這種定律應用於特殊而具體的定性事實之過渡。(*EM*, p.108)

2.假設的選擇

在物理學中，迪昂把類似於數學中的公理的東西稱為原理、假設、公設、或假定等，並認為「PT 的整個大廈就建立在假設之上」(*GS*, p.81)。可是，怎樣選擇作為「PT的基礎」(*AS*, p.220)的假設呢？

迪昂認為，邏輯決不要求我們的假設是某個宇宙論的推論，或至少決不要求它們與這樣一個體系的推論一致，因為 PT 是自主的，是獨立於任何形而上學體系的。因此，我們賴以建立理論的假設不需要從這個或那個哲學學說借用它們的材料；它們不要求形而上學學派的權威，也毫不害怕它們的批評。邏輯也不要求假設僅僅是歸納概括的實驗定律，它不能夠用純粹歸納法構造理論，牛頓和安培在這一點上均失敗了。因此，我們將樂於承認，在我們的物理學的根本基礎中有並非實驗提供的公設。邏輯也不堅持在採納假設之前，對假設的可靠性作徹底的實驗檢驗。因為任何實驗檢驗都起著截然不同的物理學作用並訴諸無數的假設；它們從來也沒有把一個給定的假設與其他假設孤立起來而檢驗它。邏輯不能夠召喚每一個假設依次試驗我們期望它所起的作用，因為這樣的試驗是不可能的。

在迪昂看來，邏輯強加於假設選擇之上的條件有三個。第一，一個假設不能是自相矛盾的命題，因為物理學家不想胡說八道。第二，必須使支撐物理學的不同假設不相互矛盾。事實上，PT不能分解為一堆隔離的、不相容的模型；它的目的在於極其謹慎地保持邏輯統一，因為直覺——我們無力證明它是合理的，但它不可能使我們盲目行進——向我們表明，只有在這個條件上面，理論才趨向於

它的理想形式即自然分類。第三，假設將以這樣的方式被選擇，以致作為一個整體看待的數學演繹從它們可以推導出以充分近似度描述實驗定律總體的推論。事實上，PT的恰當目的就是借助於實驗所建立的定律的數學符號，作圖式描述。其推論之一與觀察定律明顯矛盾的任何理論，都應該被毫不留情地拒斥。(*AS*, pp.219–220)

由此不難看出，邏輯強加給假設選擇之上的作用是有限的、微小的。正如紐拉特(O. Neurath, 1882–1945)所注意到的：

> 當我們消除了矛盾的陳述群時，依然存在著一些具有不同記錄陳述的陳述群，它們同樣是可以適用的；這在它們中沒有矛盾卻相互排除。彭加勒、迪昂和其他人恰當地證明，即使我們在記錄陳述上一致，也存在著不受限制數目的、同樣可以適用的、可能的假設系統。我們把這種假設體系不確定性的信條擴展到所有陳述，其中包括原則上可以改變的記錄陳述。(如何選擇受到關聯可能性的「簡單性」和其他在這裡不能詳細討論的考慮的制約。) ⓫

為此，迪昂在1892年的文章中擬定了用來選擇具有同等邏輯有效性的假設的三個標準：(1)理論的範圍（描述較多數目的現象的理論比描述較少數目的現象的理論受到偏愛）；(2)假設的數目（在兩個或多個具有相同範圍的理論中，使用最少假設的理論應該受到偏愛）；(3)假設的性質（給定具有同等範圍和使用相同數目的假設的

⓫ O. Neurath, *Philosophical Papers 1913–1946*, Edited and Translated by R. S. Cohen and M. Neurath, D. Reidel Publishing Company, 1983, p.105.

理論，比較簡單和自然的理論比其他理論受到偏愛）。迪昂堅持認為，在這三個準則中，他所倡導的描述的方法論具有「十分可靠的準則，這些準則十分經常地容許我們有理由偏愛一個理論而不偏愛其他的」。(*MPD*, pp.150-151)在這篇文章中，迪昂堅持認為假設是自由選擇的，選擇受主觀標準指引，主要是受簡單性的制約。據考證，這篇文章幾乎全部進入《結構》之中，但關於假設選擇的這些文字及相當過分的約定論言論被刪去了，而且迪昂此後從未承認簡單性能夠作為選擇的充分標準❷。像每一個有理性的研究者一樣，他雖然認為PT的簡單性是一個優點，但卻不利用它作為指導路線。關於假設的發現或來源（這也是在無數可能的和不可能的假設中選擇的問題），迪昂認為假設不能從常識(common sense)知識提供的公理中演繹出來(*AS*, pp.259-268)。雖然假設可以碰巧在常識教導中找到某些類似，但情況並非總是如此。而且我們輕率地放在一起的兩個命題之間的表面相似往往是人為的、純粹是詞語的，這在翻譯闡明理論的符號陳述時方能看出。

迪昂通過分析表明，那些自稱從常識儲備中得到對他們的理論的假設支持的人，只不過是幻想的犧牲者。他說：

> 常識儲備不是埋在土裡的財寶，金錢不能永遠添加於其中；它是由人類精神的聯合組建的龐大而異常活躍的有限公司的資本。理論科學把它的十分巨大的份額投入到財富的這些轉化和這種增加中：理論科學不斷地通過教育、交談、書籍和期刊傳播；它滲透到常識知識的低層；它喚醒了它對迄今忽

---

❷ R. Maiocchi, Pierre Duhem's *The Aim and Structure of Physical Theory*: A book Against Conventionalism, *Synthese*, 83(1990), pp.385-400.

略了的現象的注意；它教導它分析依然混亂的概念。從而，它豐富了所有人，或者至少是那些達到了某一程度智力文化的人共有的真理的遺產。於是，如果教師想要闡述PT，他將在常識真理中發現一些公認適合於證明他的假設有理的命題。他將相信，他從我們理性原始的、必然的要求中得到了假設，也就是說，他從真正的公理演繹出假設；事實上，他只不過是從常識知識的儲備中提取金錢——而理論科學本身則把金錢存放在那個金庫裡——為的是把金錢返還給理論科學。(*AS*, p.261)

因此，迪昂得出結論說，希望把常識教導看作是支持理論物理學的假設的基礎，統統是幻想。走這條道路，你達不到笛卡兒和牛頓的動力學，而只是亞里士多德的動力學。

迪昂堅決反對歸納主義者的下述觀點：「每一個假設必然地或者是通過所謂的歸納和概括這兩種智力操作從觀察引出的定律，或者是用數學方法從這樣的定律演繹出的推論。」「歸納唯一地在於不是把詮釋，而正是把為數甚多的實驗結果提昇為普遍定律。」⑬(*AS*, pp.190,207)迪昂的結論是：

沒有假設系統能夠僅僅通過歸納得到；然而，歸納可以在某種程度上指明導致某一假設的路線，而且它並不禁止以評論的形式如此說。……尤其是，我們時刻要求實驗歸納啟迪假設，……(*AS*, p.259)

---

⑬ 迪昂反對的前一句話是牛頓方法的看法；後一句話是羅比恩(G. Robin)的言論，其中的「普遍定律」從上下文看意指假設。

盡管物理學是達到演繹的、乃至數學程度的科學，但迪昂還是把它算作實驗科學。對於實驗科學，迪昂也說過「其原理是從實驗引出的」，「科學實驗」「應該提供原理」(*GS*, pp.35,81–82)。在這裡，我們必須在「啟迪」的意義上理解實驗歸納在假設提出中的作用。果不其然，迪昂接著寫道：「物理學家必須從這種感覺資料糾纏在一起的難解之網中提取他的原理。在這時，他借助於或多或少地複雜的儀器，借助於易受懷疑的可變的理論所提供的解釋，有時正是借助於他打算改變的理論。在審查這些混亂的混合物時，他應該〔憑直覺〕推測出普遍的命題，借助於這些普遍命題，演繹將得出與事實一致的結論。」(*GS*, p.82)

　　迪昂相信帕斯卡的話：「我們認識真理，不僅僅是由於理智而且還由於內心❶；正是由於這後一種方式我們才認識到最初原理，而在其中根本就沒有地位的推理雖然也在努力奮鬥，但仍枉然。」(*SXL*, p.131)他多次引用帕斯卡的關於「原理是直覺到的，命題是推導出的」(*SXL*, p.131) 的名言，認為直覺和卓識(good sense)❶是假設的源泉和選擇假設的法官。迪昂指出：

　　　　純粹邏輯不是我們判斷的唯一原則；未受矛盾律檢查的一些看法在任何情況下都是完全不合理的。這些不是從邏輯出發，可是卻指引我們選擇的動機，這些「理智所不了解的理性」和對廣博的「直覺精神」而不是對「幾何學精神」講的「理

---

❶　此處「內心」是指與理智或推理相對立的直覺。

❶　good sense 亦可譯為健的判斷力，強判斷力，機智，良好的意識，見識，常識，良識，良知，卓越的見識。本書譯為「卓識」，以示區別。

性」，構成了被恰當地稱之為卓識的東西。(*AS*, p.217)

迪昂進而還明確斷言：「原理和偉大的、不朽的詩的源泉是卓識。」(*GS*, p.75)「只有猜測要被確立的理論形式的直覺，才能指引這種選擇。」(*AS*, p.198)不過，迪昂也注意到，卓識的理由並不像邏輯那樣以不可改變的嚴格性強加於自身，它們具有模糊性和不確定性。因此，舊體系的追隨者和新體系的擁護者會長期論戰，雙方都宣稱卓識在他們一邊。但是，這種局面不會長期存在下去，終有一天卓識會明確贊同一方，而迫使另一方放棄鬥爭。(*AS*, pp.217–218)

　　迪昂在假設的選擇、提出過程中賦予精神以充分的自由和活動空間。他說，理論家只要尊重邏輯強加於假設的三個條件，「他就享有完全的自由，他就可以以他樂意的任何方式為他構造的體系打下基礎。」(*AS*, p.220)迪昂在1893年就指出，理論家的精神的特定傾向，他的占優勢的才能，在他的環境中擴散的學說，他的前輩的傳統，他所採取的習慣，他所受到的教育，都將是他的指導，所有這些影響都能在他構想的理論的形式中找到❻。迪昂後來進一步寫道：

> 任何無論什麼樣的力學或數學物理學賴以立足的假設都是在長時期內已預備好的成熟果實。通常觀察的資料，借助儀器幫助的科學實驗的結果，現今忘掉或拒絕的古代理論，形而上學體系，甚至宗教信念都對假設有所貢獻。它們的效果如此有趣，它們以如此複雜的方式產生的影響是如此混雜，以致需要由深刻的歷史知識支承的精神的巨大精妙性，以便辨別把人的理性引導到對物理學原理清楚感知的道路的基本方

---

❻　同⓲。

向。(*GS*, p.92)

在各種各樣的指導因素中，迪昂尤為重視歷史的指導作用，並認為能量學的假設就是如此得到的。他的《結構》的一個基本論題就是：每一個科學家在其中行動的歷史上下文指導假設的選擇；這些是歷史地決定的科學思想發展的每一個階段施加在研究者身上的具體影響，從而導致新觀念的產生。這些觀念是所有先前進化的產物，沒有先前的進化，它們就不能被創造出來；它們是長期發展的最後階段。由於為科學進步作出貢獻的無論哪一個人都是如此沉浸於他不能自由地推動的歷史上下文中，每一個新的假設只能是已經陳述的假設的修正。

迪昂還通過從亞里士多德到牛頓萬有引力的歷史事例為下述觀點辯護：「假設不是突然創造的產物，而是逐漸進化的結果」，人類精神正是「以緩慢的、猶豫的、摸索的步伐」「得到每一個物理學原理的清楚的觀點的」(*AS*, pp.220,269)。

迪昂提出了一個表面可疑的論點，即實際上根本不存在假設的選擇問題：「物理學家沒有選擇他將把理論基於其上的假設；它們是在他不在場的情況下在他身上生長發育的。」(*AS*, p.252)其實，迪昂在這裡並不是自相矛盾地否認他的「假設的選擇」論題；他只是想強調：假設的形成是歷史的、連續的，假設在時機成熟時會同時在諸多科學家思想中閃現，科學家對假設的來源和首次獲得時間往往不能確定。他這樣寫道：

> 邏輯留給樂於選擇假設的物理學家以幾乎絕對的自由；但是，這種對指導或法則的缺乏不能難倒它，因為事實上物理學家

並不選擇他將把理論基於其上的假設；他不選擇它，就像花不選擇將使它授精的花粉粒一樣；花使自己滿足於敞開它的花冠，讓微風或昆蟲攜帶結果實的生殖花粉；以同樣的方式，物理學家限於把他的思想通過注意和反思向觀念開放，這個觀念必定在他不在場的情況下播種在他身上的。當有人問牛頓，他如何著手作出發現時，他回答說：「我在我面前持續地保持著該課題，我一直等待第一絲微光緩慢而逐漸地開始破曉，直至變得陽光普照，萬物明晰。」(*AS*, pp.256–257)

迪昂繼續寫道：只是當物理學家清楚地看到他所得到但還未選擇的新假設時，他的自由的、勤勞的活動才開始起作用；因為現在的事情是把這些假設與已承認的假設組合起來，得到各種各樣的推論，並把推論與實驗定律比較。他迅速而準確地完成這些任務的時間到了；對他來說，不是構想一個打上印記的新觀念的時間來到了，而更多地是他發展這個觀念，並使它結果實的時間來到了。這樣一來，我們便循著迪昂的步驟，進入形成PT的後兩個基本操作。

3.理論的數學展開

按照迪昂的觀點，數學演繹是一個不涉及物理實在的中間過程，它只遵循邏輯規則和數學法則。它的目標是告訴我們，依據理論的基本假設的實力，來自如此這般的境況(circumstance)的匯集將承擔如此這般的結果；如果如此這般的事實被產生，那麼另一個事實將被產生。

我們把以具體的形式觀察到它們的境況稱之為事實。數學演繹直接把事實引入到它的運算中去了嗎？它從它們引出我們稱之為推論——我們以具體的形式弄清了它們——的事實嗎？肯定沒有！用

來壓縮的器械、一塊冰和溫度計都是物理學家在實驗中操縱的東西，它們不屬於代數運算範圍的要素。因此，為了使數學家能夠在他的公式中引出具體的實驗境況，就必須借助測量中介把這些境況翻譯為數。同樣地，數學家在他運算結束時得到的東西也是某個數。在這裡，迪昂發出了令當代語言哲學家和科學哲學家吃驚的先聲：

因此，在起點和終點，物理學理論的數學展開除非翻譯，否則不能與可觀察的事實結合起來。為了把實驗境況引入運算，我們必須作出用數的語言代替具體觀察語言的譯文；為了證實理論就那個實驗預言的結果，翻譯的實行必須把數值轉變為用實驗語言說明的讀數。正如我們已經指出的，無論在哪個方向上，測量方法都是使提出這兩種譯文成為可能的詞典 (dictionary)。

但是，譯文是不可靠的，翻譯是背叛。當一種版本被翻譯成另一種譯本時，在兩種文本之間從來也不是完全等價的。在物理學家觀察它們時的具體事實和這些事實在理論家運算被表示的數值符號之間，存在著極大的差異。(*AS*, p.133)

在這裡，迪昂區分了理論事實和實際事實 (*AS*, pp.133–135, 151–153)。所謂理論事實，就是在理論家的推理和計算中代替具體事實的數學資料的集合。例如，讓我們舉例一個事實：溫度以某種方式分布在某個物體上。在這樣的理論事實中，不存在模糊的或不確定的東西。一切都以精確的方式被確定了：所研究的物體在幾何上被確定；它的尺寸是沒有厚度的真正的線，它的點是沒有維度的真正的點；決定它的形狀的不同長度和角度是嚴格已知的；這個物

體的每一點都存在著對應的溫度，對於每一點而言這個溫度是不與其他數相混的數。

與理論事實相對，讓我們看看被它所翻譯的實際事實。此時，再也沒有剛才的精確性。該物體不再是幾何固體，它是具體的塊料；溫度計不再給我們每一點的溫度，而是相對於某一體積的平均溫度，它不是確定的數等等。在不使用「近似」、「接近」這樣的詞的情況下，便不可能描述實際事實；另一方面，所有構成理論事實的元素都以嚴格的可靠性被確定。因此，無限的不同理論事實可以看作是同一實際事實的翻譯。也就是說，實際事實未被單一的理論事實翻譯，而是被包含著無限的不同理論事實的一個類型的大堆東西所翻譯。為了構成這些事實之一而匯集起來的每一個數學元素，可以從一個事實到另一個事實而變化；但是易受影響的變化不能超過某一限度──這個元素的測量在其內被抹去的誤差限度。測量方法越完善，近似越接近，限度也越狹窄，但從不會狹窄得使限度消失。另一方面，在被一個理論詮釋的十分不同的具體事實相互融合僅僅構成同一實驗，並且可用單一的符號命題來表達時，同一理論事實也可以對應於無數不同的實際事實。

迪昂還討論了數學演繹在物理學上有用和無用的問題 (AS, pp.135–141)。以具體方式給出的經驗條件被翻譯為一束理論事實，理論的數學展開把這第一束理論事實與第二束關聯起來，為的是代替實驗結果。我們將翻譯第二束理論事實，以實際事實的形式提出它們，此時我們將知道我們的理論指定給我們的實驗結果。可以弄清楚，這束無限數目的理論事實──數學演繹借助它們把應該產生的結果賦予我們的實驗──在翻譯後將不向我們提供幾個不同的實際事實，而僅提供一個實際事實。在這樣的情況下，數學演繹將達

到它的目標：它將容許我們斷定，根據我們理論所依賴的假設的力量，在某些實際給定的條件下所作的某一實驗，應該產生某個具體的、可觀察的結果；它將使理論的結果與事實的比較成為可能。

但是，情況並非總是如此。作為數學演繹的結果，無限的理論事實作為我們可能的結果顯示出來；通過把這些理論事實翻譯為具體語言，情況也許是我們得不到單一的實際事實，而是得到幾個實際事實，我們儀器的靈敏度容許我們把它們區分開來。在這種情況下，數學演繹將失去它的有用性；在實驗條件給定後，我們將不再能夠以確定的方式陳述應該被觀察的結果。迪昂得出結論說：

> 因此，從理論賴以立足的假設導源的數學演繹，按照它是否
> 容許我們推導出條件實際被給定的實驗的結果之實際確定的
> 預言，可以是有用的或無用的。(AS, p.137)

迪昂還注意到，數學演繹有用性的評價並非總是絕對的，它取決於在觀察實驗結果時所使用的儀器的靈敏度，也依賴於把實際給定的實驗條件翻譯為數所使用的測量工具的靈敏度。而且，這種評價也隨時間、隨實驗室、隨物理學家不同而不同，也與設計者的技藝、設備的完善程度和實驗結果的擬想應用有關。

迪昂也指出了永遠不能被利用的數學演繹的例子 (AS, pp. 138–141)。在我們增加把實際給定的實驗條件翻譯為理論事實的測量方法的精確性時，我們就抽緊了與單一實際事實相關的一束理論事實。同時，我們也抽緊了我們的數學演繹表示實驗預言的結果的另一束理論事實，它變得如此狹窄，足以使我們的測量方法把它與單一的實際事實關聯起來，此時我們的數學演繹變得有用。但是，

在有些情況下，不管我們的測量方法多麼精確，實驗儀器多麼靈敏，當我們徒勞地無限期地抽緊第一束理論事實並使它盡可能地細時，由數學演繹推導出的第二束相關的理論事實卻不能減小得像我們樂意的那麼狹小。第二束的葉片(blades)分叉並分開了，我們不能把它們的偏離減小到某一限度之內。這樣的數學演繹對物理學家來說將總是無用的，因為數學演繹將把無限不同的實際結果與實際確定的實驗條件關聯起來，並且不容許我們預言在給定的境況中應該發生什麼。迪昂以拋在曲面上的質點的運動、太陽系的穩定性或三體問題為例作了闡釋。使我們驚嘆的是，他已明確意識到動力學系統的複雜性、牛頓力學的内在隨機性、不可積系統的普遍性以及渾沌(chaos)的存在和意義。迪昂像彭加勒一樣，也是渾沌學的先驅。

迪昂強調指出，要求理論家在把假設與推論關聯起來時所進行的所有邏輯演繹或數學運算都具有物理意義，這是十分錯誤的。他說：

> 按照這種要求，物理學家在他的公式中所引入的任何數量都應該通過測量過程與物理的性質聯繫起來；在這些數量上所進行的任何代數運算都應該通過使用這些測量過程被翻譯為具體的語言；這樣翻譯後，它應該表達真實的或可能的事實。這樣的要求盡管在理論的終點達到最後的公式時是合理的，但是如果把它應用於建立從公設到結果的轉化的中間公式和運算，則是沒有正當理由的。(*AS*, p.207)

正由於數學演繹不需要涉及實在卻最終受制於物理學定律，正由於理論物理學就是數學物理學，所以數學演繹應該具有邏輯的嚴

格性：

> 由假設開始並構成理論展開的演繹系列，在它的整個範圍和
> 它的整個嚴格性方面從屬於物理學定律。它不容許在其中隱
> 藏漏洞，不管漏洞多麼小。如果這個漏洞未被填補，那就必
> 須填補；如果它不能被填補，那就必須至少確定它，並以公
> 設的形式提出它。更不用說能夠容忍其中有任何矛盾了。
> (*UG*, p.328)

但是，迪昂並未把他偏愛的數學嚴格性無條件地引入物理學中。他
看到，只要數學演繹局限於斷定已知嚴格為真的命題就其推論而言
使某些另外的命題具有嚴格的精確性，那麼它對物理學家來說就沒
有用處。要對物理學家來說有用，它還必須證明，當第一個命題只
是近似為真時，第二個命題依然近似正確。甚至這還不夠。這兩個
近似的範圍必須被界定；當測量數據的方法的精確度給定時，必須
固定在結果中能夠導致的誤差的限度；當我們希望在確定的近似度
內知道結果時，必須確定能夠被認可的資料的概差(probable error)。

　　迪昂認為，這些就是我們不得不強加於數學演繹的嚴格條件。
如果我們希望這種絕對精確的語言能夠在不背叛物理學家的習語的
情況下翻譯的話，那麼就要滿足這些條件，因為物理學家的習語的
詞語總像它們所表達的感知一樣，是模糊的和不精確的。在這些條
件下，而且只有在這些條件下，我們才會有近似的數學表示。迪昂
告誡人們：

> 但是，讓我們不要弄錯它；這種「近似的數學」不是數學的

更簡單、更粗糙的形式。相反地，它是更透徹、更精緻的數
學形式，它要求問題的解時常是極其困難的，有時甚至超越
了今天代數處置的方法。(*AS*, p.143)

4.理論與實驗的比較

PT 的唯一意圖是提供實驗定律的描述和分類；容許我們判斷
PT並宣布它或好或壞的唯一檢驗是，把這個理論的推論與它必須描
述和分類的實驗定律進行比較。為此，就必須細緻分析物理學實驗
（以下簡稱PE）和物理學定律（以下簡稱PL）的特徵。

迪昂認為，PE不僅僅是觀察現象，而且也是對現象的理論詮釋。
因此，任何PE都包括兩部分。首先，它在於某些事實的觀察，此時
只要注意並使感官警覺就行了。其次，它在於觀察事實的詮釋；此
時僅有警覺的注意和肉眼還是不夠的，還必須知道所接受的理論，
必須知道如何應用它們，即必須是一位物理學家。例如，不懂得電
動力學，就不知道檢流計上光斑在標尺的移動表明電流流過導線。
於是，迪昂對PE的定義如下：

> 物理學中的實驗是對現象的精密觀察，同時伴隨著對這些現
> 象的詮釋；這種詮釋借助觀察者認可的理論，用與理論對應
> 的抽象的和符號的描述，代替觀察實際上收集的具體資
> 料。❶(*AS*, p.147)

迪昂以是否引入理論詮釋作為區分 PE 和日常經驗的特徵性標

---

❶　法文版原文為 données, *AS* 的譯者譯為 data（資料）。有人把它譯為
sense-impressions（感覺印象，感官印象），參見❹。

誌。日常經驗的結果是感知不同具體事實之間的關係，要理解它不需要了解科學詞彙。實驗物理學家操作的結果決不是為了感知一群具體事實，它要系統闡明把某些抽象的和符號的觀念聯繫起來的判斷，唯有理論才能把這些觀念與實際觀察到的事實聯繫起來。因此，若不知道實驗者認可的理論，就無法把意義與這些抽象的命題連接起來。迪昂通過考察還注意到：

> 在抽象的符號和具體的事實之間可以存在對應，但不能夠存在完全的等同；抽象的符號不能夠是具體事實的充分描述，而具體事實不能夠是抽象符號的逼真實現；物理學家用以表達他在實驗過程中觀察到的具體事實的抽象的、符號的程式，不能夠是這些觀察資料的精確的等價物或忠實的描述。(AS, p.151)

而且，迪昂還從單一的理論事實可以被翻譯為無數根本不同的實際事實，以及單一的實際事實對應於無數不相容的理論事實的雙重洞察中，顯著地看到這樣一個真理：

> 在實驗過程中實際觀察到的現象和物理學家系統闡明的結果之間，插入了一個十分複雜的智力精心製作，這種製作用抽象的和符號的判斷代替具體事實的描述。(AS, p.153)

在迪昂看來，理論詮釋不僅充斥於實驗的結果，而且也滲透在實驗者運用的工具中(AS, p.153–158)。如果我們不用數學推理接受的抽象的和圖式的(schematic)描述代替構成儀器的具體客體，如果

我們不把這種抽象的組合提交隱含著理論的同化的演繹和運算，那麼實際上就不可能使用我們在實驗室中擁有的儀器。另一方面，與這些儀器的幫助結合在一起的實驗並非終結於實在的事實的敘述，或具體客體的描述，而終結於對理論創造的某些符號的數值估計。

有趣的是，迪昂認為當物理學家作實驗時，他正在賴以工作的兩個十分不同的圖像充滿他的思想：一個是他在實際中操縱的具體儀器的圖像；另一個是借助理論所提供的符號而構成的同一儀器的圖式的模型；正是在這種理想的和符號的儀器的基礎上，他進行他的推理，他正是把物理學的定律和公式應用到這種理想的和符號的儀器的。我們通過適當的校正消除誤差的原因以提高實驗的精度，無非是用實驗的理論詮釋引進的改善。隨著物理學的進步，PT產生了越來越滿意的法則，從而在事實和用來描述它們的圖式觀念之間建立起對應關係。

如果物理學中的實驗僅僅是事實的觀察，那麼引入校正就是荒謬的。另一方面，若記起PE不僅是事實群的觀察，而且也是從PT借來的法則把事實翻譯成符號語言，那麼校正的邏輯作用就十分容易理解了。事實上，這種結果就是物理學家不斷地把兩種儀器作比較。關於圖式的儀器，迪昂特別指出：

> 圖式的儀器不是且不能夠是實在儀器的精確等價物，但是我們設想它是可能的，因為物理學家給它以或多或少完美的圖像；我們設想，物理學家在依據過於簡單、過於遠離實在的圖解儀器推理後，他將試圖用比較複雜的、更類似於實在的圖式代替它。從某一圖式儀器到另一個更好符號化的圖式儀器的過渡，本質上是在物理學中稱之為詞語校正的操作。(*AS,*

p.157)

在這種操作中，物理學家類似於藝術家：藝術家在完成繪畫的線條草圖後添加陰影，以便更好地在平面上描繪模型的外形；物理學家通過校正使所觀察的事實的理論描述變複雜，為的是容許這一描述更接近於把握實在。

　　物理學家作為實驗結果陳述的東西並不是觀察事實的陳述，而是這些事實的詮釋和變換為他認為已確立的理論所創造的理想的、抽象的、符號的世界。因此，對實驗結果的估價就不是一件容易的事情。首先，我們必須決定，我們是否贊成所使用的理論，或者我們是否應該使用更接近事實的理論。如果物理學家承認的理論是我們接受的理論，那麼我們就講相同的語言，並且能夠相互理解。但是，當我們討論不屬於我們學派的物理學家的實驗時，尤其是與我們分開許多年和許多世紀的物理學家的實驗時，情況就完全不同了。我們此時必須力圖建立我們正在研究的作者的理論觀念與我們理論觀念之間的對應，並且借助我們使用的符號重新詮釋他借助他使用的符號詮釋的東西。如果我們成功地作到了這一點，那麼對他的實驗的討論將是可能的；這個實驗將是用對我們來說是外來的、但我們卻具有詞匯表的語言給出的證據的一部分。相反地，如果我作不到這一點，我們便缺乏解開他們記號的鑰匙，從而不可能把他們的詮釋變為我們的詮釋。迪昂在談到前人著作中看來是可笑的錯誤時說：

　　　　矛盾並非存在於實在中，實在總是與它自身一致，但是矛盾存在於兩種學說擁護者之一用來表達他的實在的理論中。在

我們之前的那些人的著作中，有多少命題被看作是極其可笑的錯誤！我們也許應該把它們作為偉大的真理來紀念，倘若我們確實希望探究賦予這些命題以它們真實意義的理論的話，倘若我們忍受麻煩把它們翻譯為今天稱讚的理論的語言的話。(*AS*, p.161)

這與庫恩的切身體會和精闢見解❶何其相似乃爾。庫恩似乎不熟悉迪昂的《結構》，這可真是「人同此心，心同此理」了！

其次，如果我們滿意用於詮釋的理論，那麼我們就必須仔細審查該理論的法則是否被正確地應用；這就必須檢查計算和推理；若發現有錯誤，則無論如何要加以校正。再次，我們必須把真實的儀器和理想的儀器加以比較，必須決定在什麼範圍內後者類似於前者，我們是否把附加要素引入理想儀器而不能增加這種類似。最後，我們必須消除所有系統誤差的原因，我們發現系統誤差是可能的。

在完成上述四個估價實驗結果的步驟後，還應該決定實驗的近

---

❶ 在這裡，我們不由得想起庫恩用釋義學(hermeneutics)方法解讀亞里士多德的生動情景和深切體驗。庫恩初讀亞里士多德時困惑不解：這位博學而深刻的大智者為什麼在運動問題上一敗塗地呢？為什麼會發表那麼多的謬論呢？為什麼會錯得那麼顯眼呢？他在煥然冰釋後得出教訓說，在閱讀重要思想家的著作時首先要找出原著中明顯的荒謬之處，再問問你自己：一位神志清醒的人怎麼會寫出這樣的東西來。他深有體會地說：「讀亞里士多德的書使我看到一種人們對待自然以及用語言描述自然的方式的全面變革，不宜把這種方式說成是知識的增加或者只是錯誤的逐步改正。……要辨別了解這些事件，只有對過時的著作恢復過時的讀法。」參見T. S. 庫恩《必要的張力》，紀樹立等譯，福建人民出版社（福州），1981年第1版，頁ii–v。

似度。這是一個十分複雜和困難的操作。它要求首先必須對觀察者的感覺靈敏度作數值估計，這在天文學中被命名為「人差」(personal equation)。其次，必須對我們未知的、且不可能校正的系統誤差作數值估計。此外，還要確定無數的其他誤差即「偶適誤差」(accidental errors)。正如迪昂所說：

> 因此，實驗近似度的估計是一個十分複雜的任務。在這個任務中，往往很難堅持任何邏輯程序；於是，推理應該為那種罕有的和微妙的品質、那類本能或稱之為實驗感的資質讓路，與其讓幾何學精神佩帶三角錦旗，還不如讓洞察的精神（直覺的精神）佩帶。(*AS,* p.163)

迪昂認識到，盡管PE是較少確定的，但它比事實的非科學建立要精確、要詳細。日常證據報告是由常識程序而不是由科學方法確立的事實，它只有在具有較少精確、較少分析的條件下才能提供斷言，並且固守最粗糙的和最淺顯的考慮。但是，

> PE 的敘述是十分不同的：它不滿足於讓我們知道粗糙的現象；它宣稱要分析它，告訴我們最小的細節和最細微的特殊性，並正確地注意到每一個細節和特殊性的等級和相對重要性；它宣稱以這樣的方式給我們以信息：無論何時我們樂意，我們都能夠像報告的那樣嚴格地複製現象，或者至少複製在理論上等價的現象。(*AS,* pp.163-164)

要知道，正是理論詮釋容許科學實驗比常識更進一步看透現象的詳

細分析，並給它以描述，描述的精密性遠遠超過流行語言的精確性。

讓我們從PE轉向PL。在迪昂看來，「PL無非是已經作的或將可能完成的無數實驗的概要」，「PL是符號的關係」(*AS,* pp.144,165)。他首先以此為據區分了常識定律和PL(*AS,* pp.165-168,178-179)。正如常識定律是借助對人來說是天然的工具以事實的觀察為基礎一樣，PL也以PE的結果為基礎。當然，把事實的非科學斷言與PE的結果區別開來的深刻差異也把常識規律與PL區分開來，這就是其是否是符號的。像「人皆有死」，「我們看見閃電在聽到雷聲之前」這樣的常識定律，也運用了抽象的和一般的概念（在這一點上它與PL幾無不同），不過這些抽象並非是理論的符號。然而，像氣體定律這樣的PL，所使用的質量、溫度、壓力諸概念則不僅是抽象的，而且是符號的，這些符號只有借助PT才具有意義。隨著我們採納的理論不同，PL中出現的詞語也改變它們的意義，以致同一PL會被接受不同的PT的物理學家採納或拒斥。

不用說，兩類定律中的抽象並不是完全等同的。常識定律涉及的抽象術語在具體觀察對象中是普遍的，因而從具體到抽象的轉變是以必然的、自發的操作完成的，以至是無意識的。這種本能的、非反省的操作產生了非分析的普遍觀念，可以說粗糙地採用了抽象。另一方面，與PL關聯的符號術語不是從具體實在中自發地出現的抽象，它們是通過緩慢的、複雜的和有意義的工作，即通過精心製作PT的長期勞動產生的抽象。如果我們未作這項工作或不了解PT，那麼我們就無法理解PL並應用它。因此，「PL是符號的關係，它對具體實在的應用要求知道和接受整個定律群。」(*AS,* p.168)

常識定律的意義是直接的。我們可以問一個常識判斷：「它為真嗎？」答案往往是容易的，是確定的是或否。被辨認為真的定律

對所有時間、對一切人來說都是如此；它是固定的和絕對的。可是，對於PL而言，情況並非如此。由於PL是符號的，恰當地講，符號既不為真，也不為假；它寧可是或多或少經過妥善選擇以代替它們描述的實在的某種東西，它以或多或少精確的、或多或少詳細的方式描繪了那個實在。可是，把「真理」和「錯誤」這類詞用於符號不再有任何意義。因此，關心詞的嚴格意義的邏輯學家將不得不回答任何詢問PL是真還是假的人說：「我不理解你的問題。」迪昂繼續分析PL僅僅是近似的涵義：

> 實驗方法在物理學中實際運用時，並非產生出與唯一的符號判斷對應的給定事實，而是產生與無數不同的符號判斷對應的給定事實。符號的不確定的程度是所述實驗的近似程度。讓我們舉一連串的類似的事實；發現這些事實的定律對物理學家來說意味著發現一個公式，該公式包含這些事實中每一個的符號陳述。與每一個事實對應的符號的不確定性相繼承擔了把這些符號結合起來的公式的不確定性；我們能夠使無數不同的公式或不同的PL對應於同一事實群。為了這些定律中的每一個被接受，應該對應於每一個事實的不是這個事實的符號，而是在數目上無限的、能夠描述該事實的符號中的某一個；這就是當PL被說成僅僅是近似的時，它所意指的東西。(*AS*, p.169)

迪昂在這裡還強調,物理學家有權在這些定律之間作出選擇,但是把簡單性作為一種無可爭辯的教條強加於PL,以這個教條的名義拒絕任何表達過於複雜的代數方程的實驗定律,則是不明智的,

我們不應該受簡單公式施加在我們身上的魔力愚弄。物理學家盡管可以依據他承認的理論偏愛這個定律或那個定律，但是他要知道：「PT僅僅是分類和橋接實驗從屬的近似定律的手段；因此，理論不能修改這些實驗定律的本性，不能授予它們以絕對真理的稱號。」(*AS*, p.171)

迪昂討論了PL的暫定的(provisional)和相對的屬性。在他看來，常識定律總是固定的和絕對的，而以數學形式陳述的PL相形之下則是暫定的和相對的。PL是暫定的，這並非意味著PL在某個時候為真，然後為假，而是它從不為真或為假。它是暫定的，因為它描述了近似地適用的事實，物理學家今天判斷這一近似是充分的，但在某一天將不再判斷這一近似讓人滿意了。這樣的定律總是相對的，並非因為它對一個物理學家來說為真，而對另一個來說為假，而是因為它所包含的近似對第一個希望利用它的物理學家來說是足夠的，可對第二個來說則不再足夠了。不用說，近似度也不是某種固定的東西，它隨儀器的完善、誤差原因更嚴格的避免以及更正確的校正而提高。而且，隨著實驗結果的非決定性變得狹窄，用於濃縮這些結果的公式的非決定性也變得更多地受到約束。迪昂通過考察物理學的歷史明確地看到這一切：

> 任何PL作為一種近似的東西，都由於實驗精確性的增加而處於進步的支配之中，這種進步將使PL的近似程度變得不充分：PL本質上是暫定的。對PL的值的估計隨物理學家的不同而變化，取決於他們支配的觀察工具和他們研究要求的精確性：PL本質上是相對的。(*AS*, p.174)

PL之所以是暫定的，不僅因為它是近似的，而且也因為它是符號的：總是存在著用定律關聯起來的符號不再能夠以滿意的方式描述實在的情況。物理學家認識到，有毛病的關係，僅僅是符號的關係，因為他在研究中並不對準他所操作的實在的、具體的氣體，而對準某種邏輯的創造物，對準以它的密度、溫度和壓力為特徵的某種圖式的氣體。這種圖式論(schematism)對於描述處於電場中的實在氣體的性質無疑太簡單了、太不完備了。他於是力圖完備這種圖解論，並使它更好地描述實在：他把電場強度引入新圖式的構造中；他在新的研究中運用更完備的符號，並得到處於電極化狀態下的氣體定律。這是一個更複雜的定律，它把前者作為特例包括在內，但是它更為綜合，將在原來定律失效的情況中被證實。

迪昂形象地比喻說，用理論鍛造的數學符號應用於實在，就像鐵盔甲穿到騎士身上：盔甲結構越複雜，堅硬的金屬似乎變得越柔順；在上面覆蓋的像萊殼的甲片的增多保證了鋼鐵與它所防護的肢體之間更好的接觸；但是，不管構成盔甲的部件多麼多，盔甲從來也不會十分適合作為模特兒的人身。迪昂的結論是：

> 因此，PL是暫定的，在於它們所關聯的符號太簡單了，以致無法完備地描述實在。總是存在著符號不再能描繪具體事物和正確預告現象的境況；於是，定律的陳述必須伴隨容許人們消除這些境況的限制。正是物理學的進步，帶來了對這些限制的認識；從來也不容許斷言，我們已完備地列舉了它們，或者提出的一覽表將不經受某些添加和修正。(*AS*, p.176)

迪昂還看到，PL的確定性問題本身以十分不同的方式提出了比

常識定律的確定性問題更複雜、更微妙的問題。PL比常識定律具有少得多的直接確定性和多得多的估計困難，但是在它的預言的細緻的和詳盡的精確性方面，它卻超過了後者。PL只有通過犧牲常識定律的某些固定的、絕對的確定性，才能獲得細節的這種細緻性。在精確性和確定性之間存在著一種平衡：除非損害一個，否則便不能增加另一個。

迪昂一般地認為：「所有抽象的思想都需要事實的核驗；所有科學的理論都要求與經驗比較。」⑲具體地就第四個基本操作即理論與實驗的比較而言，迪昂指出，容許我們判斷PT並宣布它或好或壞的唯一檢驗，是這個理論的推論與它必須描述和分類實驗定律的比較。既然我們已經細緻地分析了PE和PL的特徵，我們就能夠確立應該支配實驗和理論之間比較的原則；我們能夠知道，我們將如何辨認一個理論被事實確認(confirmation)還是被事實削弱。或者說，把作為演繹推論而得到的數學命題集與實驗事實集進行比較；由於使用已採納的測量程序，我們必須確保，第二個集合在第一個集合中找到充分類似的圖像、充分精確和完備的符號。如果理論的推論和實驗的事實之間的這種一致沒有顯示出滿意的近似，那麼盡管該理論可能在邏輯上被充分地構造起來，可是無論如何還是要拒斥它，因為它會被觀察反駁，因為它會在物理上是虛假的。

> 因此，理論的推論和實驗的真理之間的這種比較是不可或缺的，由於只有事實的檢驗能夠把物理確實性給予理論。但是，這種用事實檢驗應該專門對準理論的推論，因為只有後者作為實在的圖像被提供出來；作為理論出發點的公設和我們藉

---
⑲ 同❼。

以從公設到結論的中間步驟都不必經受這種檢驗。(AS, p.206)

與此同時，迪昂分析了這種檢驗和比較的複雜性（實驗無法否證一個孤立的假設）以及對直覺判斷而不是對邏輯的依賴，我們在討論迪昂的整體論時再詳述它。

第三節　「千古江山獨此樓」：從基礎到拱頂

迪昂 1905 年在對萊伊的答覆中，全面而系統地陳述了他關於 PT 的目的、本性和結構的觀點：

> 我們了解，PT 既不是形而上學說明，也不是一組其真理由實驗和歸納而確立的普遍定律；它是借助數學量製造的人為的結構；這些量與從實驗中出現的抽象概念的關係，只不過是記號與所表示的事物所具有的關係；這種理論構成了一種適合於概述和分類觀察定律的概要的繪畫或綱要的略圖；它可以以同代數學一樣的嚴格性發展，因為在摹擬後者中，它是借助於我們以我們自己的方式安排的量的組合整體地構造的。但是，我們也了解，當它把理論結構與它要求表示的實驗定律比較時，當判斷圖像和對象之間的相似程度時，數學嚴格性的要求不再相關了，因為這種比較和判斷並非出自我們能夠展開一系列清楚而嚴格的三段論的能力。我們認識到，為了判斷理論和經驗資料之間的相似，不可能分開理論結構，並把它的每一部分孤立地交付事實檢驗，因為最微小的實驗

證實(verification)都使理論最為不同的章節插入其中起作用；
我們還認識到，理論物理學和實驗物理學之間的任何比較，
在於包括它的整體在內的理論與實驗的總體教導的聯合。
(*AS*, pp.277-278)

　　縱覽迪昂PT體系的邏輯大廈，我們不難發現它具有以下鮮明的
特徵：

1.結構性

　　按照迪昂的觀點，PT決不是各種各樣的科學材料和構件的雜貨
堆放場，而是一座結構嚴整、內容有序的宏偉大廈。用迪昂的話來
說：「用以構造這個理論的材料一方面是用來描述物理世界的各種
不同的量和質的數學符號，另一方面是用來作為原理的普遍公設。
用這些材料，理論建造了一個邏輯結構。」在這個邏輯大廈中，「實驗
證實不是理論的基礎，而是它的拱頂」，而「理論原則上建立在公設
的基礎上」，公設是「物理學的根本基礎」。(*AS*, pp.205,204,219)理
論的其他各種要素都在這個結構嚴謹的邏輯大廈中井然有序地占據
著自己應有的位置，各自發揮著不可或缺的獨特作用。

2.邏輯性

　　迪昂的PT是一個嚴密的邏輯演繹系統，從前提（假設）到推論
（命題或定律）按演繹法進行，具有嚴格的邏輯結構，二者之間的
關係是邏輯蘊涵關係。「因此，在勾畫這個結構的藍圖時，必須謹
慎地遵守邏輯強加給所有演繹推理的規則和代數為任何數學運算所
規定的法則。」(*AS*, p.205)在這裡，邏輯性與統一性也相通起來：PT
統一於與原質對應的原始概念，統一於為數不多的假設。

3.符號性

質而言之，迪昂的PT是一個符號系統，它僅在形成PT的操作的起點和終點進行翻譯時才與事實、對象或實在或多或少地、直接或間接地接觸：符號只是物理實在的記號、號碼，而不是其摹本，符號的關係卻是物理實在的關係的近似描述。正由於PT是符號的，所以它才能用數學語言講話，從而變成數學化的精密科學，這就是理論物理學為何必須是數學物理學的緣由。這裡尚需注意的是，「在理論中所使用的數學符號只有在十分確定的條件下才有意義；定義這些符號就是列舉這些條件。理論就是禁止在這些條件之外使用這些記號。」(*AS*, p.205)

4.開放性

從迪昂的論述不難看出，作為一個嚴密的邏輯體系的PT並不是自我封閉的，而是一個開放系統。首先，它的符號語言以測量為中介，向外對著外部世界或實在。其次，它雖然排斥形而上學的說明，但並未割斷與形而上學的聯繫（下章詳論）。再次，它的形成運用的是物理學方法，尤其是演繹法，但它並不拒絕物理學方法之外的其他方法。最後，它是合理性的，但在假設的選擇和檢驗的判斷上，又為直覺、信念等認知方式留有足夠的餘地。

5.整體性

PT作為一個符號體系，其整體性表現在三個方面：一是PT的各部分不能脫離整體而存在，否則就會無法理解，就會失去任何意義，不再描述任何東西；二是PT的經濟、分類、示真（審美）、預見功能是作為PT的整體具有的，它的各個部分孤立起來便會喪失這些功能，至少會降低其功能；三是PT中的假設無法孤立起來被實驗反駁，實驗反駁的是其整體。

寫到這裡，我們情不自禁地和迪昂一起讚美PT的宏偉的邏輯大廈：

> 追隨一個偉大的PT的行進，看看它雄偉地展現了它從初始假
> 設出發的規則的演繹，看看它的推論描述了眾多的實驗定律
> 直至最小的細節，你不能不被這樣的結構之美而陶醉，你不
> 能不敏銳地感到這樣的人類精神的創造真正是藝術作品。
>
> (*AS*, p.24)

在古代，歐幾里得就成功地建造了完美的幾何學演繹體系。可是直到近代，牛頓才建立起不很嚴謹的物理學演繹體系。對這種演繹體系的邏輯分析和哲學反思是在十九世紀後期才認真開始的。馬赫認為科學是描述（原理是事實的簡要的經濟的描述）而非說明，他把形而上學從科學清除出去。他雖然批判了「歸納科學」，指明只有數學化的演繹科學才是名副其實的科學，但由於他對理論的保守態度以及對科學的邏輯分析較少關照，因而對此未能提出引人注目的見解。正是赫茲，在1894年出版的《力學原理》❷中發出了現代物理學新穎見解的先聲。在赫茲看來，科學理論是公理化的演繹體系，它建立在少數基本概念和基本原理的基礎上，這個邏輯結構是否站得住腳，依據它的推論與可觀察世界是否一致來斷定。為此，他僅僅把空間、時間和質量作為原始概念，重構了力學的邏輯體系。彭加勒明確地強調科學理論是邏輯體系和符號系統，認為普遍原理是人類精神的自由創造和自由選擇的約定，並討論了事實、定律、原理這些科學元素的地位和意義以及科學中的語言翻譯問題。迪昂

---

❷　H. Hertz, *The Principles of Mechanics*, By Dover Publications, Inc., New York, 1956.尤其是其中的 introduction, pp.1–41。

的主要貢獻在於成功地把馬赫和彭加勒的有關思想綜合起來，並成功地通過測量和符號翻譯，在必然是模糊的和複雜的觀察事實和由少數概念和原理構成的理論基礎這個鴻溝之間架起了橋梁。讀者只要把迪昂與馬赫、彭加勒的觀點㉑詳加對照，就不難發現，無論在整體與細節上，還是在廣度和深度上，迪昂關於PT的見解都遠遠超越了後二人，其中不少見解都是新穎的創造。

科學哲學家們對科學理論結構的認真研究始於1920年代㉒。例如，坎貝爾(N. R. Campbell, 1880–1949) 關於假設和詞典的命題連通集觀念；以卡爾納普(R. Carnap, 1891–1970)、賴興巴赫等人為代表的邏輯經驗論者的公認觀點或標準看法——PT 被分析成經驗地詮釋的假設演繹系統或形式演算（卡爾納普稱其為「語義系統」），以及所謂的「同位定義」（賴興巴赫）和「對應規則」（卡爾納普）概念；從1960年代起在對邏輯經驗論的語法學的理論觀的批判中興起的語義學的理論觀和結構主義的理論觀；……人們從中都不難發現迪昂思想的反射和折射。波普爾關於「科學理論是記號或符號的系統」㉓很明顯受到迪昂的影響，庫恩關於科學的語言翻譯、保真翻譯、詮釋、詞典和詞匯表的觀點㉔也有迪昂思想的影子。恕我孤

㉑ 讀者可參閱我為本叢書撰寫的《馬赫》(1995)和《彭加勒》(1994) 中的有關章節。彭加勒的有關思想可能受到迪昂論著的啟發，迪昂在《結構》(1906)中的諸多見解早在1890年代就形成了。

㉒ R.卡爾納普等著《科學哲學和科學方法論》，江天驥主編，華夏出版社（北京），1990年第1版，頁1–19。

㉓ K. 波普爾《科學發現的邏輯》，查汝強等譯，科學出版社（北京），1986年第1版，頁31。

㉔ T. S. Kuhn, Commensurability, Comparability, Communicability, *PSA*, Vol.2, 1982. 也可參見李醒民〈庫恩科學革命觀的新進展〉，《思想戰

陋寡聞，迄今似乎尚未有一部同類主題的著作能與《結構》相匹敵，更不必說超過它了。正是在這個意義上，我們斗膽斷言：迪昂構築的**PT**的邏輯大廈乃是「千古江山獨此樓」。

第四章　確立物理學（理論）的自主性

二月巴陵日日風，
春寒未了怯園公。
海棠不惜胭脂色，
獨立濛濛細雨中。

——宋・陳與義〈春寒〉

科學的自主性 (autonomy of science) 是當代科學哲學關注的中心問題之一。科學自神話和巫術脫胎出來❶之後，就具有某種程度的自主性；尤其是當它具有較為系統的理論和較為獨立的建制時，這種自主性就成為科學的一個重要特徵，引起科學哲學家們的關注。

賴興巴赫早就說過：「科學是它自己的主人，不承認它的範圍之外還有什麼權威。」❷庫恩也堅信科學一般具有自主性，使它們免受來自更廣大的社會和文化背景之中的「外來壓力」❸。圖奧梅拉

---

❶ 孔德說得好：「要是沒有占星術的那些誘惑人心的妄想，沒有煉金術的那些言之鑿鑿的欺騙，試問我們會從何處獲得必要的恒心和毅力，去收集大量的觀察和經驗，作為後來為這兩類現象建立初步實證理論的基礎呢?」參見《現代西方科學哲學論著選輯》（上冊），洪謙主編，商務印書館（北京），1993年第1版，頁24。

❷ H. 賴興巴赫《科學哲學的興起》，伯尼譯，商務印書館（北京），1983年第2版，頁166。

(R. Tuomela)則認為:「科學在選擇真理和校正者的標準以及把這些標準應用於科學探索中,科學是自主的或應該是自主的,在這種意義上我們接受科學自主性的原則。」❹小李克特則從科學與外部社會環境的相互作用來定義,科學在某種程度上需要的是一般可用「自主性」這一術語來表示的那種自由。他說:

> 自主性可以被定義為屬於一個較大體系的組成部分的一個單元的某些條件:這是一種自由的條件,但這種自由卻受到由於參加任一有關系統所需要滿足的要求的限制。因而自主性所需要的並不是自給自足而產生的那種自由,而是從各種專業化和互相依賴的因素之間的交換模式內部的一種相對有利的形勢中表現出來的那種自由。科學的自主性並不意味著科學共同體得以構成一個獨立的、自給自足的社會,它反而表明科學同社會其他部分的種種關係允許科學的發展方向得以不被這些其他組成部分所完全控制。❺

克米萊卡(E. Chmielecka)的定義也許是最為周到和簡明:「科學自主通常意指下述兩種因素的鬥爭、張力:科學對其環境的依賴即對外部影響的依賴,科學的獨立的核心能夠自我決定和自我發展。」❻

❸　T. S. Kuhn, *The Structure of Scientific Revolution*, Chicago, 1962, p.163.

❹　R. Tuomela, *Science, Action,and Reality*, D. Reidel Publishing Company, 1985, p.214.

❺　M. N. 小李克特《科學概論》,吳忠等譯,中國科學院政策研究室編印(北京,內部發行), 1982,頁ii。

❻　Ewa Chmielecka, Autonomy of Science as a Problem in the Philosophy

　　使人驚嘆的是，迪昂很早就行動在當代科學哲學之前，深入地探討了科學❼的自主性問題，得出了一些很有啟發性的結論。當然，鑒於他的立意，他僅限於對物理學作邏輯分析，即僅探討物理學（理論）相對於形而上學和宗教神學這樣的思想體系的自主性，很少就物理學相對於其他外部大環境（如經濟、政治、文化、技術、軍事等）來談論自主性。在本章，我們先論述一下迪昂關於物理學自主性的思想，然後討論他關於物理學與形而上學和宗教之關係的觀點。

第一節　物理學是一門自主的科學

　　迪昂是通過物理學的內部邏輯的分析（論證）和歷史進化的考察（例證），牢固地確立物理學的自主性的。他的具體作法是把物理學與形而上學和神學斷然分開。物理學自主的概念是迪昂科學哲學思想的邏輯出發點和神經中樞，它在科學思想史上也是十分引人注目的。

　　迪昂是通過對PT的目的、本性和結構、方法的邏輯分析，把物理學與形而上學斷然分開的。在迪昂看來，PT的目的是實驗定律的描述而非形而上學的說明；它的真實本性只是理解可感覺的外觀，而不是把握物質實在的存在及其性質；構成PT的基本操作是運用物理學方法完成的，無須訴諸形而上學。倘若反其道而行之，情況就

---

　　of Science. 此文是作者寄贈給我的打印稿。

❼　迪昂在*AS*引言中一開始就申明，他僅對物理科學作出進步的方法提供邏輯分析，而審慎地避免把思考的結果擴展到物理學之外的科學，避免引出超越於恰當的邏輯目的的結論。但是，讀者可以看到，他就物理學得出的一些結論也適合於整個科學。

大相逕庭了：

> 如果PT的目的是說明實驗定律，理論物理學就不是自主的科
> 學；它從屬於形而上學。按照上述意見，PT的價值就依人們
> 採納的形而上學體系為轉移。(*AS*, p.10)

　　迪昂對人類精神活動的領域作了瞥視，他發現在這些領域中
間，要數形而上學範圍內各個不同時代的體系以及同時代不同學派
的體系表現出了最深刻的差別、最尖銳的分歧、最劇烈的對立。但
是，純粹數學的命題由於語言的精確和證明方法的嚴謹，則易於得
到普遍承認和認同。理論物理學是與之最接近的學科，它應該具有
嚴格性的特徵和獲得一致承認的權利。然而，「如果理論物理學從
屬於形而上學，那麼把不同形而上學體系分隔開來的歧見就會擴展
到物理學領域。一個形而上學派別成員認為滿意的PT將會遭到另一
個派別黨徒的拒斥。」(*AS*, pp.10–11)迪昂考察了亞里士多德派、牛
頓派、博斯科維奇(R. G. Boscovich, 1711–1787)或原子論派、笛卡
兒派等關於磁石對鐵作用的理論。他從中看到，每一個學派都宣揚
把磁現象還原為某些組成物質的本質的要素的理論，而別的學派則
反對它，因為他們的原理不容許他們承認其中有對磁作用的滿意說
明。在隱秘的原因上，各個派別也相互攻訐，莫衷一是。

　　迪昂在分析了造成這種眾說紛紜、各持己見的狀況之後表明：
「沒有一種形而上學體系足以構造PT。」(*AS*, p.16)他認為其原因在
於，要使屬於某一派別的哲學家宣布完全滿意同一學派的物理學家
所構造的理論，一定要該理論所用的一切原理從這個學派所宣揚的
形而上學裡導出。如果在說明物理現象的過程中訴諸形而上學無力

辯護的某個定律，那麼PT就達不到它的目的。現在，沒有一個形而
上學能提供足夠精確或足夠詳盡的指令，使我們有可能從中推導出
PT的全部要素。迪昂注意到，形而上學學說就物體的實在本性所提
供的教導常常是由否定組成的。亞里士多德派和笛卡兒派同樣否認
虛空的可能性，牛頓派拒絕任何不能夠還原為質點之間作用的力的
質，原子論派和笛卡兒派否定任何超距作用，笛卡兒派不承認在物
質各部分之間有除形狀和運動之外的任何區別。在譴責對立的學派
時，這些否定完全適於作為論證；但是當我們希望導出PT的原理時，
它們就顯得毫無成效了。因此，

> 我們不能從形而上學體系推導出構造PT所必需的全部要素。
> PT總是求助於形而上學體系沒有提供的、因而對該體系的黨
> 徒來說依然是神秘的命題。在它宣稱給出說明的根底，總是
> 存在著未被說明的東西。(*AS*, p.18)

迪昂進一步闡釋說，當我們認為 PT 是物質實在的假設性說明
時，我們就使他依賴於形而上學了。用這種方式決不是給它一種絕
大多數精神都能夠贊同的形式，我們把它的接受局限於承認它所堅
持的哲學的那些人中。但是，即使他們也不能夠完全滿意這個理論，
由於它沒有從形而上學學說引出它的所有原理，而它卻被宣稱是從
形而上學學說中引出的。迪昂指出，以上思考導致我們詢問如下兩
個問題：

> 我們不能夠把一種目的賦予會使它成為自主的PT嗎？在不是
> 從任何形而上學學說引出的原理的基礎上，PT可以以它自己

的術語被判斷，而不包含依賴於他們可能從屬的哲學學派的
物理學家的觀點。

我們不能設想一種對於構造PT來說是充分的方法嗎？與它自
己的定義一致，PT不會使用它不能合理地運用的原理並求助
於它不能合理地運用的任何程序。(*AS*, p.19)

迪昂對所設問的問題的回答是毫不含糊地否定的。迪昂明確指出，
試圖構造說明理論的物理學家憑藉「哲學箴言作為試金石和試劑」，
從而使PT從屬於形而上學；而「要使物理學成為自主的學說」就不
能在構造PT時「宣布任何形而上學的原理」(*AS*, p.124)。就這樣，
迪昂不僅堅信，而且也用邏輯論證和歷史例證一再證明，物理學就
其目的和方法而言都是自主的。

迪昂 1905 年在針對萊伊❽而寫的答辯文章〈信仰者的物理學〉

❽ 萊伊1904年7月在《形而上學和道德評論》上撰文〈迪昂先生的科學
哲學〉，其中這樣寫道：「我們的注意力在這裡僅審查迪昂先生的科學
的哲學，而不審查他的工作本身。為了發現和準確地闡明這種哲學的
表達，……我們似乎可以提出如下公式：在它對於物質宇宙定性概念
的傾向中，就它就這個宇宙獨自的完備說明向不信任機械論所設想的
它所具有的種類的挑戰中，在它就整體的科學懷疑論與其說是真誠毋
寧說是決然的譴責中，迪昂的科學哲學都是信仰者的科學哲學。」迪昂
認為，萊伊的意思並不是在他是一個天主教徒的意義上，說他作為職
業的物理學是信仰者的物理學的。他認為萊伊意指的是：「基礎教徒
的信仰或多或少有意識地指導了物理學家的批判，它們使他的理性傾
向於某些結論，這些結論對於關心科學嚴格性的精神來說似乎是可疑
的，而對於唯靈論哲學和天主教教條來說似乎是異己的；簡言之，為
了一起採納我就PT力圖闡明的學說的原理和推論，人們必須是一個信
仰者，更不必說是一個穎悟的信仰者了。」(*AS*, pp.273–274)

中，集中論述了他的物理學自主性的思想。他一開始就申明：

> 我的目的一直是證明，物理學是通過絕對獨立於任何形而上
> 學觀點的自主的方法前進的；我仔細地分析了這種方法，以
> 便通過這種分析展示出概括和分類它所發現的理論的恰當特
> 徵和確切範圍；我否認這些理論有任何除實驗教導之外的洞
> 察的能力，或有臆測潛藏在感官可觀察的資料之下的實在的
> 任何功能；我因此否定這些理論有權力繪製任何形而上學體
> 系的藍圖，因為我否認形而上學學說有權利作任何對PT有利
> 的或不利的證明。(AS, p.274)

面對萊伊的誤解和指責，迪昂認為宗教信仰或形而上學並未隱含在
他的PT的概念形成中，也未銘刻在他的意圖上。他希望在掃清混亂
和模糊的討論中，提出如下毋庸置疑的結論：

> 無論我們就物理學進展的方法或我們必須賦予它所構造的理
> 論的本性和範圍說了些什麼，我對任何一個接受我的話的人
> 的形而上學學說或宗教信仰，無論如何都不抱偏見。信仰者
> 和非信仰者二者都可以共同一致地為像我力圖定義的物理科
> 學的進步而工作。(AS, pp.274–275)

迪昂首先從「我們的物理學體系在他的起源上是實證的」入手，
確立物理學的自主性。他以反詰的語句表明，我們PT的概念的形成
既非出自教會的教導，亦非出自對神性事物的信仰。要是果真出自
這樣的先入之見，那麼非信仰者就可以合理懷疑我們的體系，因為

取向天主教信仰的某個命題——即使作者沒有察覺到——會通過嚴格批判的緻密網孔滑過去。然而，我們提出的PT在它的所有部分都服從實證方法的嚴肅要求，都是在「真正的實驗母體(matrix)❾內誕生的」，「並處在任何形而上學或神學的關注之外，幾乎不管作者本人而通過日常的科學實踐和教導強加給作者的。」(*AS*, p.275)因此，

> 我們關於PT本性的觀念根植於科學研究的實踐和教學的迫切要求。因為我們已經深刻地審查了我們的智力良心，我們不可能辨認出無論什麼宗教成見施加在這些觀念起源上的影響。它怎麼會是另外的樣子呢? (*AS*, p.278)

迪昂接著進而反問道：我們怎麼能夠想像，我們的天主教信仰與我們作為一個物理學家所經歷的進化發生關係呢? 難道我們不知道像他們受啟示那樣真誠的基督徒堅定地相信物質宇宙的力學說明嗎? 難道我們不知道他們中的一些人是牛頓歸納法的熱情信徒嗎? 對我們來說像對任何有卓識的人來說一樣，PT的目的和本性是在宗教學說之外、與宗教學說沒有任何接觸的事情，難道這不是顯眼的事實嗎? 對這種觀看事物的方式最多的、最激烈的攻擊並未來自像我們一樣信奉同一信仰的人嗎? 迪昂認為，最後一個反詰表明，我們看

---

❾ 這也是庫恩使用的一個有名的詞匯：disciplinary matrix（專業母體，專業基質）；參見T. S. 庫恩《必要的張力》，紀樹立等譯，福建人民出版社（福州），1981年第1版，頁293。迪昂用的是詞sein（胸部，乳房，娘胎，母腹）；參見 P. Duhem, *La Théorie physique: Son Objet−sa Structure*, Paris, Marcel Rivière, Éditeur, 1914, p.416.這是1994年10月我在北京圖書館查閱到的。

問題的方式受宗教信仰的影響何其微乎其微！

　　迪昂接著從「我們的物理學體系在它的結論中是實證的」入手，確立物理學的自主性。他說：「我們對PT的意義和範圍的反思是由形而上學和宗教未參與其中的先入之見歸納出來的；它們以與形而上學學說和宗教教條完全無關的結論而告終。」(AS, p.279)確實，我們與宣稱把物質世界的研究還原為力學的PT無情地進行過鬥爭；我們堅持，物理學家應該讓原質進入他的體系。現在，聲稱物質世界的一切事物都能還原為物質和運動的學說是形而上學；一些人宣稱，每一種質本質上都是複雜的，它總是能夠而且應該分解為定量的元素。我們的結論實際上似乎與這些學說針鋒相對；在不用事實本身排除這些形而上學體系的情況下，我們觀看事物的方式不能得到承認；因此，情況好像是，我們的物理學在它的實證外觀下畢竟是形而上學。這正是萊伊在講下述話時所想像的東西：「迪昂先生屈從於共同的誘惑：他是形而上學的。他在他的頭腦背後有一種觀念，一種關於科學的有效性和範圍、關於知識本性的預想觀念。」迪昂指出，如果情況如此，那麼我們所作的一切努力和嘗試就完全失敗了，我們就不應該定義實證論者和形而上學家、物質論者和唯靈論者、非信仰者和基督徒共同為其進步而工作的理論物理學。

　　「但是情況並非如此。」迪昂的回答是堅定的，他繼續這樣寫道：

　　　　借助本質上是實證的方法，我力圖艱難地把已知的東西與未知的東西區分開來；我們從未打算在可知的東西與不可知的東西之間劃出一條分界線。我們分析構造 PT 所經過的步驟，並試圖從這種分析中得出被這些理論體系闡明的命題的正確

意義和範圍；我們關於物理學的探詢既未導致我們肯定，也
未導致我們否定對這門科學來說是外來的、對獲得超越於它
的手段的真理是恰當的研究方法的存在和合理性。(*AS*,
pp.279-280)

在這裡，迪昂是在立足於實證方法，但並不排斥其他認知方式的意
義上把物理學與形而上學等加以區分，從而確立物理學的自主性的，
這從他對機械論和原質的分析上可見一斑。

我們為反對機械論而鬥爭；但這是在什麼措辭上？我們在我們
推理的基礎方面假定了某些不是由物理學家的方法提供的某個命題
嗎？從這樣的假設開始，我們展開了一系列演繹，其結論具有機械
論是不可能的形式嗎？我們從來也不能借助僅服從動力學定律的質
量和運動來構造可以接受的物理現象的表達嗎？決不是！迪昂強調，
我們的所作所為，是把各種機械論學派提出的體系交付細緻的審查，
並注意到沒有一個體系提供了良好的和健全的PT的特徵，因為它們
之中沒有一個是用充分的近似度表達了廣泛的實驗定律。迪昂的看
法是：

斷言所有無機界的現象能夠還原為物質和運動是形而上學；
否認這一還原是可能的也是形而上學。但是，我們的PT的批
判是制止作這樣的肯定或否定。它肯定和證明的東西是，在
此時不存在可接受的、與機械論要求相符合的PT，在此時有
可能用拒絕服從這些要求的辦法構造滿意的理論；但是在闡
述這些斷言時，我們正在作物理學家的工作，而不是作形而
上學家的工作。(*AS*, p.281)

關於原質也是如此。為了構造這種不能還原為機械論的PT，我們使某些數學量對應於某些質，我們把不能再加以分析的質作為原質處理。我們借助形而上學的標準選定原質嗎？我們有辦法先驗地辨認質能否還原為更簡單的質嗎？決不能！我們就這樣的質所能說的一切就是，物理學的恰當程序能夠教導我們此時如何分解它們，而且力圖把它們進一步分解為更簡單的質並非荒謬。「因此，物理學將考慮把無生命的自然界呈現出來的現象的理論還原為某一數目的質；但是，它將力圖把這個數目減得盡可能小。每當新的結果呈現出來時，它都將嘗試用一切辦法把它還原為已經定義的質；只是在辨認出不可能作這種還原之後，它自己才放棄反對把新質放入它的理論，把新的類型的變量引入它的方程。於是，發現新物質的化學家艱難地試圖把它分解為已知的某些元素；只是在他徒勞地用盡了實驗室可以達到的所有分析辦法時，它才決定給基本物質表添加一個名稱。基本的名稱並不是借助證明它在自然界不可分解的形而上學論據給以化學物質的；它是借助於事實給予它的——因為它抵制分解它的所有嘗試。……對於我們在物理學中承認的原質來說，情況就是這樣。在稱它們為原質時，我們並沒有預斷它們在自然界裡是不可還原的；我們只是聲明，我們現在不知道如何把它們還原為較簡單的質；但是，今天我們不能還原，明天也許就是一個完成的事實。」(*EM*, pp.108–109)迪昂通過考察得出的結論是：

因此，在拒絕力學理論和提出替代的定性理論時，我們決沒有受「關於科學的有效性和範圍、關於可知的東西的本性的預想觀念」的指導，我們未有意識地或無意識地訴諸任何形而上學方法。我們唯一地使用了屬於物理學家的程序；我們

譴責與觀察定律不一致的理論；我們承認給這些定律以滿意
表達的理論；一句話，我們嚴肅認真地尊重實證科學的法則。
(*AS*, p.282)

由於物理學家在實踐時受實證方法的引導，我們對理論的意
義和範圍的詮釋既未受形而上學觀點，也未受宗教信仰的任
何影響。這種詮釋決不是信仰者的科學哲學；非信仰者也可
以承認它的每一個條款。(*AS*, p.282)

這只是物理學自主性的一個涵義，即實證的物理學不受形而上
學和宗教信仰的影響，PT是通過絕對獨立於任何形而上學和神學的
自主方法自我決定和自我發展的。另一個涵義是，物理學不反對、
也不可能反對形而上學學說和天主教教義。迪昂注意到，使偉大的
PT與唯靈論哲學和天主教信仰依賴的基本教義相對立，在某個時期
成為時髦的舉動；這種時尚實際上期望壓碎教義，壓在科學體系之
下。當然，科學反對信仰的這些鬥爭只激起了對科學一知半解的人
和根本沒有獲得信仰真諦的人的熱情；但是，它卻時常迷亂了那些
理智和良心遠在鄉村文化人和咖啡館物理學家之上的人。使迪昂感
到欣慰的是，我們詳述過的PT的體系擺脫了這種反對，它像風吹走
稻草一樣地吹走了上述時尚，因為這樣的反對只不過出於誤解。

迪昂採用語言分析的方法，從對立雙方的目的切入來澄清誤
解。什麼是形而上學命題和宗教教義？它是與客觀實在有關的判斷，
肯定或否定某個實在的存在具有或不具有某種屬性。像「人是自由
的」，「靈魂是不朽的」，「羅馬天主教皇在信仰問題上是一貫正確的」
都是形而上學命題或宗教教義；它們都斷定，某些客觀實在具有某

些屬性。為了使作為一方的某個判斷與作為另一方的形而上學或神學命題一致或不一致，將要求什麼呢？它必然要求這個判斷具有某些客觀實在作為它的主語，它肯定或否定關於它們的某些屬性。實際上，在兩個沒有相同術語、但卻具有相同主語的判斷之間，既不能一致，也不能不一致。(*AS*, p.283)

可是，經驗事實（在該詞流行的意義上，而不是在該詞在物理學中呈現的複雜意義上）和經驗定律（意指由常識系統闡明的而未求助於科學理論的日常經驗的規律）是如此之多的承擔著客觀實在的斷言,完全可以談論它們與形而上學或神學命題的一致或不一致。對於笛卡兒主義者和原子論者來說，對於任何使理論物理學從屬於形而上學或構成形而上學分類的人來說，情況也是如此。詢問他們物理學的某個原理是否與形而上學或教義的某個命題是否一致，並不是沒有意義的。我們可以合理地懷疑，原子論者強加於原子之上的運動定律與身體上的靈魂的原子是相容的；我們可以堅持認為，笛卡兒主義的物質存在是與聖餐中的耶穌基督的身體的真實存在的教義是勢不兩立的。對於牛頓主義者來說，情況完全一樣，因為他們的理論物理學的原理包含著關於客觀實在的判斷。他們可以合乎邏輯地談論動力學方程和自由意志之間的衝突，研究這種衝突是否可以解決。

然而，對於那些接受我們提出的PT詮釋的人來說，情況則截然不同。他們從來不談 PT 的原理與形而上學或宗教教義之間的衝突，因為他們理解，後者是觸及客觀實在的判斷，而前者則是相應於剝去了所有客觀存在的數學記號的命題。由於它們之間沒有任何共同的術語，這兩類判斷既不能相互矛盾，也不能相互一致。迪昂考慮的結果是：

理論物理學的原理實際上是什麼呢？它是適合於概述和分類實驗確立的定律的數學形式。這種原理就其自身而言既不真也不假；它只是給予它所試圖描繪的定律以或多或少滿意的圖像。就客觀實在作了斷言的是這些定律，因此它們可以與形而上學或神學的某個命題一致或不一致。然而，理論給予它們的系統分類並未添加或減去關於它們的真理、它們的確定性或它們的客觀範圍的任何東西。概述它們和使它們有序化的理論原理的介入並不能消滅這些定律與形而上學學說或宗教教義之間的一致（當在這個原理介入之前存在這樣的一致時），也不能恢復這樣的一致（如果原先不存在一致的話）。理論物理學的任何原理本身就其本質而言，在形而上學或神學討論中一點也不起作用。(*AS*, p.285)

迪昂以「能量守恒原理與自由意志相容嗎？」這個問題為例加以闡釋。他指出，對於用能量守恒原理構造可以完全應用於真實宇宙的公理的人來說，無論他們是從自然哲學引出這個公理，還是借助廣闊的強有力的歸納從實驗資料達到它，上述問題都是有意義的。可是，在我們看來，能量守恒原理決不是包含實際存在的客體的確定的、普遍的斷言。它是由我們的判斷力的自由判決建立起來的數學公式，以便使這個公式與其他類似地假定的公式結合起來的公式可以容許我們演繹出一系列的推論，這些推論給我們提供了在我們實驗室注視到的定律的滿意描述。恰當地講，無論能量守恒公式還是我們與之關聯的公式，都不能被說成是真還是假，由於它們不是與實在有關的判斷；我們能夠說的一切就是，組成一個定律群描述了我們打算以充分精確度分類的這些定律，它就是好理論，否則就是

壞理論。至於能量守恒定律與自由意志是否相容，在我們看來毫無意義。

物理學自主性的再一個涵義是，我們的體系否認PT是任何形而上學的或（為天主教教義）辯護的涵義。像從PT的原理得不到反對唯靈論的形而上學和天主教信仰的有效性一樣，同樣從前者也得不到支持後者的有效性。宣稱前者的原理確認了後者的命題，就像宣稱二者矛盾一樣荒謬。人們時常引用理論物理學的原理支持形而上學學說或宗教教條，他們犯了錯誤，因為他們把不是它自己的意義、不屬於它的涵義賦予這個原理。迪昂批評許多哲學家從熵增大原理得出荒唐的熱寂說。他認為，實驗科學就其本質而言，無法預言世界的終結和斷定世界的永久活動；只有對實驗科學的範圍的嚴重誤解，才會宣稱它證明了我們信仰肯定的教條。迪昂把他思考的總結果概述如下：

> 於是，你有了既不是信仰者的理論，也不是非信仰者的理論，而僅僅是物理學家的理論的理論物理學；它極為適合於分類實驗者研究的定律，而沒有能力反對任何形而上學或宗教教義的無論什麼斷言，它同樣沒有能力對任何這樣的斷言給予有效的支持。當理論家侵入了形而上學或宗教教義的領地時，無論他打算攻擊還是希望捍衛它們，他在他自己領域裡如此成功地使用的武器在他自己手裡依然是無用的和無力的；鍛造這種武器的實證科學的邏輯精確地標出了前沿，超出這個前沿，那個邏輯給予它的韌度就會變鈍，它的切割能力就會喪失。(*AS*, p.291)

　　迪昂的物理學自主性概念是與他的思想和個性的鮮明特徵——堅定不移的獨立性——相當吻合的。研究科學史也有助於自主性概念的形成；例如，他發現亞里士多德的力學尋求說明，因而不是自主的；相比之下，阿基米德則迥然不同：

> 在研究重量平衡時,阿基米德像亞里士多德一樣達到同一點，但是卻採用完全不同的路線：他的原理不是從一般的運動定律推出的，他把他的理論大廈建立在幾個簡單的、確定的平衡定律之上，從而用平衡的科學構造了一門不屬於其他物理學分支的自主的科學：他創立了靜力學。(*OS*, pp.i, 11–12)

尤其是，中世紀科學史的發現使迪昂認識到，中世紀的物理學是在基督教的文化基質（母體）中孕育、成長起來的。他在1903年寫的對馬赫《力學史評》法譯本的討論中，指出馬赫從敘述中排除了非科學觀念；並評論說，這對最近的物理學而言是可以接受的，因為人們現在普遍贊同,物理學是而且應該是獨立於宗教和形而上學的；然而在較早的時期並未達到這種普遍贊同，想使過去恢復生命的歷史學家必須考慮這樣的觀念❿。不用說，迪昂的物理學研究與教學工作也大大有助於自主性概念的形成。

　　此外，不可忽略的是，迪昂也可能受到前人有關思想的啟發，尤其是托馬斯・阿奎那(Thomas Aquinas, 1224/1225–1274)、康德(Immanuel Kant, 1724–1804) 和他的同胞帕斯卡。托馬斯在新的思想條件下調整了神學與哲學的關係，他一方面明確區分了哲學和神

---

❿　R. N. D. Martin, Duhem and The Origins of Statics: Ramification of the Crisis of 1903–1904, *Synthese*, 83(1990), pp.337–355.

學，指出他們是兩門各自獨立的學科；另一方面又堅持神學高於哲學的傳統立場，杜絕用哲學批判神學的可能性。雖然他重申「哲學是神學婢女」的傳統口號，但卻賦予它以新的涵義：哲學好像是有獨立人格的婢女，為主人服務是她的工作性質，但她的人身並不依附於主人。他說：

> 基督教神學來源於信仰之光，哲學來源於自然理性之光。哲學真理不能與信仰的真理相對立，它們確有缺陷，但卻能與信仰的真理相類比，並且有些還能預示信仰真理，因為自然是恩典的先導。

托馬斯是中世紀第一位肯定哲學獨立於神學的哲學家和神學家，他承認哲學家可以按照自然賦予的理性探索真理，從而為哲學的解放開闢了道路❶。事實上，迪昂的自主性觀念是與下述的經典托馬斯主義思想體系相容的：本體論問題的審查在科學之外的學科範圍，例如形而上學和神學。他從托馬斯的著作中引用段落(AS, p.41)證明他的論題。

康德在現象王國（此岸世界）和本體王國（彼岸世界）之間的區分，在經驗科學和形而上學之間的劃界，以及為信仰保留地盤的作法，想必會給迪昂留下某種印象。在談到形而上學的知識源泉時，康德這樣寫道：

> 形而上學知識這一概念本身就說明它不是經驗的。形而上學

---

❶ 趙敦華《基督教哲學1500年》，人民出版社（北京），1994年第1版，頁364–368。

知識的原理（不僅包括公理，也包括基本概念）因而一定不
是來自經驗的，因為它必須不是形而下的（物理學的）知識，
而是形而上的知識，也就是經驗以外的知識。這樣一來，它
就既不能根據作為真正物理學的源泉的外經驗，也不能根據
作為經驗心理學的基礎的內經驗。所以它是先天的知識，或
者說是出於純粹理智和純粹理性的知識。⓬

兩相對照不難看到，迪昂的思想無疑與此是相通的。十九世紀末，
新康德主義和新托馬斯主義在歐洲興起，這也許有助於迪昂增強對
托馬斯和康德有關論述的興趣和關注。尤其是，這兩個學派在科學
和哲學之間建立起「鐵幕」：科學變得相對於形而上學是自主的，
而背景中的形而上學斷言的有效性不受任何實驗檢驗的核驗⓭。在
當時，迪昂也許能感受到這一思潮的湧動，或者說他對這一思潮有
意或無意地起了一點推波助瀾的作用。

帕斯卡作為一個科學家和信仰者，以公正的方式把信仰與物理
學分開。帕斯卡的秩序理論也可能對迪昂有所啟示。帕斯卡說：「內
心有其秩序；精神有其秩序，那要靠原則和證明，而內心的則是另
一種。」他還區分了物體、精神、仁愛三種不同等級和層次的秩序，
並認為「有各種不同的正確意識；有的人在某一序列的事物上，但
在其他序列方面則否，在那些方面他們是胡說八道。」(*SXL*, pp.132,
394–396, 5) 盡管帕斯卡的秩序理論並不等同於迪昂的自主性概念，
但很可能是形成後者的一個因素。

⓬　I. 康德《導論》，龐景仁譯，商務印書館（北京），1978年第1版，頁3–4.

⓭　P. Frank, *Modern Science and Its Philosophy*, Harvard University
　　Press, 1950, pp.23–25.

　　無論怎麼說，迪昂的物理學自主性概念畢竟是自主地提出的，獨立地展開的。以上我們僅論述了迪昂這一概念的一個方面——物理學獨立於形而上學和宗教信仰的一面，現在我們轉而主要論述它的另一個方面即相關性方面，這是「張力」的另一極。

第二節　物理學與形而上學

　　值得注意的是，形而上學對迪昂來說有著雙重的指稱：首先作為宇宙論或自然哲學，其次作為對科學的目的和限度的反思即作為科學哲學。雖然迪昂自認為是物理學家而不是哲學家——更不必說是形而上學家了，雖然他的壓倒興趣在物理學並說形而上學不是他的領域，但他還是關注PT的哲學反思，並探討了PT與形而上學的錯綜複雜的關係。關於前者，他的反思是系統的、全方位的，現在我們主要涉及一下後者。

　　按照迪昂的觀點，物理學和形而上學在邏輯上是獨立的，而在歷史上卻是依賴的，在現實中也是關聯的。把二者絕對分開是在整個體系之間（目的歧異和邏輯嚴格性是其分離的重要根據），而不是在物理學和某些明顯的形而上學陳述之間。相反地，在PT的具有客觀意義的要素和自然哲學的陳述之間，倒是存在著某種關聯。

　　在PT中，陳述事實的命題和闡明定律的命題具有只是理論命題所不具有的客觀意義❶。人們可以從直覺上確認前者是否與宇宙論一致，這種確認是有價值的。當所考慮的是實際事實和常識定律，要作出一致還是不一致的判斷一般是很容易的；但是在科學事實和

---

❶　在這裡，我們很容易想起後來的邏輯經驗論關於觀察語句和理論語句、綜合命題和分析命題的兩分法。

科學定律的情況下，問題就變得無限微妙和棘手。事實上，闡述這種事實和定律的命題，一般地是被賦予客觀意義的實驗觀察和沒有任何客觀涵義的純粹符號的理論詮釋之密切混合物。對於形而上學家來說，必須分離這種混合物，以便得到盡可能純粹的、形成它的兩個要素中的頭一個；唯有在這個觀察要素中，他的系統才能夠發現確認或矛盾。誠如迪昂所說：

> 在物理學實驗報告中十分經常的是，真實的客觀的內容與純粹理論的符號的形式以如此密切的和複雜的方式相互滲透，以致具有清楚而嚴格步驟的、但卻太簡單和不靈活而無論如何無法看穿的幾何學精神可能不足以分離它們。在這裡，我們需要具有技巧的敏銳精神的微妙潛入和較寬鬆的方法；唯有它才能夠猜測，後者是理論虛構的人為結構，對形而上學家來說沒有任何價值，而前者具有豐富的客觀的真理，適合於教育宇宙論者。(*AS*, p.293)

迪昂從中看到形而上學家不應該忽視PT研究的第一個理由。形而上學家必須了解PT，這樣才能在實驗報告中，把從理論出發的且僅具有描述工具或記號的東西與構成實驗事實的真實內容或客觀材料的東西區別開來；這樣才能在PT滲透到宇宙論的領地時，無錯誤地辨認它和對待它。如果形而上學家希望PT對他的思索不施加任何不合邏輯的影響的話，那麼他就必須對PT作深刻的研究。

引起形而上學家注意PT的另一個嚴肅理由是，科學方法在其自身並不包含它的充足的完整的正當的理由。科學方法雖然可以在四個基本操作中構造滿意的PT，但它自己的存在的合法根據並不在

PT之內，而在PT之外的形而上學之中。因此，理論物理學依賴於只有通過物理學之外的根據能夠認可的公設。例如，PT必須力圖用單一的體系描述整個自然定律群，該體系的所有部分在邏輯上是彼此相容的。當然，物理學家完全有權利發展邏輯上不融貫的理論（例如各種各樣的充滿矛盾的模型理論），把理論視為人為的技巧或方便的處方。迪昂不滿意這種極端的約定論作法。他發現，物理學家使用的程序的邏輯研究並沒有向他們提供任何令人信服的論據，以支持他們觀看事物的方式，但是他們感到這種方式是正確的方式。

> 他們直覺到,邏輯統一作為理論不斷地趨向的理想強加於PT；他們感到，在這種理論中，任何邏輯的缺乏，任何不融貫(incoherence)都是瑕疵，科學的進步應該消除這種瑕疵。(*AS*, pp.294–295)

迪昂認為，這樣的理想決不是烏托邦。差異融合到一個越來越綜合、越來越完美的統一體中，這是物理學說的整個歷史概括出的一個偉大事實。他反問道：在歷史中顯示出的這種規律的進化為什麼應該突然中止呢？我們今天在PT的各個章節中注意到的差異為什麼在明天不應當融合為和諧的一致呢？為什麼要順從於不可挽回的缺陷呢？當實際構造的體系從一個世紀到另一個世紀越來越接近完備的統一和完美邏輯的理論時，我們為什麼要放棄這個理想呢？

於是，物理學家在自身發現了一種不可抗拒的抱負：面向借助完美的邏輯統一的體系能夠描述所有實驗定律的PT；當他向實驗方法的正確分析詢問PT的作用是什麼時，他在其中沒有發現任何東西可以證明這種抱負是正當的。歷史向他表明，這種抱負像科學本身

一樣古老，相繼的PT一天一天地越來越充分地實現了這種要求。但是對物理科學藉以作出進步的研究並沒有向他揭示出這種進化的完整的基本原則。因此，如果他希望自己只是一個物理學家，只是一個毫不妥協的實證論者（用物理學方法不能決定的一切均不可知），他就不可能完全理解引導PT發展的趨勢。對於這種強有力地激勵他的研究的趨勢，他不去尋找它的起源，因為他信賴的唯一發現方法不能向他揭示它。另一方面，如果他順從於對實證論極端要求反感的人類精神的本性，他將想了解傳達給他的東西的根據或說明；他將突破擋住物理學步驟停止之牆，並將斷言這些步驟毋須辯護；他將是形而上學的。

物理學家不管幾乎是把強迫的限制強加於他習慣地使用的物理學方法，他將要作出的形而上學斷言是什麼呢？迪昂的回答是：

> 他將斷定，在可觀察的資料即他的研究方法可以達到的唯一資料下面，存在著其本質不能用這些同樣的方法把握的潛藏的實在，這些實在以物理科學不能直接凝視的某種秩序排列起來。但是，他將注意到，PT通過它的相繼進展趨向於按越來越類似於超驗的秩序排列實驗定律，實在就是按照這種秩序被分類的；作為結果，PT逐漸進展到它的限定形式即自然分類的形式；最後，邏輯統一是一個特徵，沒有這個特徵，PT不能宣稱具有自然分類的地位。(*AS*, p.297)

在這裡，物理學家被導致超過了實驗科學的邏輯分析授予他的能力，並用下述斷言為理論趨向的邏輯統一辯護：PT的理想形式是實驗定律的自然分類。物理學家雖然沒有權力希望理論的預言和事

實一致，但是他等待這種一致，指望它比反駁它更可能。隸屬檢驗的理論越完美，賦予它的幾率也就越大；當PT達到其理想形式時，這種幾率對他來說似乎接近於確定性❻。

迪昂看到，沒有一個支配實驗方法運用的法則為這種對理論的預見的確信辯護，可是這種確信對我們來說並不是荒謬的。倘若我們不打算譴責它的假定，那麼物理學的歷史著實不會迫使我們修改我們的判斷；事實上，它會引證無數的情況表明，實驗在最小的細節上確認了理論最驚奇的預言。這一切毋庸置疑地暗示出，在物理學家的理論中，存在著像本體論秩序的最明顯反映的東西。因此，物理學家不能不假定下述斷定：

> 在PT作出進步的範圍內，它變得越來越類似於作為它的理想終結的自然分類。物理學方法無力證明這個斷言是有正當理由的，但是假若它不是如此，指引物理學發展的趨勢便會依然是不可理解的。因此，為了找到建立它的合法性的資格，PT必須向形而上學要求它。(*AS*, p.298)

迪昂進而指出，作為實證方法的奴隸的物理學家像柏拉圖所說的洞穴中的囚犯一樣，供他使用的知識只容許他在面對他的牆上看到一系列形象的陰影；但是，他猜想這個其輪廓是陰影的影像的理論僅僅是一系列可靠的映像，他斷言在他不能到達的那邊不可見的人存在著。於是，物理學家斷言，他為了構造PT而排列數學符號的秩序，越來越接近於藉以分類無生命事物的本體論秩序的映像。他斷言其存在的這種秩序的本性是什麼呢？通過什麼種類的親緣關係

---

❻　這是否是當代科學哲學中確認度、概然性、逼真性等思想的先聲呢？

處於他的觀察之下的對象的本質相互接近呢？這是不容許他回答的
問題。在斷言PT趨向於按照物理世界的實在以其排列的秩序之自然
分類時，他已經超出了他的方法能夠合法地運用的領域的限度；有
更多的理由表明，這個方法無法揭示這種秩序的本性或告訴它是什
麼。要弄清這種秩序的本性，正是要確定宇宙論；在兩種情況下，
作這項工作對物理學家來說並非不可或缺，但對形而上學家來說卻
必不可少。物理學家用以發展他的理論的方法，在證明某個宇宙論
命題或真或假時，是無能為力的；因為二者是徹底異類的，是用不
同的術語作判斷的；它們既不相互一致，也不相互矛盾。但是，能
夠由此得出PT對宇宙論毫無用處嗎？

　　迪昂的回答是斷然的：「沒有任何物理學知識，宇宙論體系不
能合理地構成。」(*AS*, p.299)宇宙論者和物理學家的沉思有共同的起
點，即應用於無生命的世界的現象的觀察所揭示的實驗定律。只是
離開起點之後，二者遵循的探詢方向才使他們分道揚鑣：前者分析
這些定律，以便在可能時揭開它們向我們理性顯示出的基本關係；
而後者僅僅是希望獲得他所發現的定律的越來越精細的知識。同是
研究化學結合定律，物理學家希望十分正確地了解，進入結合中的
物體的質量比是多少，在什麼溫度和壓力下反應可以發生，含有多
少熱等等；而宇宙論者則關心物體存在方式的變化實際上在於什麼，
化學元素在化合物中實際繼續存在嗎，或者它們只是潛在地存在著？

　　物理學家眾多的精確的實驗決定的細節盡管對宇宙論者並非
全部有用，但決不是完全無效。其中一些能幫助專注某一問題的哲
學家啟示答案，能為宇宙論者力求構造的學說提供在嚴格性和可靠
性方面有價值的基礎。「因此，毫無疑問，物理學知識對宇宙論者
來說是有用的，甚至是不可或缺的。」(*AS*, p.300)當然，有用的只是

物理科學中其對象是客觀實在的判斷，即代表觀察份額的那類要素；而作為理論貢獻的記號系統或數學命題則對宇宙論者是無用的。

請注意，理論貢獻的無用是對按照完全人為的秩序排列知識而任意創造的符號系統而言的，因為在這種系統中，實驗定律之間建立起來的分類與分別統一無生命世界的實在的親緣關係毫無共同之處。可是，如果PT具有作為它的限定形式的實驗定律的自然分類，情況就截然不同了。此時，完美的PT和完成的宇宙論相互接近，二者的類似（analogy）便越清楚，越詳盡。迪昂的結論是：

> PT永遠也不能夠證明宇宙論的斷言或與之矛盾，因為構成這兩種學說之一的命題永遠也不能夠具有形成另一個命題所具有的相同的術語。然而，在與具有不同本性的術語有關的兩個命題之間，無論如果有可能存在類似，正是這種類似，應該把宇宙論與理論物理學關聯起來。
>
> 多虧這種類似，理論物理學體系才能對宇宙論的進步有所幫助。這種類似可以啟發哲學家提出整個一組詮釋；它的清楚的、可觸知的存在能夠增強思想者對於某個宇宙論學說的信任，它的不存在促使他防範另外的學說。(AS, p.301)

迪昂同時提醒人們注意，這種訴諸類似（類比）在許多情況下形成了研究或檢驗的有價值的工具，但是誇大它的功能則是不恰當的，尤其是不應把「類比證據」與真正的邏輯證明混同起來。類比與其說是決定的，還不如說是試探的，它並不具有矛盾律那樣的重要性而把自己強加於精神。在一個思想者看到類似之處，另一個通過術語之間的對照而不是通過它們相似(resemblance)比較的人則可

能完全看到相反的東西。為了使後者把他的否定變為肯定，前者不能使用三段論的不可抗拒的力量，他用他的論據能夠作的一切就是把他的對手的注意力吸引到他判斷是重要的相似(similarities)，並使他離開他認為微不足道的歧異。他能夠希望勸服他正在與之爭論的人，但是他不能宣稱使他信服。

除了類比方法本身的局限外，另外的考慮也限制了從PT的類比中得到宇宙論證據的範圍。我們說過，類似僅存在於無生命的世界的形而上學說明和在自然分類階段達到完美的PT之間。但是，我們永遠也不可能真正具有這種作為理想或極限的理論，我們有的只是不完美的和暫定的理論。現在，對於只知道什麼存在的人來說，要知道什麼應該存在是多麼困難。針對易脆的和易變的而不是完美的和不可動搖的PT作類比、下斷語，又是多麼欠斟酌，多麼令人生疑。因此，宇宙論者要極其謹慎地使用他信奉的學說和PT之間的類比。他永遠不應該忘記，他最清楚地看到的類似對其他人來說也許是含糊的，甚或可能沒有瞥見。他尤其應該感到擔憂，他用以支持他提出的說明而使用的類比只是把這一說明和某個暫定的和搖晃的理論腳手架(scaffolding)關聯起來，而不是與物理學的確定的和不可搖撼的部分關聯起來。最後，他應該記住，任何以如此難以判斷（只能滿足於敏感精神的不可分析的本能判斷）的類比為基礎的論據，都是無限脆弱的和嬌嫩的論據，它實際上不能駁倒直接論證所證明的東西。迪昂加以採納的兩點獲得物如下：

> 宇宙論者可以在他的推理過程中使用 PT 和自然哲學之間的類比；他只是應該極其謹慎地使用這種類比。(*AS*, p.303)

怎樣才能作到謹慎呢?哲學家在把他的宇宙論與 PT 類比之前，首先要逐漸正確地和細緻地了解 PT。如果他的了解是模糊而膚淺的，他將會被細節的類似、偶然的姻緣關係以及語詞的部分相似欺騙。只有有能力看穿 PT 的最隱蔽的秘密和暴露它的最本質的基礎的科學，才能夠促使他警惕這些強詞奪理的錯誤。

對於宇宙論者來說，十分正確地了解理論物理學的目前學說還是不夠的，他還必須了解過去的學說。事實上，宇宙論應該類比的不是目前的理論，而是目前的理論通過連續進化而趨向的理想的理論。因此，通過凍結在科學進化的一個精確時刻的科學而把今日的物理學與他的宇宙論比較，並不是哲學家的任務。他的任務是判斷理論的趨勢，並猜測它所指向的目標。如果不知道物理學已經走過的道路，那麼就沒有什麼東西能夠指導他保險地推測它將採取的路線，因為物理學史能讓我們猜想科學進步趨向的理想理論即自然分類——將是宇宙論的一種映像——的特徵。(AS, p.303) 迪昂把他的有關思考總結如下:

> 在 PT 和宇宙論緩慢走向的理想形式之間應該存在類似。這個斷言決不是實證方法的推論；盡管它被強加於物理學家，但它本質上是形而上學的斷言。
>
> 我們通過其判斷在 PT 和宇宙學說之間存在著或多或少廣泛的類似的智力程序，完全不同於用以提出可信的論證的方法；它們並未把自己強加於人。
>
> 這種類比不應把自然哲學與 PT 的目前狀態關聯起來，而應把自然哲學與 PT 趨向的理想形式聯繫起來。現在，這種理想狀態並未以明白的、無可爭辯的方式給出；它是以無限微妙的

和易變的直覺提示給我們的，而類比則受對理論及其歷史的
深刻認識所指導。

哲學家從 PT 能夠得到的信息種類既不支持也不反對宇宙論
學說，因此它幾乎沒有勾勒出指示；如果他把它們看作是某
種科學的論證，並為看到它們被討論和被爭論而感到驚訝的
話，那麼他就是十分愚蠢的。(*AS*, p.305)

在迪昂看來，作為理想理論胚芽和自然分類綱要的廣義熱力
學，並不類似於古代的原子論者的宇宙論，也不類似笛卡兒的自然
哲學和受牛頓思想激發的博斯科維奇的學說，而類似於亞里士多德
的宇宙論或物理學。第一，在實物(substance)的屬性中，亞里士多
德把同等重要性授予量和質，廣義熱力學通過數字符號，描述了各
種量的大小和質的強度。第二，局部運動對亞里士多德來說只是廣
義運動的形式，而笛卡兒、原子論者和牛頓的宇宙論一致認為，唯
一可能的運動是在空間中的位置變化。廣義熱力學在它的公式中處
理像溫度變化或電狀態、磁狀態的改變這樣的大量變動，而一點也
不試圖把這些變化還原為局部運動。第三，亞里士多德的物理學比
那些僅保留了運動名稱的轉化更深刻地認識到轉化。運動只是達到
屬性，那些轉化即生成和腐敗則貫穿於實物本身，它們在消滅預先
存在的實物的同時創造了新實物。同樣地，在廣義熱力學的最重要
的一章即化學力學中，我們用化學反應可能創造或消滅的質量來描
述不同的物體；在化合物體的質量內，組分的質量只是潛在地繼續
存在著。第四，在亞里士多德的學說中，每一原素都有「自然位置」；
當它處在該位置時則靜止，但當它受「侵犯」從這個位置移除時，
它就力圖通過「自然運動」重返它。在廣義熱力學中，某個集合的

穩定平衡狀態是極大熵狀態，該孤立系統內的所有運動和現象都傾向於達到這個平衡態，以致這個終極原因同時也是它們的有效原因。迪昂的結論是：「我們在這兩種學說中辨認出同一本體論秩序的兩種獨特的圖像，因為它們每一個都是從不同的、但無論如何並非不一致的觀點被看待的。」(*AS*, p.310)

科學與形而上學的關係問題，是各個時代經久不衰的話題，也是迪昂關注的重要議題。一方面，迪昂通過把PT定義為描述而非說明，從而把形而上學從物理學中排除出去，以此確立物理學的獨立性。因為形而上學的特徵是概念的模糊性和過分的泛化、結論的不確定性、缺乏普遍的一致，從而引起永不休止的爭論。若物理學從屬於形而上學，則必然蒙受形而上學帶來的不確定性和非主體間性，阻礙物理學的一致認同和進步；在這種意義上，形而上學對科學是「污染物」。另一方面，迪昂看到了二者的關聯：形而上學需要從PT的實驗決定的細節（二者在觀察層次上相關）和發展趨勢（二者收斂於自然分類）的判斷中受益，PT也可以從形而上學中獲得某種啟迪（在假設的提出中）和辯護（趨向邏輯統一或自然分類）──在這種意義上形而上學又是科學的「輔助物」。因此，在迪昂的心目中，物理學獨立於形而上學但並不否棄形而上學，物理學關聯於形而上學但並不從屬於形而上學。物理學的自主性表現在對形而上學的獨立性和相關性的張力之中──當然張力的權重似偏向獨立性的一極。

值得注意的是，迪昂並未像馬赫那樣把形而上學視為多餘的思維作料、概念的怪物、思想的畸胎和無用的假問題予以摒棄，也未像邏輯經驗論者那樣斷言形而上學毫無認知意義。相反地，迪昂不僅從未否定形而上學存在的價值，而且甚至賦予形而上學相當高的

地位和意義。按照迪昂的觀點，物理學的自主性並不意味它的霸權和獨斷性，並不意味科學方法是認識的唯一器官。在對實在及其本性的認識上，形而上學給予我們的知識比物理學更本質、更深刻，它超過了物理學，因為它能深入到事物或實在的內部去把握它們，盡管它的體系依然是極其成問題的，並不能以不可迴避的方式強加於理性。他還這樣說過：「在力圖強調實證科學和形而上學的區別時，我並不意味著鄙棄這些科學中的無論哪一個，我認為促進它們的協調比把前者的目標和方法與後者的混為一談要好得多。」(*MPD*, p.20)昂的下述言論最能說明形而上學對PT的巨大重要性：

> 一言以蔽之，物理學家被迫認識到，如果PT對形而上學沒有日益愈確定、愈精確地反映，那麼為PT的進步而工作恐怕是不合理的；對於超越於物理學的秩序的信念是PT的唯一辯護。任何物理學家就這個斷言所採取的可供選擇的敵對的或贊成的態度，可用帕斯卡的話概述如下：「對於教條主義來說，我們無力證明任何東西是不可辯駁的；對懷疑主義來說，我們的真理觀念是無可辯駁的。」⓰(*AS*, p.335)

就這樣，迪昂既反對把物理學從屬於形而上學的教條主義，又反對PT未告訴我們有關世界的任何東西的懷疑主義。迪昂在確立物理學

⓰ 此處帕斯卡的話按*Synthese*, 83(990), p.187英譯文翻譯。按(*AS*, p.335)的英譯文直譯為：「我們無力證明對任何教條主義無敵的東西，我們卻有對任何懷疑主義無敵的真理觀念。」迪昂的這一言論在(*AS*, p.27)和《簡介》(1917) 中重申過，參見 P. Duhem, Logical Examination of Physical Theory, *Synthese*, 83(1990), pp.183–188.

的自主性時，乍看起來把形而上學從PT中放逐出去，可實際上卻被作為PT的最後辯護和實在論的延伸而重新嫁接在PT之上。這正是作為獨立性和相關性之統一的物理學自主性的真正涵義。

事實上，從1893年發表〈物理學和形而上學〉的論文到《宇宙體系》，迪昂對形而上學都是相當關注的。迪昂在討論中世紀科學那些「實證的」體系時，總是不忘記在它之下的哲學層面的討論，包括它們的最根本的或形而上學的底蘊。他甚至認為，形而上學追求甚至是人的理智不可遏止的本性：

> 人的理智的處於支配地位的野心是促使他理解宇宙的野心。
> 要知道所有事物是什麼，它們來自何處，它們到哪裡去，無
> 限豐富的好奇心就是這樣的……這使哲學得以誕生。(*UG*,
> p.405)

更一般地講，迪昂向來重視科學與哲學的「溝通」和「聯盟」。他在1908年評論萊伊專著的文章中，詳細地考察了二者關係的歷史和現狀。他說，自從最古老的思索為我們所知以來，哲學便與自然科學和數學不可分割地聯繫在一起。可是，這種已達數千年之久的聯繫卻在幾百年前達到破裂的地步。在把日益變得更詳盡、更困難、為特殊科學而工作的任務留給數學家和實驗家時，哲學家把形而上學、心理學和倫理學的最普遍觀念看作是他的反思唯一對象。由於拋開了具有複雜技巧的、初學者不可理解的非規範術語的各門科學，哲學家採納了易懂的、大眾可以接近的說明形式。無疑地，這種哲學似乎是輕裝的，且不同於被科學細節的龐大重量壓制的古老智慧。

但是，這種分離時尚並未持續很長時間。有遠見的心智發現，

即使哲學好像以最輕微的努力飛將起來，可是這並不是因為它的羽翼變得豐滿，變得強有力，而是因為它失去了具有可靠性的內容，化歸為剝去了資料的空洞形式。面對這種狀況，為數眾多的人不無驚恐地發出吶喊：分離危害了哲學的真正未來；如果人們不希望哲學變成空洞無物的冗詞贅句的話，那就必須養育它——用科學學說養育它，把科學學說吸收並同化到哲學自身之中，使哲學重新獲得長期賦予它的出色稱號：科學的科學❼。

迪昂充分意識到，給出勸告比聽從勸告容易。打碎傳統是容易的，但重建它卻並非如此。在特殊科學和哲學之間挖了一道深淵；以前把這兩個大陸連接在一起的、在它們之間建立觀念交流的電纜被弄斷了，必須再次接通的兩端處於深淵的底部。今後，由於剝奪了任何通訊手段，兩岸的居民——一方是哲學家，另一方是科學家——沒有條件協調他們朝向聯盟的努力，而大家都感到聯盟是必要的❽。迪昂高興地注意到：

> 無論如何，雙方勇敢的人士承擔起這項任務。在那些獻身於專門科學的人中，有數個人嘗試以哲學家可能會欣然贊同的方式給哲學家提供他們詳盡探索的最普遍、最基本的結果。

---

❼ 按迪昂的說法，「科學的科學」(Scientia scientarum, Science of sciences)這一名稱由來已久。有人認為，1925年波蘭社會學家F.茲納涅茨基首先使用「科學學」(science of science)一詞，1927年波蘭邏輯學家T.科塔爾賓斯基又創「科學的科學」一詞。這種說法似有欠妥之處，盡管他們與迪昂所指並非完全一致。

❽ 人們總以為列寧1922年在〈論戰鬥的唯物主義的意義〉（見《列寧選集》第4卷，人民出版社，1972年第2版，頁608–612）中首倡科學家和哲學家結成聯盟的，其實迪昂早在1907年就倡導二者的聯盟了。

某些哲學家在他們一邊毫不遲疑地學習數學、物理學和生物學的語言，並且逐漸熟悉各個學科的技巧，以致能夠從它們積累的寶庫中借用能夠豐富哲學的任何東西。(*AS*, p.313)

迪昂心目中的形而上學，是與歐洲通常的用法一致的，這就是後來卡爾納普所作的界定：「是指研究事物本質的知識領域，它超越了以經驗為基礎的歸納科學的領域。」❶ 由此看來，迪昂似乎汲取了亞里士多德對形而上學（他稱之為「第一哲學」）的價值和意義的肯定。亞里士多德說：

有一門學術，它研究「實是之所以為實是」，以及「實是由於本性所應有的秉賦」。這與任何所謂專門學術不同；那些專門學術沒有一門普遍地研究實是之所以為實是。❷

無論就天資之穎悟、知識之淵博、頭腦之冷靜還是就形而上學之淵源而言，亞里士多德都是首屈一指的偉大形而上學家。迪昂熟悉他的著作和思想，曾詳盡地討論了廣義熱力學與他的宇宙論的類似。

迪昂顯然會反對休謨(D. Hume, 1711–1776)把形而上學和神學視為「詭辯和幻想」，而付之一炬的作法❸。不過，他很可能會從康

---

❶ R. Carnap〈通過語言的邏輯分析清除形而上學〉，洪謙主編《邏輯經驗主義》，商務印書館（北京），1989年合訂本第1版，頁36。

❷ 亞里士多德《形而上學》，吳壽彭譯，商務印書館（北京），1959年第1版，頁56。這裡「實是」可譯為「存在」，「秉賦」可譯為「屬性」。

❸ D. 休謨《人類理解研究》，關文運譯，商務印書館（北京），1957年第1版，頁145。

德的下述言論中獲得信心：「世界上無論什麼時候都要有形而上學」，「每個善於思考的人都要有形而上學」。康德對形而上學的「實質和特點」的分析，康德關於「只有先天綜合命題才是形而上學的目的」的斷語㉒，也許對迪昂有所啟示。但是，康德似有把形而上學消融於科學或物理學的意圖，對此迪昂肯定不會同意。從迪昂的觀點來看，他的先輩同胞孔德關於人類智力發展的三階段論（神學、形而上學、實證）㉓也難得使他完全中意。不過，他的同輩同胞、直覺主義者柏格森(H. Bergson, 1859–1941)的下述思想卻能使他共鳴，儘管我們不知道這種共鳴是自發的還是自覺的，是智慧的相通還是彼此有所影響：

> 實證科學所固有的活動就是分析。因此它首先是用符號來進行研究。……如果還有另外一種方法，不是相對地去認識實在，而是絕對地去把握實在，不是採取一些觀點去對待實在，而是置身於實在之中，不是對實在作出分析，而是對實在取得直覺，總之，不是用任何辭句，任何轉述或象徵性的表述，直接掌握實在——那麼，這就是形而上學。因此形而上學乃是要求不用符號的科學。

柏格森繼續寫道：「精確科學和形而上學在直覺中聚首了。一種真正直覺的哲學，將會實現人們殷切期望的這種形而上學與科學的結合。」㉔盡管迪昂重視直覺而非直覺主義者，盡管柏格森對迪昂強調

㉒ 同⑫，頁163, 103–104, 26。

㉓ A. 孔德〈實證哲學教程〉。同❶，頁20–22。

㉔ H. 柏格森〈形而上學引論〉。同❶，頁166,176。柏格森的這些觀點發

邏輯嚴格性感到不快，但他們二人對形而上學鑽進對象把握實在的看法則是合拍的。

迪昂的思想在後人那裡激起回響。波普爾對迪昂十分熟知，他與邏輯經驗論的反形而上學背道而馳：「我的工作不是去推翻形而上學」，「我甚至並不主張形而上學對於經驗科學是毫無價值的」，它「曾經促進過科學的進展」❷⑤。「形而上學盡管不是科學，卻不一定沒有意義。」❷⑥ 奇怪的是，拉卡托斯(I. Lakatos, 1922–1974)認為「孔德和迪昂是不准形而上學有這種」「啟發價值」❷⑦，他對迪昂顯然缺乏足夠的了解。迪昂的思想也贏得了現代一些科學家的回應：像愛因斯坦關於「每一個四條腿和兩條腿的動物實際上都是形而上學家」❷⑧諧諧語，以及玻姆(D. J. Bohm, 1917–1992)的下述言論：

> 形而上學是處理事物第一原理的分支。人們並不知道實在的終極本性，所以許多哲學家和科學家反對搞形而上學。殊不知，形而上學是任何人都迴避不了的。問題是對形而上學應採取一種正確的、開放的態度，應該不時地對舊有的形而上學觀念進行反思與修正，讓更好的形而上學觀念取而代

　　　表於1903年。

❷⑤ K. 波普爾《科學發現的邏輯》，查汝強等譯，科學出版社（北京），1986年第1版，頁11–13。

❷⑥ K. 波普爾《猜想與反駁》，傅季重等譯，上海譯文出版社（上海），1986年第1版，頁361。

❷⑦ I. 拉卡托斯《科學研究綱領方法論》，蘭征譯，上海譯文出版社（上海），1986年第1版，頁131。

❷⑧ D. Howard, Realism and Conventionalism in Einstein's Philosophy of Science, *Philosophia Naturalis*, 21 (1984), pp.616–629.

之。㉙

第三節　科學和宗教

　　在闡述物理學的自主性和對萊伊誤解的答覆中，迪昂實際上已得出了科學和宗教二者相互獨立自主的結論。但是，作為一位尊重事實的學者和具有深摯宗教信仰和情感的基督徒，他又不會無視有人對宗教的無知誤解和無端攻擊。這明顯地體現在他1911年5月21日寫給巴黎天主教學院哲學教授比利奧的信中。

　　迪昂在信中強調了兩個原則性的爭論點：教會被說成是在過去不斷地反對科學的進展（歷史挑戰），科學證據比說成比宗教信仰具有優越的嚴格性（哲學挑戰）。　針對哲學挑戰，迪昂指出這是「不根據前提的推理」（*PD*, p.26）。按照迪昂的觀點，在物理學以及其他科學中，實驗證據不可能產生所宣稱的反宗教的結果，這是一個邏輯問題，因為實驗證據不能獲得關於事物內部本性、關於事物本質上真正如何的信息。實驗定律的陳述不存在確定性，因為它依賴於假設，依賴在邏輯上講純粹任意的理論，而實驗在嚴格的邏輯意義上是無能為力證明或否證理論的。像宗教信仰一樣，物理學中的實驗方法和物理學家對它的實踐都依賴於不能證明的假定；只有常識甚或形而上學才能為融貫的PT的要求辯護；PT的假設盡管對任何種類的物理學結果是必要的，但它們未曾並依然未被證明。因此，不管實證論如何宣傳，物理學處在與神學相同的境況中；物理學在證

㉙　洪定國〈戴維・玻姆──當代卓越的量子物理學家和科學思想家〉，《自然辯證法通訊》（北京），第17卷(1995)，第4期，頁59–67。

明的嚴格性方面所預設的優越性通過認真考慮，原來不過是一廂情願。

關於歷史挑戰者的觀點，迪昂作了如下的描繪。他們向我們表明，所有科學如何誕生於多產的希臘哲學，希臘哲學最傑出的闡釋聽任粗俗之人可笑地關切對宗教教條的信仰。他們向我們描述中世紀的黑暗：從屬於基督教的動因且只是關心神學討論的學派，根本不知道如何收集一丁點希臘科學遺產。他們使文藝復興的榮光照耀我們的眼睛，在文藝復興中終於從教會的束縛下解放出來的精神，在發現科學和文學之美的同時再次發現科學傳統的頭緒。他們樂於把從十六世紀起科學總是向上挺進而宗教更加衰微加以對照。他們相信他們自己被授權預言，宗教遜位迫在眼前，同時科學則不受挑戰地全面凱旋。這就是在若干教席中正在講授的東西，這就是在連篇累牘的書籍中正在撰寫的東西。對此，迪昂的答覆是毫無畏懼地維護真理和擯除錯誤的學術答覆：

> 面對那種說教，正是天主教教導奮起把這樣的話猛擲到它的對手眼前的時候了：說謊！在邏輯領域說謊，在歷史領域說謊。自命在科學精神和基督教精神之間已經確定起不能減小的對抗的說教，是一直欺騙人的最大的謊言、最無恥的謊言。(*UG*, p.399)

前已述及迪昂對邏輯謊言的有關駁斥。在這裡針對濫用知識分析，迪昂強調人的理智的統一性。同一心智在各種不同的領域起作用，雖則各個領域要求不同的預設和目標。一旦這一點在跨越數學的、實驗的和歷史的學科時被承認，那麼很容易看出，宗教知識的

特性無非是同一理智的另一種變種。至於歷史謊言，迪昂通過真正的歷史研究早已胸有成竹：近代科學誕生於基督教的文化基質，基督教打破了逍遙學派的哲學專制，教會是它的助產士。迪昂在信中一開始就提到，希臘科學從它真正誕生的時候起就以異教神學為先決條件。神學教導說，天和星是神；它們只能具有完美的匀速圓周運動；它把膽敢認為神授物的神聖聚集中心地球具有運動的瀆神者逐出教門。迪昂寫道：

> 如果這些神學學說為自然科學提供了幾個暫時有用的公設，如果它們指導了科學的第一步，那麼它們就立即變為羈絆，就像教幼兒學走路的牽引繩對兒童來說變為羈絆一樣。如果人們的精神不剪斷這些羈絆，那麼他就不能在物理學上超過亞里士多德，在天文學上超過托勒密。但是，什麼剪斷了這些羈絆呢？基督教。(*PD*, p.189)

迪昂在信中建議在學院設立科學哲學和科學史兩個教席。這樣的教席會大大有助於在它的神經中樞加強抗衡教會和基督教的反對者的戰略。迪昂爭辯說，該戰略不再是這個或那個《聖經》短句與地質學發現的一致，而是關係到決定所有爭論結局的基本原則。其一是科學知識的邏輯分析作為提供可靠性的唯一分析，其二是科學成長的思想史描繪作為合理性的唯一體現。為了反駁用科學的名義拒絕給宗教以存在的真正權利，那就必須開拓這兩領域。迪昂寫道：

> 致力於邏輯方法——各門科學藉以作出它們的進步——分析的教席會向我們表明，人們能夠毫無矛盾的、連貫地追求實

證〔科學〕知識的獲得，同時追求對宗教真理的反省。另一個教席通過追尋人類知識發展的歷史路線，會導致我們認識到，當人們尤其專注於上帝及其公正的王國裡，上帝在很大程度上便把關於這個世界的事物的最深刻的創新思想給予他們(*UG*, p.399)。

迪昂的所言所為無非是想闡明：科學和宗教並非勢不兩立，求知和信仰完全可以和平共處。貝熱奧(L. Bergereau)神父看清了這一點：「迪昂說：『十年分析，換得一年綜合。』……中世紀那些大師們都是真誠的信仰者。對他們來說，科學和信仰之間沒有衝突。如果停留在他們領域的科學家不偏離他們的恰當道路，這種衝突就不會出現。迪昂充分地看清了這一點。這就是他作為一個著名的科學家和篤信的天主教徒在偉大的智者的陳列中獲得他的地位的理由，這些智者在不同的時代都認為，服務科學並不妨礙尊重信仰。」(*UG*, pp.228-229) 也許懷特海(A. N. Whitehead, 1861-1947)的一段陳述道出了科學和宗教信仰能夠和諧相處的真諦：

> 宗教信條是試圖用精確的術語來闡明展示在人類宗教體驗中的真理。與此完全相同，物理學的信條是試圖用精確的術語闡明展示在人類感覺經驗中的真理。❸

不用說，迪昂的言論中已包含這樣的思想。

迪昂的這一切觀點和態度，常常被指責為受宗教信仰左右，為

---

❸ I. G. 巴伯《科學與宗教》，阮煒等譯，四川人民出版社（成都），1993年第1版，頁265。

天主教辯護。對此迪昂是堅決予以否認的，實際情況也確實如此。迪昂的物理學和科學哲學根本沒有宗教的印記和信仰的蹤跡，也沒有充斥宗教說教和辯護，這方面的著作都是嚴肅的、純粹的、自主的學術研究著作。而且，迪昂對科學範圍和限度的界定與科學自主結合起來，也剝奪了科學的辯護的權利和能力，從而危害了天主教權威的主張和自然神學的基礎。有爭議的是科學史著作，尤其是《保全現象》等被認為是「為了恢復天主教教會的名譽」的辯護之作❸。這種看法無論如何是表面的，以偏概全的。迪昂無疑熟悉具有「啟蒙理性」的奧古斯丁的告誡：由於異教徒能夠了解若干關於世界的知識，能夠受「實驗證實」和「毋庸置疑的證明」的支持，因此信仰者必須警惕，不要使他們自己和《聖經》成為笑柄。迪昂的態度是中立的：他沒有寫辯護詞，而是寫歷史。迪昂要求不以辯護的動機收集事實，但是當一些事實成為有利於基督教的證據時，他認為這也是正當的。在這種意義上，也只有在這種有限的意義上，迪昂的作法才可以勉強說成是「辯護」。 嚴格地講，這實際上不能算是辯護，因為他的中世紀史研究並不是以辯護的意圖開始，也不是以辯護的結果終結——他甚至不願教會利用他的學術成果——而是名副其實的學術工作。他在給比利奧信中所說的一些話，是針對有人在科學與宗教之間製造衝突、剝奪宗教信仰的合法權利，在萬不得已的情況下而採取的自衛行為。假如科學和宗教相安無事，理性和信仰各司其職，他也許就不會多此一舉了。再者，迪昂關於科學的中世紀起源說，並不意味著近代科學是基督教的產物；其確切意思是，基督教對科學發展來說是一個輔助物，一個不可缺少的輔助物。

---

❸ I. 拉卡托斯《數學、科學和認識論》，林夏水等譯，商務印書館（北京），1993年第1版，頁311。也可參見*UG*, p.417。

迪昂在寫給比利奧的信中，只是說基督教「剪斷了」阻礙科學發展的「羈絆」，並沒有說它創造了近代科學。他在同一封信中還率直而坦白地寫道：「如果我們如此合情合理地為之自豪的那種科學能夠誕生，那麼它只能因為天主教教會是它的助產士。」（UG, p.399）請注意，迪昂在這裡說教會是「助產士」，而沒有說教會是「產婦」，也沒有說近代科學是教會的「產兒」，其意不是再明白不過了嗎？

迪昂本來是為啟示當下的物理學，為他的科學哲學觀點辯護而研究科學史的，但他研究中世紀史決非出自為宗教辯護的意圖。身處世紀之交的基督徒迪昂，充分意識到並深切感受到經院哲學的復興和托馬斯主義的湧動，但是在1904年之前，他像他的實證論的同代人一樣假定，中世紀在科學上是無足輕重的。他研究中世紀科學史既不是他信奉的連續性觀念起作用，也不是錯愛或流行時尚的結果（新經院哲學的派生物）。更不是源於狹隘的為教會服務的目的，而是1903年秋的偶然發現使他決定探索新大陸，是一位真正的學者、最有權威性的物理學家的能力的顯現。他在研究和撰寫過程中，也是以真正歷史學家的態度和方法，與科學的、哲學的、神學的實證資料（在中世紀的文本中，它們本來就是混為一體的）打交道，而沒有出於辯護的目的隨意取捨材料，砍掉不利於辯護的證據。盡管他在詮釋有關材料時由於宗教情感而講過某些過頭的話，但這畢竟是事出有因、查有實據，並非無中生有、顛倒黑白，況且數量也極為有限，主旨又合乎情理。

在中世紀科學史著作相繼出版後，迪昂依然固守他的中立戰略。一方面，他沒有主動去做教會權威十分歡迎的事：證明教會在中世紀如何功德無量，支持自然神學關於上帝存在的現代化證據。另一方面，他甚至拒絕教會利用他的研究成果作為贏得勝利的必需

的武器。為此，他受到教會和教士的指控，而他本人則聽任被人懷疑為叛逆者，也很少去辯解。他也許就是在這種被責難的背景中寫信給比利奧的。他出於忠誠信仰的虔敬和崇實尚理的秉性，對無端攻擊宗教的言行深表不滿，但他依然避免與熱衷於辯護的天主教徒結盟，也避免與之對抗。

迪昂上述關於科學與宗教的關係之觀點由來已久。維凱爾在1893年就察覺到迪昂1892年幾篇論文的「懷疑論立場」——懷疑科學的辯護能力，它對天主教權威構成威脅——並吃驚這樣的觀點居然能發表在天主教雜誌《科學問題評論》上。1894年，他在布魯塞爾國際天主教徒科學會議上發言，連珠炮般地反對天主教教士哲學家利用科學為天主教辯護的嘗試。1897年，他在一封寫給高師同學的信中表示贊同下述觀點：科學對為教義辯護的目的根本無用。在1905年，他通過對物理學方法的系統闡述，從中消除了任何辯護的涵義，斷言非信仰者的科學哲學同樣也完全是信仰者的科學哲學。就在迪昂〈信仰者的物理學〉發表兩年後的1907年，教皇庇護十世(Pius X,1835–1914) 發出通諭，正式闡明了羅馬教廷的立場㉜，它

㉜ 通諭有兩點值得注意。其一對準自然神學：「人的理性完全局限於現象領域，也就是說，局限於顯現出來的東西；它既沒有權利也沒有能力逾越這些限制。……給出這些前提，每一個人將立即察覺到，自然神學的境況怎樣，可信性動機的境況怎樣。」 其二處於對信仰主義的懷疑之下：「我們已經走得充分遠了，……以致在我們面前有足夠的且綽綽有餘的東西使我們看到，現代主義者在信仰和科學之間建立的關係是什麼。……首先，人們堅持認為，一個的客觀內容相對於另一個的客觀內容是完全外在的，相互分離的。信仰本身僅僅由科學對其宣布是不可知的某種東西充滿著。因此，每一個都具有賦予它的分離的範圍；科學完全涉及現象，信仰根本不進入其中；反過來，信仰本

的主旨與迪昂的主要觀點不謀而合。至於通諭的起草者是否了解迪昂的思想，我們對此不得而知。

迪昂常常被人指控為信仰主義，這顯然是把信仰者誤以為信仰主義了。迪昂雖然認為科學與宗教可以並存，但並沒有把宗教信仰置於科學之上，因此他的思想不能納入信仰主義標準定義的內涵之中。迪昂從未用天主教教義指導科學，他的學術論據一點也沒有依賴宗教信仰，怎麼能憑空說他是信仰主義呢？相反地，他對PT的界定削弱了自然神學的辯護，反倒被一些教士視為有信仰主義的異端的嫌疑。

在這裡，有必要為信仰或信念 (faith, belief) 正名。帕斯卡說得有道理：

> 信仰確乎說出了感官所沒有說出的東西，但決不是和它們所見到的相反。它是超乎其上，而不是與之相反。(*SXL*, p.126)

即使宗教信仰，「本身也具有認知上的內涵，因為它提出了一種觀察世界的新的觀點，提供了闡明隨之而來的體驗的新的洞察力。」 ❸❸
在某種意義上，信仰作為預設的認識範疇，成為人們認識的前提條件，以此規範和促進人們探求新知。就認識的完整過程而言，信仰並不排斥理性，而是和諧地相互作用；信仰也不厭惡懷疑，而是保持必要的張力。信仰是宗教的基礎，但科學中也不能沒有信仰。科學家的科學信仰往往決定著研究方向、欲達目標、理論形式等，而且也是他們鍥而不舍地工作的精神動力。這種科學信仰並不意味著

身涉及神學的東西，這對科學來說完全是未知的。」(*PD*, pp.38-39)
❸❸　同❸⓪，頁286。

隸屬於超自然的命題，而是對人的直覺有能力把握潛藏在現象王國背後的實在的一些方面的承認。沒有這種信仰，科學事業的最有活力的結構就會萎縮。迪昂關於 PT 的邏輯統一性和自然分類的預設，愛因斯坦的關於世界的客觀性、可知性、和諧性、簡單性、因果性❸，都是十分典型的科學信仰，因為它們是無法用實驗和邏輯充分證明的。愛因斯坦說得好，「相信世界在本質上是有秩序的和可認識的這一信念，是一切科學工作的基礎。這種信念是建築在宗教感情上的。」❸

　　萊伊認為迪昂哲學不僅是信仰主義，而且是新托馬斯主義或新經院哲學❸，他作這樣的斷言時似乎沒有讀過迪昂的《結構》。弗蘭克(P. Frank, 1884–1966)斷定：「迪昂的背景是忠實的亞里士多德形而上學，或者更確切地講，是忠實的新托馬斯的形而上學。」❸。弗蘭克對迪昂的新托馬斯主義詮釋顯然是依據浮光掠影的印象和捕風捉影的傳言，但卻成為同一詮釋的主要來源。紐拉特也說「迪昂稱讚經院哲學和它們的思維方式」❸，這可能是受了弗蘭克的影響。其後，還有其他一些著述者持有類似的誤解。

---

❸　李醒民〈愛因斯坦的科學信念〉，《科技導報》（北京），1992年第5期，頁23–24。

❸　《愛因斯坦文集》第1卷，許良英等編譯，商務印書館（北京），1976年第1版，頁284。

❸　A. 萊伊《現代哲學》。參見列寧《哲學筆記》，林利等譯校，中共中央黨校出版社（北京），1990年第1版，頁603, 606。

❸　同❸，頁25。

❸　O. Neurath, *philosophy Papers 1913–1946*, Edited and Translated by R. S. Rohen and M. Neurath, D. Reidel Publishing Company, 1983, p.43.

新托馬斯主義或新經院哲學誕生於十九世紀末❸。該學說承襲了托馬斯學說的調和、綜合特徵，並試圖用科學和理性對其加以改造，以便給天主教會的現代化提供必要的理論基礎。該學說的一個重要特號徵是宣稱信仰與理性一致，宗教與科學一致，力圖使托馬斯主義與之近代以來的各個哲學派別，與自然科學、社會科學的理論融匯貫通。在里爾時期，迪昂就通過他在天主教學院的朋友和《科學問題評論》雜誌，了解托馬斯的觀點和新托馬斯主義的立場。他贊同亞里士多德和托馬斯的「保全現象」傳統，也贊同地引用過二人的言論，但是迪昂的符號的、描述的PT是與亞里士多德的質的、說明的物理學背道而馳，迪昂的一些重要見解也與托馬斯和新托馬斯主義格格不入。

在科學與宗教的關係問題上，迪昂與新托馬斯主義的分歧是明顯的：他認為科學是自主的，獨立於宗教的；科學既不反對，也不支持宗教教義；談論科學與宗教一致或不一致是無意義的。迪昂沒有討論信仰與理性一致的問題，也沒有致力於用科學和理性改造托馬斯學說，為天主教現代化提供理論基礎。僅僅因為迪昂主張把科學與宗教分開，承認宗教的合法權利，就給迪昂冠以新托馬斯主義，其根據顯然是軟弱無力的。迪昂關於科學自主思想的提出可能受到新托馬斯主義的激勵，但帕斯卡起的作用也許更大；而且即使沒有這種激勵，迪昂通過PT的邏輯分析和歷史考察也完全能夠提出它——

---

❸　1879年8月4日，教皇利奧十三世(Leo XIII, 1810–1903)發出《永恒之父通論》，號召重建托馬斯主義：「我敦促你們，尊敬的弟兄們，完全、認真地恢復聖托馬斯金子般的智慧。為了捍衛天主教信仰的完善性，為了社會利益和一切科學的利益，把它發揚光大。」 這一事件標誌著新經院哲學或新托馬斯主義的誕生。參見⓫，頁411。

實際情況正是如此。

有證據指出，迪昂關於中世紀科學史的研究表明，健全的中世紀科學實際上並不是以亞里士多德或托馬斯的神學和哲學為根據的，他把十四世紀哲學唯名論和科學進步聯繫在一起。至於1920年代初一些論著對迪昂物理學哲學的新托馬斯主義詮釋──迪昂堅持物理學本身不能提供實在本性的直接知識，這是托馬斯主義的實在論的變種──的錯訛，通過下一章的論述即可明白。在這裡只提一句：迪昂在類比上承認PT反映的自然分類的實在性，他把把握實在及其本性的任務賦予宇宙論或自然哲學。

迪昂既不熱衷於托馬斯哲學，也沒有對新托馬斯主義表現出什麼興趣和熱情。《宇宙體系》第五卷有一百頁的一章專門討論托馬斯，可是從頭到尾都是原始資料。開頭不是真正的哲學議論，盡管它處理的是托馬斯最透徹的哲學專題著作《存在和本質》。 迪昂也沒有提及任何新托馬斯主義的論著，這些涉及到托馬斯哲學的出版物在當時已如汗牛充棟，而且它們都堅持認為亞里士多德哲學與基督教信仰可以固有地綜合起來，迪昂的觀點與此針鋒相對。該章充滿了迪昂對托馬斯的各種指控：不一致性，不合邏輯等等。其中最後兩頁這樣寫道：

> 托馬斯・阿奎那精心製作的龐大作品向我們呈現出一個拼湊起來的東西，其中從希臘異教、早期教會領袖的基督教、伊斯蘭教和猶太教的所有哲學家借用了大量的片斷雜列並陳。因此，托馬斯主義不是一種哲學學說：它是一種抱負和傾向，它不是綜合而是綜合的願望。
>
> 像……兒童組裝拼板玩具的分離小塊一樣，托馬斯・阿奎那

把他與亞里士多德主義和每一個新柏拉圖主義分離開的片斷
雜列並陳，因為他相信，這些在形狀和顏色上如此各異的小
塊將通過摹寫天主教教義的和諧圖景和哲學圖像而完成。
他對綜合的願望是如此宏大，以致這種願望在他那裡失去了
分辨他的批判意識的能力。他的思想從來也未想到，不管它
們如何被切割、被分配，亞里士多德的學說、the Liber de
Causis的學說、阿維森納(Avicenna, 980–1037)的學說將永遠
不會以相互一致告終，它們是根本異類的和不相容的，尤其
是它們與基督教信仰不相容。(*PD*, p.184)

　　由此可見，迪昂並不十分欣賞托馬斯。他對新托馬斯主義者也
頗有揶揄，這有他在1913年寫給布隆德爾的信為證：「隨著我們對
經院哲學的歷史的耕耘，一種確定的印象成比例地增強了，這就是
由於我們的無知或偏見，我們的新托馬斯主義者向我們提供了虛假
的亞里士多德、虛假的聖托馬斯和虛假的經院哲學。他們絕對不理
解他們向我們自誇的中世紀的這一偉大的智力運動，這個運動的確
是令人讚美的，但它卻與他們告訴我們的不相似。」(*PD*, p.190)迪昂
這裡所說的「偉大的智力運動」無疑指經院哲學對近代科學的助產
作用，而新托馬斯主義者卻看不到或不理解這一點，他們器重的則
是虛假的經院哲學本身，而迪昂則明確斷言這樣的經院哲學「正在
腐朽」(*AS*, p.73)。也許正因為迪昂不合新托馬斯主義的潮流，所以
才被一些教士視為特洛伊木馬，並受到新托馬斯主義主要代表人物
馬利丹(J. Maritain, 1882–1973)的多次批評。對迪昂誤解和曲解，
純屬表面地、片面地、乃至想當然地看問題所致。
　　總而言之，迪昂在科學與宗教關係問題上主要強調的是獨立性

的一面；關於二者的相關性，他僅限於從中世紀科學史研究得出的結論，似未一般地加以探討和論述，更未參預新經院哲學的潮流，為天主教的現代化效力；去積極論證托馬斯主義與現代科學原理的協調性。迪昂的這種立場既是他的基本觀點——科學理論無能力為宗教教義辯護，宗教教義也毋需指導科學實踐——的體現，也是他嚴守中立戰略的結果。

　　現代一些關於科學與宗教的學術研究成果部分印證了迪昂觀點的正確之處，也提出了更廣泛、更深刻、更耐人尋味的看法或問題。霍伊卡(R. Hooykaas)通過豐富的史料揭示出：

> 希臘－羅馬文化與《聖經》宗教的相遇，經過若干世紀的對抗之後，孕育了新的科學。這種科學保存了古代遺產中一些不可或缺的部分（數學、邏輯、觀察和實驗方法），但它卻受到不同的社會觀念和方法論觀念的指導，這些觀念主要導源於《聖經》的世界觀。倘若我們將科學喻為人體的話，其肉體組成部分是希臘的遺產，而促進其生長的維他命和荷爾蒙則是《聖經》的因素。❹

巴伯(I. G. Babour)通過全方位的研究也得出結論：「無論是《聖經》的創世說還是清教主義的職業道德，都對科學的興起作出了積極貢獻。」❹

　　一些作者比較了科學與宗教之異同。羅素指出，尊重真理具有

---

❹　R. 霍伊卡《宗教與現代科學的興起》，錢福庭等譯，四川人民出版社（成都），1991年第1版，頁187。

❹　同❸，頁63。

猶太教－基督教的淵源。科學尊重真理並不超過天主教對真理的崇敬；它們的不同只在於怎樣去認識真理。對於科學來說，權威是理性和經驗；對天主教來說，權威則是天啟❷。懷特海則認為科學和宗教分別追求經驗真理和體驗真理。庫爾森(C. A. Coulson)認為二者方法也有許多共同之處：作為人的科學家的經驗超越了實驗室的數據，這種經驗可以包括敬畏感和謙卑感，對美和秩序的意識，對自然的統一性及規律的和諧性的信仰。科學也包含著與宗教不無相似的前提和道德承諾，諸如世界是合乎規律的和可理解的，謙卑、合作、普遍性和統一性的態度和美德❸。巴伯還比較了二者的語言：宗教共同體使用演員語言，而科學共同體則使用觀眾語言；但是這兩種迥然不同的語言又是互補的，對話的可能性很大，互補方法開闢了既肯定人的特性又承認科學發現的途徑。而且，語言的種種差異並不影響二者對真理的執著和對認知的欲望❹。奧托(R. Otto)的經典研究強調指出在科學中也有類似於宗教體驗的東西，即對神聖事物既敬畏又響往的感情交織體驗，在其中神秘、迷惑和驚奇是結合在一起的❺。愛因斯坦面對神奇的大自然和美妙和諧的科學理論，就不時激發起這種「宇宙宗教情感」❻。

看來，無論在歷史上還是在現實中，科學與宗教之間的關係都是既獨立又相關，既衝突又合作的錯綜複雜的關係。這是一個需要

---

❷　同❶，頁356。

❸　同❶，頁265, 163–164。

❹　同❶，頁3–4, 8, 316。

❺　同❶，頁266–267。

❻　李醒民〈愛因斯坦的「宇宙宗教」〉，《大自然探索》（成都），第12卷 (1993)，第1期，頁109–114。

在理論上嚴肅探討，在實踐中慎重對待的大問題，任何輕率的斷言和魯莽的作法都是不足取的。人類已經認識到問題的重要性，創造出宗教和科學的人類終歸會有能力妥善解決二者的相互關係問題。用懷特海的話說，科學與宗教是「對人類具有影響的兩種最強大的普遍力量」，「我們可以毫不誇大地說，未來的歷史過程完全要由我們這一代對兩者之間關係的態度來決定。」「科學所從事的是觀察某些控制物理現象的一般條件，而宗教則完全沉浸於道德與美學價值的玄思中。」「衝突僅是一種朕兆，它說明還有更寬廣的真理和更美好的前景，在那裡更深刻的宗教和更精微的科學將互相調和起來。」**❹**

---

❹ A. N. 懷特海《科學與近代世界》，何欽譯，商務印書館 (北京)，1959年第1版，頁173, 176–177。

第五章　本體論背景上的秩序實在論

> 西津江口月初弦，
>
> 水汽昏昏上接天。
>
> 清渚白沙茫不辨，
>
> 只應燈火是漁船。
>
> ——宋‧秦觀〈金山晚眺〉

　　關於迪昂的哲學思想是否是實在論，言其是者大有人在，曰其非者也為數不少——不少人認為它是非實在論乃至反實在論（諸如唯心論、實證論等）。盡管迪昂的哲學思想顯得包羅萬象，錯綜複雜，但是把它放在本體論背景上考察，則不難看清它的實在論畫面——迪昂不僅是自發的樸素實在論者，也是自覺的秩序實在論者。

　　作為一個普通人和科學家，迪昂的實在論似乎是天生的、自然而然的❶。1892年，他在關於PT反思的第一篇科學哲學文章中，就

---

❶　馬赫說得對：「假如樸素實在論可以稱為普通人的哲學觀點，那麼這個觀點就有得到最高評價的權利。這個觀點不假人的有意的助力，業已發生在無限久遠的年代；它是自然界的產物，並且由自然界保持著。……哲學作出的一切貢獻，與這個觀點相比，只是微不足道的瞬息即逝的人工產物。」參見馬赫《感覺的分析》，洪謙等譯，商務印書館(北京)，1986年第2版，頁29。

表現出一個本能的實在論者的自然性，他感到需要估量他與生俱來的權利。他說：「身處外部世界之中的人類精神為了理解外部世界，首先遇到的是事實領域。」(UG, p.320)當時，他絲毫也不懷疑歸納的本質上的可靠性，也不容許任何哲學家懷疑從事實到經驗定律的歸納的可靠性。在迪昂看來，哲學懷疑和懷疑論已經腐蝕了關於人以自發的方式把握實在及其合法性的能力的西方思想，它們是自我拆臺的，以致迪昂一度敦促他的物理學學生，在進行科學時不要讓哲學進一步添亂。正如他在次年強調的，物理學不需要任何形而上學的精製品，它的實在是由像物體、定律、廣延、時間和運動這樣的詞意指的。「這些概念對我們理智來說似乎是足夠確定的、足夠明顯的，以致我們可以用實驗方法操作它們，而不必擔心混亂和錯誤。(UG, p.321)

1893年自然分類和自然秩序概念的提出，標誌著迪昂已成為一個自覺的實在論者即秩序實在論者。他是在對PT的反思中得出自然分類的理想的，是以真正的亞里士多德的風格（形式、潛能）這樣作的。物理學進步趨向越來越少的人為的分類、愈來愈多的自然的分類。他把自然分類說成是「越來越完美地」反映出「由看穿事物本質的理智能夠用來排列〔物理學〕定律的那種秩序」(UG, p.330)。這是對本質論(essentialism)根本沒有敵意的實在論用語，這個用語與純粹邏輯學家的語言大相逕庭。在同一篇文章中，迪昂還提出了自然秩序(natural order)的概念。迪昂指出，當面對提出兩個不可調和的理論的物理學時：

> 我們肯定，這樣的物理學所提出的分類與使不融貫消失的定律的自然秩序不一致，我們將有某種可能性使它更接近於那

種秩序，以便使它更自然，從而更完美。❷

　　迪昂在1894年的〈關於PE的一些反思〉中這樣寫道：「一個真誠的目擊者充分認真，致使不把他的想像的狂想當作觀察並熟悉他用來明確表達他的思想的語言，他斷言記下一個事實，該事實是確定的。如果我向你宣布，在這一天、在這樣一個時刻、在這樣一個城市的街道，我看見了一匹馬，那麼你必須相信——除非你有理由認為我是一個說謊的人或幻覺的受騙者——在那天、在那個時刻、在那個街道上有一匹馬。」(*UG*, p.321)這段話的重要意義在於，迪昂沒有說看到馬的「感覺」，甚至沒有提及馬的「現象」。迪昂談到馬是一種實體，人們能夠以明顯的即時性確定這一實體。客觀實在對迪昂來說是不受懷疑的或不可懷疑的真理。下面，我們擬分專題展開論證。

第一節　天生的實在論者

　　誠如馬赫所述，樸素實在論是「普通人的哲學」，有權利得到「最高評價」。同時，它也是科學家賴以從事科學工作的本能的天性和自發的起點。事實上，中世紀的思想是這種實在論的，因為它認為，世界正如人們所知覺、經驗和理解的那樣，是實在的，是靠理性的力量能夠把握其真正本質的。在近代科學中，實在論也處於支配地位。甚至直到十九世紀，物理學也是樸素實在論的，它認為

❷　R. Maiocchi, Pierre Duhem's *The Aim and Structure of Physical Theory*: A book Against Conventionalism, *Synthese*, 83(1990)，pp.385–400.迪昂1893年的論文是〈英國學派和PT〉。

理論忠實而客觀地再現了獨立於人而存在的外部世界。作為普通人和科學家的迪昂，也具有人的共同天性和時代的科學烙印：他坦白地承認外部世界和物質客體的存在，本能地相信實在。

迪昂批評充滿數學精神而剝奪直覺精神的德國人，他們把科學和生活割裂開來，使學者和生活老死不相往來——「生活不能指導科學，科學不能啟發生活。」他這樣反問道：

> 唯心論哲學家難道沒有赤裸裸地顯示出缺乏科學和生活之間的所有相互滲透嗎？在他的大學教席上，他否認外部世界的所有實在，因為他的數學精神在任何最後的演繹推理的末端沒有遇到這種實在。在後來的時間，在酒菜館中，他充分有把握地滿足於那些牢固的實在：他的泡菜、他的啤酒和他的煙斗。(*GS*, p.97)

在這裡，他未被德國的唯心論所動搖，而是一位清醒的實在論者：堅定地承諾外部世界的實在以及人的直覺能夠把握它們。從迪昂生動的描繪中可以看出，他在課堂和寫作中沉湎於抽象的符號之中，就像他在家裡享用泡菜、啤酒和煙斗一樣。

迪昂不贊成奧斯特瓦爾德沒有物質的能量的觀點。在後者看來，能量是唯一真實的實在，物質不是能量的負載者，恰恰相反，它是能量的表現形式，因而物質概念是多餘的，物質只不過是為了說明我們感覺的恆久性而作出的虛構❸。例如在用棍棒打人時，在人的感覺中感到不滿的是由能量差引起的，而不是由棍棒引起的。

---

❸　李醒民〈奧斯特瓦爾德的能量學和唯能論〉，《自然辯證法研究》（北京），第5卷(1989)，第6期，頁65–70。

盡管迪昂願意抱怨能量差，但是他最不願意輕視棍棒的存在。迪昂基於常識和樸素實在論反駁道：

> 因此，我們將堅持承認，每一個運動都假定某種運動著的事物的存在，每一個動能都是某種物質的動能。奧斯特瓦爾德說：「如果你受到棍棒一擊，那麼你怨恨的是棍棒還是能量？」我們坦白怨恨棍棒的能量，但是我們將繼續由此得出結論，存在著那個能量的載體即棍棒。而且，這個寓居於空間的某些處所、從一個區域傳輸到另一個區域的能量異常地類似於物質的東西，這種物質的東西可以改變它的名稱，但不能夠改變它的本質。於是，我們不停留在下述學說一方：在這一學說看來，形形色色的物質的東西變成了幻影；……(EM, p.95)

作為一位物理學家，迪昂也是一個實在論者，不用說要比樸素實在論精緻一些。迪昂雖然認為PT的目的不是說明實在，物理學方法即觀察和實驗也無能為力把握事物的真正本性和潛藏在現象背後的實在，但是實在論的因素畢竟還是滲透在 PT 的詮釋及延伸之中。這或隱或顯地體現在以下幾個方面：

一、迪昂把形而上學逐出物理學，但他把更為重要、更有價值的任務——揭示和把握實在及其本性——賦予超經驗的形而上學。迪昂堅定地相信，人的精神有能力獲悉關於物理世界——實在的世界而非現象的或感覺的世界——的真實的內部本性的東西，盡管不是唯一地依賴定量方法，而主要是定性方法尤其是直覺的洞察。認為PT不能揭示現象背後的實在，其理由在於一個結果能夠由幾個不

同的原因產生，以致即使所有現象的完備知識也不能給我們以產生它們的實物的完備知識。不過，迪昂在1893年也罕見地說過：「通過排除除一個假設之外的所有可能的假設，我們終歸獲得關於物質事物的本質的實證證件。」這些構成了已確立的形而上學的真理，他把這種真理定義為「我們在從觀察現象返回到產生它們的實物時獲得的少數命題，就大部分而言，具有否定的形式。」(*MPD*, p.27)不幸地是，他對此沒有作進一步地發揮。

　　二、PT雖則是符號的演繹體系，但迪昂並未完全剝奪PT某些組分的客觀性。測量被迪昂視為把PT和觀察資料即實在聯繫起來的鏈環。理論事實和科學定律中包含著「真實內容」和「客觀材料」，具有「客觀意義」和「客觀真理」(*AS*, pp.292–293)。

　　三、迪昂在1902年說過：「PT應該給物理世界以盡可能簡單的描述。」(*UG*, p.338)在這裡，迪昂所謂的物理世界不僅僅是馬赫意義上的感覺世界，而是實在的物理世界。他關注實在的描述，尤其是描述的經濟性，盡管沒有明確表達實在的哲學意義。為了便於數學處理，他把第二性的質尤其是熱的感覺重新引入物理學，這表明他對自笛卡兒以來而被腐蝕的實在論投贊成票。物理學家總是力圖使「描述更接近於實在」「更好地描述實在」，以便得到「更類似於實在的圖式」(*AS*, pp.157–158)。因此，

> 實在和物理學定律之間的這種鬥爭將無限地繼續下去：實在將或遲或早地以嚴屬的事實反駁物理學闡述的任何定律，而不屈不撓的物理學將潤色、修正和複雜化被反駁的定律，以便用更綜合的定律代替它，在這個綜合的定律中，實驗提出的例外本身將找到它法則。(*AS*, p.177)

迪昂就是這樣在客觀實在和科學精確性之間時時注意保持必要的張力，他的描述理論於是越來越接近事實和實在，但PT從來也不是和實在一一對應的，它只是實在的圖式或圖像。

四、迪昂把PT的理想形式視為自然分類，這是PT趨近的極限或收斂的極限點，因此迪昂的實在論也可稱之為收斂實在論。在這個極限點，PT反映出的實在成為形而上學探求的目標，二者在此會聚了。迪昂說，物理學家

> 借助在他面前展現連續的傳統——過去世紀的傳統通過這樣的傳統養育了每一個時代的科學，每一個時代的科學也通過這樣的傳統孕育了未來的科學；借助向他提及理論闡明和實驗實現的預言；借助這一切，科學史在他思想上產生並增強了下述信念：PT並不僅僅是一個人為的系統，它在今天合適而在明天無用，而且它是一個越來越自然的分類，它日益更清楚地反映實驗方法不能直接沉思的實在。(AS, p.270)

在達到自然分類的PT中，實在正是按照自然分類的秩序被組織起來的。這樣一來，實在論便體現在迪昂的PT所趨向的目標中。

五、迪昂把為PT而工作的意義也建立在實在論的基點上。他認為PT給予我們關於外部世界的知識，這種知識不能還原為純粹的經驗知識，也不能還原為理論的有用性。理想的物理學既不能建立在實用主義、也不能建立在方便論(commodism)的基礎上。無論多麼實用主義的物理學家都不得不承認，如果他的工作不接觸實在，如果他的資料的系統化不反映本體論的或形而上學的秩序，也就是說如果他的PT不日益傾向於自然分類，那麼他為PT的進步而工作就是

毫無道理和意義的。迪昂的原話是：

> 當物理學家在把他的科學交付這一仔細審查之後重返自身
> 時，當他開始意識到他的推理的進程時，他立即辨認出，他
> 的所有最強烈的、最深沉的渴望都因對分析結果的絕望而落
> 了空。不，他不能使他的精神在PT中看到的只是一組實際的
> 步驟和工具架。不，他不能相信，PT只是分類經驗科學積累
> 的信息，而沒有以任何方式改變這些事實的性質，或者沒有
> 在事實之上打下僅有實驗便不會在PT上雕刻的特徵的印記。
> 如果在PT中只有他自己的批判使他在其中成為發現者的東
> 西，那麼他便會停止把他的時間和精力投入這樣的僅有貧乏
> 意義的工作。物理學方法的研究無力向物理學家揭示導致他
> 構造PT的理由。(AS, p.334)

在這裡，迪昂的主張很明顯：沒有本體論秩序的信念，物理學家的
工作就無意義和無價值。

按照迪昂的觀點，邏輯和實在是同一枚硬幣的不可還原的兩
面。不過，他更偏愛邏輯的嚴格性，更專注於表達物理學中的邏輯
法則，而不是更多地強調實在的作用。盡管如此，他仍認為關於實
在或存在的判斷比純粹的邏輯關係更根本地為真。於是，他還是保
留了PT與實在的諸多聯結，尤其是要求邏輯與實在必須重合——不
管邏輯多麼簡單，實在多麼複雜。這就是迪昂在PT的邏輯系統化和
本體論秩序之間保持的既分又合的張力。德布羅意在論及迪昂的自
然分類作為本體論秩序時，深中肯綮地指出：

迪昂像所有的物理學家一樣，相信在人之外的實在的存在，並且不希望容許他自己被拖入徹底的「唯心論」所引起的困難。因此，為了在這方面採取一種完全個人的立場，並且在這一點上把自己與純粹的現象論分隔開，他聲明，PT的數學定律盡管沒有告知我們事物的深刻的實在是什麼，但它們無論如何向我們揭示出和諧的某些外觀，這種和諧只能是本體論秩序的和諧。PT在完善自己的過程中逐漸呈現出現象的「自然分類」的特徵，……(*AS*, p.x)

雅基也指出，迪昂熱情地贊同本體論的實在和真理，並把這看作是物理學家工作具有意義的不可或缺的條件。迪昂思考的一切都依賴於形而上學的實在論，即使人們認為實在論是把迪昂誘捕在「對歷史認識論而言是固有的非理性的直覺主義」之中的某種東西，也能辨認出這一事實。(*UG*, pp.371–372)

第二節　自然分類和自然秩序

自然分類概念是迪昂本體論哲學的核心概念，是迪昂的獨特的實在論——秩序實在論——的基石，也是把他與形形色色的唯心論和實證論區分開來的根本標識。我們前面已多次涉及到這一重要概念，現集中作進一步論述。

何謂自然分類？當迪昂發問這個問題時，他並沒有立即作正面回答，而是提出了一個類似的問題：博物學家在提出脊椎動物分類時意味著什麼？形態學的類似似乎支配著他的普遍意識，迪昂以此開始他的回答：

他所設想的分類是一個不涉及具體個體，而涉及抽象、涉及種的智力操作群❹；這些種在群中被排列起來，較特殊的在較一般的之下。為了形成這樣一個群，博物學家考慮各種器官——脊柱、頭蓋骨、心臟、消化道、肺、鰾——不是它們在每一個個體所呈現出的特殊的具體的形式中，而是對同一群中所有種都適合的抽象的普遍的圖式形式。在這些由於抽象而如此理想化的器官中，他進行比較，注意類似和差異；例如，他宣布魚鰾類似於脊椎動物的肺。這些同源性是純粹理想的關聯，不涉及真實的器官，而只涉及在博物學家思想中形成的概括的簡化的概念；分類只是一個概述所有這些比較的摘要表。(AS, p.25)

迪昂接著說，當動物學家斷言這樣的分類是自然的時候，他意指這些依據他的理由在抽象概念中建立起來的理想關聯對應於收集在一起的、在他的抽象中具體化的相關動物之間的「真實關係」或「真關係」(real relations)。各個種之間的或多或少顯著的相似是它們或多或少密切的血緣關係的指標，動物學家把它們翻譯為綱、目、科、屬而逐級加以排列。在這裡，迪昂的言外之意是，動物學家辨認和確立普遍類似原來是實際的血緣關係時，他便使同源性(homologies)自然化了。

---

❹ 這裡的英譯文是group of intellectual operations （智力操作群）。在此前幾頁 (AS, pp.19–21)，迪昂討論了形成 PT 的四個相繼的基本操作 (operations)。聯想到迪昂的測量理論，他是否是操作論(operationism)的先驅呢？除了馬赫和愛因斯坦之外，他是否對操作論的創始人布里奇曼(P. W. Bridgman, 1882–1961)有直接或間接的影響呢？

物理學家的工作也是這樣的。物理學家所具有的「不完美的和暫定的理論」，通過他們的「無數的摸索、猶豫、悔悟，才緩慢地進展到那種是自然分類的理想形式」(*AS*, p.302)。迪昂的結論是：

> 於是，PT從未給我們以實驗定律的說明；它從未揭示出潛藏在可感覺到的外觀之下的實在。但是，它變得越完備，我們就越理解，理論用來使實驗定律秩序化的邏輯秩序是本體論秩序❺的反映；我們就越是猜想，它在觀察資料之間建立的關係對應於事物的真實關係❻；我們就越是感覺到，理論傾向於自然分類。(*AS*, pp.26–27)

迪昂指出，物理學家不能解釋這種確信，因為供他使用的方法被局限於觀察資料。這種物理學方法不能證明，在實驗之間建立的秩序反映了超經驗的秩序，它也不能猜想與理論所建立的關係對應的真關係之本性。儘管物理學家無力證實這一確信，不過他也無法使他的理性擺脫它。他徒然地被下述觀念所充滿：他的理論沒有能力把握實在，它僅有助於給實驗定律以概要的分類和描述。他不能強迫他自己相信，能夠把在初次遭遇時如此歧異的大量定律如此簡單、如此方便有序化的體系，會是人為的體系。他在屈從於帕斯卡

---

❺ order可譯為秩序、次序、順序、序、序列等。

❻ 迪昂在這裡加注參見彭加勒的《科學與假設》(巴黎，1903)。彭加勒在該書中說：「真實對象之間的真關係是我們能夠得到的唯一實在」。參見H.彭加勒《科學的價值》，李醒民譯，光明日報出版社（北京），1988年第1版，頁122–123。要知道，彭加勒是關係實在論的先驅，但他對此所論不是太多。

認為是「理智所不知道的」內心的那些理性之一的直覺時斷言，隨著時間的推移，他對於真實秩序的信念在他的理論中更清楚、更可靠地反映出來。盡管通過對 PT 的方法的分析不能證實這一信仰行為，但分析無論如何也不能挫敗它，這使人們確信：「這些理論不是純粹人為的體系，而是自然分類。」(AS, p.27)

迪昂把自然分類視為PT的目的，並認為趨向這個理想不是烏托邦(AS, pp.31,295)。迪昂是胸有成竹的。首先，物理學史告訴我們，物理學家總是把實驗發現的無數定律統一到一個比較協調的體系內。通過連續而緩慢的進步，最終會形成一個完備的、充分的、邏輯統一的PT，即趨近自然分類的理論。其次，作為自然分類的PT與宇宙論有類似之處，對此我們前已述及。最後，也是最重要的，就是PT的預見功能，它反過來也成為自然分類的理論的檢驗標準：

> 我們認為分類是自然分類的最高檢驗，就是要求它預先指明唯有未來將揭示的事物。當實驗被完成並確認從我們的理論所得到的預言時，我們感到增強了我們的確信：我們的理性在抽象的概念中建立起來的關係確實對應於事物之間的關係。(AS, p.28)

因此，在我們使理論的預言面對實在的場合，我們將把賭注押在贊成還是反對理論二者之中的哪一邊呢？如果該體系是純粹人為的體系——它描述了已知的實驗定律但並未暗示不可見實在之間的真關係——那麼這樣的理論將不可能預言和確認新定律，把賭注押在這一類理論是愚蠢的。相反地，如果我們從PT中辨認出自然分類，它表達了事物之間深刻而真實的關係，那麼它就能預言並確認新定律，

我們應舉雙手贊成它❼。我們剛才所說的預見和類比也是自然分類的功能或作用，此外自然分類還有定向（科學進步的方向和科學研究的目標）和激勵（科學家工作的動機、根據、意義乃至信念）功能以及審美功能。

在這裡，我們必須十分重視迪昂關於自然分類是物理世界或（宇宙論的）物質世界的本體論秩序之反映的論點。奎因說過：「本體論問題是和自然科學問題同等的。」「一個人的本體論對於他據以解釋一切經驗乃至最平常經驗的概念結構來說，是基本的。」❽迪昂也很重視本體論問題，他把它專門交給形而上學去探究，並在PT中為其（間接地）保留了重要的一席之地。他甚至堅決主張：沒有本體論秩序的信念，物理學家的工作就沒有意義。正是根據迪昂一而再、再而三強調的上述論點，我們才把迪昂的實在論思想命名為秩序實在論(realism about order)。它屬於彭加勒的關係實在論的範疇，但它的內涵比後者更精緻、更豐富、更深刻。

迪昂不認為自然分類是（形而上學的）說明。首先，與追求事物和現象的終極原因不同，自然分類並不是作為在PT中秩序化了的現象的原因之說明而出現的，它僅是一種最佳的分類順序或排列次序。其次，自然分類是物理學自然進化的方向和目標，是PT的唯一理想；形而上學說明則由於說明者採納的形而上學學說不同，而充

---

❼　迪昂在(*AS*, p.28)關於「不得不打賭贊成還是反對該理論」的觀念和風格，使人想起帕斯卡在(*SXL*, pp.109–113)中就「上帝存在，還是不存在」打賭所作的討論。在迪昂的心目中，似乎自然分類所反映的自然界的本體論秩序是像上帝一樣的最高的實在。果真如此，他對自然分類的信念（信仰）也是夠熾烈的。

❽　W. 奎因《從邏輯的觀點看》，江天驥等譯，上海譯文出版社（上海），1987年第1版，頁43, iii。

滿戰鬥的吶喊和劇烈的爭吵，無法達成一致，使物理學家感到厭煩。再次，自然分類不是在假設的上下文中找到的，而是在PT給予現象的總的排列中找到的，因而它不是先入為主的。最後，自然分類雖是（形而上學的）宇宙論的映像，但它本身並非形而上學，也不從屬於形而上學，這也與說明大相逕庭。順便強調一下，迪昂拒斥的不是物理學理論化在「非形而上學的」說明中達到頂點的通常的概念，而是物理學理論化以這種或那種方式依賴於受先驗支配的形而上學假定。

迪昂關於 PT 會聚於自然分類之上的觀點是與他堅持物理學的自主性和歷史連續性密切相關的。自然分類給出了PT的目的、物理學進步的方向和物理學家工作的意義，從而強固了物理學的自主性。反過來，自主性又有助於自然分類不從屬於形而上學的獨立意向。PT日益趨向自然分類這個極限的過程，本身就隱含著科學發展的歷史連續性。另一方面，

> 借助連續的傳統，每一個理論都把它能夠構造的自然分類的份額傳遞給緊隨它之後的理論，就像在某些古代的遊戲中，每一個奔跑者都在點燃火炬後立即傳遞給他前面的人，這種連續的傳統保證了生命的永恒和科學的進步。對於膚淺的觀察者來說，由於只是顯現出被消除的說明的不斷碎裂，是看不到傳統的連續性的。(*AS*, pp.32–33)

因此，我們可以合情合理地認為，趨近自然分類的理想的PT能夠用嚴格自主的方法得到，並且對先前出現的東西來說是恰恰連續的。

自然分類概念是迪昂錯綜複雜的物理學思想和科學哲學思想

之網的一個關鍵性的網結。除了剛剛涉及到的而外，它也是邏輯和歷史的統一，真和美的統一，自然結構與心智結構的統一。自然分類的PT在邏輯上是協調統一的，在歷史上是自然進化的，它們是可以相互印證和彼此辯護的。自然分類是本體論秩序的反映，它類似於宇宙論的秩序，顯示了自然結構之真。同時，秩序本身就是美，它顯示了作為自然分類的理論的結構之美以及所描繪的自然的結構之美，從而能激起人們的審美情感。在迪昂看來，自然的結構、事物的秩序與我們心智的規律是一致的。我們心理有一種不可遏止的追求PT的邏輯統一性或自然分類的傾向和資質，它是人的心智不可戰勝的幻覺或理想，是無法用物理學方法加以辯護的，但人的心智卻把絕對的客觀價值賦予這個信念（信仰）❾。其理由之一也許在於，作為為人的和人為的科學，徹頭徹尾是歷史的、文化的，文化的基因必然歷史地澱積在人的心理上。科學作為一種符號系統和專門活動可以不涉及本體論假定的實在，但是科學作為人的心智的文化和歷史的活動卻根植於自然界、根植於實在，因此它的描述必然逐漸地趨近於實在，即逼近自然分類和自然秩序。「不這樣作也許不符合人的情況的一個不能抹殺的事實——人的精神是同一的，它在其中表達自己的不同活動終歸必須達到相同的結論。」（*MPD*, p.172)上述的幾種「統一」在迪昂的下述言論中基本上都得到體現：

---

❾ 莫爾(H. Mohr)對此的解釋是：「人是遺傳進化的產物。我們發現自然結構的智能是在遺傳進化過程中發展的。人的智力是極強的選擇優勢的合適的特性。自然範疇與（遺傳地決定的）人的精神範疇的逐漸一致是選擇優勢，它使人在遺傳進化中的迅速上升成為可能。」 參見H. Mohr, *Lectures on Structure & Significance of Science*, Springer-Verlag, New York, 1977, 3rd Lecture.

那些能夠思考和認識他們自己思想的一切人，都在他們自身
之內感到一種不可抑制的對PT邏輯統一性的追求。而且，這
種對其各部分都在邏輯上相互一致的理論的追求，是另一種
追求的不可分割的同伴，我們在前面已弄清了它的不可抗拒
的力量，它就是對PL是自然分類的理論的追求。的確，我們
感到，如果事物的真關係——不能用物理學家所使用的方法
來把握——在某種程度上在我們的PT中反映出來，那麼這種
反映便不能缺少秩序或統一。要用令人信服的論據證明這種
感覺與真理一致，也許是一項超越了物理學所提供的工具的
任務；……可是這種情感在我們身上激起不屈不撓的力量。
(*AS*, pp.103–104)

這一切「統一」以及迪昂的張力哲學，充分顯露出迪昂深刻的辯證
法思想。列寧雖則意識到這一點(*WP*, p.318)，但他的視野和理解都
是狹小的。

　　迪昂在討論兩類精神和兩類秩序時，把自然分類的思想又延伸
了一步。迪昂這樣寫道：

正如存在著兩類精神——直覺精神和數學精神——一樣，它
們中的每一個都把對它來說是特殊的東西貢獻給科學的結
構，沒有一個，另一個的工作永遠不會是完備的；同樣也存
在兩類秩序：數學秩序和自然秩序。這些秩序中的每一個當
被用於恰如其分的地方時，都是啟發的源泉。但是當人們把
自然秩序強加於歸入數學精神的裁判權之下的材料時，人們
就會立即陷入錯誤。人們要求數學方法闡明屬於直覺精神的

東西，人們依然會處於深沉的黑暗之中。(*GS*, p.58)

於是，遵循數學方法的秩序意味著，永遠提不出借助早先已確立的命題不能證明的論題。遵循自然秩序的方法，意味著把與在本性方面類似的事物相關的真理相互匯集在一起，把涉及不類似事物的判斷分隔開來。

迪昂進而指出，即使在幾何學中，有時也有必要考慮自然秩序。此時，我們可以在不喪失嚴格性的情況下，構想定理集合中的幾種不同安排；直覺精神將指明，哪一個是最自然的從而是最佳的。但是，當數學精神剝奪了直覺精神的幫助，並宣稱它是自足的時候，數學精神就不僅不能按自然秩序排列數學理論，而且也不能辨認出在各種科學之間存在的親緣關係。它忽略了把數學和人類知識的其他部分聯繫起來的基本關聯。在對彭加勒的一段著名論述❿加以稱頌性的評論後，迪昂繼續說：

> 從笛卡兒到柯西(B. A. L. Cauchy, 1789–1857)，幾乎所有最偉大的數學家同時也是偉大的理論物理學家。因此，他們注意不忽略這個真理：在各種科學中，存在著自然秩序。借助於這種秩序，數學研究從實在出發，為的是在實在中終結。(*GS*, p.61)

迪昂批評德國代數學派不關心不能用終極精確性解決的任何問題，

---

❿　彭加勒說：「忘記外部世界存在的純粹數學家也許就像這樣一個畫家：他知道如何把色和形協調地組合起來，但卻缺乏模特兒。他的創造力不久便會枯竭。」參見❺，頁271。

不關心人的知識的自然序列。在使數學變得更純粹和更嚴格的藉口下，它從數學中清除一切可以回憶起它們的力學起源和物理學起源的東西。

至此，迪昂滿意地斷言，數學精神就其自身的應變能力而言是不能建立自然秩序的，不管它是在單一的科學領域還是在各門科學之間。在考察了林奈(C. Linnaeus, 1707–1778)墨守數學精神，僅在雄蕊數目的基礎上對開花植物分類，並譴責按自然秩序分類的法國植物學家朱西厄(A–L de Jussieu, 1748–1836)後，迪昂說：

> 要得到自然分類，……任意選擇適宜於算術語言的特徵並進行簡單的計數是不夠的：必須考慮所有的特徵並權衡它們，以便找出哪一個對「親緣關係的天平」產生最大的影響，哪一個產生最小的影響。……無法說得更清楚的是，自然分類的建立超越了數學精神的能力，唯有直覺精神才能夠作出嘗試。(*GS*, pp.62–63)

自然分類和自然秩序不僅是迪昂本體論或秩序實在論的核心概念，而且也是他的科學思想的一個軸心。他一生都在為之辯解❶。就迪昂自身而言，它們不用說源於科學史的教導，生物形態的類似和生物按自然秩序的分類之啟示❷，以及對PT的邏輯分析和直覺洞

---

❶　從1893年的論文〈英國學派和PT〉到1915年的*GS*從未中斷，其間重要的文獻還有〈信仰者的物理學〉(1905)，*AS* (1906)，《簡介》(1913)等。

❷　迪昂從小喜愛生物，鑽研生物學，以及法國各級學校重視進化論教育無疑起了作用。

察。另一方面，他肯定也或多或少受到前人思想的某些啟發，下面一些哲學家和思想家的言論都有可能對迪昂產生影響。亞里士多德認為「萬物的秩序與安排皆出於」「自然的精神」、或「天心」，或「理性」(mind of nature)，他還援引德謨克利特 (Democritus，約前460-370) 關於萬物和元素之差異有三——形狀、秩序、位置——的思想 ❸。奧古斯丁多次引用《聖經》關於上帝創造自然世界，並以「度、數、衡」安排自然秩序。他吸取了柏拉圖、畢達哥拉斯 (Pythagoras，約前580-約前500)「數是秩序」、「原型是數」的思想，在不同場合解釋了「度、數、衡」的秩序 ❹。托馬斯認定自然秩序的建立依賴於上帝對其創造物的關注，但上帝不會干預半獨立的自然秩序 ❺。笛卡兒在《談方法》中一再強調：「按照次序引導我的思想」，「只求改變自己的欲望，不求改變世界的秩序。」 ❻帕斯卡在《思想錄》中不斷提及秩序❼，他還說：

---

❸　亞里士多德《形而上學》，吳壽彭譯，商務印書館 (北京)，1959年第1版，頁10, 12, 161。

❹　趙敦華《基督教哲學1500年》，人民出版社 (北京)，1994年第1版，頁153-155。所謂度，是指按照完善性的程度把事物排列成一個等級系統；所謂數，指事物原型的數列；所謂衡，指以物體的重量安排它們在自然界中的位置。

❺　R. 霍伊卡《宗教與現代科學的興起》，錢福庭等譯，四川人民出版社 (成都)，1991年第1版，頁21。

❻　北大哲學系編譯《西方哲學原著選讀》(上卷)，商務印書館 (北京)，1981年第1版，頁364, 365。

❼　以「秩序」(次序，順序) 作小標題的就有數處，例如(*SXL*, pp.12, 132, 205)。他還討論了「內心有其順序，精神有其順序」，以及肉體、精神、智慧「三種品類不同的秩序」(*SXL*, pp.132, 394-395)。

自然安排其全部的真理，是每一個都在其自己本身之中；而
我們的辦法卻是要使它們彼此一個包羅著一個，但這是不自
然的；每一個都有其自己的地位。(*SXL*, p.12)

康德關於悟性能認識自然秩序的思想❶以及聖西門 (H. Saint-Simo
n, 1760–1825)關於「事物的偉大秩序」的論述❶，也有可能砥礪迪
昂的思想。

對於迪昂的本體論的秩序和秩序實在論，贊成者和反對者都大
有人在。不管怎樣，它在現代乃至當代科學哲學中仍有所反射或折
射。石里克說：

一切的知識，就其本質而言，僅是形式的知識、關係的知識，
只有形式的、關係的才合乎知識的定義，方才合乎知識概念
的邏輯意義。其他品質內容是不屬於知識之內的，它僅是一
種主觀作用而已。

在石里克看來，一切詩歌、藝術等是以體驗世界為目的，可是一切
科學則以認識世界為對象。科學以數學計算、經驗證實為其方法，
以建立世界秩序(die Ordnung der Welt)的體系為其願望❷。圖爾明
(S. Toulmin, 1922–) 認為，科學理論總是包含著某種「自然秩序理

---

❶ 康德《判斷力批判》(上卷)，宗白華譯，商務印書館（北京），1964
   年第1版，頁24, 25。

❶ J. B. 科恩《科學革命史》，楊愛華等譯，軍事科學出版社（北京），
   1992年第1版，頁329。

❷ 洪謙《維也納學派哲學》，商務印書館（北京），1989年第1版，頁26。

想」，它在科學理論的概念系統中處於核心地位。自然秩序理想這
一規範標準規定了它所指定的範圍的科學活動，啟發科學家進行理
論建構。科學史中最重要的是自然秩序理想的競爭和更替❹。

　　在當代的科學哲學文獻中，像這樣的論述屢見不鮮。庫恩的分
類範疇、自然類、自然家族、家族相似、特徵空間等概念都與迪昂
的相似或相關。他說：「詞典提交給人們的東西不是一個世界，而
是一組可能的世界，該世界共同具有自然類，從而共同具有一個本
體論。」❷圖奧梅拉在存在序 (order of being) 和構想序之間作了區
分，存在序與實在事物的存在有關，即與世界的陳述有關❸。在近
些年來流行的自然主義、進化的自然主義實在論以及法因(A. Fine)
的自然本體論態度(NOA)❷中，都能多少窺見到迪昂思想的影子。
這是因為迪昂強調，PT趨向自然分類是自然的進化；這樣的PT是自
然的而非純粹人為的；盡管PT在世界關係結構上的收斂或會聚不能
用物理學本身的方法來證明，但科學家採納它則是自然的態度——
請回顧一下迪昂在描繪如何達到自然分類和自然秩序時所使用的語
言和口氣：「我們就越理解……；我們就越是猜想，……；我們就
越是感覺到，……」(*AS*, pp.26–27)

---

❹　J. 洛西《科學哲學歷史導論》，邱仁宗等譯，華中工學院出版社（武
　　漢），1982年第1版，頁209–210。

❷　T. S. Kuhn, The Presence of Pase Science, The Shearman Memorial
　　Lectures, 1987. Type–script.

❸　R. Tuomela, *Science, Action, and Reality*, D. Reidel Publishing
　　Company, 1985, p.129. 這裡的構想序(order of conceiving)處理的是意
　　義、辯護和知識的基礎問題以及命令的內容（從而處理價值和規範）。

❷　A. Fine, And Not Anti–Realism Either, *NOÛS*, 18 (1984), pp.51–65.

第三節　常識、卓識和真理

迪昂是常識和卓識❷的使徒，常識和卓識也是他的實在論的基石之一。他在《結構》中「召喚邏輯法則」的同時，也大力「維護常識的權利」，並認為這樣作「並非無所事事」(*AS*, p.xvii)。迪昂對常識和卓識這兩個概念的使用有時不加特別區分，其涵義雖具有亞里士多德的風味，但顯然是汲取帕斯卡的內心 (coeur) 的直覺 (sens droit)，尤其是就卓識而言。它們似乎與波蘭尼 (M. Polanyi, 1891–1975)所謂的「意會的技藝知識」(tacit craft–knowledge)有相近的品味，或可以借助探索的歷史傳統的局部理性來概括其特徵。常識尤其是卓識能夠被視為一種類型的非正式的理性，以致它們的選擇或洞察一般是理性的。請聽聽迪昂是怎麼講的：

> 為了表明公理證據即刻明顯的特徵，我們樂於把它的明顯性與感知比較：我們說，我們看見這樣的命題為真。它們的確實性是容易感覺到的。我們據以知道公理的才能被賦予一個名字「sense」❷，它是common sense或good sense❷。
> 為了把辨認原理的真理的智力操作的即刻性與適合於定理證

---

❷　常識和卓識的法文是 sens commun 和 bon sense，其對應的英譯文是 common sense和good sense。

❷　sense在這裡意為「判斷力」，「感覺」。

❷　common sense意為「公共的判斷力」，「公共的感覺」；good sense意為「健全的判斷力」，「健全的感覺」。在本書，我們把二者分別譯為「常識」，「卓識」。

明的推論推理的審慎性區分開來，我們也常常把前一種操作命名為「feeling」❷。它是對真理的 feeling。當我們的注意力投向一個原理時，我們即刻感受到真理，正如審視一個藝術傑作立即使我們體驗到美的感受，或描繪一種英雄行為立即使我們經歷到善的感受一樣。(*GS*, p.7)

迪昂在這裡提到帕斯卡把卓識稱為「內心」（直覺），並認為卓識有助於直覺地感知公理的明顯性。

　　迪昂好像未給常識下一個詳盡而嚴格的定義，也未提及該詞過去的用法。古人黑格爾認為：「常識執著於感性的明顯性以及習慣的見解和言論。」❷今人瓦托夫斯基(M. W. Wartofsky)指出：常識是公共的、盡人皆知的知識，是日常的、到處皆是的真理，它在我們的實際言行中處於牢固的地位；常識既不是明確地系統的，也不是明確地批判的，幾乎沒有經過批判反思的推敲；常識是廣泛的、長期經驗的產物，它對人的生存具有極高的價值，也是科學由以成長起來的土壤；常識過於曖昧含糊，也常常出錯誤；……❸那麼，迪昂的常識涵義是什麼呢？我們只能從他的有關論述中蒐集。

　　在剛才引用的迪昂的段落中，他似乎把常識和卓識等量齊觀，並理解成一種直覺的行為或直覺的功能。在下面的引文中，他好像又把直覺看作是常識與演繹科學之間的中介：

---

❷　feeling 意為「鑒賞力」，「感受」。

❷　列寧《哲學筆記》，林利等譯校，中共中央黨校出版社（北京），1990年第1版，頁253。

❸　M. W. 瓦托夫斯基《科學思想的概念基礎——科學哲學導論》，范岱年等譯，求實出版社（北京），1982年第1版，頁84–87。

在數學精神宣稱不借助直覺精神幫助而作的例子中，類似的不協調並不稀罕。數學精神若與常識隔絕，就不能流暢地推理和無止境地演繹。而且，它不能指導行動和維持生活。正是常識，在事實領域作為主人支配著。在這種常識和推論科學之間，正是直覺精神建立了真理的持久環流，從常識抽取科學將演繹出它的結論的原理，在它的結論中概括出能夠提高常識和使常識臻於完善的一切。(*GS*, p.96)

迪昂批評德國科學不知道這種連續的交流。由於服從純粹演繹法的嚴格紀律，理論來自它的規則的步驟，而對常識沒有任何關心。另一方面，常識繼續指導行為，而理論用任何手段也不磨掉它原始的、粗糙的形式。正因為常識被迪昂視為「事實領域」的「主人」，因而它具有「處理實在和闡明事實」的功能：

直覺精神的缺乏在觀念的發展和事實的觀察之間留下了斷裂的鴻溝。觀念是相互演繹的，它們傲慢地否認它們認為是一無所有的常識。常識用它自己恰當的手段處理實在和闡明事實，而不關心無視它或與它衝突的理論。(*GS*, p.97)

迪昂的這些話語涉及到常識和直覺、常識和實在的關係問題。關於前者，迪昂認為常識承擔著直覺的確定性部分的權重，因為直覺精神依賴於常識這個「龐大而異常活躍的有限公司的資本」或「常識知識儲備」(*AS*, p.261)。關於後者，雅基認為，對常識的堅持，或者更恰當地講對感覺資料的終極可靠性的堅持只有在下述情況下才有意義：人們假定外部實在是徹底合法的，同時假定人的精神有

能力逐漸把握外部實在(*UG*, p.337)。迪昂正是在這樣的框架內看待常識與實在的，他沉浸在常識可靠地接受實在及其合法性的形而上學裡，認為常識是人和實在事物的聯繫。如果常識對實在的把握不再是可靠的和有意義的，那麼PT最終會變得無意義。迪昂的這些常識哲學或常識實在論與他的樸素實在論和秩序實在論是完全相通的。這一切將在我們下面的闡釋中再次得以體現。

迪昂把常識視為科學的起點和基礎，賦予其以極高的地位和重要性。他說：

> 當我們離開傳統力學的牢固地基，匆匆插上夢想之翼追求把現象局限於沒有物質的廣延這種物理學之時，我們經常被碰得暈頭轉向。於是，我們用我們全部力量固守常識的基岩。因為我們最卓越的知識經過最終分析，其基礎無非是常識承認的事實。如果人們懷疑常識的可靠性，那麼科學的整個大廈就要動搖其基礎，就要土崩瓦解。(*EM*, p.95)

在這裡，迪昂又一次把常識視為抵制「沒有物質的廣延」這種非實在論的物理學的銳利武器。此外，迪昂注意到，作為事物真關係反映的來源的客體或對象不再具有可見性時，我們把反映應該呈現的特徵如何分配或分配給什麼呢？無論誰在這裡看到的無非是陷阱和欺騙，矛盾律無法對付和消除它們；但是常識可以向他傳達某些信息。在這種情況下，正如在所有其他情況下一樣，

> 如果科學不返回常識，那麼它就無力確立概述它的方法和引導它的研究的原理本身的合理性。在我們最清楚地闡述的、

最嚴格地演繹的學說的底部，我們總是再次發現自然傾向、追求和直覺的混合的集成。用分析不足以看穿把它們分離或分解為較簡單的要素。語言不足以精確而靈活地定義和闡述它們；可是，這種常識揭示的真理卻是如此明晰、如此確定，以致我們既不能弄錯它們，也不能懷疑它們；而且，一切科學的明晰性和確定性都是這些常識真理明晰性和確定性的反映。(*AS*, p.104)

顯而易見，迪昂的作為人的理性的官能(faculty)之常識承擔著對實在的承認，對科學原理、方法、目的的辯護（邏輯對此無能為力），對常識真理可靠性的保證。難怪迪昂把他的哲學之錨拋在合理性的常識之上，難怪迪昂也把科學從頭到尾交托給常識（但是在邏輯演繹的嚴格性上，邏輯是不向常識和直覺讓步的）：

就演繹方法建構的科學部分而言，數學精神能夠無可挑剔地確保嚴格性。但是，科學的邏輯嚴格性並不是它的〔關於實在的〕真理。唯有直覺精神才能判斷，演繹的原理是否可以採納，證明的推論是否與實在相符。要使科學為真，它是嚴格的並不充分；它也必須從常識開始，以便終結於常識。(*GS*, p.111)

在這裡，迪昂與他的同胞勒盧阿(E. Le Roy, 1870–1954)的下述觀點不謀而合：科學從常識出發，科學是常識的延伸，而哲學又是科學的延伸，常識、科學、哲學、常識形成一個循環❸。

---

❸ P. Frank, *Modern Science and its Philosophy*, Harvard University Press,

迪昂把常識視為科學的兩大源泉之一。他說，常識在觀察定律的領域統治著；唯有它通過我們的天然工具察覺和判斷我們的感知，才能決定孰真孰假。在圖式描述的領域，數學演繹是女皇，一切事情都由她強加的準則發號施令。但是在這兩個領域之間，還有已確立的命題和觀念的連續循環和交換。理論通過把它的推論之一提交給事實以要求觀察檢驗該理論；觀察向理論建議舊假設的修正或新假設的陳述。在中間區域——穿過該區域便實現了這些交換，通過該區域觀察和理論的交流得到保證——常識和數學邏輯使它們的影響同時被感覺到，屬於每一個的程序以不可擺脫的方式混合在一起。唯有這種雙向運動才容許物理學把常識發現的確實性和數學演繹的明晰性結合起來，它們是科學的兩極。科學是明晰的也是真的，或科學是有序的也是客觀的。於是，

　　可以十分正確地宣布，物理科學從兩個源泉流出：其一是常識的確實性，其二是數學演繹的明晰性；物理科學是確實的和明晰的，因為從這兩個源泉噴湧出的溪流匯集到一起，密切地把它們的水混合起來。(*AS*, p.267)

在就確實性而言時，迪昂甚至把兩個源泉合二而一：「有兩種確實性的源泉：命題從證明中得到它們的確實性，原理從常識獲取它們。後者與前者並非具有不同的價值或類型。二者同樣是確實的。更確切地講，僅存在一個源泉，所有確實性都從中流出，該源泉把確實性提供給原理。因為演繹沒有創造新的確實性。當無瑕疵地循序漸進時，能夠作的一切就是把前提具有的確實性傳送到推論，而在路

1950, p.299.

途不失去它的任何力量。」(*GS*, pp.14–15)由此不難看出，迪昂對常識多麼重視和信賴。這種態度還表現在，迪昂對德國人輕視常識毫不留情地給以批評，對黑格爾「更嚴厲、更粗暴地在腳下踐踏常識的第一原理」加以譴責(*GS*, p.20)。

　　盡管迪昂看重常識，盡管他也認為數學公理可以從常識獲得，但是在實驗科學中，在物理學中，其原理或假設則「不能從常識知識提供的公理中演繹出來」(*AS*, p.259)。在物理學假設引入的考慮中，如果我們不戒備，而僅僅借助於從常識得到的自明的命題為引入某些假設辯護，那麼就尤其危險，尤為多產假觀念。當然，假設可以碰巧在常識中找到某些類比或例證，也可以碰巧是通過分析使之變得更清楚、更精確的常識命題。在這些形形色色的情況中，能夠在理論賴以立足的假設和日常經驗揭示的規律之間找到某些類似關係，但這種類似往往是表面的，弄不好會使我們成為幻想的犧牲品。

　　迪昂強調指出，這並不意味著常識教導不是十分真和十分確實。我們反覆說過，常識的這些確實性和真理經過最終分析是所有真理和一切科學的源泉。但是，我們也說過，常識觀察只是在它們缺乏細節和精確性的範圍和程度上是確實的。常識定律是十分真的，但只有在下述條件下才行：把這樣的定律聯結在一起的一般詞語應該屬於從具體現象中自發地、自然地出現的抽象，即被視為一個整體的未分析的抽象。迪昂揭示出常識定律和物理學假設的重大差異：

　　　　常識定律是關於極其複雜的一般觀念的判斷，我們想像這些觀念貼近我們日常觀念；物理學假設是處於最高簡化程度的數學符號之間的關係。意識不到這兩類命題的大相逕庭的本

性是愚蠢可笑的；設想第二個與第一個的關係如同係定律與
定理的關係是愚蠢可笑的。(*AS*, p.265)

當反過來從物理學假設轉為常識定律時，情況也是如此。從作為PT
基礎的一組假設，我們將得到或多或少遠離的推論，後者將為常識
所揭示的定律提供圖式的描述。理論越完善，這種描述將愈精緻；
可是，必須被描述的常識觀察本身在複雜性上總是無限地超過這個
描述。

迪昂分析了產生幻想的原因(*AS*, pp.265–268)。從常識知識得到
PT賴以立足的假設的證明計劃，是由模仿幾何學來構造物理學的需
要促動的。事實上，幾何學由以導出的公理具有這樣完善的嚴格性，
歐幾里得在《原本》開頭闡明的「要求」是其自明的真理被常識證
明的命題。但是，我們在一些場合看到，在數學方法和PT遵循的方
法之間建立聯姻是多麼危險；在它們完全外在的相似——相似是由
於物理學借用了數學語言——之下，這兩種方法揭示出它們具有多
麼深刻的差異。加之常識的確實性和數學演繹的明晰性是匯合在一
起的，我們無法辨認我們所有認識手段同時地和競爭地進行的混合
區域。數學家在處理物理學問題時往往意識不到這個區域存在的危
險，而模仿數學從常識知識得到公理基礎來構造物理學，於是便要
冒充滿悖論的證明和用未經證明的假定來辯論的巨大風險。

由常識轉變到科學的關節點是批判和組織。迪昂意識到這一
點，他也知道常識的局限性，承認科學的批判和知識的組織修正了
大量建立在常識基礎上的結論。可是，由於他對常識的確實性和真
理性過於信賴，並認為科學批判不能夠免除常識證據，PT不能違反
常識，從而導致他對狹義相對論採取排斥或保留態度。他在1914年

寫的下述言論也許是對著愛因斯坦和相對論的：「這種狂亂的、興奮的人群在追求新穎思想時打亂了物理學理論的整個領域，使它變成真正的渾沌，在那裡邏輯喪失了它的道路，常識驚恐地潛逃。」(*AS*, p.xvii)迪昂很少直接提及愛因斯坦和相對論，他對此的唯一簡單的評論(1915)基本上是基於常識的哲學推理(*GS*, pp.104-107)。迪昂看到，新物理學「沒有從否認常識中後退」，「它足以推翻常識向我們提供的關於空間和時間的概念」。 時間和空間概念對所有人來說是相互獨立的，但新物理學卻通過時間的代數定義和相對性原理把它們聯繫起來。這個相對性原理是數學精神的創造，人們不知道如何用日常語言❷且在不求助代數公式的情況下正確地表達它,「它在空間和時間概念之間建立的關聯違背常識的最明確的斷言」。

　　迪昂對相對論的光速不變原理也提出質疑。他說，無論路程多麼長，我們都能夠設想，運動物體能夠在我們希望的那麼短的時間內橫越。無論速度多麼快，我們總是能夠設想更大的速度。盡管目前還沒有什麼物理手段能使物體運動得比給定的極限速度還要快。但是，這種不可能性是加於工程師的能力上的極限，它對物理學家的思想來說則是一種可以克服的荒謬。迪昂的結論是：

　　如果人們承認相對性原理像愛因斯坦、馬克斯·亞伯拉罕(Max Abraham, 1875-1922)、閔可夫斯基(H. Minkowski, 1864-1909)或勞厄(M. von Laue, 1879-1960)設想的那樣，

---

❷　迪昂把常識概念視為物理學的基礎，這意味著可以把PT翻譯為日常語言。後來愛因斯坦、海森伯(W. Heisenberg, 1901-1976)、玻爾(N. Bohr, 1885-1962)都堅持這一觀點，盡管他們比迪昂更多地使物理學離開常識。

那麼常識的假定並不成立。物體不能運動得比光在真空中傳播更快。這種不可能性不是簡單的物理不可能性，人們必須承認它是缺乏能夠產生它的任何手段的結果。它是邏輯的不可能性。因為相對性原理的支持者談到比光速還大的速度時，是講一個失去意義的詞。它與時間的真正定義相矛盾。

　　總而言之，相對論「使一切常識的直覺為難」，「得出了它的公設的災難性的推論」。但是，「這種輕視常識的新物理學違背觀察和實驗容許我們在天上的力學和地上的力學領域中所構造的一切」，此種狀況「並未引起德國物理學家的懷疑」， 也「未使德國人的思想不樂意」。顯然，迪昂拒絕相對論，也與他不滿德國科學家❸❸墨守純粹的數學精神而輕視直覺精神有關。當然，相對論原封不動地保留了麥克斯韋理論和電的原子論也使迪昂感到不快，因為它破壞了古典力學。但是最根本的原因，還是他沒有完全看穿他想作為常識使徒的常識的真相❸❹。從科學角度講，迪昂的這種拒絕態度也不使人感到奇怪：相對論直到1911年索爾維(E. Sovay, 1838–1922)會議後才越出德語國家國界，此後多年還遭到大多數科學家的懷疑和抵制，「保衛以太」的熱潮也經久不衰❸❺。至於迪昂對光速不可超越等的

---

❸❸　迪昂列舉的愛因斯坦、亞伯拉罕、閔可夫斯基和勞厄都是德國著名的科學家，但他們並非都輕視直覺。

❸❹　賴興巴赫說得有道理：「常識可以是一種良好工具，只要所涉及的是日常生活問題；但是，當科學探討達到一定的複雜階段時，它就是不夠用的工具了。」參見H. 賴興巴赫《科學哲學的興起》，伯尼譯，商務印書館（北京），1983年第2版，頁138。

❸❺　S. Goldberg, In Defense of Ether, the British Response to Einstein's Special Theory of Relativity, *His. St. Phy. Sci.*, 2nd Annual Volume,

質疑是先見之明還是無稽之談,相信隨著超光速粒子和現象的研究,終究會有一個說法。但是,迪昂對連愛因斯坦也認為是暫定的相對論的拒絕, 無論如何是不明智的。

關於卓識,迪昂對它下了一個比較完整的定義 (*AS*, p.217), 我們在第三章討論假設的選擇時已提到它。卓識是超邏輯而非超理性的,因為它是「理智所不了解的理性」, 是對「直覺精神」而言的「理性」。卓識像直覺一樣,是假設的「源泉」(*GS*, p.75)和選擇假設的「法官」(*AS*, p.216),這是它與常識的明顯不同之處,在這一點上它與直覺卻可以相提並論。芒特雷(F. Mentré)認為,迪昂的常識意指個人把握實在的一種官能,而卓識則至少在一種上下文中意指與實在相關的資料的儲備,這種儲備隨物理學的儲備而增長(*UG*, p.363)❻。

在物理科學中像在其他實驗科學中一樣,當理論的推論與實驗矛盾或理論的預言「失敗」時,此時邏輯顯得無能為力, 只有卓識起著決定假設何時被拒斥或不被拒斥的作用:

> 誰將決定這些失敗是否是這樣的,以致假定必須被拋棄呢?卓識。但是這種判決包括各類審判,其中兩派中每一個都面對著宣判他有罪的事實以及另外的宣判他無罪的事實;只有卓識將在對贊成和反對二者深思熟慮之後才促使他作出判斷。(*PD*, p.84)

1970.

❻　雅基轉述芒特雷的觀點時就是這麼敘述的,我懷疑雅基把「常識」與「卓識」二者恰恰弄顛倒了。也有可能是芒特雷沒有準確把握迪昂的思想和這兩個概念的涵義。

於是，卓識被迪昂視為一種深思熟慮的理性形式。卓識在實驗科學
中的另一個作用是設計出新假設，以代替被拋棄的假設：「傾聽每
一個譴責最初觀念的觀察者提出的東西，解釋消除它的每一個失敗，
從而把所有這些教訓匯集在新思想的結構中，此後使之隸屬於實在
的度量。的確，這種棘手的任務是沒有精確的法則指導精神……去
完好地完成它的，卓識必須超越它自己，變成帕斯卡所謂的『敏感
性精神』。」(*PD*, p.84)此外，迪昂不同意笛卡兒關於「形成健全判斷
的能力和把真與假區分開來的能力這種所謂的卓識或理性，在所有
人身上自然是同等的」觀點，他的看法是：「直覺地辨別真與假的能
力即卓識，在所有人身上並不是同等發展的。」(*GS*, p.11)對於笛卡
兒把卓識視為理性❸，迪昂好像是贊同的。

　　1906年迪昂在給兒時的一位朋友的信中，集中概括了他關於常
識和卓識的觀點：

　　　　我相信我作為一個科學家的責任以及作為一個基督徒的責任
　　　　是，使我自己成為一個永不息止的常識的使徒，而常識是每
　　　　一個科學的、哲學的和宗教的確實性的唯一基礎。我的關於
　　　　PT的著作的目標無非是提出這一論點。(*UG*, p.259)

就這樣，人類知識的三大體系——科學、哲學❸、宗教——都在常

----

❸　笛卡兒似乎採納了亞里士多德的觀點，休謨和康德認為二者是不同
　　的。

❸　羅素認為：「哲學，就我對這個詞的理解來說，乃是某種介乎神學與
　　科學之間的東西。……」參見B. 羅素《西方哲學史》(上卷)，何兆武
　　等譯，商務印書館(北京)，1963年第1版，頁11。

識中找到它的確實性的基礎,常識的重要地位在此進一步得到昇華。
在接著談到卓識與科學的關係時, 迪昂是這樣總結的:

> 對於所有的科學, 對於最嚴格的物理學和力學甚至幾何學,
> 也可以說相同的話。這些大廈中的每一個的基礎都是由被宣
> 稱是已理解的概念形成的, 盡管不存在它們的證明。這些概
> 念、這些原理都是由卓識❸形成的。沒有卓識——無論如何
> 不是科學的——這個基礎, 科學是無法建立起來的; 整個科
> 學的穩固性均來源於此。(*PD*, p.89)

康德是一位對卓識論述頗多的哲學家。他認為: 具有一種正直
的卓識確是偉大的天賦。不過, 這種卓識必須用事實, 通過慎思熟
慮、合乎理性的言論去表現的, 而不是在說不出什麼道理以自圓其
說時用來像祈求神諭那樣去求救的。卓識和思辨理智一樣, 二者都
各有其用; 前者用於在經驗裡馬上要使用的判斷上, 後者用於凡是
要一般地、純粹用概念來進行判斷的地方, 比如在形而上學裡。卓
識會給科學造成一種特殊的混亂, 使科學不能決定對理性究竟要信
賴到什麼地步, 以及為什麼只信賴到那個地步而不是更遠一些。用
卓識這一魔術棒來做決定, 這並不是對一切人都好使的, 它只能適
合個別人的脾性❹。與之相對照, 迪昂對康德的繼承、相背和發展
是一目了然的。

迪昂的觀點對波普爾有顯著影響。波普爾關於常識和卓識的看

---

❸ 在文獻(*UG*, p.259)中, 這裡的英譯文用的是「常識」而不是「卓識」。

❹ I. 康德《導論》, 龐景仁譯, 商務印書館 (北京), 1978年第1版, 頁8-9, 139, 165。

法確認了迪昂的某些觀點和實在論。波普爾認為：「科學知識只能
是常識知識的延伸」 **④**。他還說：

> 科學、哲學以及理性思維都必須從常識出發。也許，這並非
> 因為常識是一個可靠的出發點：我這裡所使用的「常識」一
> 詞是一個極其含混的詞項，因為這個詞項指稱一個模糊不清
> 並且變化不定的東西，即許多人時而恰當、真實，時而又不
> 恰當、虛假的直覺或看法。

波普爾進而還指出：「全部科學和全部哲學都是文明的常識。」「我們
的出發點是常識，我們獲得進步的主要手段是批判。」 在談到常識
和實在論的關係時，波普爾的下述斷言無疑有力地佐證了迪昂的實
在論哲學：「常識毫無疑問是支持實在論的」；

> 實在論是常識的核心。常識，或有卓識的常識，區別了現象
> 和實在。……但是，常識也認識到，現象（例如鏡子中的映
> 像）有一種實在；換言之，可以有一種表面的實在——一種
> 現象——和一種深刻的實在。**④**

　　迪昂是真理的熱愛者、讚美者、探求者和傳播者，他的真理觀
也是實在論的——這是對他的實在論哲學的又一支持。迪昂對真理

---

④　K. 波普爾《科學發現的邏輯》，查汝強等譯，科學出版社（北京），
　　　1986年第1版，頁xii。

④　K. 波普爾《客觀知識》，舒煒光等譯，上海譯文出版社（上海），1987
　　　年第1版，頁35, 36, 40, 39。

的無限摯愛和不懈追求，顯然受到他所熟悉的偉大思想家的影響。亞里士多德有句名言：「柏拉圖是可貴的，但真理尤為可貴。」**❸**奧古斯丁認為，真理高於心靈和理性，幸福就在於擁有穩固、不變、優美的真理**❹**。他還用詩一般的語言寫道：理性、真理和至善的本體即在乎純一性。誰認識真理，即認識在靈魂的眼睛之上的、在思想之上的永定之光；誰認識這光，也就認識永恆。惟有愛能認識它。「『誰履行真理，誰就進入光明。』**❺**因此我願在你面前，用我的懺悔，在我心中履行真理，同時在許多證人面前，用文字來履行真理。」**❻**帕斯卡說：「我們認識真理，不僅僅是由於理智而且還由於內心」；「人是為了認識真理而生的，他熱烈地渴望真理，他尋求真理」；「我要引人渴望尋找真理並準備擺脫感情而追隨真理。」(*SXL*, pp.131, 193, 183)

正如我們已經知道的，迪昂不僅在社會生活中以堅持真理、主持正義著稱，而且在科學和學術中，他也是「真理的聖殿」(*GS*, p.68)的殉道者。早在1893年，他就這樣寫道：真理高於種族、文化、語言和國籍，科學真理肯定高於它們。真理的精靈能夠像它想要的那麼盛開。(*UG*, p.333)他在1905年回憶起斯塔尼斯拉斯的往事時說：

我們滿懷激情地為純粹真理而追求純粹真理，為熱愛純粹真

---

❸ A. 弗里曼特勒《信仰的時代》，程志民譯，光明日報出版社（北京），1989年第1版，頁8。

❹ 同**⑯**，頁223。

❺ 參見《約翰福音》3章21節。

❻ 奧古斯丁《懺悔錄》，周士良譯，商務印書館（北京），1963年第1版，頁67, 126, 185。

> 理之美而追求純粹真理，把這看作是一種榮耀的事情。有些
> 人腋下夾著競賽考試的計劃而幹科學的事情，而且想把收費
> 表強加於科學，我們激勵我們自己蔑視他們的不老實的算計。
> 我們不會接受以削價帶來的成功，因為那是打了折扣的！
> (*UG*, p.30)

就這樣，迪昂從中學時代起，就把科學真理的純潔看作是絕對不可
玷污、不可侵犯的神聖事業，而且終生信守不渝，從未越雷池一步。

迪昂把真理分為幾何學真理或數學真理，形而上學真理和科學
真理。迪昂說：

> 幾何學真理並不僅僅在於公理相互之間絕對的獨立性，或在
> 於定理從公理導出的無懈可擊的嚴格性。它也在於且尤其在
> 於形成這種鏈環的命題和我們的理性就空間和圖形——能夠
> 通過所謂常識的漫長實驗在其中來構造——給出的知識之間
> 的和諧。(*GS*, p.88)

在迪昂看來，前者是由數學精神保證的，但是邏輯嚴格性不是關於
實在的真理；後者是常識參與的直覺精神的任務，從而滲入了客觀
真理的因素；忘記這一原則便導致「推理消除了理性」的狀況，從
而成為名副其實的「邏輯機器」。迪昂的看法有獨特之處，它與石
里克把數學真理僅僅視為「形式真理」，「同語反覆」的「先驗真
理」，「對於事實無所表達，與經驗毫無關係」的觀點是大異其趣的。
另外，迪昂承認形而上學具有真理性（因為它是關於實在的判斷）
且比PT更根本的觀點，也與石里克及邏輯經驗論認為「形而上學無

意義」的思想大相逕庭❹。

　　要使科學為真，迪昂認為它必須以常識始，且以常識終。(*GS*, p.111)「一切科學的明晰性和確實性都是常識真理明晰性的反映和確實性的擴展。」(*AS*, p.104)迪昂還認為：「與實驗一致是PT為真的唯一標準。」(*AS*, p.21)理論預言的經驗確認，既增強了科學家對PT揭示實在之真關係的信念，同時也增強了對PT的真理性的信念。在這裡，迪昂的觀點很明確：常識是科學真理的重要保證，實驗是檢驗真理的唯一標準。不用說，這種觀點是實在論的或是與實在論相容的。

　　就物理學而言，迪昂認為PT的目的是實驗定律的描述。詞匯「真理」、「確實性」只是相對於這樣的理論才有唯一的涵義；它們表達了理論的結論和觀察者確立的規律之間的一致。(*AS*, p.144) 在迪昂看來，沒有人懷疑經驗告訴我們真理；它在自行其事之時，也會足以積累一個關於宇宙的判斷群；這個群會構成經驗知識。理論占有實驗發現的真理；它把它們轉化並組織成一個新學說——理性物理學或理論物理學。可是，理論物理學和經驗知識之間差異的本性正確地講是什麼呢？理論只是一個使經驗知識的真理更容易把握的人為的結構，它使我們在作用於外部世界時更果斷、更有利地使用它，但是關於這個世界它告訴我們的只不過是經驗告訴我們的東西嗎？或者相反地，理論告訴我們關於實在的某些東西，而實驗沒有告訴我們這些東西，即理論告訴我們某些超越於僅僅是經驗知識的東西嗎？迪昂對第一個問題作了否定的回答，他反對這樣的觀點；PT不是真的，而僅僅是方便的，即它沒有作為知識的價值，而只有實際的價值。他對第二個問題的回答則是肯定的：「PT是真的，它具有

---

❹　關於石里克的論述，參見❹，頁8–9。

作為知識的價值。」(*AS*, pp.325–326)

　　萊伊通過對物理學程序的概觀和對物理學家的各種觀點的審查，在邏輯上導致如下斷言：在物理學中除實驗事實之外不存在其他真理，理論是分類的手段和研究的工具。因此，物理學可以使用截然不同的和不相容的理論；理論物理學只有技術的和功利的價值。迪昂對此大不以為然。他指出：「邏輯學家十分明確地知道，任何實驗結果都是特殊的和偶然的，但是自然抗議邏輯並對它吶喊：物理學家通過觀察揭示出的特殊的和偶然的真理是必然的和普適的真理向他顯示出來的具體形式，雖然他的方法不容許他面對面地注視這樣的真理。」(*AS*, p.331)迪昂最後的結論是：

　　　　對物理學使用的方法和物理學家證言的邏輯批判從而導致萊伊先生如下斷言：PT 只是適宜於增加經驗知識的工具；除了實驗結果外在其中沒有為真的東西。但是，自然反對這個判斷；它宣稱存在著普適的和必然的真理，物理科學通過穩定的進步──這種進步不斷地拓展它，同時使它更統一──一天一天地使我們對這個真理具有更完全的洞察，以致它構成了名副其實的宇宙哲學。(*AS*, pp.332–333)

　　在迪昂看來，對 PT 邏輯統一性的追求就是對自然分類的追求，也即是對客觀實在和客觀真理的追求 (*AS*, pp.103–104)。因此，PT 的真理性除了它的經驗內容外，還在於它是對自然秩序的反映，這可由理論的推論與實驗事實符合或理論的預言被確認而增強信心。迪昂對本體論的實在和真理是毫不猶豫地接受的。理論的邏輯統一或融貫性也一直使迪昂著迷。因此，迪昂的真理觀是符合論的，但

也溶入了融貫論的和實用論的成分。迪昂的真理觀與波普爾贊同的塔斯基 (A. Tarski, 1902-1983) 的客觀主義的或絕對論的真理概念不謀而合：真理是與事實（或實在）的符合，或者更確切地說，一個理論是真的，當且僅當它符合事實❽。波普爾的逼真性概念（一個陳述的內容越豐富，它同我們的目標越接近，也就是越接近「真理」；科學的目的是追求逼真性）❾，夏皮爾(D. Shapere, 1928-)的逐漸趨近理論(piecemeal approach)❿，都很接近迪昂的思想。

在這裡順便論及一下迪昂真理觀的其他涵義。迪昂認為：「在物理學中，不存在在所有時間、所有地點、在每一種情況下都為真的原理。」 ⓹理論不能授予實驗定律以「絕對真理的桂冠」(AS, p.171)。他還說過：

> 人可以發誓講述真理，但是他沒有能力講述全部真理且只講
> 述真理。「真理是如此微妙的一個點，我們的儀器太遲鈍，無

❽ 同❷，頁47。這種符合論可追溯到亞里士多德。

❾ 同❷，頁59, 61。

❿ 李勇等〈「我不是新歷史主義者」──與D. 夏皮爾教授一席談〉，《哲學動態》（北京），1995年第3期，頁34-35, 39。在這裡把迪昂的真理觀與夏皮爾的下述真理觀加以比較是十分有啟發性的：「哲學史上有三種真理觀：實用論真理觀、融貫論真理觀和符合論真理觀。前二者強調真理和理由之間存在著一定聯繫，但忽視了真理具有不同於和不依賴於我們的理由的客觀因素；符合論注重直覺，但割裂了證明命題的理由和真理之間的聯繫。我的真理標準則取三者之長：成功性標準吸取了實用主義真理觀的合理成分，無懷疑標準吸取了符合論真理觀的長處，相關性標準吸取了融貫論真理觀之優點。」

⓹ P. Duhem, *Thermodynamics and Chemistry*, Authorized Translation by G. K. Burgess, New York, John Wiley & Sons, 1913, p.viii.

法正確地觸及它。當儀器達到它時，儀器便壓碎該點，在它周圍更多地衝向謬誤，而不是真理。」❺❷(*AS*, p.179)

迪昂還用比喻闡明真理是一種有機的發展：「金翅閃閃的蝴蝶翩翩飛舞，使人們忘記了低級的、黯淡無光的毛蟲緩慢而費力地爬行。」(*UG*, p.389)

第四節　唯心論？實證論？

迪昂哲學被一些人視為唯心論，這種看法的代表人物是列寧。列寧指責迪昂「從相對主義滾入唯心主義」，迪昂與馬赫和彭加勒等人之間的「共同點『只有』一個：哲學唯心主義」(*WP*, pp.317, 310)。我已據理論證馬赫❺❸和彭加勒❺❹並非唯心主義者，現就迪昂加以論證。

一、迪昂承認外部世界、自然秩序、物質載體的客觀存在，承認人們可以本能地了解它們，通過實證、理性和直覺，運用科學和形而上學可以把握它們。迪昂的這些樸實素在論或常識實在論的觀點是與唯物論的定義或預設完全一致的。他責備大陸物理學家的精神過於謹小慎微，以致「猶豫不決地面對某些處於科學界限之外的問題：物質世界的內部構造，存在了千百萬年的世界，還將存在千

---

❺❷　迪昂言論中的引文是帕斯卡講的。迪昂注明 B. Pascal, *Pensées*, ed. Havet, Art. Ⅲ, No.3.請注意：迪昂把PT趨向的自然分類的理想視為一個極限點。

❺❸　李醒民《馬赫》，東大圖書公司印行(臺北)，1995年第1版，頁307–322。

❺❹　李醒民《彭加勒》，東大圖書公司印行(臺北)，1994年第1版，頁220–240。

百萬年的世界❺。」(*UG*, p.334)而且，迪昂多次申明，PT是對外部世界的實在或本體論秩序的反映。我們不妨再引用一段：

> PT把關於外部世界的某種知識給予我們，這種知識不能僅僅還原為經驗知識；這種知識既不來自經驗，也不來自理論使用的數學步驟，以致僅有理論的邏輯剖析不能發現這種知識引入物理學結構中去的縫隙。物理學家不僅無法描繪它的路線，更不能否認其實在性，正是通過這樣的途徑，這種知識從易於為我們的儀器所掌握的真理之外的真理獲取的；理論用以排列觀察結果的秩序在它的實際的或審美的特徵中沒有找到它的合適的和完備的辯護；此外，我們推測，它是或它傾向於是自然分類；通過其性質逃脫了物理學的範圍、但其存在卻確定地強加在物理學家精神上的類比，我們推測它符合於某種最為突出的秩序。(*AS*, pp.334–335)

在迪昂看來，即使最抽象的、最符號化的、最遠離實在的數學也必須面向世界，以實在為始為終。這一切都是不折不扣的實在論的或唯物論的主張。

二、按照勞丹 (L. Laudan, 1941–) 對實在論的三分法和界定❺，

---

❺ 列寧認為：「在人類出現以前自然界是否存在?」的問題對唯心論哲學來說是「特別毒辣的」(*WP*, p.70)。這樣的問題對迪昂是不成問題的，對馬赫、彭加勒等哲人科學家亦不成問題。

❺ L. 勞丹《進步及其問題》，劉新民譯，華夏出版社 (北京)，1990年第1版，頁i–ii。我稱迪昂是「部分的語義學實在論」，其原因在於，迪昂雖然認為PL既不真也不假，但僅僅是在PL是符號的、近似的、暫定的和相對的意義上而言的。這是由於PL (通過翻譯) 與事實或實在並

迪昂屬於堅定的本體論的實在論（認為世界具有獨立於作為認識者的我們的確定性），部分的語義學的實在論（斷定科學理論、科學定律和科學假設是關於世界所作出的或真或假的斷言）和清醒的認識論的實在論（我們有權將得到最好確認的自然科學理論接受為真）的範疇。不難看出，迪昂的這些實在論思想以及他的頗具個人色彩的秩序實在論，是與唯心論格格不入的。

　　三、迪昂始終如一地強調事實的根本權威和實驗的終極標準。對迪昂來說，事實就是事實，理論化無論如何不能反駁事實。「所有抽象的思想都需要事實的核驗，所有科學理論都要求與經驗比較。」❺❼迪昂指出，當數學推理開始對實驗科學的進步起作用時，他發現自己暴露於兩個失敗之中：第一個是把演繹形式甚或數學形式強加在還沒有準備採取那種形式的觀察科學之上；第二個是忘記其原理是從實驗引出的科學依然要由實驗來裁決 (*GS*, pp.35–36)。迪昂的態度很明朗：「容許我們判斷PT並宣布它或好或壞的唯一檢驗，是這個理論的推論與它必須描述和分類的實驗定律之比較。」(*AS*, p.180)「唯有實驗通過其檢驗才能保證這些原理的價值」(*EM*, p.98)。迪昂對事實和實驗的諸多強調是與唯物論的主旨和精神相通的。

　　四、迪昂雖然受到笛卡兒和帕斯卡的諸多影響，但是他明智地避開了他們過度的唯心論因素。德布羅意認為迪昂背離了徹底的唯心論，這是有道理的。迪昂明確地拒斥唯心論，在他看來，唯心論是脫離常識的幾何學精神的產物，因為幾何學精神不能嚴密地證明

非一一對應、並非完全符合，但他承認定律經過不斷修正和潤色，可以更忠實地描述事實。(*AS*, pp.165–179)

❺❼　P. Duhem, Research on the History of Physical Theories, *Synthese*, 83 (1990), pp.189–200.

外部實在，所以便否認它(*MPD*, p.17)。迪昂的《結構》的一個目的就是反對主觀論。他還明確指責「唯心論哲學家」「赤裸裸地」割裂科學和生活，「反對外部世界的所有實在」(*GS*, p.97)。尤其是，迪昂嚴厲地批評了徹底的唯心論者黑格爾的學說「嚴重」而「粗暴」地「踐踏常識」：

> 在這裡必須注意的不是黑格爾應該在德國人中被發現。在所有人中，在所有時代，人們都遇到從荒謬的原理推出他們的最終結論的討厭的瘋子。在目前的狀況中，作為嚴肅的事情是德國大學不認為黑格爾主義是狂熱夢囈者的癡迷，而是熱情地歡呼它是其光彩使柏拉圖或亞里士多德、笛卡兒或萊布尼茲的所有哲學黯然失色的學說。
>
> 對演繹法的過分愛好，對常識的輕視，確實造就了德國人的思想：推理在其中放逐了理性。(*GS*, p.20)

至於列寧批判迪昂「向康德主義的唯心主義遞送秋波：似乎給『實驗方法』以外的方法開闢了一條小路」(*WP*, p.318)，也是據理不足的。迪昂的「自然秩序」與康德的「物自體」在同是客觀存在這一點上是一致的，但前者是PT可以接近和反映的，是形而上學和直覺可以把握的，而後者則屬於彼岸世界。另外，在科學中也並非僅有實驗方法，更何況人類並非僅僅通過科學一域認識世界。

　　五、列寧在《哲學筆記》中批判黑格爾強調強概念思辨、輕蔑常識❺時說：「對唯物主義的誹謗！！『概念的必要性』一點也不會

---

❺　黑格爾在《哲學史講演錄》中這樣寫道：「同時，自然很明顯，如果認為被感覺的存在是真實的，那麼概念的必要性就會一概被取消，一

被關於認識和概念的起源的學說『取消』!! 與『常識』不一致，那是唯心主義者的腐朽怪想。」 在對待常識問題上，列寧倒是與迪昂相吻合的。不具有乃至反對「唯心主義者的腐朽怪想」的迪昂，卻被列寧指控為「唯心主義」，這豈非咄咄怪事?! 列寧對迪昂作為常識使徒的角色竟一無所知，就輕率地下斷語，也未免太違背學術規範了。

類似的失範在《唯批》可隨手撾拾。列寧僅僅依據迪昂認為PL是相對的就斷言迪昂是「相對主義」(*WP*, p.317)，這顯然論據不足。列寧在未加深究的情況下就附合萊伊的觀點——把馬赫和迪昂劃入「唯能論」學派，認為迪昂宣揚的是「信仰者的物理學」(*WP*, pp.263, 317)——這顯然與事實不符。因為馬赫和迪昂都不滿意奧斯特瓦爾德的唯能論，其根本觀點分歧很大；因為迪昂的物理學並非是萊伊意謂的「信仰者的物理學」。 列寧斷言迪昂偶然吐露過物是「感覺群」的觀點 (*WP*, p.47)，可是迪昂好像並未持此觀點，他的哲學根本不是馬赫的感覺論。至於列寧在一些細節上對迪昂的誤解和曲解 (*WP*, pp.316–319)，只要與迪昂的原本論述加以對照就不難發現訛謬之處，此處毋庸贅述。

這裡附帶說明一下，迪昂的秩序實在論屬於關係實在論，而不是屬於實體實在論。實體實在論似乎更接近唯物論，因而深得唯物論者的偏愛。可是在某種意義上，關係實在論似乎比實體實在論更根本、更精緻、更成熟。馬赫說：「在兒童看來，一切東西都是實

切都因為沒有任何思辨意義而趨於瓦解，對事物的尋常看法反而會被確定下來；事實上，這就不會超越普通常識的觀點，或者說得確切些，一切都降低到普通常識的水平!!」黑格爾的言論和列寧的批評參見㉙，頁327–328。

體性的，對於他的知覺僅僅需要感覺。」[59] 李約瑟 (J. Needham, 1900–1995) 讚揚中國的陰陽五行說避開實體抓住關係的智慧和高明[60]。事實上，秩序實在論既可在古老的cosmos[61]一詞中覓到它的蛛絲馬跡，又可以在當代科學和哲學中找到它的強大回應。當代科學關注的焦點正在從實體（物質）向關係（能量、信息）轉變，其目標涉及到兩類秩序——無時序 (timeless order) 或畢達哥拉斯序和有時序(timebound order)或赫拉克利特（Heracleitus，約前540–約前480）序。在當代天體物理學家雷澤爾看來，無時序存在於一切自然現象背後的不變數學定律之中（畢達哥拉斯及其門徒相信，數、幾何圖形、數學上的和諧構成現象世界的基礎）。　有時序存在於生成、演化、最終消亡的結構中（赫拉克利特強調變化和流動：「你不能兩次跨進同一條河流」）[62]。在這裡，畢達哥拉斯序和赫拉克利特序大體上對應於迪昂的數學秩序和自然秩序，這又一次顯示出迪昂的先見之明！

　　迪昂的哲學更多地被視為實證論或新實證論。萊伊在1907年認為馬赫和迪昂是「新實證論的示範」[63]。馬赫在為《結構》的德文版(1908)寫的序中讚揚經濟的分類是迪昂的科學理想，但他卻忘記

[59] E. 馬赫《感覺的分析》，洪謙等譯，商務印書館（北京），1986年第2版，頁256。

[60] 李約瑟《中國科學技術史》（第2卷），科學出版社（北京）等，1990年第1版，頁239–372。

[61] cosmos（宇宙）本意為秩序，用來表示有序的、和諧的世界；其反意詞是混沌(chaos)。

[62] D. 雷澤爾《創世論》，劉明譯，河北教育出版社（石家莊），1992年第1版，頁19–21。

[63] D. Howard, Einstein and Duhem, *Synthese*, 83 (199), pp.363–384。

了迪昂的自然分類思想。馬赫的作法在人們心目中烘托了迪昂的實證論形象,尤其給弗蘭克這位馬赫追隨者以巨大影響。正如弗蘭克後來說明的,他和他的同代人都認為迪昂和馬赫的觀點是完全相容的。他也把迪昂列入「新實證論」之列,並認為迪昂「新瓶裝新酒」——新酒是二十世紀的科學,新瓶是在現代科學土壤中成長起來的新實證論的式樣**❻**。後來,亞歷山大(P. Alexander)說什麼「迪昂對PT的闡述是實證論的和實用論的」**❻**,並莫名其妙地說「迪昂在科學哲學方面認為自己是實證論者」**❻**。

　　正如我們已經考察的,迪昂的秩序實在論和常識實在論,以及他的實在論的真理觀,都是與實證論的主張——只承認現象世界或經驗世界,否認(或認為無意義)外在世界及其可知性——針鋒相對的。迪昂對形而上學認識價值的肯定也與實證論的反形而上學格格不入。不過,迪昂也認為:

> 我們應該樂於證明,我們提出的物理學體系在它的所有部分都從屬於實證方法的最嚴格的要求,它在它的結論以及它的起源方面都是實證的。(*AS*, p275)

而且,他拒斥形而上學的追求終極實在和終極原因的說明。表面看

❻　同**❸**,頁14, 25–26。

❻　A. Alexander, Duhem, Pierre Maurice Marie, *The Encyclopedia of Philosophy*, ed, in Chief P. Edwards, New York, 1972, Vol.1–2, pp.423–425.

❻　P. Alexander, The Philosophy of Science, 1850–1910, *A Critical History of Western Philosophy*, ed. by D. J. Conner, New York, Free Press, 1964, pp.402–425.

來，迪昂似乎與實證論站到一條線上。首先必須指出，迪昂是同意
實證論的這一典型主張的，因為它既是科學本質特性之一的實證特
徵的忠實反映，也是實證論本身的積極因素。迪昂汲取和利用了實
證論這個有效的法寶，把形而上學從PT排除出去，捍衛了物理學的
自主性，避免了物理學內部的爭論不休，為的是有利於其健全發展。
但是，迪昂並未就此止步：他一方面把實證論的作用主要限定於科
學的起點（實驗起源）和終點（實驗檢驗）， 給實證方法之外的邏
輯、數學、理智、直覺等留下廣闊的地盤；另一方面，他把把握實
在及其真理的任務交托給形而上學，並強調PT的自然分類是本體論
的自然秩序的反映，這些見解無論如何是實證論者難以接受的。此
外，迪昂對邏輯統一的理論化及其價值（理論化增加了實驗給予我
們的真理）的強調，對歸納主義的批判，對觀察的東西和理論的東
西（或實驗物理學與理論物理學）的絕對區分的不滿，對實驗的理
論詮釋的強調，對觀察滲透理論的洞察，對整體論的闡述等，也都
會招致實證論者的反感。把迪昂哲學視為實證論，是一葉障目不見
泰山，是只看表面不看本質，是盯住一點不及其餘。

　　事實上，迪昂早在1893年就明確表示他不是實證論者。他精力
充沛地爭辯說，他的PT既不是懷疑論的，也不是實證論的。迪昂宣
稱：

> 所謂實證論的，就是說，除了實證科學方法之外沒有其他的
> 邏輯的方法，用那種方法不能接近的、用實證科學不能認識
> 的無論什麼東西，本身都是絕對不可知的。

他接著反問道：「這難道就是我們支持的東西嗎?」(*UG*, p.325)按照

迪昂的觀點，實證論盡管有不少優點，但它在缺陷方面並不亞於與它對立的形而上學。他在用實證論的武器批評PT中的形而上學說明的同時，也深信實證論把PT的目標降格為經驗定律的經濟概要和人為分類是錯誤的。對於有人指責他「對懷疑論敞開大門」和「對實證論作出讓步」，他堅決予以回絕❻。

迪昂心裡十分清楚，實證方法也有諸多局限性：它無法直接獲得假設，它無法推出PT的自然分類與宇宙論的自然秩序之類比，它無法為物理學家追求邏輯統一性辯護，它更無法把握實在——難怪他把作實證方法奴隸的物理學家比之為柏拉圖所說的洞穴中的囚犯。迪昂認為孔德關於科學只應該盯住實證知識的主張是烏托邦，因為現象的定律的陳述也依賴於假設，依賴於在邏輯上講純粹任意的理論，實驗在嚴格的邏輯意義上是無能為力證實或否證假設的——迪昂整體論的精神實質就是如此。

第五節　非原子論和反機械論

迪昂對原子論和機械論的非議或反對，往往被有些人視為背離實在論、反對唯物論或堅持實證論的有力證據。現在，我們擬就此加以剖析，順便釐清迪昂的本來思想。

迪昂並未像奧斯瓦爾德和馬赫那樣（一度）旗幟鮮明地、態度堅決地反對原子論，但他們並不否認原子學說作為方法論的價值。他對原子論的態度恰當地講是不滿意、不贊成、持異議、有保留，而且他的非難式的言論和非議式的評論也不常見，更多地是以緘默

---

❻ A. Lugg, Pierre Duhem's Conception of Natural Classification, *Synthese*, 83 (1990), pp.409–420.

不語來表達的。因此，稱迪昂是「非原子論者」是較為適切的。

　　1892年，迪昂在〈原子標記法〉一文中敘述了原子理論的歷史，其中提到J. J.湯姆孫(J. J. Thomson, 1856–1940)的旋渦原子。他認為原子假設能夠脫離十九世紀的化學發展來寫，原子標記法能夠作為一種關於化學類比和化學置換的經驗事實的數學技巧來處理。顯然，這種準數學技巧的使用與他拒絕原子的真實存在是相容的。

　　在《結構》中，迪昂的非原子論評論大多與十七和十八世紀粒子說的代言人用以處理熱、光、電、磁等現象有關，他還一般地批評了開耳芬勛爵 (Lord Kelvin，本名Wiliam Thomson, 1824–1907)的旋渦原子。迪昂把原子論學說的基本內容概括如下：

> 按照原子論的教導，物質是由散布在虛空中的具有不同形狀的十分微小的、堅硬的剛體構成的。由於它們彼此分隔開來，兩個這樣的微粒是不能以任何方式相互影響的；只有當它們相互接觸的時候，它們的不可入性發生衝撞，它們的運動按照固定的規律變更。原子的大小、形狀和質量，以及制約它們碰撞的法則，只不過提供 PL 能夠容許的唯一滿意的說明。
> (*AS*, pp.12–13)

至於迪昂，他對原子論者和採用其他形而上學體系的物理學家類似的「滿意的說明」都不滿意。他抱怨用作說明的「這些物體是由物理學家偏愛的宇宙論原理定義的抽象的、理想的物質組成的，這種物質從來也不能到達我們的感官，只是通過理性才是可見的和可接近的。這就是笛卡兒的只有廣延和運動的物質，以及原子論的僅具有形狀和硬度的物質的例子。」(*AS*, pp.73–74)迪昂要把這樣的說明

統統逐出物理學，讓它們回歸到形而上學的範疇。

在1905年答覆萊伊的文章中，迪昂注意到物理學家不斷地在他們的理論中使用分子、原子和電子，計數這些小物體，並決定他們的大小、質量和電荷。迪昂承認它們激起了熱情，激勵了發現，或為發現貢獻了力量，但並不認為它們是注定要在未來取得勝利的理論的先驅者。迪昂指出，如果物理學家深入研究一下物理學的所有分支（而不僅僅是流行的分支），尤其是回憶一下過去世紀的錯誤的歷史，那麼他就會對現時的無根據的誇張作出不同的判斷。他將看到，以原子論為基礎的說明的嘗試不斷地產生，也不斷地失敗。他將看到：

> 每當實驗者的幸運的果敢行為將發現一組新實驗定律時，原子論者便以狂熱的草率行為占據這個剛剛探索的領域，並構造出近似描述這些新發現的機械論[68]。於是，隨著實驗發現變得越來越多和越來越詳細，他將看到原子論者的組合由於任意的雜亂無章而變得複雜、混亂和過載，但卻沒有成功地對新定律提出詮釋，或把這些組合與舊定律牢固地關聯起來；在這個時期，他將看到，通過辛勤勞動而成長的抽象理論占據實驗者探索到的新土地，組織這些收穫，把它們添加到舊領地，並完美地協調它們的統一的帝國。對他來說情況似乎很清楚，對不斷出現的新開端不適用的原子論的物理學並未趨向PT的理想形式；……(AS, p.304)

迪昂的主張很清楚：邏輯統一的、抽象的PT優於形象化的、模

---

[68] mechanism在這裡若譯為「力學機制」，似更明白一些。

型論的、機械論的——一言以蔽之原子論說明的——理論。他的這一思想在1913年的《簡介》中再次得以發展。迪昂指出，其學說集中在電子概念上的新原子論者學派滿懷信心地採取了我們拒絕遵循的方法。這個學派認為它的假設最終得到了物質的內部結構：這些假設使我們看到元素，彷彿某些令人驚奇的超級顯微鏡放大了它們，甚至它們變得可以讓我們觀察一樣。對此，迪昂的看法是：

> 我們並不共同具有這一信念。我們在這些假設中不能辨認出存在著超越於可感覺的事物的超人的視力；我們認為它們只是模型。我們從未否認這些對英國學派的物理學家來說是親切的模型的有用性。我們相信，與深刻的、構想抽象事物的精神相比，它們給廣博的、想像具體事物的精神以更多的不可缺少的幫助。但是，這樣的時候無疑將到來：由於它們日益變得複雜混亂，這些表象或模型將不再有助於物理學家。他將認為它們是令人困窘的事物和障礙物。他把這些假設性的機制拋到一邊的同時，把它們幫助發現的實驗定律從它們之中解脫出來。他不要求說明這些定律，他將力圖按照我們剛才分析的方法把它們分類，力圖在修正的和較廣泛的能量學內理解它們。⑥⑨

在1913年，迪昂肯定不會忘記原子物理學領域中一個接一個的重大發現，但他並未像眾人那樣熱情地稱頌這是原子論的「神的顯聖」。他還像以往一樣認為原子僅僅是一種模型，他從未否認它在

---

⑥⑨　P. Duhem, Logical Examination of Physical Theory, *Synthese*, 83 (1990), pp.183–188.

物理學中的某種有用性。當時原子模型還不複雜，他就預言它日後會變得複雜，變為障礙。他的眼光沒有盯在明天，而盯在更為遙遠的未來。今天，當人們面對原子家族的令人眼花撩亂的成員，面對夸克人為的色、味、魅、底、頂的類別，面對「神的顯聖」根本不是物質的基岩和「基本」粒子的非實體化，迪昂也許會嘲笑地評論120頁的粒子特性資料手冊是複雜混亂的、令人難以卒讀的天書。

迪昂從未放棄對原子建構的非議。他1900年作過α粒子實驗，卻未承認原子的實在性。在佩蘭(J. B. Perrin, 1870–1942)於1908年完成了確證分子存在的實驗後，奧斯特瓦爾德和彭加勒先後承認原子和分子的實在性，可是迪昂依然故我。直至1915年，他還批評電子物理學是具有德國精神特徵的幾何學精神的典型產物。由於始終如一地非難原子論，他在法國物理學界顯得孤立❼，但他並不想改變他的觀點和初衷。

迪昂非議原子論的原因很多，諸如對機械論和模型理論的反對，對從形而上學體系引入假設的拒斥和迴避輔助假設，堅持物理學的自主性和物理學發展的連續性，對英國精神和德國精神的過分偏執的不滿，對理論的邏輯嚴格性、邏輯統一性的強調，對系統的理論化的熱情，對能量學(energetics)——但他不贊成奧斯特瓦爾德

❼　迪昂屬於貝特洛的反原子論陣營。較年輕的一代物理學家和化學家都屬於原子論的支持者，像居里夫婦(Pierre Curie, 1859–1905; Marie Curie, 1867–1934)、佩蘭和朗之萬(P. Langevin, 1872–1946)等。佩蘭攻擊能量學是「神學的朦朧」，朗之萬公開站出來與迪昂論戰。佩蘭1908年的布朗運動實驗是原子論凱旋的標誌。勝利者布里淵(M. L. Brilloin, 1854–1948)、居里夫人、朗之萬、佩蘭以及彭加勒成為出席1911年索爾維會議的法國代表。參見李醒民〈索爾維和第一屆索爾維會議的始末〉，《大自然探索》(成都)，第7卷(1988)，頁171–178。

唯能論(energetism)的沒有物質的能量的基石，因此萊伊和列寧把迪昂列入唯能論學派(*WP*, p.263)是不妥當的——的偏愛等等。迪昂非議原子論不是出於實驗證據不足之類的物理學理由，而是出自他的一個根本原則：對微觀領域的實體實在論的懷疑。

迪昂懷疑實體實在論，並不表明他背離了實在論立場。因為他沒有在常識意義上放棄對物體和物質實在的承認，而僅僅在理論意義上懷疑不可觀察的原子和電子的實在性和可知性，尤其是他始終不渝地信守屬於關係實在論範疇的秩序實在論；就此而言，也不能認為他陷入唯心論和實證論。把原子論的勝利看作實證論的失敗，這種流行觀點的理由是不充分的。

對於迪昂的非原子論立場，有人認為如果他密切關注當時原子物理學的驚人進展，他也許就不會對物理學家把握不可直接感知的粒子實在的能力感到悲觀；有人認為當今所謂的基本粒子只不過是波包、量子場或能量的狀態，迪昂懷疑實體實在論是有道理的；有人認為迪昂偏愛能量學而不是原子論，對於我們理解世界的本性有重要意義。要分辨這些見仁見智之議論的是是非非，恐怕尚須時日。不過，迪昂的觀點確實也給人留下了一些困惑之處：如果原子不是自然分類，那麼如何解釋門捷列夫(D. I. Mendeleev, 1834–1909)週期律的秩序？迪昂反對沒有物質的能量，他為何又熱衷於構造沒有物質的能量學？

與非難原子論相伴隨，迪昂也是一位反機械論者。非原子論和反機械論都是迪昂反還原論的組成部分，因為機械論要把整個物理學還原為力學，而原子論則要把它還原為原子或分子的力學。與非原子論相比，迪昂反機械論是大張旗鼓的、堅定不移的。

中學時代的迪昂在穆蒂爾的影響下，曾是一位深信不疑的機械

論者，進入高師一年左右，他超越了還原為力學的物理學。在1894
年，迪昂通過歷史考察表明，傳統機械論關於它的假設的價值的許
多主張都是沒有事實根據的。迪昂預示了機械論危機的傾向：

> 機械論假設消失了，被實驗矛盾粉碎了，或被三百年間把形
> 而上學體系翻來倒去的激流沖走了。**⑦**

十年後，迪昂又重申了他的觀點：物理科學的迅猛發展已使機械論
嚴重動搖，力學賴以建立的基礎的可靠受到懷疑。(*EM*, p.xl)在迪昂
看來，追求宇宙的力學說明對理論物理學來說是最危險的絆腳石。
他1902年這樣寫道：

> 先前毫無異議地承認的關於PT的對象和影響的觀點被推翻
> 了。力學已不是世界的終極說明了；它現在只不過是支配物
> 質變化的總學科中的最簡單、最完美的一章；而且，它不再
> 是發現這些變化的本性和本質的問題，而僅僅是借助少數基
> 本的公設協調它們的定律。哲學家以敏銳的興趣追蹤這個階
> 段，這是宇宙學經歷的最值得注意的進化。**⑦**

由此，也可以看出，迪昂在批判機械論時總是充分肯定力學本身的
固有價值，他的能量學並不排斥經典力學，而是擴展和深化它。
　　1908年，迪昂在評論萊伊的專著時比較集中地論述了機械論。

---

⑦　A. A. Brenner, Holism a Century Ago: The Elaboration of Duhem's
　　Thesis, *Synthese*, 83 (1990), pp.325–335.

⑦　同**㉜**，p.vii。

他給機械論下了一個嚴格的科學定義:「我們將把它定義為打算借助按照動力學原理——或者我們希望更精確的話,借助按照拉格朗日方程——運動的系統描述所有物理現象的學說嗎? 於是,我們將十分正確地知道,我們所謂的機械論的物理學意味著什麼,盡管我們能夠指出它的兩部分。在一部分中,我們承認相互分離的物體能夠相互施加引力或斥力;這是牛頓、博斯科維奇、拉普拉斯和泊松的機械論的物理學。在另一部分,我們不承認任何不是兩個接觸物體之間的約束力;這是海因里希・赫茲的機械論的物理學。」迪昂不贊成萊伊把 J. J. 湯姆孫和佩蘭這樣的物理學家列入機械論者的名單,他認為這二人是電動力學論者,因為他們的體系不受動力學方程支配,而受電動力學方程支配。(AS, p.318) 也正是以上述限制性的定義為準繩,迪昂把對物質的機械(力學)理論的態度分為三種:敵對的態度、僅僅希望的或批判的態度、贊同的態度。迪昂把蘭金、馬赫、奧斯特瓦爾德和他自己劃入第一種,把彭加勒歸入第二種,其他大多數物理學家不用說屬於第三種。關於贊同機械論的代表人物,與其說這種態度是「本能的和自發的」, 還不如說是「有意識的和沉思的」(AS, p.317)。

針對萊伊把機械論視為一種其推論是絕對相信 PT 客觀有效性的學說,迪昂明確指出,PT是否具有客觀知識的價值和PT是否應該是機械論的,是兩個在邏輯上獨立的問題。實在的東西和僅用理智可理解的東西具有深刻的等價性,事物和理智也具有適當性,因此非機械論的PT同樣具有客觀有效性和價值。比如亞里士多德主義的物理學體系是最實在論的和最客觀的,但同時又是最少機械論的和最定性的;非機械論的廣義熱力學也同樣具有毋庸置疑的客觀價值。迪昂得出結論:「在我們看來,萊伊先生認為他在機械論和對理論

的客觀價值的信念之間所建立的不可分割的聯繫是一種混亂。」
(AS, p.320) 由此也不難看出，反機械論並非等價於反實在論或反唯
物論，反機械論至多只是反對作為一個不可分割的整體的、陳舊的、
過時的機械唯物論。

迪昂批駁了萊伊關於在牛頓歸納法與機械論物理學概念之間
存在著必然關聯的說法，而認為「真正的真理」則正好相反。他強
調說，實際上人們看到，機械論者反對這種方法比堅持它要更為經
常。純粹的歸納法應該受到批判，因為它基本上是不可實行的。但
是在任何情況下，都應該把這種批判與對機械論的批判明確地區別
開來。一個結果對另一個幾乎沒有任何影響：拒絕牛頓方法並不意
識著機械論理論的崩潰，採納前者也不附帶保證後者的勝利。(AS,
p.322)

迪昂也批駁了萊伊的又一混亂：在機械論的理論中，實驗物理
學和理論物理學已沒有區分的餘地，實驗和理論相互隱含並最終等
價。迪昂爭辯說，可以肯定，機械論理論藉以被構造的觀念即外形
和運動是由實驗十分直接地提供的。但是，同樣肯定的是，實驗恰
恰是與觀念，例如亮和暗、紅和藍、熱和冷，一起直接提供給我們
的。最後，也可以肯定，聽任它自己應變能力的實驗絕對在這些觀
念和前一種觀念之間建立不起關係。實驗呈現給我們的最後的觀念
是與第一種觀念根本不同的和本質上異質的。可是，機械論的理論
的起點則是如下斷言：唯有第一種範疇的觀念對應於簡單的、不可
還原的客體；第二種範疇的觀念對應於複雜的實在，它們可以而且
應該被分解為形狀和運動的集合。迪昂指出：「這樣的斷言顯然超
越了實驗；僅有實驗不能贊成或反對這一斷言。」(AS, p.323)

迪昂進而揭示出，為了能夠建立這樣的命題和實驗的對照，需

要一種中介物。這種中介物是假設群，它用幾何學和力學提供的觀念的或多或少複雜的組合來代替亮、紅、熱等等觀念。在直接的觀察資料和機械論理論的陳述之間不存在直接的接觸；從一個向另一個的轉化是由十分任意的操作保證的，這種操作插入一群原子和分子，並想像振動、路線和碰撞，而我們的眼睛在那裡僅僅看到或多或少被照亮的、各種被染色的客體，我們的手在那裡只能抓住或多或少溫熱的物體。這樣的理論與像能量學之類的理論相比，更少被授權把自己作為實驗的直接的、不可避免的繼續呈現出來。在能量學中，光依然是光，熱依然是熱；能量學堅持把這些質與形狀和運動區別開來，因為觀察把它們給予我們的是與形狀和運動不同的東西，而且在沒有把實驗未顯示出來的還原強加於我們的情況下，把它自己限制在用數值尺度給不同的亮度或不同的溫度分等級。迪昂進而揭示出機械論理論的特徵：

> 把直接可觀察的質與它們被說成可還原為幾何學的和力學的量分離開來的這種深刻的裂痕，標誌著機械論理論具有這樣基本的明顯的特徵：機械論的所有對手在該特徵中看到了他們把他們的攻擊所對準的盔甲的弱點和缺點。他們對他們想要消滅的學說的持續的譴責是，它被迫把最複雜的動因任意地組合起來，堆積隱蔽的質量和隱蔽的運動，以便填充那麼寬闊的敞開的間隙。當牛頓宣布他的名言「我不作假設」時，他拒絕承擔的恰恰是這個任務。(AS, pp.323-324)

迪昂還批駁了萊伊的最後一個混亂，即能量學方法基本上是闡明的方法，而機械論方法是發現的恰當方法。迪昂表示，萊伊相信

用歷史容易證明它是正當的，可是在無偏見地查詢歷史之後，歷史會說這種對照是沒有根據的。當然，這並不是說機械論理論從未啟示任何發現，用例證駁斥這種主張是很容易的。可是須知，發現並沒有讓它自己服從絕對的法則，機械論在過去並未顯示出它的引人注目的富有成果性。下述幻想被吹得天花亂墜：許多發現都是由牢固依附機械論理論的原理的物理學家作出的，這些原理啟發了他們的偉大發現。仔細研究一下這些物理學家的工作，表明這種結論幾乎總是不可靠的。迪昂的看法是：

> 一般地，機械論方法不是揭示真理——它們用真理豐富科學——的方法，而是比較和概括的精神以及機械論學說在其中起作用的許多思考。說形狀和運動的組合促進了發現工作，這距它的真相實在太遙遠了；說這些組合成功地完成了能夠提供的體系以及它們不管它們的機械論哲學而發現可能的真理，這幾乎總是具有極大的困難。笛卡兒或惠更斯(C. Huygens, 1629–1695)的工作盡管十分古老，在這裡也能夠作為我們的例證，麥克斯章或開耳芬勛爵最近的工作也是這樣。(*AS*, pp.324–325)

因此，除非人們放棄求助於與實驗資料的更完美的一致，或者放棄求助於激勵發現的更大的自然傾向，否則機械論方法無論如何不會優於能量學方法。迪昂1893年在另一處寫道，不管機械論物理學的各種發現和成就具有多麼持久的價值，但是這種價值本身不能從機械論的假定中得出，而只能從機械論物理學被翻譯成的數學形式中得出。作為一種理想的機械論的物理學，類似於假想的黃金國的土

地。在對那塊土地徒勞地探尋中作出了許多有趣的發現，這一事實並不能證明在地圖上標出黃金國是有正當理由的。(*UG*, p.331) 不過，迪昂也指明了機械論的僅有的兩個優點。第一個優點是任何人無法辯駁的。被假定是原始的和不可還原的、機械論藉以構造它的理論的觀念是極少的，比在任何能量學學說中還要少。笛卡兒的機械論僅使用形狀和運動，原子論僅承認形狀、運動和質量，牛頓動力學僅把力添加到這些觀念之中。第二，機械論用以代替經驗直接提供的質的小物體的組合，不同於能量學在對這些相同質的強度分級時使用的純粹數值符號，而前者的結構能夠被描繪和被塑造。這是一個對於所有精神並非同等重要的優點；抽象精神幾乎不稱讚它，但更多的想像精神認為它具有頭等重要性。

關於機械論，迪昂還提出了一個原則性的命題：

> 對物理學家來說，所有現象能夠用力學來說明的假設既不為真，也不為假；這樣的說明沒有意義。(*EM*, p.97)

請看迪昂是如何說明這個表面上是悖論的命題的。按照迪昂的觀點，在物理學中，只有一個標準容許排除並非意味著邏輯矛盾的假判斷，即這個判斷與實驗事實公然不一致的記錄。此時，物理學家斷定，這個命題已與實驗資料作了比較；在這些資料中，與被檢驗的命題一致的一些資料並非必然是先驗的；不過，這些資料和這個命題之間的不符依然處於某些實驗誤差之下。鑑於這些原則，通過提出無機界的所有現象能用力學說明的觀念，人們無法闡述物理學看作是錯誤的命題；因為實驗不能向我們產生確實無法還原為力學定律的現象。但是，說這個命題在物理學上為真不是合理的；因為不可能

穩步返回到與觀察結果的形式的和不可解決的矛盾，這種不可能性是聽任不可見的質量和隱蔽的運動的絕對非決定性的邏輯結果。

迪昂看到，無論是邏輯、形而上學方法還是物理學方法，都無能為力找到充足的證據支持或反對機械論，這是一個心理態度和偏愛的問題，因此他很少期望把占大多數的機械論物理學的信奉者轉變到他的強烈的反機械論立場。對於迪昂而言，偏愛能量學進路，追求邏輯嚴格性和統一性，不喜歡原子論和模型論，顯然是他拒斥機械論的心理因素。

第六章 方法論文脈內的科學工具論

江雨霏霏江草齊，

六朝如夢鳥空啼。

無情最是臺城柳，

依舊煙籠十里堤。

——唐·韋莊〈臺城〉

1908年，迪昂出版了一本言簡意賅的小冊子《保全現象》。他在引言的一開頭就這樣寫道：「PT的價值是什麼？它與形而上學說明的關係是什麼？這些都是今天活躍的問題，但是像如此之多的中心問題一樣，它們決不是新的。它們屬於所有時代：只要自然科學存在，它們就被提起。」(TSP, p.3)雅基在為該書英文版所寫的引論中評論說：迪昂對「保全現象」這一古老的科學研究綱領的有啟發性的分析，顯示出持久的人文主義的清新氣息，可以看作是高度相關的文化貢獻。「在其真正的意義上，它是保全所有現象中最偉大、最驚人的東西——人的精神——以免掉進某些誘人的陷阱。」(TSP, p.xxvi)

在本章，我們不擬因循雅基的思路探討那些更深層、更玄奧的問題。我們只想探尋一下迪昂對「保全現象」的分析、闡釋、繼承和發展，以及在此基礎上是如何形成他的方法論文脈內的科學工具

論立場的，並進而圍繞這一立場展開我們的論述。

第一節 「保全現象」傳統的歷史沿革

在1913年的《簡介》中，迪昂扼要地概括了保全現象這一古老的傳統沿革和涵義。他說，關於天文學理論的本性和價值，反應敏捷的、明察秋毫的、斑駁陸離的希臘精神已構想出我們時代看到再次繁榮興旺的所有體系。但是，在這些體系中，有一個體系贏得了最深刻的思想家的滿意。它能夠用下述原則加以概括，這就是柏拉圖告訴那些想從事天文學工作的人的原則：「在把某些假定視為我們的出發點時，人們必須試圖保全顯露給感官的東西——保全現象。」❶這個原則跨越了阿拉伯的、猶太的和基督教的中世紀，在文藝復興時期被重複，並被說明、闡釋或辯駁，直到奧西安德爾 (A. Osiander, 1498–1552)把它如此系統地加以闡述，置於哥白尼的書的前言中：「這些假設並非必須是真實的，甚至也不一定是可能的。與此相反，如果它們提供了一種與觀察相符的計算方法，單憑這一點就足夠了。」❷因此，兩千年間，對物理學家使用的數學理論本性和價值反思的人中的大多數，都一致宣告下述公理——能量學最終把它作為自己的公理：

PT 的第一批公設並不是作為肯定某些超感覺的實在而給出

❶ P. Duhem, Research on the History of Physical Theories, *Synthese*, 83 (1990), pp.189–200.

❷ N. 哥白尼《天體運行論》，葉式輝譯，武漢出版社（武漢），1992年第1版，頁xv。

的；它們是普遍的法則，倘若從它們演繹出的特定結果與觀察現象一致，那麼它們便令人讚美地起了它們的作用。**❸**

在迪昂看來，由柏拉圖開創的天文學家的方法**❹**是最能導致大發展的、最明智的、最有邏輯性的指導原則。這個原則是：「天文學是把与速圓周運動結合起來以產生像恒星運動那樣的合運動的科學。當它的幾何學結構把與它的可見路線一致的路線賦予每一個行星時，天文學就達到了它的目的，因為它的假設是保全外觀。」(*TSP*, pp.5-6)歐多克索斯（Eudoxus of Cndus，約前400-前350）、卡里帕斯（Callippus，約前370-約前300）、喜帕恰斯（Hipparchus,？-前127後）繼承和發展了柏拉圖的方法，他們力圖用同心球保全外觀，通過審查假設是否保全外觀而控制假設。如果他們組合的假設成功地保全了現象，他們必然宣稱他們充分滿意了。迪昂如下揭示出這一方法的內涵：

> 不管怎樣，由於天文學家提出的運動的組合純粹是概念的和沒有實在的，因此不需要借助物理學原理為它們辯護。它們只需要以這樣的方式被安排，以便外觀被保全。

> 當這些假設能使我們把行星的複雜的運動分解為比較簡單的

---

❸　同**❶**。

❹　迪昂指明，我們今天所說的「PT」，希臘或阿拉伯哲學家和中世紀或文藝復興的科學家寧可稱其為「天文學」；我們今天所說的「形而上學」，古人用「物理學」一詞代之。(*TSP*, pp.3-4)因此，請讀者務必根據上下文來判斷和理解這些術語的涵義！我們不再一一注明。

運動時，我們不應當認為，我們現在碰到了隱藏在表觀運動
之後的真實運動。真實的運動就是表觀的運動。已達到的目
的是比較謙遜的：我們僅僅使天體現象易於計算。(*TSP*, p.20)

與此相對，亞里士多德則承認另外的方法的存在和合理性，他
稱其為物理學家的方法。該方法通過證明關於天體本性的某些猜想
是正確的命題，來支配這些假設的選擇。這樣一來，歐多克索斯虛
構的模型就被亞里士多德轉變為實在球的組合，其本性是以勻速圓
周運動旋轉。因為它們是實在的而不僅僅是數學的，亞里士多德需
要增添額外的反轉球，以保持天球系統中的每一個行星免受其他行
星干擾。波賽東尼斯（Poseidonius，約前135-約前51）、（斯米爾納
的）德昂（Theon of Smyrna，活躍期二世紀初）、辛普利希烏斯
（Simplicius of Cilicia，活躍期約530左右）是亞里士多德方法的主
要追隨者。按照他們的立場，物理學的基本信條支配了在天體運動
的各種幾何學的或數學的表達之間進行選擇，其中最重要的信條是
圓運動的「自然性」。肯定地，僅存在一個與事物本性一致的假設，
保全現象的每一個天文學假設在下述程度上和諧地與這個唯一的假
設一致：它們承擔的命題與現象的結果匹配。當希臘人談到產生相
同合運動的不同假設偶然一致時，他們意指的就是這一點。

就這樣，迪昂發現，在希臘科學中出現了兩種研究方法❺或研

---

❺　洛西（J. Losee）認為，物理學上真的理論與保全現象的假設之間的區
　　分，是由蓋米努斯（Geminus of Rhodes，活躍期前一世紀左右）提出
　　的。他在公元前一世紀概述了兩種研究天體現象的方法——物理學家
　　的方法和天文學家的方法。參見J. 洛西《科學哲學的歷史導論》，邱仁
　　宗等譯，華中工學院出版社（武漢），1982年第1版，頁21。

究傳統——以柏拉圖為代表的天文學家的方法和以亞里士多德為代表的物理學家的方法❻。就其精神實質而言，這二者的對立是形式主義與本質主義的對立，或者是工具論與實在論的對立，也可以說是描述進路與說明進路的對立。前者僅要求保全現象或外觀，後者則進一步要求把握現象背後的本質、外觀之下的實在。

但是，當希臘科學家發現不同的假設或模型同樣能夠完好地保全現象時，物理學與天文學的關係變得複雜了。喜帕恰斯強調了這一點，他受到下述事實的震撼：不同的同心圓上的本輪能夠做得對於同心圓模型來說是等價的。可是，使用本輪和偏心圓的天文學卻違背了亞里士多德的物理學要求，即所有天上的運動對於宇宙中心必須是匀速的。此時，阿德拉斯特(Adrastus of Aphrodisius)和德昂提出一種修正的亞里士多德物理學，力圖容納新天文學。這種物理學免除了天上運動繞世界中心轉動,但仍堅持認為不管是偏心圓的、周轉圓的或同心圓的天體都必須是固體。在這種實在論的詮釋中，物理學理論的真理依賴於在各種說明手段中提供選擇法則的特定哲學的真理。

在形式主義的傳統中,天文學理論並不隸屬於物理學的考慮。它能夠採納任何幾何學的或數學的步驟，因為它的唯一目的在於計

---

❻　在《宇宙體系》中，迪昂對這種兩分法有微妙的修正。他把對立兩派的鬥爭說成是：一派想使物理學從一組哲學體系演繹出來，另一派僅要求嚴格地與經驗一致。他在第二卷這樣寫道：「柏拉圖和亞里士多德為什麼要用匀速圓周運動強制呢？他們為什麼要同心圓體系迫使世界成形從而進一步限制選擇能力呢？這樣的要求足以使人注意到，無論柏拉圖還是亞里士多德，都不贊成把天文學的對象還原為簡單的問題：構造可以保全現象的幾何學假設。」參見F. J. Ragep, Duhem, The Arabs, and History of Cosmology, *Synthese*, 83 (1990), pp.201–214.

算（或解決）給定天體現象的事件，不管事件是食、沖、遠日點、逆行、行星沿黃道帶進動的速率還是其他東西。在古典學者中，這一進路的主要代表和集大成者是托勒密。他對偏心圓系統的使用不僅徑直地反對同心圓的、類晶體球的系統——行星系統的實在論詮釋的最純粹的形式——而且避開了面對構造切實可行的機械模型的任何嘗試。他大膽地宣稱，天文學理論只有兩個資格：它應該產生許多良好的結果（從而保全了現象），它的幾何學手段應該符合最大的簡單性原則。托勒密使天文學假設從物理學家強加給它們的條件中解放出來，使人們對數學天文學和物理學的關係達到新的、更複雜的理解，最終確立了天文學家的方法在古希臘的勝利❼。迪昂是如下概括這一方法的要義的：

> 天文學不能把握天上事物的本質。它僅僅給我們以它的圖像。即使這個圖像也遠非精確：它只是接近。天文學停留在「近似如此」。我們用來保全現像的幾何學發明物既不是真實的，也不是可能的。它們純粹是概念的，使它們具體化的任何努力都必然產生矛盾。為了提供符合觀察的結論這一唯一的意圖而組合它們，決不是毫不含糊地決定它們。十分不同的假設可以產生等價的結論，人們從而保全了外觀及其他。我們不應為天文學具有下述特徵而驚奇：它向我們表明，人的知識是有限的和相對的，人的科學不能與神的科學競爭。(*TSP*, p.21)

---

❼ 但是托勒密本人並沒有始終如一地堅持他原來的立場，他在晚期的著作《行星假設》中聲稱：他的複雜的圓系統揭示了物理實在的結構。參見❺，頁22–23。

正是由於天文學家的假設不是「實在」，而只是用以保全現象的「虛構」，因此不同的天文學家借助不同的假設達到這個目的也就不足為奇了。

最大簡單性原則被偉大的猶太學者邁蒙尼德熱情地採納了，他與托勒密的形式主義進路站在一起來。但是，亞里士多德在阿拉伯人中的普及，不可避免地產生了對天文學理論的實在論詮釋。阿威羅伊(Averroës, 1126–1198)、阿勒－比特魯基（al-Bitrūji，活躍期1204年左右）起到了帶頭作用。迪昂對阿拉伯及其天文學評價不高：沒有希臘人的可靠的和精確的邏輯感，沒有繼承希臘別出心裁的幾何學遺產，僅對希臘天文學作了微小改進，其眼力無法與托勒密等人相提並論。可是，他們卻力圖看到並觸摸到希臘思想家宣布是虛構的和抽象的東西。他們想在繞天穹轉動的剛性天球內使托勒密及其後繼者作為計算設計的偏心圓和本輪實體化。追隨薩比特·伊本·庫拉（Thābit iban Qurrah，約836–901）、伊本·阿勒－海塔姆(Ibn al-Haitam) 的阿拉伯天文學家達到一個相當簡單的結論：數學模型必須與物理學原理一致。他們要求他們的假設符合實際存在的堅硬的或易變形的天體的真實運動，要求它們有責任說明物理學原理。迪昂的總看法是：

　　當時情況似乎是，阿拉伯人一致贊同天文學假設必須與事物的本性相符的公理。他們中的一些人認為這意味著天文學假設必須從視為確定的物理學推導出來；另一些人認為它涉及到下述條件：天文學假設能夠借助巧妙雕刻和排列的剛體來描述。他們之中似乎沒有一個人提起希臘思想家已確切闡明的學說，即天文學假設不是承擔事物本性的判斷；它們沒有

必要從物理學原理推導出來，它們甚至也沒有必要與這些原
理和諧一致；它們沒有必要容許借助於適當排列的、相互旋
轉的剛體來描述，因為它們像幾何學的虛構物一樣，除了保
全外觀以外沒有其他功用。(*TSP*, pp.32–33)

　　最好採納哪一個天文學學說呢？這個問題也擺在中世紀基督教
經院哲學面前。是使用托勒密體系，還是依賴阿勒－比特魯基理論？
《至大論》的幾何學結構驚人地適合保全現象，也能制定預言天體
運動最微小細節的天文表，其數據與觀察事實的誤差不可覺察地小。
但是，這些結構賴以立足的假設並未與亞里士多德物理學一致地確
立起來，而且這種物理學產生了傾向於托勒密假設的論據。另一方
面，阿勒－比特魯基理論充分尊重亞里士多德物理學，但是它的演
繹在產生能夠與觀察比較的結果之前很久就停止了，以致無法用來
構造天文表和曆法，從而無法知道它能否保全現象。十三世紀基督
教經院哲學在這兩個天文學體系之間懸而未決——一方面它的好奇
心傾向於與經驗一致的自然科學的要求，另一方面由於它對哲學家
的形而上學的尊重而傾向於對立的方向。在經院學者中間，幾乎沒
有幾個人認識到，解決兩難困境視賦予天文學假設的價值而定。不
過，迪昂還是根據帕迪亞的彼得(Peter of Padua)著作中的引文，把
中世紀基督教天文學家的科學哲學概括為如下兩個原理：「天文學
假設應該盡可能簡單。它們應該盡可能精確地保全現象。」 ❽(*TSP*,

---

❽　雅基指出，中世紀基督教的天文學理論的研究遵循一條妥協的路線，
　　是異類態度的混合，即既承認亞里士多德的真理，又贊同數學步驟的
　　精確性，很難對其進路作出決定性的判決。他認為迪昂誇大了判例，
　　顯示了強烈的親中世紀的同情心。正如迪昂引用的文本所表明的，實

p.45)

在文藝復興於1500年前後達到它的頂峰時，關於天文學中的形式主義和本質主義方法的各自優點的爭論呈現出較大的力度和深度。正是在此時，在意大利從事研究的年輕的哥白尼近距離地目睹了兩個群體天文學家的激烈爭論。一派是阿威羅伊派，他們蔑視數學進路，另一派與畢達哥拉斯和柏拉圖的偏愛一致。迪昂發現，尼福(A. Nifo, 1473–1538)的批判成功地表明：

> 理論與觀察的和諧一致，並不能把理論賴以立足的假設轉化為已證明的真理。證明要求人們另外還要確定，沒有其他假設的集合能夠保全現象。(*TSP*, p.49)

迪昂還注意到蓬塔諾(G. G. Pontano, 1426–1503)的下述思想：天文學的真實目標是在數值上決定天體運動；偏心圓和本輪，以及其他天文學假設，只不過是起作用的設計、暫定的描述；一旦天文表和曆書被制定出來，它們便會消失。迪昂說，我們的文藝復興天文學家無疑處於普羅克洛斯（Proclus，約410–485）的激勵之下，他們承認天文學只有兩種合理的作用：提供編製使預言成為可能的天文表所需要的幾何學描述之作用，提供為便於理解而羅致意義的力學模型的作用。迪昂得出結論：

> 過分地相信捲入天文學假設之內的對象的實在，或者誇大地信賴這些假設的可靠性——這是兩個極端——意大利哲學家

際情況揭示出大量的不確定性和猶豫不決，以及中世紀學者對希臘天文學並非徹底通曉。(*TSP*, pp.xxi–xxii)

在二者之間沒有以某種方式給人以深刻的印象。在巴黎我們
將發現思想家們致力於比較平衡的觀點。(*TSP*, p.56)

這給迪昂以讚頌人才濟濟的巴黎學派的機會。比里當在陳述了
自己的沖力理論和其他哲學家的假設與經驗相矛盾後說：「對我來
說，這似乎是應該被採納的假定，因為其他假定都是不正確的，因
為所有現象都與這個假定一致。」迪昂指出，在1300年和1500年之
間，巴黎大學講授一種物理學方法的學說，該學說在真理和深刻性
上超過直到十九世紀中期在這個論題上所談論的學說。庫薩的尼古
拉斯 (Nicholas of Cusa, 1401–1464) 關於並非天地峻別的洞察尤為
引人注目。迪昂這樣寫道：

> 巴黎經院哲學家傳播和觀察到的一個強有力的和富有成效的
> 原理值得特別注意。他們認識到，月下世界的物理學與天上的
> 物理學並非是異類的，二者都是按同樣的方法進行的，前者
> 的假設和後者的假設都朝向同一目的──保全現象。(*TSP*,
> p.60)

幾位中世紀和文藝復興早期思想家關於物理學假設之本性的
明澈概念逐漸變暗淡了。在接著到來的世紀，它遭受到它的最大挫
折，其時恰恰是天文學和物理學作出新的和急劇的進步之時。迪昂
指出，「最偉大的藝術家在關於他們的藝術哲學的理解方面並非必
然是最好的」(*TSP*, p.61)──他顯然是指哥白尼和伽利略等人。

哥白尼在意大利旁聽了物理學家的課程，同時也是他們的研究
伙伴，他以他們的方式思考問題，即借助與物理學原理一致的假設

保全外觀。這種思考方式既不是阿威羅伊主義的（採納在物理學上站得住腳但並不保全現象的假設），也不是托勒密主義的（相當好地保全現象但卻違背自然科學原理）。如果兩派都不能提供所期望的答案，那麼這肯定意味著他們的假設是假的。充分滿意的天文學只能在真的、與事物本性一致的基礎上構造。首先，哥白尼考察了作為純粹虛構假定的運動地球的假設，他發現在這個假定的基礎上保全了現象。但是，他的目的並未到此為止，他急於證明他的假設的真理，他認為他能成功地作到這一點。在迪昂看來，哥白尼對假設的絕對真理的信念不僅是不必要和過分的，而且也是災難性的，倘若不是由於奧西安德爾的序起作用的話。他反對哥白尼堅持的強實在論，甚至把可能為真也視為誤入歧途❾。迪昂的理由是：

> 要證明天文學假設與事物的本性一致，比表明它充分保全現象需要得更多。此外，人們必須證明，如果拒絕或修改該假設，這些現象就不能被保全。尼福正確地堅持這一補充的不可缺少性。(*TSP*, p.63)

哥白尼的學生和忠實信徒雷蒂庫斯(J. Rheticus, 1514–1576)珍視老師的思想遺產。他堅持認為，健全的天文學體系不僅保全天文現象，

---

❾ 迪昂關於哥白尼的敘述與最近對哥白尼的詮釋不一致。有人認為，迪昂歸之於哥白尼的實在論只是部分正確。哥白尼相信天文學假設應該為真，相信環軌道運行的地球的假設為真，可是沒有有說服力的證據表明，哥白尼相信他在任何傳統的意義上證明了他的假設的真理性。相反地，哥白尼知道他的論據至多是或然的，只是或多或少有說服力。參見 A. Goddu, The Realism That Duhem Rejected in Coppernics, *Synthese*, 83 (1990), pp.301–315.

使人們精確計算星球運動，此外它還要建立在事物的真正本性中發現的假設的體系。在世紀之交，當哥白尼還被普遍地看作是實驗方法的鬥士時，迪昂就洞察到他的數學實在論的特徵。這種對現象的數學的（幾何學的）分析的證明力量之評價，得到雷蒂庫斯的衷心回應，並日益變成哥白尼的標識，這一點在開普勒 (J. Kepler, 1571–1630)和伽利略的著作中明顯地作了闡明。開普勒對數的力量的神秘信念和伽利略對畢達哥拉斯的無限讚美，清楚地顯示出「新物理學」的顯著特徵——數學手段的系統化和預言價值是它與物理實在一一對應的無法駁倒的證據。

在哥白尼的書出版後的二、三十年間，大多數天文學家的精神狀態似乎是十分清楚的：哥白尼的工作迅速地贏得了他們的注意，因為它好像顯著地適合於編製精確的天文表，因為哥白尼的運動學組合好像比托勒密的更可取。至於哥白尼推導他的運動組合的假設以及它們是否是真實的、可能的或是純粹虛構的問題，他們把這些事留給物理學家，認為這是自然哲學的事務。他們像奧西安德爾的序❿建議他們應該作的那樣處理這些假設，這倒不是因為序以某種

❿　奧西安德爾負責監督《天體運行論》的出版，乃趁機刪去哥白尼原稿中的導言，用自己另寫的序取而代之。此時哥白尼已經去世或即將去世，並不知道此事。後來開普勒得到這篇序的手稿，才使真相大白於天下。事前（1541年4月），奧西安德爾曾在答覆哥白尼諮詢的信中勸說道：「我一向認為你的天文學假設並非信仰的項目，而是計算的基礎。因此，即使它們全部為假，也無關緊要；只要它們能夠正確地算出天體運動現象，也就足夠了。……你最好能在導言中表明上述立場。這樣做可以安撫亞里士多德信徒及神學家。」他還同時寫信給雷蒂庫斯：「哥白尼之所以提出書中所寫的那些假設，不是因為它們實際上為真，而是它們用來計算天體運動極為簡便；……每一個人都可

方式把這種態度強加於他們,而是他們長期以來已習慣於這樣作了。
從古希臘經過整個中世紀直到文藝復興開始,正是這種態度,能夠
使托勒密體系的堅定支持者不顧亞里士多德學派和阿威羅伊主義者
而在天文學上作出進展,他們只是漠視後者復辟同心圓天球體系的
反覆而無效的努力。直接追隨哥白尼的天文學家也以十四和十五世
紀巴黎和維也納科學家的方式處理假設。於是,使用《天體運行論》
的幾何學結構的天文學家與繼續堅持《至大論》的計算方法的天文
學家,一樣地捍衛完全相同的關於天文學假定的觀點,這個時期的
神學家也持有同一看法。

　　迪昂通過詳盡的歷史考察指出,從印有奧西安德爾的序的《天
體運行論》的出版(1543)到格列高利(Gregory XIII, 1502–1585)的
曆法改革❶,天文學家和神學家普遍接受的觀點是:

> 天文學假設僅僅是保全現象的設計;倘若它們服務於這個目
> 的,那麼它們既不需要是真的,也不需要是可能的。(*TSP*,
> p.92)

可是,在曆法改革(1582)和伽利略被定罪(1633)之間的半個世紀,

　　　以自由設計更簡便的假設,只要設計成功,便值得慶賀。」 奧西安德
　　　爾企望以此共同勸服哥白尼,但哥白尼始終未聽從勸告。詳見林正弘
　　　《伽利略・波柏・科學說明》,東大圖書公司印行 (臺北),1988年第
　　　1版,頁4–7。
❶　1582年,格列高利十三世在那不勒斯天文學家和物理學家吉拉迪和日
　　　耳曼數學家耶穌會士克拉菲烏斯 (Clavius,1537–1612) 的協助下,改
　　　正公元前46年所頒行的儒略曆的錯誤而頒行格雷果里 (「格列高利」
　　　的另譯) 曆,即目前世界所通用的公曆。

這種天文學假設的概念被人遺忘了，或者更確切地講，它在「占優勢的實在論」的名義下受到猛烈的攻擊。「新實在論」堅持在天文學假設中發現事物本性的宣言；因此，它要求這些假設與物理學的教導和基督教《聖經》的文本一致。從此時起，天文學從屬於哲學和神學。

新實在論的一支支持亞里士多德的樸素實在論，其代表人物是第谷・布拉赫(Tycho Brahe, 1546–1601)和克拉菲烏斯。例如，關於克拉菲烏斯採取的立場，迪昂是用下述命題概括的：天文學假設應該盡可能精確、盡可能方便地保全現象，但是這使他們成為可接受的還是不充分的。人們不能確定可接受性的條件，可是還應該堅持可能性。為了是可能的，天文學假設必須與物理學原理一致，此外不可以與教會的教導或基督教《聖經》文本相矛盾──它在哲學上不可以是假的，它在信仰上不可以是錯的。(*TSP*, p.95)

迪昂所謂的新實在論的另一支以開普勒和伽利略為代表，他們堅持哥白尼的數學實在論──「哥白尼表達了關於他的假設實在性的觀點，與從經院哲學和在〈綱要〉中陳述的學說相比，這個觀點是較少保留的。」(*AS*, pp.41–42)在《結構》中引用了奧西安德爾的序後，迪昂如下批評開普勒對序的不贊成態度：「這種對物理學方法不受限制的能力的熱情且在某種程度上樸素的信任，在開創十七世紀的偉大發現者中間是很突出的。」(*AS*, p.42)迪昂還引用了紅衣主教貝拉明(R. Bellarmine, 1542–1621)在1615年4月12日寫給福斯卡里尼(P. A. Foscarini, 1580–1616)的信❷：

---

❷ 當伽利略宣傳地動說受到教會嚴重關切時，神學家福斯卡里尼出版了一本小冊子，企圖調和新天文學與《聖經》教義之間的衝突。他認為哥白尼的學說和伽利略的發現都未違背教義，並贈送該書一冊給伽利

我相信，你的父輩和尊敬的伽利略通過使你本人滿足於假設地談論假定，而謹慎地行動，而不像哥白尼已經作的那樣一意孤行。事實上，下述說法是十分中聽的：由於假定地動日靜[13]，比我們借助偏心輪和本輪計算能夠給出更好的外觀陳述。在這一陳述中沒有什麼危險，而且它對於數學家來說是充分的。

迪昂接著評論說：「在這段話中，貝拉明堅持在物理學方法和形而上學方法之間作出類似於經院哲學的區分，這種區分對伽利略來說只不過是遁詞而已。(AS, p.43)據說，伽利略起初接受了把日心說或地動說作為假設看待的方案，但是在《對話》一書中，他對自己的真實思想未加任何掩飾。他沒有把哥白尼體系視為保全現象的手段，相反地還提出許多支持它是物理學真理的論據。因此，在1633年的審訊中，他的觀點被宣判為異端邪說，並被判處軟禁八年[14]。

略的好友貝拉明。貝拉明在回信中勸告福斯卡里尼和伽利略不要把哥白尼體系當作對天體真實情況的描述，而只把它當作方便計算的假設即可。伽利略拒絕了這個建議，認為該建議與哥白尼的觀點不符，沒有妥協的餘地。詳見[10]，頁1-2。

[13] 貝拉明對哥白尼學說的理解是準確的。事實上，哥白尼《天體運行論》的學說並非像人們通常認為的那樣是真正以太陽為中心的（日心說），而只不過是太陽靜止的（日靜說）。以太陽為中心的近代天文學體系是開普勒在1609年創立的，它幾乎在每一個基本原理都與哥白尼體系相悖。詳見I. B. 科恩《科學革命史》，楊愛華等譯，軍事科學出版社（北京），1992年第1版，頁115，125。

[14] 1983年，羅馬教廷正式承認350年前宗教裁判所對伽利略的審判是錯誤的。

第二節　科學工具論剖析

在對從柏拉圖到哥白尼乃至伽利略長達兩千年前的兩種研究方法、進路或傳統的敘述和評論中，迪昂明顯地站在保全現象的傳統一邊。他實際上持的是明顯的工具論的立場，這種立場在對哥白尼之後的事件進程的分析和結論中表現得更為淋漓盡致。

迪昂指出，自布魯諾(G. Bruno, 1548–1600)以來，許多哲學家都嚴厲責備奧西安德爾放在哥白尼書中的序言。貝拉明紅衣主教和教皇烏爾班八世(Urban Ⅷ, 1568–1624)對伽利略的勸告自它們首次發表的那一天起，就受到激烈的對待。可是，

> 我們時代的物理學家比他們的前輩更細緻地衡量了在天文學和物理學中使用的假設的價值，看到如此之多原先認為確實的幻象被驅散了，他們不得不承認和宣告，在邏輯上同意奧西安德爾、貝拉明和烏爾班八世，而不同意開普勒和伽利略——前者理解了實驗方法的正確範圍，而開普勒和伽利略在這一點上則犯了錯誤 **⓯**。(*TSP*, p.113)

然而，在科學史上，開普勒和伽利略處在偉大的實驗方法革新者的行列，而奧西安德爾、貝拉明和烏爾班八世卻在默默無聞中度過。這種歷史的霸道難道是公正的嗎？要知道，哥白尼學派堅持的是不合邏輯的實在論，多虧權威人士把它確立的「公正價值」歸因於天

⓯　迪昂的結論引起天主教辯護者的注意和重視，但迪昂的意圖並不是為羅馬教廷辯護，而是贊同工具論的保全現象的方法論。

文學假設，從而才避免了哲學家的爭吵和神學家的非難。

迪昂揭示出，哥白尼、開普勒和伽利略用一個聲音宣布，天文學應該只採納這樣的命題，即它的真理是由符合於物理學的假設建立起來的。這個斷言事實上包含著兩種截然不同的涵義：其一是，天文學假設是天上的事物及其真實運動的本性的判斷；其二是，作為天文學假設校正的一種控制，實驗方法將以新的真理豐富我們的宇宙學知識。可以說，第一種涵義在斷言的表面，它是徑直明白的。十六和十七世紀的偉大天文學家都清楚地看到並正式表達了這個意義，它誘惑了他們的忠誠。可是，這樣的理解卻是虛假的和有害的，並產生了無數的誤解。奧西安德爾、貝拉明和烏爾班八世正確地看到它與邏輯背道而馳。另一種意義是，在要求天文學假設與物理學的教導一致時，文藝復興的天文學家實際上要求，天體運動的理論建立在能夠支持下述觀察到的運動的理論的基礎上。星球的路線、潮汐的漲落、拋射體的運動、重物的下落，所有這一切都必須由同一組公設保全，用數學語言形成的公設保全。

迪昂看到，第二種涵義潛藏得很深，以致哥白尼⑯、開普勒、伽利略等人都沒有清楚地覺察到它，但它卻具有多產性。雖然他們歸因於他們的原理的虛假的和不合邏輯的涵義產生了爭論和爭執，但是它的另一種真實的和潛在的意義卻促進了這些發明者的科學努

---

⑯ 迪昂的分析是有道理的。不過，哥白尼除借助保全現象外，還訴諸「概念整合」作為可接受性標準來論證他的體系的優越性：「假定地球具有我在本書後面所賦予的那些運動，……不僅可以對所有的行星和球體求得它們的觀測現象，還可以使它們的順序和大小以及蒼穹本身全都聯繫在一起，以至不能移動某一部分的任何東西而不在其他部分和整個宇宙中引起混亂。」參見❷，頁xxxii。

力。他們盡力支持前者的嚴格的真理，可是卻不知不覺地確立了後者的正確性。當開普勒一而再地借助水流或磁流的性質說明星球的運動時，當伽利略試圖使拋射體的路線與地球的運動一致或當他嘗試從地球運動推出潮汐的說明時，二人都相信，他們這樣是在證明哥白尼假設在事物的本性中有其基礎。他們借助一組數學公式一點一滴地引入到作為動力學一種形式的科學中的真理，必須表達星球的運動、海的波動、物體的下落。他們認為他們「恢復」亞里士多德，事實上他們為牛頓作了準備。迪昂討論的結果是：

> 不管開普勒和伽利略，我們今天與奧西安德爾和貝拉明一致認為，物理學的假設僅僅是為了保全現象而設計的數學發明。但是，多虧開普勒和伽利略，我們現在要求它們共同保全無生命的宇宙的一切現象。(*TSP*, p.117)

不用說，迪昂在這裡堅持的是工具論的方法論。可是，他對兩種涵義的分析及結論也是與他的一貫的觀點一致的：從PT中排除形而上學和追求PT的統一性。在這裡，我們也不能不佩服迪昂的明睿的洞察力和果敢的膽略，因為後一種涵義才是真正有意義的，而前一種涵義從愛因斯坦坐標系等價的觀點來看，則是毫無意義的，因為所謂的真實運動或絕對運動並不存在。要知道，在迪昂寫出這些分析的1908年，相對論還不得不為自己的生存權利而鬥爭呢。

迪昂關於邏輯在奧西安德爾和貝拉明一邊而不在開普勒和伽利略一邊的論斷❼，在邏輯上是能夠成立的。正如迪昂注意到的，

---

❼　考慮到迪昂關於「邏輯不是我們作判斷的唯一嚮導」的名言，也許帕斯卡和迪昂常說的「內心的理性」在表面之下起了作用，因為歷史證

「從假前提可以演繹出真結論」，「不同的原因能夠產生等價的結果」(*TSP*, p.82)。因此，保全現象的假設並非必然為真。另一方面，正如迪昂贊同地引用的尼福的言論所表明的，把保全現象的假設視為真的亦非充分，因為人們還必須確定能保全現象者非它其屬。迪昂還引用阿奎那的下述言論支持他的見解：

> 天文學家力圖用不同的方式說明行星運動。但是沒有必要認為他們構想的假設為真。因為有可能，星球顯示出的外觀也許是由於人們迄今未知的某種其他運動模式。可是，亞里士多德卻相對於運動的本性使用這樣的假設，彷彿它們是真的一樣。

> 在天文學中，我們假定本論和偏心輪的假設，因為通過作這個假設，天體運動的可察覺的外觀能夠被保全。但是，這不是充分證明的理由，因為外觀也許可以用其他假設來保全。(*AS*, p.41)

迪昂關於奧西安德爾和貝拉明理解了實驗方法的正確範圍、而開普勒和伽利略犯了錯誤的論斷，也與他的下述思想一脈相承：PT是描述而非說明、物理學相對於形而上學和神學是自主的、觀察滲透理論、判決實驗不可能、反歸納主義等等。迪昂的觀點很明白：既不可能從形而上學演繹出 PT 的數學體系，也不可能由觀察絕對地、一勞永逸地證明它的真理性。迪昂的論斷也表明，他對PT和形

明伽利略畢竟走在正確的道路上。盡管迪昂的論斷在邏輯上站得住腳，但科學實踐卻對他作了有力的反駁。

而上學（處理終極原因和實在）的範圍、職份以及實驗方法的局限性瞭如指掌。

　　迪昂堅持方法論的工具論的論斷除上述兩方面的理由外，也許多少與他不滿意當時流行的對「哥白尼革命」❽的經驗論詮釋有關。後來的有關研究表明，哥白尼本人「並不是一個偉大的觀察家，他的體系也不是出於對新觀察資料的任何鍾愛而得的結果」❾。哥白尼體系「不是新的觀察結果，而是按照半宗教的柏拉圖主義和新柏拉圖主義的觀念對舊的眾所周知的事實作新解釋的結果。」❿哥白尼的計算結果並不比托勒密的更符合觀察，他們利用了同樣的數據❷。迪昂對哥白尼的數學實在論詮釋是深中肯綮的。伽利略在這一點上有過之而無不及：他認為大自然這本書是用數學語言寫成的；數學是描述大自然最精確的語言，最適宜用來探求真正的原因；數學能夠掌握絕對的必然性，是人類可能獲得的最完美的知識，其了解的程度幾可與上帝的了解相提並論❷。

　　林正弘教授對這一學案作了比較中肯的分析❷。他認為伽利略

---

❽　科恩論證說：「就實踐或計算天文學來說，哥白尼進行的創新幾乎不是革命的，在某些情況下，甚至是倒退的。」他還斷言：康德從未說他發動了「一場形而上學領域的哥白尼革命」。詳見❸，頁 122, 245, 252。

❾　H. 巴特菲爾德《近代科學的起源》，張麗萍等譯，華夏出版社（北京），1988年第1版，頁21–22。

❿　K. 波普爾《猜想與反駁》，傅季重等譯，上海譯文出版社（上海），1986年第1版，頁267。

❷　同❸，頁 115, 122。此外，哥白尼的計算方法並非更簡單，他用了四十八個圓，比托勒密還多五個，參見❸，頁118–119。

❷　同❿，18, 19, 35。

❷　同❿，頁1–38。

之所以不接受貝拉明的建議，並不是故意要和教會抗爭，而是基於愛護教會的立場。他清楚地看到，天文學的發展趨勢遲早會證明地心說和天地峻別說是錯誤的。他關於數學、天文學和方法論的實在論觀點是與貝拉明的數學工具論（能夠算出正確結果的數學公式未必為真）、天文學工具論（天文學探求不到天象的真正原因，物理學才能探求天象的真正原因）、方法論的懷疑論（對天文學證明方法的懷疑態度）針鋒相對的。林教授的結論是：「近代物理科學的特徵之一，就是物理學和天文學合流。兩者共用相同的科學定律及科學方法。認為天文學假設不描述物理實在，乃是不合近代科學潮流的見解。」這段引文中前兩句無疑是正確的，讀者要注意的是，其中的「物理學」和「天文學」是在現代意義上使用的。後一句話則是從科學實在論的預設或承諾出發得出的實在論的結論；迪昂是不會這麼看問題的：他把探求實在的任務驅逐出PT，而交托給形而上學——宇宙論或自然哲學。

波普爾也對迪昂作了工具論的詮釋，他的分析更具哲學色彩[24]：

> 我試圖（至少部分地）支持伽利略的科學觀點，而反對工具論的觀點。但我不能完全支持前者。我認為工具論者對它一部分觀點的抨擊是對的。我指的是這種觀點：在科學中，我們可能意在得到並能得到終極的對本質的說明。工具論的力量和哲學興趣正在於同這種亞里士多德觀點（我稱之為「本質主義」）[25]相對立。因此，我必須討論和批判兩種人類知識

[24] 同[20]，頁136-168。

[25] 波普爾對本質主義的定義是：最好的、真正的科學理論描述事物的「本

觀——本質主義和工具論。我將提出同這兩種觀點相對立的
觀點，我稱之為第三種觀點❷。它是伽利略觀點排除本質主
義之後留下的東西，或者更精確地講，它是在考慮到工具論
的抨擊中的合理因素之後留下的東西。❷

波普爾進一步申明，他所駁斥的本質主義原則僅僅是聲稱科學的目
的在於終極說明的原則。他的批判企圖表明，無論本質存在與否，
對它們的信仰絲毫無助於我們，而且確實很有可能妨礙我們，因此
科學家毫無理由假定它們存在。他還指出，相信本質（無論是真的
還是假的）容易為思想設置障礙，容易給提出新的和富有成果的問
題設置障礙。而且，它不可能成為科學的一部分（因為即使我們幸
運地碰巧找到一個描述本質的理論，也絕不能確信它）。一個可能
導致蒙昧主義的信條，當然不屬於一個科學家必須接受的那些超科
學的信念❷。

　　不知是有意還是無意，自覺還是不自覺，波普爾無論如何是心
領神會地把握了迪昂的工具論思想旳精髓和真諦——排斥本質說

質」或「本質屬性」——現象背後的實在；以及科學家能夠成功地最
　　終確立這種理論的真理性而克服一切合理的懷疑。同❷，頁146。
❷　波普爾對第三種觀點的界定是：科學家的目的在於真實地描述世界或
　　世界的某些方面，在於真實地說明可觀察事實（伽利略原則）；盡管
　　科學家的目的如此，但他們絕不可能確鑿地知道他的發現究竟是不是
　　真的，雖然有時他有一定把握斷定他的理論是假的（非伽利略觀點）。
　　同❷，頁161-162。雅基認為，迪昂在倡導「第三條道路」方面早就
　　行動在波普爾之先（*UG*, p.368）。我們下面擬詳細論述。
❷　同❷，頁145。
❷　同❷，頁148, 151。

明，摒棄絕對真理，反對蒙昧主義，掃除思想障礙，倡導方法多元化。迪昂看到：「方法合適性的程度基本上是個人評價問題；每一個思想家的特定性情，所接受的教育，沉浸的傳統，他生活於其中的環境的習慣，都在很高的程度上影響這一評價；從一個物理學家到另一個物理學家，這些影響的變化很大。」(*EM*, p.99)迪昂對各種方法——包括他不喜歡的模型和歸納方法——都持寬容態度，因為他明白，發現並沒有絕對的法則。他在指出模型方法永遠不會啟發發現的斷言是「可笑的誇大」時說：「發現不服從任何固定的法則。沒有一種學說是如此愚蠢，以致它不可能在某一天能夠催生新穎而幸運的觀念。審慎的占星術在天體力學原理的發展中也起了作用。」(*AS*, p.98)他對各種思維風格都公正對待：

> 強而窄的精神為了構想觀念，並不需要用具體的事物使之實體化，但他們卻不能合情合理地否定博而弱的精神有權用他們的形象的想像勾勒和描繪PT的對象，後一種精神不能夠容易地設想沒有形狀或顏色的事物。促進科學發展的最好手段是，容許每一種形式的智力通過遵循它自己的規律和充分實現它的類型發展它自己；即容許強而窄的精神以抽象概念和普遍原理為食物，容許博而弱的精神吃可見的和可觸知的東西。一句話，不強迫英國人以法國人的方式思考，或法國人以英國人的方式思維。(*AS*, p.99)

確實，迪昂從未把任何一種方法或風格——包括他最偏愛的——絕對化和神聖化，他總是在歸納與演繹、分析和綜合、數學精神和直覺精神等之間保持必要的張力❷。所有這一切暗示，探求真理不能

依賴於任何特定的方法，不管它是哲學的、宗教的或科學的。每一種方法都有其局限性，只有它們之間強有力的相互作用，才能指導人們在理解的道路上前進。當這些探索方法中的任何一個占據獨一無二的優先權時，真理將蒙受災難，科學將一蹶不振。費耶阿本德(P. K. Feyerabend, 1924–1994)高度讚賞麥克斯韋、亥姆霍茲、赫茲、玻耳茲曼(L. Boltzmann, 1844–1906)、馬赫、迪昂「都贊成受過去研究範例指導的方法論的多元論，而不喜歡研究的超驗標準。這些科學家中的每一個當然偏愛某些步驟而反對另一些程序，但是他們都贊成，這樣的個人偏好不必變成『客觀的』原則。」⑳他甚至沿著方法論的多元論走到極端：「唯一不禁止進步的原則便是怎麼都行。」㉛

迪昂的工具論觀點淵源於十九世紀末的法國哲學的實證論傳統和法國物理學家的實驗傳統 —— 他們的工作在數學上是貧乏的，對理論物理學的吶喊充耳不聞，對實驗的細微差異和複雜蘊涵很不敏感。尤其是，迪昂在法國物理化學家德維耶 (H. S.-C. Deville,

---

㉙ 不用說，物理學家在各種方法中是有所選擇的。談到選擇標準，迪昂說：「指導是由我們對科學過去的認識提供給我們的。發現與事實矛盾的原理被詳細闡明。其他的享有部分確認的原理各得其所。這些原理本身被修改、校正，用每一步保證它們的推論與事實嚴格一致。使我們放心的是，我們在這裡剪裁出形狀的衣服正好適合穿它的身子，因為顧客必定反覆試穿過。」(*UG*, p.378)

㉚ P. K. Feyerabend, *Problems of Empiricism, Philosophical Papers*, Volume 2, Cambridge University Press, 1981, p.20.

㉛ P. K.費耶阿本德《反對方法》，周昌忠譯，上海譯文出版社（上海），1992年第1版，頁1。迪昂若九泉有知，肯定不會同意這種極端主義的立場，他信守帕斯卡的「中道」或「中庸」。

1818-1881)的著作中發現了十分明確陳述的觀念，即科學理論僅僅是分類的工具，只是在此後迪昂才獲知馬赫的類似思想。迪昂的工具論也不是世紀之交科學危機的產物，他早在1892年發表的第一篇科學哲學文章中，就把PT視為幫助記憶的工具，因為它提供了大量的原來是純粹符號的實驗定律的分類。這種工具論的觀點遭到了維凱爾的毀滅性批評：如果理論是幫助記憶的工具，那麼理論的數學化顯然不如記憶術來勁，也無須把融貫秩序作為目標了。翌年，迪昂對他的工具論觀點作了重大修正，並用秩序實在論和強調理論化來平衡它。迪昂提出理論融貫性即邏輯統一性的要求，引入了自然分類的概念——類似於波普爾的逼真性或似真性 (verisimilitude) 概念❸，即通過部分真理趨近終極真理的胚芽的預期；他強調理論的必要性和重要性：理論對於建立實驗和描述實驗結果都是必要的，無理論的實驗物理學是幻想和妄想，而且理論能先於實驗作出預言——這是理論對本體論秩序反映的明證。

在這裡，我樂於把迪昂式的工具論命名為「科學工具論」(scientific instrumentalism)。科學工具論的特徵是：

> 它是在科學土壤中萌生的，在科學實踐中修正和發展的，並用來解決合適的科學問題；它不否認本質主義的常識性和合理性，但卻把本質主義從科學的追求中排除出去，至多只不過是在「反映」和「類比」的意義上為它闢出小塊地盤；它避免了科學與形而上學和神學的糾纏和衝突，維護了科學的自主性；它主要活動於科學方法論範疇，高揚多元論的方法

❸ K. 波普爾《科學知識進化論》，紀樹立編譯，三聯書店（北京），1987年第1版，頁191-205。

論，反對一切蒙昧主義的信條和阻礙思想自由的獨斷論；它
與科學實在論並非針鋒相對，而是與其保持必要的張力。

科學工具論除了上述特徵本身所體現出的優點外，它還具有工
具論的公共的長處。工具論由於頗具魅力的簡化和對奧康姆剃刀的
運用，從而具有很大吸引力；它樸素，而且十分簡單，同本質主義
相比更是如此❸。工具論還具有寬容性、靈活性以及對語言使用的
興趣❹。工具論也是合理性的，且有客觀的涵義，它在於人們使用
那些不僅被認為是，而且事實上也是導致達到所要求目標的手
段❺。

當然，工具論也有其自身的弱點。誠如波普爾所言，工具論斷
言理論無非是工具，但理論決不僅僅是工具，也是我們心靈用理智
征服世界的明證。工具論把科學理論視為計算規則（或推理規則），
實際上二者之間可能存在的邏輯關係是不對稱的，而且具有很大差
異。工具論無法說明純粹科學家對真理和謬誤的興趣，所以它無法
說明嚴格檢驗（甚至對理論的最間接涵義的檢驗）對於純粹科學的
重要性。同純粹科學家所必須具備的那種高度批判精神相反，工具
論的態度（就像應用科學的態度那樣）沾沾自喜於應用的成功❻。
費耶阿本德指出，實在論突破了經驗的局限，從更廣闊的科學理性

---

❸　同❷，頁153,151。

❹　I. G. 巴伯《科學與宗教》，阮煒等譯，四川人民出版社（成都），1993
年第1版，頁213。

❺　R. 吉爾〈作為工具合理性的科學合理性〉，《國外自然科學哲學問題》
(1991)，中國社會科學出版社（北京），1991年第1版，頁81–89。

❻　同❷，頁142, 144, 156–157, 160。

的角度思考了科學實在；而工具論則局限於經驗之中而不能自拔，恰恰是對科學理性思維的約束❸。他據此認為，實在論總是比工具論可取❸。

把迪昂的諸多基本觀點與工具論的上述缺陷相比較，人們不難看出，迪昂的科學工具論思想總的來說幾乎不帶有那些弱點，即便帶有也並不顯著。這種看法從我們下面的分析中可得到進一步的印證。

第三節　工具論與實在論的協調

工具論（理論是描述現象的工具）和實在論（理論是說明實在的真理）本來是相互對立的（工具論是一種主要的反實在論的學說）、水火不容的，這兩種科學哲學又是如何協調起來，集於迪昂一身呢？

首先，在對實在論的態度上，迪昂並未反對實在論一般或總括的實在論 (global realism)，而是反對實在論特殊或歷史上相對化的實在論❸ —— 中間時期的實在論，這種實在論在長時期內會被撤消。具體地講，迪昂在本體論上反對實體實在論而堅持樸素（常識）實在論和關係實在論；在認識論上反對強實在論而堅持有保留的實在論 (qualified realism) 和有保留的工具論；此外，如前所述，迪昂

---

❸ 郭貴春《當代科學實在論》，科學出版社（北京），1991年第1版，頁117。

❸ P. K. Feyerabend, Realism, *Rationalism & Scientific Method, Philo-sophical Papers*, Volume 1, Cambridge University Press, 1981, p.201.

❸ P. Barker, Copernicus, the Orbs, and Equant, *Synthese*, 83 (1990), pp.317–323.

也部分地反對語義學的實在論。

在迪昂看來，哥白尼似乎固守強實在論的版本：堅信他的學說揭示了現象背後的實在，不只是可能為真，而且絕對為真。迪昂的反對意見是：強實在論要求絕對的、具有必然真理的確實性；一旦某人相信並宣稱他自己具有這樣的確實性，他就把他的觀點強加於其他科學。迪昂反對絕對真理的主張，因為這種主張阻礙探索，並把過多的約束加之於想像。迪昂悲嘆十六世紀下半葉和十七世紀上半葉占優勢的實在論是哲學－神學帝國主義，這種錯誤直到十九世紀才得以糾正❹。按照迪昂的觀點，實際事實和常識定律是實在論的，本身雖為符號但經過翻譯的理論事實和科學定律也是實在論的。作為非說明的和符號化的理想、PT雖不涉及實在（當然是非實在論的），但它通過直覺、類比卻反映了實在論的本體秩序。迪昂的以自然分類為極限的PT表明，與其說他把實在論視為任何理論必須滿足的總括要求，毋寧說視為一系列相關理論相繼邁向的目標。

其次，迪昂關於現象－實在、描述－說明的二分法大體上為物理學和形而上學劃出了轄域，也為工具論和實在論概略地設置了活動範圍。關於事物的真正本性或潛藏在我們正在研究的現象背後的實在，是由形而上學告訴我們的，但是在現象王國內，科學則是至高無上的權威。因此，迪昂似乎在PT和PL方面堅持有保留的工具論，而在日常經驗和更深入的形而上學直覺方面堅持有保留的實在論。迪昂看到科學是充滿錯誤的歷史，他通過把實在論放逐到形而上學來容納科學的失敗。迪昂只是在科學和形而上學在理論終點巧遇時，在理論大廈最終建立起來時，才容許實在論的存在，這種巧合恰是通過非邏輯的卓識辨認的。在自然分類這個巧合點，PT便「映射」

❹　同❾。

出形而上學要把握的關於實在的信息。

　　再次，迪昂的工具論主要是作為方法運用的，它活動在方法論領域。而在本體論和認識論領域，他基本上持實在論的觀點：他承諾外部世界和物質實在的存在，他承認科學能夠認識物質世界的真理，並持與實在論相符或相容的真理觀。要知道，實證論的工具論是否認實在、拋棄真理概念的。

　　再者，迪昂清楚地看到，工具論並不足以使科學成功，科學目標是工具論和實在論的混合方向。他明知自然分類是只能接近而不可企及的、在某種程度上是虔誠希望的東西，他深知對理論融貫或統一的要求是物理學方法無力辯護的，但他還是毅然採用這兩個與工具論不相容的概念，來平衡和補充工具論的目標。這樣一來，科學理論便在保全現象和追求邏輯統一的過程中趨向作為自然本體論秩序反映的自然分類，從而保證了科學進步的合理性；另外，科學理論除有工具論的分類和經濟功能外，也有實在論的示真（審美）、預見功能，從而保證了科學的非功利的認知價值。

　　最後，除《保全現象》洋溢著強烈的工具論傾向外，迪昂的其他著作都與此不同，《結構》中的反對工具論、主觀論和貶低科學知識能力的價值的色彩還是相當明顯的。在該書中，他把由彭加勒在法國傳播的盎格魯撒克遜的「模型論」(modelism)視為工具論的危險變種，並採取明確的反工具論立場與之鬥爭。他批判了他在彭加勒的約定論和馬赫實證論中發現的過度的工具論傾向，指出他們沒有考慮科學史給出的漸進統一的明確證據。對於經典實在論者和經典實證論的工具論者對 PT 的目的兩個原則性的回答（說明和分類），他持反對和部分否定態度。迪昂堅決拒斥PT是方便處方的觀點，他堅持認為PT透露出關於世界本性的信息，給予我們以外部物

質世界的知識，而純粹工具論的物理學也許僅有貧乏的意義 (*AS*, pp.314, 334)。

與反對工具論相伴隨，迪昂也許是秉承亞里士多德的旨意——「為求知而從事學術，並無任何實用的目的」❹——對功利主義和實用主義持更為堅決和更為激烈的反對態度，這反過來又有助於增強他的反工具論立場。他批評法國教育排斥抽象的和演繹的理論，變成功利主義的犧牲品；他抨擊十九世紀的信仰主義和反理智主義使科學淪為功利主義技巧，斥責實用主義認為PT完全是功利主義的謬說(*AS*, pp.93, 314)。他甚至把科學背棄「無私的探索」而「服務於功利主義」，視為「反對聖靈的罪孽」(*UG*, p.215)。他斷言：「導致有用東西的發現」只不過是真理研究的「剩餘產品」(*UG*, p.135)；「只有當實驗科學變成演繹的，尤其是當它變成數學的，它才是工業的嚮導。」(*GS*, p.35)

迪昂向來認為物理學不能建立在實用主義的基礎上。他強調他不是實用主義者：「在PT的價值的主題上，我們與各種實用主義學派分道揚鑣，我們在任何情況下也不把我們自己列入它的信徒中的一員。」❹薩頓說迪昂哲學「是一種由他的宗教信仰和實用主義傾向賦予活力的哲學」❹，顯然是出於對迪昂哲學的無知和對迪昂宗教信仰的偏見。

---

❹ 亞里士多德《形而上學》，吳壽彭譯，商務印書館（北京），1959年第1版，頁5。

❹ P. Duhem, Logical Examination of Physical Theory, *Synthese*, 83 (1990), pp.183–188.

❹ G. 薩頓《科學的歷史研究》，劉兵等譯，科學出版社（北京），1990年第1版，頁126。

綜上所述，迪昂力圖在工具論和實在論之間保持一種微妙的平衡或必要的張力，從而把二者協調起來。因為工具論把科學限於觀察結果的詮釋和預言，而實在論試圖揭示實在的深層本性，科學的歷史和實踐表明，二者的單獨行動均不能有效地促進科學的進步，只有它們珠聯璧合，才能相得益彰。迪昂深諳此道。他在評論萊伊的著作時說：這位作者依次採取了兩種截然不同和針鋒相對的態度——反思的和批判的態度、本能的和自發的態度。批判的反思迫使他宣布，理論物理學只知道實驗揭示的、必定是偶然的和特殊的真理，理論只不過是分類和發現的工具，並未把知識添加到純粹經驗的事實上。另一方面，本能的和自發的直覺又驅使它宣布，存在著絕對的、普適的、從而超越實驗的真理，PT穩定地變得更廣闊、更統一的進步指向對這種日益精確和日益完美的真理的某種洞察。我們將宣稱萊伊先生沿著相反方向運動的推理的這兩條路線是相互矛盾的嗎？我們將以邏輯的名義責備它們嗎？迪昂的回答是：肯定不！正像我們不譴責我們在機械論的繼承者的思想中辨認出兩種相反的傾向一樣，正像我們不指責彭加勒先生就不融貫性所闡述的命題一樣——這些傾向和命題先是拒絕、後又承認PT的客觀有效性——我們也不譴責它們。迪昂繼續寫道：

> 在馬赫、奧斯特瓦爾德和蘭金以及所有審查PT的本性的所有人中，我們都能夠注意到這些相同的兩種態度，一個看來好像是另一個的平衡重量。宣稱在這裡只存在不融貫和荒謬是幼稚的；相反地很清楚，這種對立是一個與PT的本性在實質上相關的根本事實，我們必須如實地記住這個事實，如有可能就說明這個事實。(*AS*, p.333)

因此，迪昂的結論是：「責成PT在它的發展中保持嚴格的邏輯統一，也許是把不公正和不寬容的暴政強加於物理學家的精神。」 然而，「物理學家不管多麼實證論」，「他都不能使他的精神在PT中看到的只是一組實際的步驟和工具架」，「他都不能拒絕承認」「他朝向越來越統一、越來越完美的PT的努力是合情合理的」，即趨向於暗示外部世界的「普適的和必然真理」的自然分類。(*AS*, pp.334, 332)

迪昂的能量學既是他心目中的PT的理想形式，事實上也是工具論和實在論二者的張力哲學的體現。能量學是用形式方式構造的、用來描述現象的完整邏輯體系，迪昂十分欣賞它的研究進路和方法論價值。他說：

> 它沒有模仿物理學家到那時提出的許多力學理論，它也沒有用假設的物體的隱蔽運動代替儀器測量的可觀察的性質，以便能夠把理性力學的方法應用於這些運動；它以實驗物理學產生它們的形式接受了它們，而沒有自稱把它們還原為形狀和運動——當幫助他們的感官或儀器都未實現這一還原時；正是直接的觀察和實驗的資料，將被它的公式包容。(*MPD*, p.9)

> 現在，我們未看到任何基本原理來自把我們察覺和接觸的物體分解為不可察覺的但卻更簡單的物體的需要；我們沒有一個人看到把借助隱蔽的運動說明可感覺的運動作為目的。原子論沒有以任何方式有助於它們的系統闡述。它們都是出自於把某些十分普遍的法則系統化的需要，這些法則的推論保全了現象。於是，物理學發展史終於確認，那門科學所使用

的方法的邏輯分析教給我們什麼東西。從前者和後者，我們
復活了我們對於能量學方法在未來富有成果的信念。❹

這些敘述中的方法論思想基本上落入工具論的框架內，盡管理論的
邏輯系統化已超出工具論的界限。但是，迪昂並未就此止步，他指
出在能量學捲入PT的終點，存在著類似於它的宇宙論即亞里士多德
的物理學，盡管二者的創造者是陌生人。迪昂列舉了把二者聯繫起
來的諸多特徵，從類比洞察到同一本體論秩序的圖像 (*AS*,
pp.305–311)。顯而易見，這是實在論的語言。

　　在工具論和實在論之間保持必要的張力，既是迪昂的明智之
舉，也是科學歷史的啟示和科學實踐的要求。確實，以歷史案例和
實踐事實作為論據，是在工具論和實在論之間爭論的雙方都能夠玩
的一種博奕，但是無論哪一方都不會成為毫無爭議的贏家。一些插
曲似乎為工具論的磨房準備了穀物，另一些事件又好像為實在論的
大炮填充了火藥❺。因此，在歷史的爭論中不過分地偏袒任何一方，
在科學的實踐中審時度勢地在二者之間保持必要的張力，也許是心
開目明和富有成效的。誠如夏皮爾所言：

　　　一個成熟的科學理論術語應該有所指，而且它對於所指客體
　　近似為真。成熟科學中後續理論保持著早期理論所指的事物
　　和理論關係。在科學理論中也存在著具有工具性而不標誌實
　　在的術語，我們稱為概念工具。當沒有理由把一個理論術語

❹　同❶。

❺　P. L. Quinn, Duhem in Different Contexts, Comments on Brrenner and
　　Martin, *Synthese*, 83 (1990), pp.357–362.

作為概念工具時，就應該承認它對客觀實在的指稱；而一旦有理由懷疑其正確性，就應該在保留它的前提下把它當作概念工具。**❹**

第七章 認識論透視下的理論整體論

一雨池塘水面平，

淡磨明鏡照簷楹。

東風忽起垂楊舞，

更作荷心萬點聲。

——宋·劉攽〈雨後池上〉

迪昂關於我們的科學理論是作為一個整體面對經驗檢驗的命題，通常被稱為迪昂論題或（理論）整體論❶。迪昂的整體論是迪昂的最重要的認識論原則，是他的最重大的哲學創造和最有意義的思想貢獻。由於整體論具有豐富的哲學內涵，深邃的思想底蘊，悠遠的認知文脈，廣闊的文化與境，以及從還原論和實在論的龍潭與相對主義和約定論的虎穴之間穿越的理論勇氣、思維張力和學術魅力，因而近百年來一直引起哲學家的青睞、關注和探討，成為科學哲學中經久不衰的熱門話題，從而在人類思想史上濃墨重彩地寫上了一筆。

---

❶ 迪昂論題（Duhem thesis，以下簡稱 Dt）或整體論（holism）有時也被稱為迪昂問題（Duhem problem），迪昂－奎因論題（Duhem-Quine thesis，以下簡稱 DQt），D 論題（D-thesis），不充分決定論題（under-determination thesis）。

第一節　整體論的提出及內涵

在《結構》中進行綜合性的論述之前十二年，迪昂就在1894年的〈關於PE的目的一些反思〉中宣布了他的理論整體論的基本思想：

> 物理學中的實驗從來也不能宣判一個孤立的假設不適用，而只能宣判整個理論群不適用。❷

在當時，迪昂的這一主張確實大膽而新奇：它不僅在迪昂先前的文章中從未出現，而且甚至與在1892年的首篇科學哲學論文的歸納主義傾向——迪昂在其中推薦選擇理論的歸納法——相衝突。

　　1890 年，維內爾(O. Wiener, 1862–1927) 發表了關於偏振光振動方向的實驗，該實驗證實了菲涅耳波動說關於振動垂直於偏振面的預言，而否決了諾伊曼(F. E.Neumann, 1798–1895)和麥克卡拉(J. MacCullagh, 1809–1847) 發射說關於振動平行於偏振面的預言。相當一批科學家把維內爾實驗視為判決實驗的案例❸，這進一步激勵了彭加勒和迪昂等人對物理學中的實驗進行哲學反思。

　　迪昂在1894年的另一篇文章〈光學實驗〉中，列舉實驗複雜性

---

❷　A. A. Brenner, Holism a Century Ago: The Elaboration of Duhem's Thesis, *Synthese*, 83 (1990), pp.325–335. 這段話作為小標題再次出現在《結構》中(*AS*, p.183)。

❸　例如，法國科學家科爾尼(M. A. Cornu, 1841–1902)1891年評論說：該實驗「決定性地推翻了」諾伊曼理論，「以驚人的方式確認了」菲涅耳理論。他還向彭加勒和迪昂在物理學其他分支提出的抽象概念發起挑戰。參見❷。

時駁斥了科爾尼的詮釋：「O. 維內爾先生的實驗宣布不適用的東西不是振動平行於偏振面這個特定的假設；它宣布不適用的東西是構成麥克卡拉和諾伊曼理論的假設群；他的實驗告訴我們拋棄假設群的一部分，而並未告訴我們改變什麼；例如我們能夠放棄把以太分子的運動安置在光線的偏振面；但是我們也能夠讓以太分子在偏振面振動，只要我們改變理論的其他一些假設，例如說明歸因於光強度的力學意義的假設。」❹

在這裡，迪昂追隨彭加勒。彭加勒1891年在巴黎科學院闡述了維內爾實驗，認為該實驗本身並不是決定性的。彭加勒翌年在他的《光的數學理論》第二卷再次提出這一觀點，其中一個段落在1893年引起迪昂的注意和評論。就這兩位作者而言，哲學問題都處於突出地位。無論彭加勒還是迪昂，都對挽救諾伊曼理論不感興趣，他們在研究中都贊同菲涅耳理論。

那麼，迪昂的獨特貢獻在何處呢？布倫納 (A. A. Brenner) 認為❺，即使彭加勒也許是第一個提出維內爾實驗的批判性詮釋，但他從未就實驗檢驗的本性推出普遍的結論；而且他在 1902 年的《科學與假設》中提到，人們一直尋求在兩種對立的光學理論中作出裁決的「判決實驗」，在這裡也沒有回憶他早年對維內爾實驗的詮釋，甚至繼續講決定性實驗和判決實驗❻。布倫納的斷言是欠妥當的。事實上，彭加勒在書中明確論述了判決性實驗不可能，而且是在1900年巴黎國際物理學會議上講的❼，該論題已成為他的約定論的

---

❹　同❷。

❺　同❷。

❻　H. 彭加勒《科學的價值》，李醒民譯，光明日報出版社 (北京)，1988年第1版，頁165, 116。

基本內涵之一 (C₄)❼。迪昂的獨特貢獻在於，他（也許）先於彭加勒對理論整體論作了更為詳盡的闡述、更為系統的分析和更為普遍的哲學概括，並以此影響了後來者，而彭加勒則是以約定論（整體論思想作為它的一部分）影響哲學界的。

就是在〈光學理論〉一文中，迪昂把對維內爾實驗的批判詮釋概括為哲學論題：

> 我們在這裡所擁有的不是 O. 維內爾先生所完成的實驗的特
> 殊性，而是實驗方法的普遍特徵；從來也不可能使孤立的假
> 設服從實驗檢驗，而只能使假設群服從實驗檢驗。❾

迪昂充分意識到他的結論的重要意義，他在關於PE的文章中繼續從事這一分析，並選擇新的例子傅科 (J.-B.-L. Foucault, 1819–1868)實驗❿闡明他的主張。這個實驗表明，光在空氣中比在水中傳播得快，從而動搖了光的微粒說的預言，而確認了波動說的預言。迪昂指出，傅科實驗像維內爾實驗一樣，並不是決定性地強迫人們接受一個理論的所謂判決實驗。迪昂從另外的視角看待傅科實驗，

---

❼　彭加勒說：「如果我們在若干假設的基礎上構造理論，如果實驗否證
　　它，我們前提中的哪一個必須改變呢？這將是不可能知道的。相反地，
　　如果實驗成功了，我們認為我們一舉證明了所有的假設嗎？我們會相
　　信只用一個方程就能決定幾個未知數嗎？」參見❻，頁116。

❽　李醒民《彭加勒》，東大圖書公司印行（臺北），1994 年第 1 版，頁
　　121–122, 124, 129, 175。

❾　同❷。

❿　該實驗完成於1850年，也被認為是光學理論的判決實驗。參見広重徹
　　《物理學史》，李醒民譯，求實出版社(北京)，1988年第1版，頁190–191。

以此向判決實驗這個自培根(F. Bacon, 1561–1626)❶以來就居統治
地位的教條發起挑戰,提出了一個全新的認識論原則和方法論觀念。

就在同一文章中,迪昂質疑經典的或傳統的實驗概念的健全
性:「由於宣稱借助理論詮釋事實是PE的組成部分……我們在科學
的嚴格性方面將使不止一個精神感到反感;不止一個人將提出從培
根到克洛德・貝爾納(Claude Bernard, 1813–1878)的哲學家和觀察
者所千百次製作的法則來反對我們。」 在這裡,迪昂既與培根的判
決實驗概念針鋒相對,也與貝爾納關於實驗者應保持絕對的心靈自
由的主張水火不容。迪昂在論文中給 PE 下了一個十分精闢的定
義❷,其思想精髓是:觀察滲透理論,實驗伴隨詮釋。迪昂選擇勒
尼奧關於氣體可壓縮性的系列實驗闡明他對實驗方法的見解,這些
見解與整體論的論題密切相關。

迪昂的這篇文章幾乎等價於《結構》第二編第四、五、六章的
文本,這表明他在1894年就大體上得到關於實驗檢驗的概念和整體
論學說❸。不過,在文章中沒有批判牛頓方法的兩段文字。迪昂在

---

❶ 判決實驗(crucial experiment)這個概念是培根在《新工具》(1620)一書
中首次提出的,他當時稱之為「判決性實例」或「指路牌實例」。笛卡
兒、牛頓都相信它。其意正如迪昂所述:「假定我們面對的只有兩個
假設,尋求這樣的實驗條件,以便使一個假設預測一個現象產生,另
一個假設預測完全不同的結果產生;創造這些條件,觀察發生了什麼;
依據你觀察到的是第一個還是第二個預言的現象,你將否決第一個還
是第二個假設;未被否決的假設將因而成為毋庸置疑的;爭論將停止,
科學將獲得新真理。」(*AS*, p.188)

❷ 參見本書,頁160。這個定義再次出現在(*AS*, p.147)中。

❸ 在迪昂和其他人之間,例如彭加勒、米奧德、勒盧阿、維爾布瓦斯(E.
Wilbois),存在著觀點的優先權問題。迪昂在《結構》中有三處腳注

文章中拒斥一種理論構造的特定方法：「人們希望這位教授按某一順序排列物理學的所有假設，取出第一個假設，宣告它，詳述它的實驗證實，然後當證實認為是充分的時候，便宣布該假設被接受了；他再針對第二個、第三個假設等等開始這種操作，直到物理學的所有假設都合法通過。……這種觀念是不正確的觀念。」❶這樣的方法顯然與整體論論題──不可能檢驗孤立的假設──相矛盾。可是，迪昂只是在《結構》中才接著它明確地批判了歸納法，並把選擇原理的手段從1892年的歸納引導和決定轉而求助於科學史。在1894年，迪昂還沒有察覺到科學史的這種作用，這無疑是他對批判歸納法猶豫不決的深層理由。

> (*AS*, pp.144, 150, 216)列舉文獻並予以釐清。在第一處，他列舉的1894年的文本〈關於PE的目的的一些反思〉均在後三位作者之前。在第二處，他在引用了彭加勒借助電流計觀察的事例闡述未加工的事實和科學事實的區分（參見❻，頁313–322）時加注說：「如果我們觀察到，自1894年以來，我們實際上以等價的術語發表了前述的學說，而彭加勒先生的文章發表在1902年，那麼對此毋須驚訝。」在第三處，他寫道：「在1900年於巴黎舉行的國際哲學會議上，彭加勒先生提出這個結論：『於是，人們說明了實驗如何可以啟發（或建議）力學原理，但卻從來不能推翻它們。』針對這一結論，阿達瑪先生提出各種評論，其中之一如下：『而且，與迪昂先生的評論一致，我們能夠力圖用實驗證實的，不是一個孤立的假設，而是整個力學假設群。』」顯然，在最後兩處，迪昂本人（或借助阿達瑪之口）為他的優先權「有禮貌地」辯護。考慮到迪昂和彭加勒都是淡泊名利之人，考慮到彭加勒從未與他人公開爭奪優先權──彭加勒從未以自己的名字命名他的諸多發現，相反卻以他人名字命名，對相對論的優先權也保持沉默（參見❽，頁9, 18–21, 27, 30, 244–256）──因而由此若得出彭加勒竊據迪昂的成果，顯然是輕率的。這是一個有待進一步探討的問題。

❶ 同❷。

　　由此可見，整體論不是純粹哲學家關在書齋裡冥思苦想出來的深奧觀念和思辨命題，它是由哲人科學家立足於科學的土地，在對傳統的科學認識論和方法論的批判性的審查中，獲取的生氣勃勃的科學哲學智慧❺。下面，我們將進一步揭示它的思想內涵和精神實質。

　　顧名思義，迪昂整體論的核心思想是，PT是一個整體，比較必然是整體的比較，不可能把其中的單個假設或命題孤立地交付實驗檢驗。迪昂通過對實驗和理論本性的分析指出，以「理論描述的完整系統」為一方，以「觀察資料的完整系統」為另一方，兩個體系「必須被包括在它們的整體中」，「把理論的孤立的推論與孤立的實驗事實比較是不可能的」(*AS*, P.220)。與此同時，

　　　　試圖把理論物理學的每一個假設與這門科學依賴的其他假定分離開來，以便使它孤立地經受觀察檢驗，這是追求一個幻想；因為物理學中無論什麼實驗的實現和詮釋都隱含地依附於整個理論命題集。

　　　　對不是非邏輯的PT的唯一實驗核驗在於把整個PT體系與整個實驗定律群進行比較，在於判斷後者是否被前者以滿意的

---

❺　紐拉特認為，與彭加勒和迪昂引入的新觀點相同的思維方式，概括了一百年前那個時代的特徵，類似的評論能夠在那時反覆碰到。例如，赫歇耳(J. F. W. Herschel, 1792–1871) 甚至給出了比較接近迪昂的評論：他指出干涉現象能夠通過對畢奧(J. B. Biot, 1774–1862)的發射說進行適當的修改來說明。參見 O. Neurath, *Philosophical Papers 1913–1946*, Edited and Translated by R. S. Cohen and M. Neurath, D. Reidel Publishing Company, 1983, pp.28–29。可是，赫歇耳卻堅信判決性實驗，認為它是可接受的理論必須經受住的毀滅性實驗。

方式加以描述。(*AS*, pp.199–200)

因此，如果我們提出的觀念是正確的，即比較必然是在整個理論和整個實驗事實之間確立的，那麼我們就應該借助這一原則看到朦朧性消失了。一旦我們自認自己使孤立的理論假設經受檢驗，我們就會在這種朦朧性中迷失方向。(*AS*, p.208)

　　既然PT是一個整體，那麼實驗事實既不能絕對自主地證實或否證一個孤立的假設和與物理學其餘部分分隔開來的假設群，就是順理成章的事了。而且，迪昂還看到，實驗方法的證明價值遠非如此嚴峻或絕對：它起作用的條件要複雜得多，對它的結果的估價也棘手得多，必須小心謹慎從事才行。迪昂繼續說：

　　　　物理學家決定證明一個命題的不正確性；為了從這個命題演繹出現象的預言並進行表明這個現象是否產生的實驗，為了詮釋這個實驗的結果並確立所預言的現象沒有發生，他並未使自己僅限於利用所討論的命題；他也利用了他作為毋庸爭辯的東西而接受的理論群。未產生現象的預言中止了爭論，可是該現象的預言並不是從受到挑戰的命題——即使它獨自承擔了挑戰——推導出來的，而是從與整個理論群結合在一起的處於爭論中的命題推導出來的；如果所預言的現象沒有產生，那麼不僅被審問的命題有毛病，而且物理學家所利用的整個理論的腳手架也是如此。實驗告訴我們的事情僅僅是，在用來預測現象並證實它未被產生的命題中，至少有一個錯誤；但是這個錯誤在何處，實驗恰恰沒有告訴我們。物理學家可能宣稱，這個錯誤正好包含在他希望反駁的命題中，但

是他能確保它不在另一個命題裡嗎？如果他能確保這一點，他就隱含地接受了他所運用的其他命題的正確性，他的結論的有效性與他的信念的有效性一樣大。(*AS*, p.185)

迪昂以維內爾實驗為例分析說，僅讓諾伊曼命題單獨為實驗的否定結果負責，實際上就是把維內爾所運用的其他命題視為毋庸置疑的，然而這種保證並不具有邏輯的必然性。沒有什麼東西阻止我們將諾伊曼命題看作是正確的，而將實驗矛盾的壓力轉嫁到某些其他普遍接受的光學命題上。彭加勒已從物理學上證明，我們能夠非常容易地從維內爾實驗的鉗制中挽救諾伊曼假設❶。同樣地，迪昂也指出，相信傅科實驗一勞永逸地否決了發射說也是輕率的（考慮到1905年愛因斯坦的光量子說，人們不能欽佩迪昂的先見之明），物理學家完全可以在發射說的基礎上建立與傅科實驗一致的光學體系。迪昂再次重申了他的論斷：

> 總而言之，物理學家從來也不能使一個孤立的假設經受實驗檢驗，而只能使整個假設群經受實驗檢驗；當實驗與他的預言不一致時，他所獲悉的是，構成這個群的假設中至少有一個是不可接受的，應該加以修正；但是，實驗並沒有指明哪一個假設應該被改變。(*AS*, p.187)

迪昂接著指明不熟悉實驗方法實際功能的人的種種誤解和曲解，他

---

❶ 彭加勒表明，只要放棄將平均動能看作光強度的量度的假設，而用影響振動介質的平均勢能來測量光強度，我們就可以使振動平行於偏振面，而不與實驗相衝突。

形象地比喻說，物理學不是一部聽任它自己被拆散的機器；我們不能孤立地試驗每一個部件，一直等到它的可靠性都被仔細校驗才去調整它。物理科學是一個必須被視為整體的系統；它是一個有機體，在這個有機體中，一個部分不能發揮功能，除非遠離它的各個部分都起作用，一些部分比另外的部分作用大，但是所有部分都在某種程度上起作用。如果出了某種毛病，如果在有機體的功能中感到有某種不適，那麼物理學家必須通過它對整個系統的影響來檢查哪個器官需要治療或修補，而不可能把這個器官孤立起來，單獨地查看它。修表匠可以把停走的鐘表打開、拆散，逐一檢查各個零件，直到發現毛病或損壞的部件為止。可是，醫生卻不能解剖病人來確定診斷，他不得不僅僅通過檢查影響整個身體的失調來推測發病的部位和原因。關心補救有缺陷的理論的物理學家類似醫生，而不像修表匠。

當理論的某些推論遭到實驗矛盾的打擊時，我們知悉這個理論應該被修正，但實驗並未告訴我們必須改變什麼。在這種情況下，我們該怎麼辦呢？迪昂告訴我們，沒有絕對的原則指引物理學家尋找損害整個體系的弱點，不同的人可以以不同的方式進行，而沒有權力相互指責對方不合邏輯。例如，當一個人通過使某些基本假設適用的圖式系統複雜化，通過乞求誤差的各種原因，以及通過增加校正，試圖重新建立理論的推論和事實之間的和諧時，他可能不得不維護這些基本假設。而另一個輕視這些複雜的人為程序的人卻可能決定改變支持整個體系的某一個基本假定。第一個物理學家無權預先譴責第二個物理學家膽大妄為，第二個物理學家也無權認為第一個謹小慎微是愚蠢可笑的。他們遵循的方法只能通過實驗才能得到辯護；如果他們二者都滿足了實驗的要求，那麼每一個人從邏輯

上講都可以宣布對自己完成的工作感到滿意。於是，迪昂把判斷和決斷的任務交托給不受牽累和干擾的卓識或健全的判斷力：

> 由於邏輯未以嚴格的精確性決定不恰當的假設給更為富有成效的假定讓路，由於辨認這個時刻歸屬於卓識，物理學家可以有意識地使卓識更清醒、更警惕，以促進這一判斷，加速科學的進步。現在，沒有什麼東西比激情和興趣更有助於牽累卓識和擾亂它的洞察力了。因此，沒有什麼比虛榮心更能延遲應該決定PT中的幸運變革的決斷了，這種虛榮心使得物理學家對他自己的體系過於溺愛，而對他人的體系則過於苛刻。於是，我們被引向克洛德・貝爾納如此明確地表達出的結論：對假設的健全的實驗批判是從屬於某些道德條件的；為了正確地評價與事實的一致，僅僅是一個可靠的數學家和技藝嫻熟的實驗家還是不夠的；人們也必須是一個公正的和忠實的法官。(AS, p.218)

當然,迪昂也明確意識到卓識選擇的理由存在著含糊性和不確定性,而且因人而異有所不同，但是在理論的生存競爭中，卓識最終會借助歷史的長期考驗作出明智的決斷。

作為整體論的重要內涵之一，迪昂提出判決實驗在物理學中是不可能的命題。迪昂依據對實驗的複雜性分析指出，在物理學中既沒有類似幾何學中的歸謬法（列舉能夠解釋現象群的所有假設，然後用實驗矛盾消除一個假設之外的所有假設，所留下的假設將具有確實性），也沒有培根所謂的指路牌實例。迪昂通過對傅科實驗的考察指出，該實驗不是在兩個假設即發射假設和波動假設作明確的判

決,而是在兩個完整的體系即牛頓光學和惠更斯光學之間作出判決。因此,所謂「判決實驗」並不能構成將兩個假設之一轉變為已證明的真理之無可辯駁的程序,物理學中的假設也並非總是能夠構成兩刀論法(dilemma),因為還可以設想其他假設,例如麥克斯韋光的電磁假設。迪昂得出結論說:

> 與幾何學家使用的歸謬法不同,實驗的矛盾沒有能力將物理學假設轉變為毋庸置疑的真理;為了授予它這種能力,我們必須全部列舉可以覆蓋確定的現象群的各種假設;但是,物理學家從未肯定他已窮盡了所有可以設想的假定。PT的真理未被你要正面還是反面❶決定。(*AS*, p.190)

迪昂堅持判決實驗不可能的命題,除了整體論的和邏輯的考慮外,也與他偏好嚴格性,尤其是關於實驗資料的符號翻譯的本性有關──因為這樣的翻譯只有部分的可靠性,它們與實在不是一一對應的,把這些翻譯集合在一起的定律就不能認為窮竭了一切。

與整體論相關的另一個命題是觀察滲透理論,實驗承諾理論(第三章已述及),從而使得理論的實驗檢驗在物理學中並沒有像在生理學中那樣的邏輯簡單性。迪昂認為,在數學理論還未引入的實驗科學中,理論的演繹結果和實驗事實的比較服從十分簡單的法則,觀察者或實驗者可以像貝爾納建議的那樣,毫無先入之見地觀察事實,以同樣審慎的公正收集事實,在面對實驗時忘卻自己的觀點和他人的觀點,按實驗的本來面目接受實驗的結果,把理論關在

---

❶ 此處的英譯文為heads or tails (你要正面還是反面),它是擲硬幣打賭的用語。似可意譯為「非此即彼地」或「二者擇一地」。

實驗大門之外。可是，在PE中，貝爾納的「冷面人」和「神目觀」行不通了，培根關於不應該讓人的眼睛顯示出人類激情的光彩的作法也難以實踐。當受到事實檢驗的理論是PT時，那就

> 不可能把我們想要檢驗的理論留在實驗室大門之外，因為沒有理論就不可能調節一個儀器或詮釋一個讀數。我們看到，在物理學家的心目中，不斷地呈現出兩類儀器：一類是他操作的用玻璃和金屬作成的具體儀器，另一類是理論用以代替具體儀器的圖式的和符號的儀器，物理學家正是賴以進行他的推理的。這兩種觀念在他的智力中不可分割地關聯在一起，每一個必然牽涉到另一個；物理學家在不把具體儀器和圖式儀器的觀念聯繫起來的情況下，便不能設想它，就像法國人不把觀念與表達它的法語詞彙聯繫起來就不能設想觀念一樣。這種根本的不可能性阻止人們把PT與適合於檢驗這些理論的實驗程序割裂開來，它以獨特的方式使這種檢驗複雜化了，並迫使我們仔細審查它的邏輯意義。(*AS*, pp.182–183)

迪昂注意到，在作實驗或報告實驗結果時，物理學家並不是唯一訴諸理論的人。化學家和生理學家在使用諸如溫度計、壓力計、量熱計、電流計和糖量計這些物理儀器時，也默認了證明使用這些儀器部件有道理的理論的精確性，而且默認了給予溫度、壓力、熱量、電流強度、偏振光這樣的抽象觀念以意義的理論的精確性，這些儀器的具體指示就是借助於理論給予的意義翻譯的。但是，所運用的理論以及所使用的儀器都屬於物理學領域；由於使用這些儀器而接受了理論──沒有理論儀器的讀數就毫無意義，化學家和生理

學家以此表明他們信任物理學家,他們假定物理學家是準確無誤的。另一方面,物理學家也必須信賴他自己的理論觀念或他的物理學家同行的理論觀念。

> 從邏輯的觀點看,差別是無關緊要的;對於生理學家和化學家,以及對於物理學家來說,實驗結果的陳述一般地都隱含著對整個理論群的信任。(*AS*, p.183)

迪昂關於觀察和實驗負荷理論的命題對各種經驗論科學哲學構成致命威脅,但它也帶來一個嚴重問題:理論的實驗檢驗變成循環演練,即變成理論與理論的比較。迪昂擺脫困境的途徑有二:堅持經驗論的合理內核,承認實驗是檢驗PT真理性的唯一標準;把其推論與實驗矛盾的理論假設的取捨權交托給卓識和歷史。

與整體論的論證相伴隨,迪昂對牛頓的歸納法進行了徹底的批判。牛頓堅決地把歸納不是從實驗抽取的任何假設拒斥在自然哲學之外,並要求每一個命題都應該從現象中引出並通過歸納概括⑱。迪昂通過邏輯分析和對牛頓推理的考察得出,萬有引力原理不僅比開普勒定律更普遍,而且在質上不同且相抵觸:

> 萬有引力原理遠不是通過概括和歸納從開普勒的觀察定律推出來的,它在形式上與這些定律相矛盾。如果牛頓定律是正確的,那麼開普勒定律必然是錯誤的。⑲(*AS*, p.193)

---

⑱ I. 牛頓《自然哲學之數學原理・宇宙體系》,王克迪譯,武漢出版社(武漢),1992年第1版,頁405。

⑲ 這裡的斷言主要是邏輯的:開普勒的行星軌道是橢圓,牛頓的是偏離

因此，牛頓理論的確實性不會來自開普勒定律的確實性。但是，它將以不斷完善的代數方法所包含的高度近似性，計算每一時刻使天體偏離開普勒定律所指定的軌道的攝動；然後，它將把計算出的攝動與借助最精密的儀器和最嚴格的方法觀察到的攝動加以比較。這已不再是逐一地看待觀察證明是正確的定律，並通過歸納和概括將它們提昇到原理的地位的問題；它是將整個假設群的推論與整個事實群比較的問題。迪昂表明，牛頓本人也沒有按照他所謂的歸納法行事，牛頓方法是不切實際的，只不過是「神話」和「怪物」❷。波普爾充分肯定迪昂的論證，並把這「看作反歸納法的一個十分有力的論據」❷。

橢圓的攝動；伽利略的自由落體加速度是常數，而牛頓的是變數。由於二者觀察預言的差異非常小，不易檢測出來，一般人認為它們是相同的。拉卡托斯這樣評價迪昂的批判：「自從迪昂以來，牛頓因為他的話而常常受到嘲笑（例如受到波普爾和費耶阿本德的嘲笑），而且那些為牛頓的話所作的辯護也都是從邏輯上的誤解出發的（例如玻恩和I. B. 科恩）。」參見I. 拉卡托斯《數學、科學和認識論》，林夏水等譯，商務印書館（北京），1993年第1版，頁142。

❷　M. J. Crowe, Duhem and History and Philosophy of Mathematics, *Synthese*, 83 (1990), pp.431–447.

❷　K. 波普爾《客觀知識》，舒偉光等譯，上海譯文出版社（上海），1987年第1版，頁209。波普爾還說：「從邏輯的觀點來看，嚴格說來牛頓理論同伽利略理論和開普勒理論二者都是矛盾的。由於這個緣故，不論從伽利略理論還是開普勒理論或者這兩個理論，不論用演繹法還是歸納法，都不可能得到牛頓理論。因為無論演繹推理還是歸納推理，都不能從一致的前提引出形式上同我們藉以出發的前提相矛盾的結論。」

在牛頓之後，除安培外，沒有人更清楚地宣布PT應該僅用歸納法從經驗推出。迪昂認為，直覺的作用其實在安培的工作中尤為重要，它充分貫穿在這位偉大科學家的著作中。安培完全是通過預測發現了電動力學基本公式，只是在事後思考時才想起作實驗。他通過有目的的組合，顯得好像是按牛頓歸納法構造理論。在牛頓迷誤之處，安培也迷失了方向。這是因為，

> 兩個不可迴避的堅硬礁石使得純粹的歸納過程對物理學家來說是不可實行的。第一，經驗定律在經歷把它轉化為符號定律之前，它對理論家來說是沒有用處的；這種詮釋隱含著依附於整個理論集。第二，實驗定律不是精確的，而是近似的，因此它能夠被無數不同的符號翻譯所容許；在所有這些翻譯中，物理學家必須選擇將給他提供富有成效的假設的翻譯，他的選擇並非完全受實驗指導。(*AS*, p.199)

於是，迪昂依據提出的論據充分地確立了下述真理：對於物理學家來說，遵循其實踐向他推薦的歸納法是行不通的，正如對於數學家來說遵循十足的演繹法行不通一樣。那些宣稱借助歸納法把為數甚多的實驗結果提昇為物理學原理的人，其說明是有毛病的。因為他們不是借助已被觀察的事實，而是借助其存在被預言的事實為原理辯護，這種預言除了相信由被指稱的實驗支持的原理以外沒有其他基礎，故而陷入惡性循環。迪昂也強調，用像牛頓那樣定義的歸納法教物理學是幻想。無論誰宣稱抓住了這個幻影，都是欺騙他自己和他的學生。他呼籲：讓物理學教師放棄這種從錯誤觀念出發的理想的歸納法吧，拒絕這種構想教實驗科學的方式吧，這種方式

掩飾並扭曲了它的基本特徵。(*AS*, pp.201–204) 在這裡需要注意的是，迪昂從對牛頓歸納法的批判中，不僅粉碎了歸納主義或為粉碎它奠定了基礎❷，而且再次得出了通過批判實驗矛盾和判決實驗已經導致的結論，即我們在論述整體論開頭引用的關於PT是一個不可分離的整體的結論(*AS*, pp.199–200)。

迪昂的某些與約定論共同的思想因素——判決實驗不可能，理論的經驗內容保證了科學的連續性，理論多元論，自然秩序的實在性（這與彭加勒約定論的内涵C_4，C_5，C_6，$C_7$❸相同或相近）——也構成了整體論的部分內容。至於迪昂是否是約定論者，波普爾❹和亞歷山大❺等斷然稱是；不少作者觀點正好相反，甚至有人認為《結構》本身就是一本反約定論的書❻；不過也有人認為迪昂在約

---

❷ 拉卡托斯對迪昂的反歸納法評價甚高：「它的發現邏輯最先被康德和惠威爾所動搖，然後被迪昂所粉碎，最後由波普爾提出一種新的關於知識增長的理論所取代。」「科學哲學史中最重要的論據之一就是迪昂對歸納發現邏輯的粉碎性論證，它說明某些具有最深刻的解釋力的理論都……同那些『觀測定律』不一致，而按照牛頓派的歸納法，這些理論卻據稱是『建立在』那些『觀測定律』之上的。」同❶，頁181。

❸ 同❽，頁121–125。

❹ K. 波普爾《科學發現的邏輯》，查汝強等譯，科學出版社（北京），1986年第1版，頁49。波普爾說：約定論學派的「主要代表是彭加勒和迪昂」。

❺ P. Alexander, The Philosophy of Science, 1850–1910, *A Critical History of Western Philosophy*, ed. by D. J. Conner, New York, Free Press, 1964, pp.402–425. 亞歷山大說：迪昂「採納了科學理論的約定論觀點」。

❻ R. Maiocchi, Pierre Duhem's *The Aim and Structure of Physical Theory*: A Book Against Conventionalism, *Synthese*, 83 (1990), pp.385–400.

定論和實在論之間尋找中間道路，他一方面把能量學原理描述為僅由它們的結果與實驗定律的符合而批准的「純粹的公設和理性的任意法令」，另一方面又用自然分類緩和約定論❷。我的看法是：迪昂思想雖然具有約定論的成分，但嚴格地講，他不能算是一個十足的約定論者，至多只能把他看作是一個弱約定論者——不僅弱於勒盧阿的激進的約定論，而且也弱於彭加勒的溫和的約定論。

迪昂堅決反對聚集在勒盧阿周圍的基督教哲學家，他們欣然認為，PT只是處方。他也堅決反對彭加勒正式宣布物理學家可以相繼使用相互之間不相容的理論，不贊成彭加勒把假設視為方便的約定，把理論物理學看作處方的集合❷。(*AS*, pp.294, 328) 他明確肯定PT的客觀意義和認知價值，這使他離開了實證論（孔德）、感覺論（馬赫）、方便論（彭加勒），與過分的工具論和約定論傾向拉開了距離。

迪昂和勒盧阿都堅持理論詮釋在實驗事實的陳述中起了顯著的作用，而彭加勒則以下述主張對此加以反對：「科學事實只不過是翻譯成方便語言的未加工的事實而已。」「科學家就事實而創造的一切不過是他闡述這一事實的語言。」❷迪昂表示，科學就其術語而言不同於其他語言，科學術語是在理論的上下文中被定義的，它把多重相互關聯交織在術語與術語、概念與概念之間關係的網絡中，更不必說一些術語和現象群之間的關係了。科學事實或理論事實不

---

❷ E. McMuline, Comment: Duhem's Middle Way, *Synthese*, 83 (1990), pp.421–430.

❷ 迪昂在這一點上對彭加勒的觀點似有誤解。事實上，彭加勒是反對勒盧阿的「處方」觀的。參見❻，頁309–313。

❷ 同❻，頁 319, 321。彭加勒關於用電流計或電力計測量電流的例子在頁 317–319。彭加勒以此批評勒盧阿「科學家創造事實」的激進約定論和主觀論。

同於非科學事實（彭加勒的「未加工的事實」，迪昂的「實際事實」），不僅僅在於它是用專門語言表達的，其主要特徵在於憑藉我們用來詮釋它的理論，它從屬於與理論術語和與眾多其他科學事實有關係的錯綜複雜的網絡。當我們把一個非科學事實翻譯為科學事實時，我們不僅僅是用科學家了解的約定法則裝備起來的約定語言的表達構造命題，而且我們還把那個事實插入包括其他事實在內的相繼組合中，並辨認出現象之間的關係。因而，從非科學事實到科學事實的語言翻譯不僅僅是通過自由地和約定地選擇翻譯法則或詞典完成的，它還受到給定時刻理論的指導，因此翻譯的結果不是科學家的創造，它是歷史的結果，它取決於科學在給定的歷史時刻所達到的水平。科學作為人的表達手段事實上是一種語言，但卻是所有不同於其他語言的語言。這些闡釋❸❶與迪昂的下述結論是相吻合的：「同一理論事實可以對應於無數不同的實際事實」，「同一實際事實可以對應於無數邏輯上不相容的理論事實」。「科學家的作用不限於創造表達具體事實的清晰而精確的語言；更確切地講，這種語言的創造預設了PT的創造。」(*AS*, pp.152, 151)如果我們熟悉庫恩關於「詮釋作為一個過程與翻譯不同」❸❶的主張，那麼就能深入地理

---

❸❶　同❷❻。

❸❶　庫恩認為，翻譯是了解兩種語言的人所作的事情；譯者要用另一種語言的詞或詞串代換原文本中的詞或詞串，以產生另一種語言的等價文本，注釋和譯者序不是譯文的一部分；意義的同等性和指稱的同等性是兩個明顯的需求，兩個文本有或多或少相同的敘述和思想。詮釋是歷史學家或人類學家從事的事業，詮釋者起初可以只懂一種語言，他尋求對象的涵義，極力發明假設，企圖理解它；詮釋成功了，他便學會了新語言或獲得了新語言；詮釋者成功地詮釋的語言，不一定能譯為他的工作語言。參見 T. S. Kuhn, Commensurability, Comparability,

解迪昂批評彭加勒的深層意義。

迪昂也反對彭加勒的下述斷言：PT的某些基本假設不能被實驗反駁，因為它們實際上構成了定義或約定，因為物理學家使用的某些表述只有通過它們才能獲得意義 (*AS*, p.209)。迪昂表明，由於實驗反駁沒有指出理論的哪一部分必須被拒斥，它把猜測的重擔交給了我們的洞察力。誠然，在進入符號構成的理論要素中，總是存在著若干要素，某一時期的物理學家不經檢驗就一致接受了它們，他們認為它們是不容置辯的，他們把修正指向另外的要素。然而，迫使物理學家如此行動的並不是邏輯的必然性。他採取另外的行動是不方便的，而且不會受到激勵，但那不是在邏輯上作某種荒謬的事情；盡管那樣他不會狂熱到足以反駁自己定義的數學家的後塵。不僅如此，也許某一天通過不同的行動，通過拒絕乞求誤差的原因並求助於校正，以便重建理論圖式和事實的一致，通過堅決地在因普遍贊同而宣布是不可觸犯的命題中變革，他將完成開闢理論新歷程的天才的工作。迪昂繼續寫道：

> 事實上，我們確實必須警惕，以免相信那些常常被擔保的假設，這些假設變成了普遍採納的約定，它們的確實性由於把實驗反駁擲到更可疑的假定而突破了實驗的反駁。物理學史向我們表明，人類精神經常被引導完全推翻這樣的原理——盡管它們數世紀由於普遍贊同而被視為不可違反的公理——並在新的假設之上重建它的PT。(*AS*, p.212)

迪昂甚至認為，面對衍射實驗的某些結果，物理學家可以放棄沿用

了幾千年的、作為直線定義和普遍採納的約定的光的直線傳播原理，給光學謀取一個全新的基礎，這一大膽舉動對PT來說是顯著進步的標誌。在實驗反駁面前，卓識遲早會告訴我們：匆忙地推翻一個龐大的、和諧地構造起來的理論的原理是不明智的，而細節的修改、稍微的校正就足以使這些理論與事實一致。可是，不惜任何損失、以不斷的修補和縱橫交錯的支撐物為代價，頑固地維持每個部分都搖搖欲墜的、被蛀蛀空的建築物的支柱，是愚蠢的、不合理的，而拆毀這些支柱，則可能構造一個簡單的、雅緻的和牢固的體系❸。(*AS*, p.217)

迪昂雖然贊同約定論的理論多元論的思想，但他認為在經驗上等價的競爭理論在歷史上是罕見的，在大多數情況下，正是經驗因素而非主觀選擇提供了明晰的標準。迪昂說：

> 什麼是PT？是其推論必須描述實驗資料的數學命題群；理論的有效性是由它們描述的實驗定律的數目和它描述它們的精確度來衡量的；如果兩個不同的理論以相同的近似度描述了相同的事實，物理方法則認為它們具有絕對相同的有效性；它沒有權利支配我們在這兩種等價的理論之間選擇，它必然給我們留下自由。無疑地，物理學家將在這兩個邏輯等價的

---

❸ 拉卡托斯對迪昂的這段話，尤其是對他的整個觀點理解似有偏差，他說：「迪昂接受約定論者關於任何PT都不會僅僅由於「反駁」的壓力而崩潰的觀點，……證偽取決於主觀興趣，至多取決於科學時尚，而且為獨斷地堅持一個特別喜愛的理論留下了極大的餘地。」參見I. 拉卡托斯《科學研究綱領方法論》，蘭征譯，上海譯文出版社（上海），1986年第1版，頁30。

> 理論之間選擇，但是支配他選擇的動機將是雅緻、簡單性和
> 方便的考慮及合適性的理由，它們基本上是主觀的和偶然的，
> 因時間、學派和個人而變化的；盡管這些動機在某些情況下
> 是嚴肅的，但它們從來也不具有必然堅持兩個理論中的一個
> 而排斥另一個的本性，因為只有理論中的一個而不是另一個
> 能描述事實的發現，才導致強迫的選擇。(AS, p.288)

由此可見，簡單性等主觀標準在迪昂的心目中是輔助的、從屬的，
科學家也嚴肅地使用它們，但它們從來也不會構成決定性的或確定
性的東西。在這方面，迪昂的看法也弱於激進的約定論和溫和的約
定論。

綜上所述，迪昂的理論整體論的思想內涵和精神實質可以概括
如下。H_1：PT是一個整體，比較只能是理論描述與觀察資料兩個系
統的整體比較；H_2：不可能把孤立的假設或假設群與理論分離開來
加以檢驗；H_3：實驗無法絕對自主地證實(verification)、反駁
(refutation)或否決(condemnation)一個理論；H_4：判決實驗不可能，
歸謬法在物理學中行不通；H_5：觀察和實驗滲透、負荷、承諾理論，
PT中的理論描述和觀察資料兩個系統以此結合成一個更大的整體；
H_6：經驗雖然是選擇理論假設的最終標準，但決斷則是由受歷史指
導的卓識作出的；H_7：反歸納主義，即歸納法在理論科學中是不切
實際的；H_8：反對強約定論，同意弱約定論的某些與整體論相關的
主張。迪昂的整體論中的H_7、H_3和H_4、H_8或多或少等價和符合不
充分決定的三大內涵[33]，因而也被稱為不充分決定論題。其實，迪

---

[33]　H. I. Brown, Prospective Realism, *Stud. Hist. Phil. Sci.*, 21 (1990),
pp.211–242.在布朗看來，不充分決定發生的三個範圍是：接受普遍概

昂的整體論包容的思想遠比不充分決定豐富、深遠。

第二節　從愛因斯坦、紐拉特到奎因

迪昂的整體論哲學直接或間接地影響了愛因斯坦和紐拉特等邏輯經驗論者，並最終影響了奎因，在整個二十世紀的科學哲學激起了強烈的思想波瀾和學術回響❸。

在馬赫的推薦下，愛因斯坦的大學同學阿德勒 (F. Adler, 1879–1960)把迪昂的《結構》譯為德文，於1908年出版。馬赫為德文版寫了序言，作為馬赫追隨者的阿德勒也寫有譯者前言，概括了迪昂主要論點的特徵，著重強調了馬赫與迪昂的一致方面。鑒於愛因斯坦從1909年秋至1911年3月與阿德勒同住在一座公寓，而且二人都對科學哲學和馬赫思想感興趣，有理由相信愛因斯坦至遲於1909年秋得知迪昂的著作。另外，愛因斯坦也有可能從紐拉特那裡間接地獲悉迪昂的整體論思想❸。1910年代中後期，在愛因斯坦的

括（經典歸納）；乞靈於觀察證據駁斥普遍命題；相信不可觀察物（當假定不同觀察物而構造的理論可以產生相同的觀察結果時，這一點尤為變得緊迫）。

❸ 多年來，由於種種緣由，人們低估了迪昂哲學對二十世紀科學哲學的重大影響。也許下述事實是重要的：迪昂的堅定擁護者紐拉特在二戰後（1945年）即去世了，沒有機會像賴興巴赫和卡爾那普那樣把維也納學派的科學哲學介紹給英語世界，卡爾納普也未正確評價他與紐拉特的觀點差異。講英語的哲學家大都未讀迪昂原著，只是通過石里克、賴興巴赫、卡爾納普的有偏差的詮釋理解迪昂的。近十多年，情況已大為改觀，迪昂已受到學術界的重視。

❸ D. Howard, Einstein and Duhem, *Synthese*, 83 (1990), pp.363–384. 該

言論中就出現了包括整體論部分內容在內的約定論思想。在1920年代的一系列評論和文章中，圍繞對相對論詮釋的爭論，以及對石里克、賴興巴赫和卡爾納普提出的關於理論檢驗的經驗論學說的批判，愛因斯坦發展了迪昂的不充分決定論據和整體論學說。尤其是在1949年，他從整體論的觀點批評了賴興巴赫的意義的證實論概念：

> 如果你認為距離是一個合法的概念，那麼他同你的基本原理（意義＝可證實性）的關係又該怎樣呢？難道你不能達到這樣的地步，即必須否定幾何學概念和定理的意義而承認它們只有在完備地發展了的相對論（但是相對論作為一個完成的產物根本不存在）裡才有意義嗎？難道你不能承認，照你對「意義」這個詞的理解，PT的單個概念和單個論斷都不可能具有什麼「意義」，而對整個體系也只有在使經驗所給的東西成為「可理解的」這一點才具有「意義」的嗎？如果單個概念僅僅在理論的邏輯結構的框子裡才是必需的，而理論是作為整體經受檢驗的，那麼為什麼理論中出現的單個概念無論如何總得要加以孤立地辯護呢？ ❸

對於理解科學概念和科學理論的經驗內容而言，這是對整體論涵義

文透露了一個細節，說愛因斯坦1918年9月25日在一封信中提到「參見迪昂寫的清晰的書」。從上下文看，該書無疑是指《結構》。此外，愛因斯坦在1952年與卡爾納普的談話中說：「沒有岩石底座，只有紐拉特要修復的船飄浮著。」由此可知他多少了解紐拉特的整體論觀點。

❸ 《愛因斯坦文集》（第一卷），許良英等編譯，商務印書館（北京），1976年第1版，頁474。最後一句譯文依據文獻❸有重要改動。

的十分清楚的陳述，它顯著地行動在對實證論的意義理論的更為著名的批判之先——兩年後奎因在他的眾所周知的文章〈經驗論的兩個教條〉 **❸** 中獨立地提出類似的整體論的批判。

迪昂的整體論及科學哲學在法國哲學圈子外的影響是從紐拉特開始，到奎因告終，其間一小批邏輯經驗論者及其相關者都在不同程度捲入其中。迪昂對紐拉特的影響是巨大的、直接的，紐拉特慷慨地承認這種影響，並在論著中多次讚同地提及迪昂。他坦率地表白：「我從馬赫的著作，從彭加勒、迪昂……獲悉了許多東西。」他充分肯定了迪昂的哲學地位及其對維也納學派和邏輯經驗論的激勵作用：「維也納學派受到來自不同方面的強大激勵，馬赫、彭加勒、迪昂的成就被利用」。「把邏輯分析和經驗論關聯起來是新穎的，『邏輯經驗論』是我們時代的產兒。它受到對歷史上給出的研究的分析多麼大的推進，已由馬赫、彭加勒、迪昂、恩里奎斯 (F. Enriques, 1871–1946)和其他人的工作所證明。」「在科學的現代分析的進化中，馬赫的工作是一個里程碑，彭加勒、迪昂、玻耳茲曼、伯特蘭・羅素和其他人進一步發展了這一點。」 **❸**

紐拉特對還原論教條進行了尖銳的批評，這幾乎比奎因早了四十年。他在他的1913年的早期出版物就爭辯說，任何創造科學體系（理論）的嘗試都必須用「可疑的」前提操作，體系中每一個命題的真理與所有其他命題的真理有關。我們不能在「白板」上構造體

---

❸ W. V. Q. 奎因〈經驗論的兩個教條〉，江天驥譯；《現代西方哲學論著選輯》（上冊），洪謙主編，商務印書館（北京）， 1993年第1版， 頁 680–704。這篇1951年發表的論文後來收入論文集《從邏輯的觀點看》 (1953)，頁19–44。

❸ 同**❸**，頁217, 98, 190, 174。

系，因為我們無法擺脫所繼承的概念工具。但是，如果我們考慮一下每一個關於世界的陳述都是與所有其他陳述關聯的，那麼該體系一部分中的任何變化都意味著所有其他部分中的變化。於是，紐拉特這位維也納學派的組織者便開始成為一個迪昂主義者，並自始至終依然故我。

紐拉特這樣寫道：「如果人們看到，原始類比的選擇對於假設系統的結構來說並不具有決定性的意義，那麼人們便不自覺地被迫使在它們構成實在多重性的程度上，把相同的價值給予不同的假設系統。因此，要成功地修改給定的假設系統，直到它達到其他系統一樣的成功，就很容易變成一項艱辛的任務。如果給迪昂的觀點以充分高度讚賞的話，那麼該觀點就是，人們今天能夠得到修改的發射說，該學說也可以公正地對待那些人們相信只能夠借助不同於發射說的基本假定來說明的經驗事實。」他還如下闡釋了迪昂的整體論思想：

> 正如迪昂、彭加勒和其他人已經證明的，我們不能就孤立的肯定陳述說它們是「可靠的」，只有關聯到這些肯定陳述所屬的眾多陳述，才能這樣說。❸❾

紐拉特從迪昂的整體論思想出發，認為知識並無穩固的經驗基礎，也無石里克所謂的純粹記錄經驗觀察的語句。科學知識既不是建在堅固的基岩上，也不是建在打入沼澤地的木樁上❹⓿，而是飄浮在水面

---

❸❾ 同❶❺，頁28, 161。

❹⓿ 波普爾說：「客觀科學的經驗基礎沒有任何『絕對的』東西。科學不是建立在堅固的基岩上。可以說，科學理論的大膽結構聳立在沼澤之

上：「把決然確立的純粹紀錄語句作為科學的出發點是辦不到的。白板是不存在的。我們像水手一樣必須在大海上修復船隻，而絕不可能在乾船塢中拆卸並用最好的材料修復它。」 這是一種比波普爾更激進的觀點。紐拉特還把他的真理融貫論與整體論協調起來，即可以堅持一個假命題而修改體系的其他部分，從而使之相互一致而達到融貫。這是一種強整體論版本，值得引起注意：

> 在統一科學中，我們試圖構造一個記錄語句和非記錄語句（包括規律）的無矛盾的系統。當我們發現一個新句子時，我們把它與可由我們自由處理的系統相比較，並且決定它是否與該系統相矛盾。如果這個句子與該系統相矛盾，我們會把它作為無用的（或錯誤的）而予以摒棄，例如「在非洲，獅子只以大音階歌唱」這樣的句子。另一方面，人們可以接受這個句子，並對該系統作這樣的改變，使其即使在附加這個新句子以後仍保持一致。這樣，該句子就可以說是「真的」。**④**

　　哈勒爾 (R. Haller)**②**把紐拉特的整體論思想概括如下：第一，一個以上的首尾一貫的假設體系能夠滿足給定的一組事實；第二，

　　上。它就像樹立在木樁上的建築物，木樁從上面打入沼澤中，但是沒有達到任何自然的或「既定的」基底；假如我們停止下來不再把木樁打得更深一些，這不是因為我們已經到達了堅固的基礎。我們只是認為木樁至少暫時堅固得足以支持這個結構時停止下來。」參見**㉔**，頁82-83。

④　O. 紐拉特〈記錄語句〉，岳長齡譯；同**㊲**，頁557-567。

㊷　R. Haller, New Light on the Vienna Circle, *The Monist*, 65 (1982), pp.25-37.

理論的任何檢驗都與整個概念之網有關，而不是與能夠被孤立的概念有關；第三，在與該體系不相容的「頑強不屈的經驗」的情況下，我們或者通過改變與該體系不融貫的新命題，或者改變該體系，能夠保持它的一致性。哈勒爾認為，由於最後一點是紐拉特從前面提及的前提和從迪昂的前提——競爭的假設之間的判決實驗是不可能的——中得出的結論，所以他把它命名為紐拉特原理。換句話說，沒有自身自然而然受偏愛的命題。因此，當我們檢驗一個理論時，這種檢驗並沒有導致真命題和假命題，而是導致發現立足於整個體系的決定程序的任務，但紐拉特並未表明如何進行這樣的程序。紐拉特的進展告訴人們，必須借助整體論重新改寫許多就原始語句所作的討論，這是把特殊的意義理論和確認(confirmation)理論結合在一起的普遍理論。這樣一來，在邏輯經驗論就呈現出兩種互斥的知識理論：一種是與強整體論的紐拉特原理結合在一起的、反基礎論的自然化認識論和進化認識論，另一種是以弱整體論——因為它不接受紐拉特原理——為立足點的非笛卡兒主義的基礎論，後者為石里克所堅持。由於紐拉特對整體論的繼承和發展，有人也把整體論稱為迪昂－紐拉特－奎因論題。

弗蘭克對迪昂的整體論也十分了解。他認為，迪昂關於PT的定義「是在把馬赫和彭加勒結合起來的道路上邁出了巨大的一步」。「迪昂極為充分地理解，沒有單一的PT命題能夠被說成是用特定的實驗所證實。理論作為一個整體是用實驗事實整體證實的。」 弗蘭克在引用了迪昂關於判決實驗不可能及修表匠和醫生的比喻後說：「人們注意到，在從馬赫的物理學概念到邏輯經驗論後來提出的概念的道路上，迪昂行進得多麼遠。」㊸

㊸ P. Frank, *Modern Science and its Philosophy*, Harvard University Press,

　　儘管維特根斯坦(L. Wittgenstein, 1889–1951)對記錄語句的真理功能詮釋會導致終極的分析要素的事實，但是他也作出了從某種類型的原子論向整體論的運動。當達到科學的認識基礎問題時，維特根斯坦越來越依附於一種類型的整體論，它與紐拉特的整體論僅有細微的類似性，因為它局限於知識的真正基礎。維特根斯坦在論著中力圖闡明，包括我們信念在內，整個命題體系都被捲入。當他考慮世界觀如何建立時，他深信我們不僅要學習規則，而且「判斷的總體對我們來說似乎是作得有理的」。這不是用孤立的單一公理對我們來說是自明的這一事實說明的，而是用「在其中推論和前提給予相互支持的體系」這一事實說明的。他還說：

> 當我們首次相信任何事物時，我們相信的不是單一的命題，
> 而是整個命題體系。❹❹

維特根斯坦還提出了一個著名的命題：「理解一個句子意味著理解一種語言。」❹❺後人雖則對「一種語言」的範圍頗有爭議，但它的整體論涵義則是十分明顯的。

　　卡爾納普也贊同迪昂的整體論觀點，他把它用於語言的邏輯句法分析：

　　　　1950, pp.15–16.該書初版於1941年，原名為《在物理學和哲學之間》，增訂本改用現名《現代科學及其哲學》(1949)。要知道，弗蘭克還是迪昂《力學的進化》德譯本(1912)的譯者。

❹❹　同❹❷。

❹❺　L. 維特根斯坦《哲學研究》，湯潮等譯，三聯書店（北京），1992年第1版，頁109。

一般地說，人們還不能對個別的假設句子進行試驗；因為在這一種句子中，一個適合於記錄句子形式的L論斷是沒有的。為了用記錄句子的形式推演出其他一些句子，另外一些假設是必須同時應用的。因此證驗基本上並不涉及個別的假設，而只是涉及作為一個假設系統的整個的物理學系統（迪昂、彭加勒）。❹

也正是從整體論的實驗檢驗的不確定性出發，他毅然把證實原則沖淡為確認原則。

沿著迪昂開闢的道路，遵循紐拉特、卡爾納普、維特根斯坦確立的意義整體論方向，亨佩爾、艾耶爾(A. J. Ayer, 1910–1989)、戴維森(D. H. Davidson, 1917–)、達米特(M. Dummett, 1928–)❹ 等把整體論思想繼續向前推進。所謂的意義整體論主張，承載意義的最小單位既不是語詞，也不是語句，而是一個或大或小的語言系統，在自然科學中這個語言系統是作為一個整體的科學理論。亨佩爾認為，為了檢驗一個科學語句，我們在實驗中等待一個觀察結果。但是僅僅根據這個科學語句我們不能得到觀察報告，因為我們需要一系列附加假設才能由那個科學語句推出觀察結果。這些附加科學假設包括其他科學假設、實驗儀器和條件所依據的原理等等。如果實

---

❹ R. 卡爾納普〈哲學與邏輯句法〉，洪謙譯；同❸，頁459–493。L論斷是依據L規則——用以把有效語句和無效語句區別開來的變形規則——作出的論斷。與L規則相對的是P規則，它依據自然科學的某些定律進行推理。

❹ 關於這幾位哲學家的思想敍述，參見徐友漁《「哥白尼式」的革命》，三聯書店（上海），1994年第1版，頁78–81, 300–303。

驗的結果和待檢驗的假設不相符合，我們往往並不是立即否定假設，而是要檢查實驗儀器是否出了毛病，它們的設計原理是否正確，以及其他輔助假設是否對頭等。總之，我們的檢驗並不僅僅是一個假設，而是它和其他假設、其他原理的整體。因此，認識的意義是由整個系統承擔的，而且系統中的意義也是一個程度問題，即一個系統並不是要麼全有、要麼全無意義。衡量一個系統的標準是：明晰性和精確性，形式的簡單性，說明和預見力，理論被檢驗的程度。對於假設的取捨，他除強調保守性原則外，主要還是看它的預測能力，即它蘊涵的陳述是否符合經驗事實。

艾耶爾指出，當人們用經驗觀察來檢驗一個陳述的真假對錯時，觀察肯定或否定的不僅僅只是這個假設，而是一個陳述系統，因為這個待檢驗的假設總是要和另外一些已被接受的定律、輔助假設結合在一起，才會在實驗條件下蘊涵一個可觀察陳述。因此，如果實驗證實了這個假設，同時也就證實了與此相關的一個陳述系統。如果實驗否定了這個假設，人們也不一定拋棄它。如果一個人準備作出特設假設，他總是能夠面對不利證據時保持既定的信念，當然他也可以捨棄單個假設而保全已有的陳述系統。艾耶爾以保守性原則作為取捨假設的指導原則，即作出改變要盡可能地少。

戴維森主張，意義理論的研究方向是某種整體觀。如果句子的意義依靠其結構，那麼我們把結構中每一部分的意義理解為只是從句子總體中抽取出來的，因而要給出一個詞或句子的意義，就必須給出一種語言中每一個詞或句子的意義。達米特反對這種主張，他認為我們雖然不能單個地、孤立地理解語句，但是理解一個語句並不需要理解整個語言，而只需要理解語言的一部分。當然，這一部分並不是任意的，而是要自成一體。他既反對意義原子論，又反對

極端的意義整體論，前者認為意義的最小承載單位是詞，後者認為是整個語言。他認為，意義的最小承載單位是句子；為了理解某個句子的意義，只須理解包含這個句子的語言小系統就可以了，而決不是整個語言。

與以上有關哲學家相比，奎因對整體論思想發揮得最詳盡、最徹底，產生的影響也最大——因為他是在對邏輯經驗論的根本教條[48]的激烈批評和猛烈挑戰時和盤托出整體論的。迪昂論題以此為契機被哲學家「再發現」，從而廣為人知。長期「被遺忘」的迪昂也以迪昂－奎因論題的標識頻頻進入哲學文獻，迪昂似乎成了埃及神話中再生的不死鳥。對迪昂科學哲學關注和討論的第二個浪潮從此開始了——第一次浪潮是受到二十世紀科學哲學奠基人馬赫、彭加勒、維也納學派成員、波普爾等的重視——它顯得更為波瀾壯闊，經久不衰。

奎因在1986年10月9日的私人通信中談到他的整體論提出的背景材料：

> 當我寫〈經驗論的兩個教條〉時，我沒有讀愛因斯坦對賴興巴赫的答覆，也不知道迪昂。我的整體論在這裡正好是我自己的常識，也許加上來自紐拉特關於船的愜意的圖像的一些

---

[48] 奎因寫道：「現代經驗論大部分是受兩個教條制約的。其一是相信在分析的、或以意義為根據而不依賴於事實的真理與綜合的、或以事實為根據的真理之間有根本的區別。另一個教條是還原論：相信每一個有意義的陳述都等值於某種以指稱直接經驗的名詞為基礎的邏輯構造。」參見W. V. O. 奎因《從邏輯的觀點看》，江天驥等譯，上海譯文出版社（上海），1987年第1版，頁19。

影響。在1951年1月〈兩個教條〉發表之後，亨佩爾和菲力普·弗蘭克告訴我關於我的觀點與迪昂觀點的親緣關係；因此，當〈兩個教條〉1953年在《從邏輯的觀點看》中重印時，我添加了迪昂的腳注引文。**㊾**

奎因的說法是可信的，因為Dt在奎因工作之前並未在英、美哲學界造成大的影響，而奎因當時可能得到的英語資料只不過是弗蘭克和洛因格同於1941年出版的兩本書。奎因的工作是獨立於迪昂的，他只是受到紐拉特、卡爾納普**㊿**的直接影響。

奎因把我們的知識或信念的整體，從地理和歷史的最偶然的事件到原子物理學甚至純數學和邏輯的最深刻的規律，都視為一個有結構、有層次的人工織造物。它是沿著邊緣同經驗緊密接觸。他形象地比喻說，整個科學是一個力場，它的邊界條件就是經驗。在場的周圍同經驗的衝突。對我們的某些陳述必須重新分配真值。一些陳述的再評價使其他陳述的再評價成為必要，因為它們在邏輯上是互相聯繫的，而邏輯規律也不過是系統的另外某些陳述，場的另外某些元素。既已再評定一個陳述，我們就得再評定其他某些陳述，它們可能是和頭一個陳述邏輯地聯繫起來的，也可能是關於邏輯聯繫的自身陳述。於是，奎因針對經驗論的教條之一還原論提出他的

㊾ 同**㉟**。引文中所說的「迪昂腳注」是：「迪昂（第303–328頁）對這個理論作過很好的論述。也可參見洛因格（第132–140頁）。」同**㊽**，頁39。迪昂的文獻是《結構》法文版(1906)，洛因格的文獻是*MPD*(1941)。

㊿ 奎因也承認他的「想法基本上來自卡爾納普的《世界的邏輯構造》裡關於物理世界的學說」。參見**㊽**，頁38。關於卡爾納普的學說，奎因在同書（頁37–38）有所介紹。

整體論觀點:

還原論的教條殘存於這個假定中,即認為每個陳述孤立地看,是完全可以接受實驗驗證或否證的。……我認為我們關於外在世界的陳述不是個別地、而是僅僅作為一個整體來面對感覺經驗的法庭的。(51)

正是由於科學陳述是作為一個整體經受經驗檢驗的,奎因認為談論個別陳述的經驗內容——尤其是離開這個場的經驗外圍很遙遠的一個陳述——便會誤入歧途。他針對經驗論的另一個教條即二分法指出,要在其有效性視經驗而定的綜合陳述和不管發生什麼情況都有效的分析陳述之間找出一道分界線,也就成為十分愚蠢的了。奎因的主張是斷然的:

在任何情況下任何陳述都可以認為是真的,如果我們在系統的其他部分作出足夠劇烈的調整的話;即使一個很靠近外圍的陳述面對著頑強不屈的經驗,也可以藉口發生幻覺或者修改被稱之為邏輯規律的那一類的某些陳述而被認為是真的。反之,由於同樣的原因,沒有任何陳述是免受修改的。有人甚至曾經提出把修正邏輯的排中律作為簡化量子力學的方法……(52)

奎因注意到,邊界條件即經驗對整個場的限定是如此不充分,

(51) 同(48),頁38–39。

(52) 同(48),頁40–41。

以致在根據任何單一的相反經驗要給那些陳述以再評價的問題上有很大的選擇自由。除了由於影響到整個場的平衡而發生的間接聯繫，任何特殊的經驗與場內的任何特殊陳述都沒有聯繫。盡管選擇自由在原則上被奎因放鬆到幾乎任意的程度，但是在實踐中他還是堅持保守主義和簡單性標準。他主張依據陳述經驗內容的多少，從邊緣（感覺經驗命題）到內部（自然規律）再到核心（邏輯、數學和本體論）逐漸嘗試修改，盡量少修改，盡量不打亂整個體系的穩定：

> 我曾極力主張可以通過對整個系統的各個可供選擇的部分作任何可供選擇的修改來適應一個頑強的經驗，但在我們此刻正在想像的情形中，我們的盡可能少地打亂整個系統的自然傾向，會引導我們把我們的修改聚集在這些關於磚房子或半人半馬怪物的特定陳述上。所以，人們覺得這些陳述較之物理學、邏輯學或本體論的高度理論性的陳述具有更明確的經驗所指。後一類陳述可以被看作是在整個網絡內部比較中心的位置，這意思不過是說，很少有同任何特殊的感覺材料的優先聯繫闖進來。

與此同時，奎因要求修改後的體系盡量簡明，他把簡單性作為選擇標準明確地提出來：「全部科學，數理科學、自然科學和人文科學，是同樣地但更極端地被經驗所不完全決定的。這個系統的邊緣必須保持與經驗相符合；其餘部分雖然有那麼多精製的或神話的虛構，卻是以規律的簡單性為目標的。」[53]

迪昂和奎因提出的整體論觀點在科學哲學文獻中往往被稱為

---

[53]　同[48]，頁41,42。

迪昂－奎因論題(DQt)，但二人的看法還是有差異的。與Dt相比，奎因論題(Qt)顯然具有以下不同的特徵。第一，奎因把整體論推廣到所有科學，甚至包括人文科學在內；而迪昂僅限於物理科學這樣的數學化的和符號化的經驗科學，Dt不適用於像生理學這樣的實驗科學和數學科學。第二，Qt是一種強整體論版本，Dt則要弱得多。第三，Qt是與對經驗論的兩個教條的毀滅性批判密切相關的，Dt雖與反實證論和反歸納主義相關，但後者在力度和深度上似略遜一籌，且未得出否定分析陳述和綜合陳述之分的結論。第四，Qt沿著邏輯經驗論者的指向著眼於從意義理論上闡述整體論，認為具有經驗意義的是整個知識體系，倡導認識論的整體論（沒有命題能夠被經驗孤立地證實或證偽）和語義學的整體論（沒有語句具有絕對可分離的意義內容）；迪昂從語言哲學的角度分析不及奎因，但在案例分析和PT剖析上則遠遠勝過他。第五，奎因把保守主義和簡單性作為取捨標準，而迪昂則交托給歷史進程中的卓識。

　　Qt一石激起千重浪，在哲學界引起很大反響，其強整體論傾向也陸續受到一些作者的嚴厲批評。奎因接受了某些批評，他逐漸緩和了他的立場。例如，他在1975年這樣寫道：

> 如果Dt被理解為把相同的事態強加於科學理論中的所有陳述，從而否認有利於觀察陳述的強有力的假定的話，那麼Dt也許是錯誤的。正是這種傾向性，使科學成為經驗的。❺

在1980年出版的《從邏輯的觀點看》修訂第二版重印序言中，奎因

---

❺　W. V. O. Quine, On Emprically equivalent Systems of the World, *Erkenntnis*, 9 (1975), pp.313–328.

明確談到他對批評的態度：

> 〈經驗論的兩個教條〉中的整體論曾使許多讀者感到不快，
> 但是我認為它的缺點只是強調得太過了。關於整體論，就其
> 在那篇論文中被提出的目的來說，我們實際上要求的就是使
> 人們認識到，經驗內容是科學陳述集合共有的，大都不可能
> 在這些科學陳述中間被揀選出來。誠然，有關的科學陳述集
> 合實際上決不是整個科學；這裡有一個等級層次的區別，我
> 承認這一點，並且曾舉艾爾姆大街的磚房為例來說明。❺

奎因除在經驗檢驗的不確定性上有所退讓並強調科學理論各部分並
非同等地抗拒經驗證據外，他還縮小了範圍。他宣稱「許多科學語
句不可分離地共同具有經驗內容」❺，而並未宣稱一切科學語句皆
是如此。

第三節　關於迪昂－奎因論題的討論

　　誠如哈丁(S. G. Harding)所說：「DQt作為標誌我們理解人類知
識和人類知者的本性的徹底變革，完全可以在思想史上占有它的一
席之地。」❺這種重要地位也可從下述事實得到印證：從1950年代

---

❺　同❽，頁5。

❺　W. V. O. Quine, Reply to Jules Vuillemin, In L. E. Hahn and P. A.
　　Schilpp eds., *The Philosophy of W. V. Quine*, La Salle Ill.: Open Court,
　　1986, pp.619–622.

❺　S. G. Harding (ed.), *Can Theories Be Refuted, Essays on the*

至今，DQt 一直是科學哲學界討論的熱門話題之一，眾多知名作者都捲入其中。討論主要圍繞對DQt的理解，尤其是圍繞判決實驗是否可能進行，見仁見智之議把問題的研究引向深入。

波普爾早在1930年代就對Dt發生了濃厚興趣，他像迪昂一樣否認不受理論約束的科學經驗基礎的可能性，他關於打入沼澤的木樁的比喻說明他準確地把握了迪昂分析的精神實質。不過，他對Dt提出三點異議：⑴不存在不能找到公理化的理論體系的反例的理由；⑵我們能夠在尋求反例中利用我們的背景知識，寧可反駁這個或那個理論，而不反駁我們的背景知識；⑶採納Dt論題的人不能說明某些科學行為，如對真理與謬誤的興趣等❺。對此，艾里尤(R. Ariew)❺駁斥說，波普爾的第一個論據無力反對迪昂，因為Dt並不涉及公理化的體系，而只涉及整個理論，其中包括把大量的理論假設與觀察關聯起來的理論。迪昂是在駁斥歸納主義的同時闡明Dt的，並不認為它適用於笛卡兒主義方法論所構造的公理化理論體系。波普爾的後兩個論據也必然失敗，因為迪昂的不可分離性觀點只是堅持，科學假設不能孤立地面對觀察，觀察對假設的確認和反駁都不是決定性的。對於某些科學陳述而言，背景知識能夠用來反駁這個或那個理論；對於理論物理學的假設來說，如果必須使用背景知識詮釋陳述，以致它可以面對觀察的話，那麼背景知識便不能逃避觀察的否定結果。當然，科學家此時還可以繼續堅持背景知識而不確認理論，但是不確認不會是結論性的。Dt的基礎是，不可能把受檢驗的假設

Duhem–Quine Theisi, Dordrecht: D. Reidel, 1976, p.xxi.

❺ K. 波普爾《猜想與反駁》，傅季重等譯，上海譯文出版社（上海），1986年第1版，頁157–160。

❺ R. Ariew, The Duhem Thesis, *Brit. J. Phi. Sci.*, 35 (1984), pp.313–325.

分開。迪昂並不否認人們能夠以健全的理由用一種方式行事而不用另一種方式行事，他只是否認這樣的理由在邏輯上並不構成反對對方的獨斷理由。

波普爾從證實與證偽的不對稱性得出「經驗科學的全稱陳述的單方面可證偽性」。他解釋說：「這裡提到的證偽的推理方式——用這個方式，一個結論的被證偽必然得出這個結論從之演繹出來的那個系統的被證偽——是古典邏輯的否定後件假言推理。」[60]波普爾的證偽邏輯是〔(H→O)・−O〕→−H，而迪昂的本意則是 $\{[(H\cdot A)\rightarrow O]\cdot -O\}\rightarrow -(H\cdot A)=-H$ 或−A[61]，二者的涵義是不同的。紐拉特早就看到這一點，他批評波普爾說：

> 波普爾的闡述指向更為絕對主義的姿態：「但是，如果裁決是否定的，或者換句話說，如果推論被證偽，那麼它們的證偽也證偽了它們由以被邏輯地推導出來的理論。」——彷彿存在著一個能夠被如此徹底地揭露出這樣是可能的程序的體系。不幸的是，具有這樣的態度的波普爾必定過高地估計了「可證偽性程度」概念對於分析研究工作的可用性。由於這種完整的態度，人們也許能夠說明波普爾為什麼——不管迪昂的所有著作——樂於如此多地談論「判決實驗」。[62]

---

[60] 同[24]，頁42,47。

[61] H為待檢驗的假設或理論，A為推導O時所用的輔助假設，O為從H・A中推導出的推論、命題或預言。

[62] 同[15]，p.127。文中引語均出自波普爾《發現的邏輯》，紐拉特注有頁碼。

波普爾對 Dt 的解決在邏輯上是不能成立的，因而受到許多批評。此後，他作了一些改進，提出了解決Dt的三點建議(63)：(1)不要保護假設系統中的任何假設免除證偽；(2)努力設計在預見失敗過程中所用的A是無問題的檢驗，這樣即可僅僅責備H；(3)不管系統中哪個假設被反駁（H或A或二者合取），應該用H′或A′代替，而且新系統(H′・A)或(H・A′)的經驗內容不能比舊的系統(H・A)的少。由此看來，波普爾基本贊同迪昂的觀點，只是在具體操作上有所超越。但是，波普爾的下述看法對迪昂顯然存有嚴重的誤解：「迪昂否定判決實驗的可能性，因為它認為它們是證實，而我肯定判決性的證偽實驗的可能性。」(64)「迪昂在他那有名的對判決實驗的批判中成功地表明：判決實驗決不能確立一個理論，他未能表明這些實驗不能拒斥一個理論。」(65)其實，迪昂不僅表明了後者，而且他早在1893年就提出了下述新穎的觀點：「知識與其說是通過肯定，毋寧說是通過否定進展的；與其說是通過事物本性方面的肯定信息，毋寧說是排除能夠就事物本性所作的某些假設進展的。」(*UG*, p.326)

格林鮑姆(A. Grünbaum)(66)對DQt的詮釋引起了廣泛的爭議。他不贊同波普爾等人關於在經驗科學中理論的證實和反駁之間存在重要的不對性的觀點（他指出這種觀點是在迪昂的影響下被強烈地否

(63) 王玉北〈迪昂問題及其解決〉,《自然辯證法通訊》(北京)，第12卷(1990)，第1期，頁8–12。

(64) 同(24)，頁49。

(65) 同(58)，頁158。

(66) A.Grünbaum, The Falsifiability of Theories: Total or Partial? A Contemporary Evolution of the Duhem-Quine Thesis (Presented April 26, 1962), *A Portrait of Twenty–five Years*, Edited by R. S. Cohen and M. W. Wartofsky, D. Reidel, Publishing Company, 1985, pp.1–18.

定的），而認為觀察推論O不能僅從H演繹出來，而是從H和輔助假設相關總體的合取中演繹出來，H的反駁即〔(H・A)→O〕・−O並不比它的證實即〔(H・A)→O〕・O更有確定性。因為從反駁式能夠演繹地推導出的不是H本身之假，而只不過是一個微弱得多的結論：H和A二者不能為真。因此，反駁式並未（演繹地）承擔H本身之假，正如證實式並未獨自承擔H之真一樣。格林鮑姆的這些詮釋是符合迪昂原意的。

　　格林鮑姆接著詮釋奎因的主張：無論初步的相反經驗證據−O的特殊內容O′是什麼，我們總是能夠作到：把O之假歸咎於A之假而不是歸咎於H之假；如此修正A，使H和A的修正版A′的合取承擔（說明）實際的發現O′。格林鮑姆得出結論：(1)Dt的奎因闡述只在各種微不足道的意義上為真，而奎因卻稱這種意義為「在系統的其他部分作出足夠劇烈的調整」。沒有一個人會希望爭奪這些徹底無趣的Dt版本中的任何一個。(2)在它的非微不足道的、令人興奮的形式中，Dt在下述根本方面是站不住腳的。首先，在邏輯上，它是不根據前提的推理。由於獨立於假設H附屬的特定的經驗與境，根本沒有邏輯保證存在所要求類型的修訂的輔助假設集合A′，以致(H・A′)→O′對於任何一個組分假設H和任何O′都成立，即我們不能從〔(H・A)→O〕・−O推出(∃A′)〔(H・A′)→O′〕。撇開邏輯上的保證，所要求的集合A′的存在需要對每一個特定的與境作孤立的、具體的論證。在對奎因的不受約束的迪昂主張缺乏後一類型的經驗支持的情況下，該主張是非經驗的教條或信仰的條文，實用主義者奎因並未比經驗論者更多地給予它們以支持。其次，Dt不僅是不根據前提的推理，而且實際上是假的，正如一個重要的反例（物理幾何學）所表明的：特定組分的假設H的孤立的可證偽性。格林鮑姆反駁愛因斯

坦在物理幾何學上所持的整體論觀點。他論證說，若在某個空間區域沒有任何畸變影響，該區域的幾何學是可檢驗的，其邏輯程式是｛〔(H・A)→O〕・–O・A｝→–H，而不是迪昂的｛〔(H・A)→O〕・–O｝→–(H・A)；若有畸變影響，也可通過適當的校正來檢驗。格林鮑姆的結論是：判決實驗不僅在邏輯上是可能的，而且在實際上也是存在的，至少在一些特殊的例子中，反常可以構成否定的判決實驗並擊敗理論。

格林鮑姆的論斷受到不少人的批評，其中艾里尤(67)的剖析值得引起注意。艾里尤首先指出，Qt實際上由兩個子命題構成：(1)由於經驗陳述是相互關聯的，它們不能被單一地宣布無效；(2)如果我們希望堅持特定的命題為真，那麼我們總是能夠調整另外的命題。這二者的合取通常被視為Dt或DQt，但是迪昂並不堅持較強的整體論版本，他也許不會贊成奎因或他人強加於他的兩個子命題中的任何一個。因此，格林鮑姆的論據是重要的論據，尤其是對科學社會學中現代相對主義者所接受的Dt的版本而言。當然，該論據也可能是反對奎因的恰當論據（由於它攻擊的是子命題2），但是它卻打不中迪昂的要害（由於迪昂並不堅持子命題2）。而且，奎因後來調整並緩和了他的觀點。他在1976年致格林鮑姆的信中說：「實際上我的整體論不像在〈經驗論的兩個教條〉中那兩個簡短的段落必然傳播的那麼極端。」

艾里尤接著指出，迪昂的原始命題是不可分離性，即PT的假設獨自並不具有觀察結果，這是迪昂對觀察和實驗負荷理論這一事實的洞察和剖析而得到的一個經驗命題；而不可證偽性命題——PT的假設不能僅用觀察結論性地證偽——則是由不可分離性命題推導出

(67) 同(59)。

來的。無論在《結構》還是晚年的《簡介》中，迪昂都是以這種思維方式論證他的論題的。不可分離性是經驗命題，也可由下述事實佐證：迪昂僅把他的概括局限於物理學 (*AS*, p.3)；而且當他首次宣布不可分離性論題時，他說它是關於物理學家作什麼的原則，它的推論將在該書的其餘部分發展(*AS*, p.147)。通常所謂的DQt是不可分離性命題和不可證偽性命題的合取，而且子命題 1 本身已包含二者，子命題2是完全獨立的。Dt和DQt的巨大差異正是在這裡。由於沒有明確地認識到Dt在力量和範圍兩方面都有限定，從而導致對迪昂立場駁斥的混亂，波普爾等人的失誤都是這樣引起的。不用說，格林鮑姆的論據成功地駁斥了對Dt的寬泛詮釋。

費格爾(H. Feigl, 1903–) (68) 贊同DQt的某些主張，但卻認為存在判決實驗。他說，迪昂和奎因並不否認經驗科學的理論是由那些邏輯相互獨立的公設構成的，或者它們至少可以這樣進行重構。他們否認的是公設可以被獨立地檢驗。初看起來，這似乎是合理的。因為在檢驗一個公設時都預設了其他公設。觀察和實驗工具的使用本身含有關於這些工具的功能的假定。在理論檢驗的形式化重建中，總是包含一些在給定的場合下被認為是已知成立的假設或輔助假設，或一部分背景知識。然而更進一步地看科學研究的實際歷史過程，就可以發現，輔助假設等實際上是由先前的確認所「保留」下來的。當然，盡管甚至很好地建立起來的假設在原則上也是難免被修正的，但當一些別的更「大膽冒險」的假設處於批判性考察時，對那些先前已有的假設表示懷疑是很愚蠢的。所有這些都是實際活

(68) H. Feigl〈理論的「正統」觀點：對批判和捍衛的幾點看法〉，蔣臨夏譯；江天驥主編《科學哲學和科學方法論》，華夏出版社（北京），1990年第1版，頁88–103。

動中的明智作法。它禁止我們同時同等地懷疑一切東西。更重要的
是，「罪犯的確定」即「一個錯誤假定的發現」似乎既是實驗或統
計技術的目的，也是它們的本質。靜止以太假說就是這樣被邁克耳
孫(A. A. Michelson, 1852–1931)－莫雷(E. W. Morley, 1838–1923)
實驗以及其他一些類似的實驗所反駁。假如理論物理學家不求助於
特設假設，它就被確定地反駁了。費格爾的論述有一定的道理，但
有兩點失誤。其一是，無論迪昂還是奎因，在實踐的意義上並未同
時同等地懷疑一切東西，他們只是說在邏輯上這樣作是可能的。其
二是，邁克耳孫－莫雷實驗當時並未證偽以太假設，甚至未駁倒靜
止以太說，把它視為判決實驗至多只不過是人們的事後認識[69]。

　　亨佩爾認為，科學假設或理論不可能為已有的任何一組材料最
終地證明，不管這些材料多麼精確，多麼廣泛。如果假設或理論斷
言或蘊涵著普遍定律的話，這一點就尤其明顯，不管這些普遍定律
是關於不能直接觀察的過程還是某種易於進行觀察或測量的現象。
即使最細心、最廣泛的檢驗，也不可能在兩個假設中否定哪一個，
或證明哪一個。因此，

> 嚴格地說，判決實驗在科學中是不可能有的。但是一個實驗，
> 就像傅科實驗或勒納德 (P. Lenard, 1862–1947) 實驗那樣，
> 可以在一種不太嚴格的、實用的意義上具有判決性：它可以
> 揭示出兩個對立理論中有一個是十分不適當的，它也可以給
> 予另一個以強有力的支持；其結果是，它可能對以後的理論

---

[69] 李醒民《論狹義相對論的創立》，四川教育出版社（成都），1994年第
　　 1版，頁8–14。也可參見我的論文〈關於邁克耳孫－莫雷實驗的誤
　　 傳〉，《自然辯證法通訊》（北京），第4卷（1982），第5期，頁42–44。

研究和實驗方向施加決定性的影響。(70)

庫恩雖然不怎麼了解迪昂，但卻具有強烈的整體論傾向。他的範式就是由哲學性範式、社會性範式、結構性範式構成的不可分割的整體，或由理論要素、心理要素及聯結二者的本體論和方法論要素構成的完整集合。它們是作為一個整體面對反常的，因此範式的轉換即科學革命是整體性的格式塔轉換(71)。正是這種強烈的整體論傾向，使他在某種程度上帶上了相對主義的色彩(72)。1980年代以來，庫恩從語言哲學的角度詮釋科學革命，下述言論集中體現了他的更為深層的整體論思想（從中不難窺見迪昂思想的影子）：

足以表徵革命特徵的，是某些分類學範疇中的變化，這種範疇是科學描述和概括的前提。而且，這種變化不僅關係到調整劃分範疇的準則，也關係到調整已知客體和情境在前在範疇中分布的方式。既然重新分布總是不僅涉及一個範疇，既

(70) C. G. 亨佩爾《自然科學的哲學》，陳維杭譯，上海科學技術出版社(上海)，1986年第1版，頁30–31。亨佩爾在第一句引文中所加的腳注中注明參見迪昂的《結構》，並說德布羅意在英譯本序中對迪昂的這一思想作了若干有意思的評論。德布羅意說：「……這向我們表明迪昂關於判決實驗評論的深刻和他本能地知道如何選擇他的例子的嫻熟。因此，我們不能否認，迪昂的分析是以深邃的洞察和廣闊的視野為標誌的。」(*AS*, pp.xi–xii)

(71) 李醒民《科學的革命》，中國青年出版社（北京），1989年第1版，頁61–86。

(72) 李醒民〈庫恩科學革命觀的新進展〉，《思想戰線》(昆明)，1991年第3期，頁19–26。

> 然這些範疇也要相互界定，這種變換也必須是整體性的。更進一步，整體論來源於語言的本性，因為劃分範疇的準則事實上也就是使這些範疇名稱附著於世界的準則。語言是一枚兩面硬幣，一面向外望著世界，一面向內望著存在於語言關聯結構中的世界映像。(73)

按照庫恩的觀點，Dt構成所謂的反常。由於他堅持不可通約性或不可翻譯性觀點(74)，即在新舊範式之間沒有中性觀察資料或觀察語言，因此在二者之間不存在判決實驗。

費耶阿本德像庫恩一樣持有不可通約性觀點，因此他不贊同判決實驗也就在情理之中了。不過，他又認為不可通約的理論可由自己的經驗得到反駁和確認。他也像愛因斯坦和邏輯經驗論的某些代表人物一樣，堅持意義整體論的主張：

> 我們所使用的每一個名詞的意義都取決於它所在的理論語境。孤立的詞沒有「意義」，它們的意義是由於作為理論系統的一部分而獲得的。因此，如果我們考慮這樣兩個語境，它們的基本原則要麼相互矛盾，要麼在某些領域中導致了相互矛盾的推斷，那就可以預料，第一個語境中的某些名詞將不會以完全相同的意義出現在第二個語境中。(75)

---

(73) T. S. 庫恩〈科學革命是什麼?〉，紀樹立譯，《自然科學哲學問題》(北京)，1989年第2期，頁34–37。

(74) 李醒民〈論科學哲學中的「不可通約性」概念〉，《遼寧教育學院學報》(瀋陽)，1993年第1期，頁33–40。

(75) 蘭征：〈「判決實驗」可能嗎?〉《自然辯證法通訊》(北京)，第8卷(1986)，

但是，費耶阿本德從整體論的不充分決定論題走向極端的相對主義。他攻擊科學的合理性。他顯然希望，一旦合理性喪失信譽，人們就擺脫了真理的暴政。他片面地理解迪昂關於「基本的宇宙論的選擇可以變成品味的問題」的說法，而拋棄了迪昂關於PT漸進地反映了本體論秩序和真理的論述，說什麼人們有權使科學「從一個嚴厲的、專橫的女主人變成一個吸引人的、柔順的名妓，她力圖搶先在她的情夫的每一個希望之前行動，……選擇龍還是貓咪作為我們的陪伴，是由我們決定的事。」(76)費耶阿本德這位哲學無政府主義者未免在相對主義的路向上走得太遠了！

拉卡托斯認為DQt有兩種解釋(77)。按照其弱解釋，它只堅持實驗不可能直接擊中嚴格限定的理論目標，而在邏輯上有可能以無限多不同的方式來塑造科學。這種弱解釋只打擊了獨斷證偽主義，而沒有打擊方法論證偽主義；它只否認證偽一個理論體系中任何單獨成分的可能性。按照其強解釋，DQt認為在這些不同的選擇規則中不可能有任何合理的選擇規則；這種說法同所有形式的方法論證偽主義都是相矛盾的。盡管這兩種解釋的不同在方法論上是至關重要的，但二者並未被清楚地區別開來。他認為迪昂似乎只堅持弱解釋，而在詹姆斯 (W. James, 1842–1910)、劉易斯 (C. I. Lewis, 1883–1964)的美國實用主義傳統下的奎因，似乎堅持非常接近強解釋的觀點。DQt弱解釋一般地堅持下來了，而強解釋則遭到樸素證偽主義者和精致證偽主義者的頑強反對：

第3期，頁12–17。

(76) 同(57)，頁310–311。

(77) 同㉜，頁133–134, 136–139, 49–50。

　　樸素證偽主義者堅持，假如我們有一組矛盾的科學陳述，我們必須首先從中選出一個受檢驗的理論（作為堅果）；然後我們必須選出一個已經接受的基本陳述（作為錘子），而剩下的便是沒有爭議的背景知識（以提供一個砧子）。為了使這一觀點有力，我們必須有一種「硬化」「錘子」和「砧子」的方法，以便我們能夠打破「堅果」，從而作出一項「否定的判決實驗」。但這種劃分的樸素「猜測性」太任意了，它並沒有給我們帶來任何硬化。

精致證偽主義認為任何實驗、實驗報告、觀察陳述或業經充分確認的低層證偽假設都不能單獨地導致證偽。在一個更好的理論出現之前是不會有證偽的。這樣一來，判決實驗只能是「事後之明鑒」。

　　在拉卡托斯看來，典型的描述科學成就的單位不是孤立的假設，而是研究綱領——其中心是「硬核」，周圍是由巨大的輔助假設構成的「保護帶」，它面對檢驗調整、再調整，頑強地保護硬核不被反駁。他認為波普爾明顯地忽視了科學理論的堅韌性，科學家的臉皮很厚，他不會因事實與理論相矛盾就放棄理論。他們通常發明某種挽救假設以說明他們屆時稱為只是反常的東西；如果不能說明這一反常，他們便不理會它，而將注意力轉向其他問題。科學家談的是反常、頑例，而不是反駁。當然科學史充滿了理論如何被所謂的判決實驗扼殺的說法，但這些說法是理論被放棄之後很久才杜撰出來的。按照拉卡托斯的解決辦法，若 H 處於研究綱領的硬核，則反面啟發法（不應怎樣做）告訴我們，禁止把反駁指向硬核，而應把否定後件式轉向保護帶，逐漸調整保護帶的輔助假設 A。在用 A′代替 A 時，要保證其內容有所增加，要用正面啟發法（應該怎樣

做）產生 A'，以促成進步的問題轉換。但是，當硬核 H 所在的研究綱領處於退化階段，即構成退化的問題轉換時，就應斷然拋棄 H[78]。

關於判決實驗，拉卡托斯多次進行了專門探究。他在對諸多所謂「判決實驗」的著名案例研究後得出結論說：「判決實驗是不存在的，如果指的是能即時地推翻一個研究綱領的實驗，那無論如何是不存在的。」[79]他不同意格林鮑姆關於「至少在一些特例中，反常可以構成否定的判決實驗並擊敗理論」的觀點，他通過邏輯分析和論證後斷言：

> 沒有單個的實驗能在改變兩個競爭的研究綱領的平衡狀態中起決定性的、更不用說是「判決性的」作用。當然，我不否認科學家們有時一般根據事後的認識對某些實驗授予「判決實驗」的尊稱，這些實驗可以成功地用一種研究綱領來說明，但是用另一種研究綱領就不能如此成功地說明（即只有用一種特設性方法可以說明）。我也確實不否認某些實驗在兩種研究綱領之間的消耗戰中有決定性的心理作用，它們也許會導致一個研究綱領的瓦解和另一個研究綱領的勝利。一個反常也許會對在受此反常影響的研究綱領內工作的科學家的想像力和決心有很大的摧毀作用；但是我強調，沒有一個反常——不管它被稱作是「判決實驗」或者不是——會是客觀地決定性的。[80]

---

[78]　同[32]，頁5,65–73。

[79]　同[32]，頁94–124。

[80]　I. 拉卡托斯《數學、科學和認識論》，林夏水等譯，商務印書館（北京），1993年第1版，頁293–307。

拉卡托斯指責波普爾誤解了迪昂❽，其實他自己對迪昂也有誤解。例如，他說他和迪昂一樣認為硬核可以崩潰（這是對的!），但迪昂「認為崩潰的原因純粹是美學上的原因，而我們認為主要是邏輯的和經驗的原因」❽——這樣的理解顯然有偏差。

　　勞丹對DQt的詮釋是：「任何理論都不能在邏輯上被任何證據證明或否決。」❽他在另一部著作中則這樣寫道：迪昂指出，理論的檢驗遠比那些缺乏判斷力的人所想像的複雜；從單個理論中通常推不出任何能在實驗室直接觀察到的東西，只有許多理論的複雜聯合（加上某些關於初始條件的陳述）才能對自然界作出預測；因此，對單個理論或假設的駁斥和確認都存在著不確定性。勞丹提出對Dt的解決方案：如果理論複合體c遇到反常問題a，那麼a可以看作是c的每一個非分析成分T_1、T_2、……T_n的反常；如果理論複合體c充分解決了經驗問題b，那麼b對於c的每一個非分析成分T_1、T_2、……T_n來說，都可視作一個已解決的問題。勞丹的解決方案與通常作法（力圖設法將對錯集中歸於某一理論或假設）相反：使用錯誤有份學說的合理變種，將對錯均勻地遍布到理論複合體的每個理論上。勞丹還提到與證偽實驗的合理反應有關的Dt的又一重要方面：

　　一個理論存在反常並不能因而就成為放棄該理論的充分根

❽　同❽，頁149。

❽　同❽，頁69。

❽　L. 勞丹《科學與價值》，殷正坤等譯，福建人民出版社（福州），1989年第1版，頁19–20。他接著寫道：「得出同一結論的另一條路線依賴於如下主張：科學推理的規則，無論是歸納還是演繹，從根本上都是含糊不清的，結果人們可以用無數相互抵觸的方式進行推理。」

據，但事情並不到此結束。正是因為有反常存在，並且科學力圖消除反常，因此科學共同體仍面對著消除反常的認識上的壓力。消除反常也許就需要放棄不能解決反常的理論複合體中的某一個理論（雖然它的放棄並非由於它被「證偽」）。按照我的觀點（我想這也是迪昂的觀點），迪昂提出的真正挑戰並不是我們如何才能把真假「集中」到哪一個理論身上，而是我們應該採取什麼樣的合理方法去選擇更好的理論複合體。❽

　　關於意義變化學說對判決實驗帶來的問題是十分複雜和困難的。如果意義變化學說是對的，則格林鮑姆的論點就不成立。但是意義變化學說受到來自各方面的批評。夏皮爾認為，像電子這樣的名詞是超理論的，它的意義並不取決於各自所出現的語境。謝夫勒(I. Scheffler)和普特南(H. Putnam, 1926–)認為，保證理論之間具有邏輯關係的是指稱或外延的相同性，而不是意義或涵義的相對性。只要理論的指稱相同，它們就有可能發生邏輯衝突，從而也就可以有判決實驗。由於各學派意義理論不同且暫時無法取得共識，因此有人建議在討論理論比較時最好不要涉及意義問題❽。

　　關於DQt討論的文獻如汗牛充棟，我們在此只能作一提示性的涉及和簡要的批判。現在，有必要針對有關討論作如下小結：

　　⑴Dt 的提出使人們認識到在科學中實驗檢驗或經驗證據的不充分決定性和複雜性，從而在人類認識史上設置了一個里程碑。它

---

❽　L. 勞丹《進步及其問題》，劉新民譯，華夏出版社（北京），1990年第1版，頁39–43。

❽　同❼。

的提出也許比如何解答它更為重要。誠如賴興巴赫所說:

> 我們在閱讀各種哲學體系的陳述時,應該把注意力多放在所
> 提的問題上,而少放在所作的回答上。基本問題的發現,其
> 本身就是對於智力進步的重要貢獻,當哲學史被看作問題史
> 時,它所提供的方面要被視作為諸體系的歷史時豐富多彩得
> 多。❽

⑵Dt並不等價於Qt,也不等價於通常意義上的DQt。Dt的基本內涵是經驗上的不可分離性,由此導致邏輯上的不可證實性或不可證偽性。無條件地堅持DQt的強詮釋(Qt的強詮釋也只是邏輯的而非實踐的,況且奎因後來有所緩和), 容易導向極端的相對主義,使科學失去實證和理性根基。

⑶格林鮑姆的批評雖則打不中迪昂的要害,但它畢竟對奎因的強整體論版本提出詰難,促使奎因的態度弱化和學術界的深入探討。而且,這一批評啟示我們,如果不能證明 $(H)(O')(\exists A')〔(H・A') \rightarrow O'〕$,那麼就不能保證任何證偽都不是判決性的。可是,這個問題似乎是一個不能由邏輯普遍解決,而只能由實踐特殊解決的問題。

⑷對於高度抽象的、遠離經驗的理論或假設集合而言,嚴格地講,判決實驗無論在邏輯上還是在歷史上都是沒有的,至多只是一種心理的影響和事後的認識。但是,對於低層次的理論而言,對於實踐中的科學家而言,這樣的實驗在某些特定條件下(與待檢驗的假設相關的其他假設或背景知識或背景信息已被確認或確認度較

---

❽ H. 賴興巴赫《科學哲學的興起》,伯尼譯,商務印書館(北京),1983
年第2版,頁25。

高）是可能的，盡管它的意義是相對的、局部的、暫定的。關於背景信息，夏皮爾提出：

> 背景信息必須滿足三個條件：在以往科學研究中是成功的；令人信服而無可懷疑；與現在的研究課題有密切聯繫。只要在這種背景信息中進行科學活動，所獲得的知識就是有理由的、客觀的。這就是我所說的客觀性。⑧

(5)由於不充分決定論題的存在，理論評價問題就顯得更為複雜、更為重要。最明智的作法也許是堅持真理評價和價值評價⑧相結合的原則，在經驗論的評價觀和整體論的評價觀之間保持必要的張力——迪昂正是這樣做的——因為前者易於導致客觀主義、機械主義和獨斷論，不利於理論的生存和發展，後者易於導致主觀主義、相對主義和非理性主義，使科學共同體成員各執一詞，難以達成共識和統一，同樣不利於科學的發展。一種融合弱經驗論和弱整體論的評價理論的整合觀⑧是可取的，它把理論的可靠性（其級別由證據的質和量衡量）和是否有前途（由獲得較高質量的陽性證據的增長速率，等待證實的預見的新奇性，解決問題的潛力來衡量）作為評價的「雙標尺」——這與愛因斯坦的「外部的確認」和「內部的

---

⑧　李勇等〈「我不是新歷史主義者」——與D.夏皮爾先生一席談〉，《哲學動態》（北京），1995年第3期，頁34–35, 39。

⑧　李醒民〈科學理論的價值評價〉，《自然辯證法研究》（北京），第8卷(1992)，第8期，頁1–8。

⑧　邱仁宗〈科學理論評價的雙標尺系統和整合觀〉，《自然辯證法通訊》（北京），第7卷(1985)，第4期，頁5–12。

完美」❾❿標準有契合之處。應該看到，迪昂的理論評價觀還帶有較強的歷史主義和自然主義的色彩。

(6)迪昂的工作使人們清楚地看到主觀性在科學中涉入的廣度和深度，即使決定某命題與觀察是否符合，也包含著主體的判斷。在科學中拒絕主觀性像拋棄客觀性一樣，都是不可取的。問題在於如何詮釋客觀性，把主觀的因素和作用合理地、有機地溶入其中，因為科學是人的事業，而不是機械過程。波普爾認為「科學陳述的客觀性就在於它們能夠被主體間相互檢驗」或「主體間相互批判」❾❶。夏皮爾在剛才的引文中把客觀性理解為在符合三個條件的背景信息上從事科學活動。圖奧梅拉把科學的客觀性標準定義如下：研究領域的客觀性（科學審查實在的事物）；主體間性 (intersub-jectivity)；普遍性原則：科學探索的促動背景是由科學共同體成員的共同態度(we-attitude)或共同意向、共同需要和共同信念形成的，而不是由個人特異的希望和進入該過程的個體研究者的想法形成的；科學研究的過程至少必須原則上是徹底開放的，它包括原則上的可重複性要求在內❾❷。這些詮釋有助於啟發我們全面地、深入地理解當代科學中的客觀性的涵義，避免走客觀主義和主觀主義兩個極端。

(7)自迪昂提出整體論思想百餘年以來，該思想已滲透到自然科學、社會科學和人文科學各個領域內，整體論學說本身也在縱向和

---

❾❿ 李醒民〈科學理論的評價標準〉，《哲學研究》(北京)，1985年第6期，頁29–35。

❾❶ 同❷❹，頁18–19。

❾❷ R. Tuomela, *Science, Action, and Reality*, D. Reidel Publishing Company, 1985, p.212.

橫向上得以發展。整體論現有三個主張：整體不能還原為它的部分，部分之間的相互作用產生新的特性；部分不能從它們所屬的整體被孤立地加以理解；關於整體的知識不能通過把關於部分的知識的內容並置起來而得到。把握這些主張，對於我們進一步理解和應用整體論思想是有裨益的。

第八章　對人類精神的壯麗探險

雨前初見花間蕊，
雨後全無葉底花。
蜂蝶紛紛過牆去，
卻疑春色在鄰家。

——唐·王駕〈春晴〉

帕斯卡在《思想錄》中一開始就區分和論述了幾何學精神和敏感精神❶。前者是就純粹的演繹推理而言的，後者是就直覺判斷而言的（因而往往被逕譯為「直覺精神」）。他這樣寫道：

---

❶ 迪昂採用的帕斯卡的 lésprit geométrique（幾何學精神）和 lésprit de finesse（敏感精神）沒有嚴格的英語等價詞與之對應，加之帕斯卡和迪昂也用其他詞語表述，因此 geométrique 的英語對應詞有 geometric（幾何學的），mathematical（數學的），strong and narrow（強而窄的，強勁的和狹窄的），strait（嚴密的），logically rigorous（邏輯嚴格的），abstract（抽象的），exact（精密的），accurate（精確的），deep（深刻的）等；finesse 的英語對應詞有 sensitive（敏感的），intuitive（直覺的），ample but week（博而弱，廣博的而脆弱的），ample but shallow（博而淺，廣博的而淺薄的），supple（易適應的），broad（廣闊的），diplomatic（老練的），imaginative（想像的），visualizing（形象化的）等。請讀者在閱讀文本時注意鑒別。

因而便有兩種精神：一種能夠敏銳地、深刻地鑽研種種原理的結論，這就是敏感性的精神；另一種則能夠理解大量的原理而從不混淆，這就是幾何學的精神。一種是精神的力量與正確性，另一種則是精神的廣博。而其中一種卻很可能沒有另一種；精神可以是強勁而又狹隘的，也可以是廣博而又脆弱的。(*SXL*, pp.1-6)

作為帕斯卡的讚美者、追隨者和研習者，迪昂完全熟悉帕斯卡的這些思想❷。在里爾，他與英國精神方面的權威謝弗里榮和昂熱利埃多次交談和討論，從中獲益良多。無疑地，迪昂熟悉泰恩(H, Taine)的《英格蘭筆記》，因為謝弗里榮是他的侄子。該書到1893年已出版二十年了，共出了九版。其中〈英格蘭精神〉一章把英國和法國的思維方式作了比較，但主要集中在藝術、政治、倫理的特徵上，而未涉及科學。彭加勒在1890年把英國精神（以麥克斯韋為代表）和法國精神（以拉普拉斯和柯西為代表）加以簡明的對照，在1900年集中論述了數學中的直覺和邏輯❸，這也可能有助於激發迪昂的反思。莫茲(J. T. Mortz)在1896年更是對英、法、德之精神進行了全面而詳盡的比較和剖析❹。

---

❷ 一位帕斯卡研究者F. Strowski在1923年回憶說：「在波爾多，我熟悉一位偉大的科學家，他比任何一個人更多地影響了科學史、科學方法和物理學理論，他就是皮埃爾・迪昂。他從未停止求助於帕斯卡的範例，他從未在沒有引用《思想錄》的情況下作過一次講演，寫過一個章節；正是他使我了解它並品味它。」迪昂研讀和引用的是Ernest Harvet的版本《思想錄》，它附有54頁的「研究」和眾多注釋。(*PD*, pp.59,67)

❸ H. 彭加勒《科學的價值》，李醒民譯，光明日報出版社（北京），1988年第1版，頁158-160, 192-205。

　　迪昂就是在這樣的背景中開始並從事他的對人類精神的壯麗探險的，他的獨創性主要體現在對不同類型的科學精神的開掘上。1893年，在〈英國學派和PT〉一文中，他就開始探討這個論題。1906年出版的《結構》第四章是上述論文的拓展，對兩類精神及其代表者作了全面而深入的比較和分析。1915年的《德國科學》是這種心智探險的第三個階梯，他在民族主義狂熱的氛圍中還是糾正了二十年前的偏頗，承認真正的天才超越了民族的局限性，集各種精神類型之優點於一身。

第一節　兩類精神：幾何學精神和敏感精神

　　迪昂在《結構》中主要以法國精神（有時也提及德國精神）和英國精神為例，把兩種不同的精神類型加以比較研究。他認為，任何PT的構成都源於抽象和概括的雙重工作。首先，精神分析為數眾多具體的、不同的、複雜的和特殊的事實，並以定律即把抽象概念連結在一起的普遍命題概述對它們來說是共同的和本質的東西。其次，精神沉思整個定律群；它用為數很少的、與某些十分抽象的觀念有關的極其普遍的判斷代替這個定律群；它選擇這些初始性質，並以下述方式系統提出這些基本假設：屬於所研究的群的所有定律都能夠通過演繹推導出來，演繹也許是十分冗長的，但卻是十分可靠的。這個假設和可演繹出的系統，抽象、概括和演繹的工作，就構成了我們定義的PT。上述把事實簡化為定律和把定律簡化為理論

❹　J. T.莫茲《十九世紀歐洲思想史》，伍光建譯，商務印書館（上海），1931年第1版，一編上冊之一，第一至第三章。

的導致雙重智力經濟的操作，就是抽象精神面對的任務。

　　但是，並非所有強有力地發展的精神都是抽象精神。迪昂指出：

> 還有一些精神具有驚人的能力，能在他們的想像中抓住截然
> 不同的對象的複雜集成；他們以單一的眼光正視它，而不需
> 要缺乏遠見地先注意一個對象，然後注意另一個對象；可是，
> 這種眼光並不是模糊的和混亂的，而是精確的和細緻的，能
> 清楚地察覺每一個細節的地位和相對意義。(*AS*, p.56)

但是，這種理智能力從屬於一個條件，即它所指向的對象必須是落入感覺範圍內的對象，它們必須是可觸知的或可見的。具有這種能力的精神需要感覺記憶的幫助，以便形成概念；抽象觀念若被剝去這種記憶使之成形的一切東西，它就像摸不著的薄霧一樣消失了。抽象判斷在他們聽起來就像沒有意義的空洞的公式一樣；冗長而嚴格的演繹對他們來說似乎是風車單調而沉悶的喘息。這些精神盡管被賦予想像的強大能力，但卻沒有準備去抽象和演繹。這樣的形象化的精神不會把抽象的PT視為智力經濟，他們是在截然不同的類型的模型上構造PT。於是，抽象的PT確實將吸引強而窄的精神，但卻排斥博而弱的精神。

　　迪昂把拿破侖看作是廣博而脆弱的精神的極端的例子。這個人的精神有兩個如此突出的特徵：第一，具有把握極其複雜的對象集成的異乎尋常的能力，倘若這些對象是可感覺的對象，而且它們能使想像設想它們的形狀和顏色的話。第二，沒有抽象和概括的能力，甚至對這些智力操作感到厭惡。純粹觀念若被剝去能使它們變得可見和可觸知的具體而特殊的細節的外衣，就不能進入拿破侖的精神。

在他看來，那些用抽象、概括和演繹作為慣常思維的人，是不可理解的、有缺陷的和不成熟的傢伙。他輕蔑地稱他們為「空想家」和「適宜於淹死在熱水中的虱子」。拿破侖的想像能力以其靈活性、廣博的範圍和精確性著稱，也使他的談話變得生動和迷人。拿破侖精神中的一切東西——對觀念形態的厭惡，他的管理和戰術眼光，他對社會集團和人的深刻認識，他的談論的普及的力量——都是從同一基本特徵發出的：精神的廣闊性和脆弱性。

在迪昂看來，廣博精神正如帕斯卡所描述的，本質上在於下述能力：

> 清楚地洞見為數甚多的具體概念，並同時把握整體和細節。
> (*AS*, p.60)

於是，精神的廣博性產生了外交家的策略；這些外交家善於注意最小的事實、談判對手的最細微的姿態和態度，同時又希望看穿任何掩飾。在歷史學家中也可找到精神的廣博性：聖西門在《回憶錄》中給我們留下了四百個流氓的肖象，其中沒有兩個是相同的。精神的廣博性也是最偉大的小說家的基本工具，它使巴爾扎克 (H. de Balzac, 1799–1850)❺塑造了眾多的聚集在《人間喜劇》中的角色，這些人物有血有肉、栩栩如生。它把生動和熱情賦予拉伯雷 (F. Rabelais, 1483–1553)❻的風格，使他的作品充滿了達到漫畫程度的

---

❺　巴爾扎克是法國最偉大的作家之一，公認的天才小說家。《人間喜劇》
　　這個名稱是1840年起的，包括1829–1847年間寫的長短不一的小說和
　　隨筆九十餘部。在他的作品中總是努力闡明因與果，背景與人物的關
　　係。

可見的、可感的、可觸知的具體圖像。因此，廣博的精神是與泰恩所描繪的熱愛抽象概念的古典精神相對的，而偏好秩序和簡單性、總是選擇最普遍術語的布豐 (G.-L. L., Comte de Buffon, 1707-1788)則是古典精神的代表之一。

廣博的精神也是金融投機者的精神，他能從大量的電報中推斷世界各地的行情，一瞥即見市場的漲落。它也是國家軍隊首腦的精神，他能考慮出周密的動員計劃，使數百萬人按要求到達戰鬥地點，而不出現阻滯和混亂。它也是國際象棋手的精神，他甚至不看棋盤，同時與五人對奕。此外，它也可以構成許多幾何學家和代數學家的特殊天才，使他們用數字計算代替演繹，用某些可見的和可描畫的記號組合作變換。

盡管在每一個國家都能夠找到具有廣博精神的人，但是迪昂發現，這種精神卻是英國人特有的。在他們身上，博而弱的精神的兩個標誌是：異乎尋常的想像複雜而具體的事實的集成之能力；在構想抽象概念和闡述普遍原理時極其困難。

迪昂舉例說，狄更斯(C. Dickens, 1812-1870)❼或喬治・艾略特(George Eliot, 1819-1880)❽的小說打動讀者的是什麼呢?是描繪

---

❻ 拉伯雷是法國作家。他在小說中大量運用文藝復興時期的法語，從粗俗的戲謔到深邃的諷刺等多種喜劇成分，內容涉及當時的法律、醫學、政治、宗教、哲學等知識和倫理範疇內的許多主要方面。

❼ 狄更斯是英國最偉大的小說家。他擅長描寫各種情景，既善於描繪莊嚴肅穆的氣氛，又善於描寫滑稽詼諧的場面。他又以人物刻畫著稱，創造了許多被稱之為「狄更斯人物」的典型角色。

❽ 艾略特是英國維多利亞時代傑出的小說家之一，她開創了現代小說通常採用的心理分析方法。她筆下的人物都有比較複雜的性格，她對人物活動場景的描寫也非常重視。

的冗長的、細微的特徵，許多圖像混亂地流進，顯得駁雜而無序，使人失去對整體的洞察。深刻而狹窄的法國精神需要的是洛蒂 (P. Loti, 1850–1923)❾的描述，在三行中就抽象和濃縮出基本觀念，作為整個場景的靈魂。在英國讀者看到一個個富有魅力的畫面之處，法國讀者除了糾纏在一起的渾沌外，什麼也覺察不到。

　　這一點也表現在劇作家的作品中。以高乃依 (P. Corneille, 1606–1684)❿劇作中的主人公為例：奧古斯特在復仇和寬恕之間猶豫不決，羅德里居厄在他的子女的孝敬與愛之間仔細考慮。兩種情感在內心獨白、爭辯，但卻顯示出完美的秩序，就像律師在法庭辯護一樣，結果也恰如判決詞或幾何學中的推論。與此相對的是莎士比亞 (W. Shakespeare, 1564–1616)⓫的主人公麥克白夫人或哈姆萊特：一堆混亂的、不完美的思想以及模糊的、不連貫的輪廓。法國觀眾徒勞地企圖理解這樣的角色，而英國人僅滿足於在生活的複雜性中觀看他們，並不想按順序分類和排列他們。

　　法國和英國精神的這種對立也表現在哲學中，迪昂以笛卡兒和培根代替高乃依和莎士比亞作為例證。笛卡兒具有強而窄的精神，他在《方法論》中從最簡單、最容易認識的對象開始，逐步上升到

---

❾　洛蒂是法國小說家，作品中的異國情調使他在當代享有盛名。他的作品中的印象主義與他性格上的深邃氣質相通，愛與死在他的作品中占有重要地位。

❿　高乃依是法國古典主義戲劇大師。他擅長於揭示處於衝突之中的人物所表現的個性及精神力量，並歌頌他們的堅毅和克制力。他的文字華麗，推論雄辯，表述對稱，顯露出詩人兼律師的氣質。

⓫　莎士比亞在世界文學史中占有獨特的地位，被認為是古往今來最偉大的作家。他文才橫溢，創造的喜、怒、哀、樂場面使人印象鮮明，運用語言和比喻十分巧妙。

對復合對象的認識。最簡單的對象是最抽象的概念、最普適的原理、最一般的判斷，由此展開演繹推理。培根在《新工具》中則宣稱，真正的哲學對象不是構造一個從確鑿的原理邏輯地演繹出明晰而有序的真理體系，它的對象是十分實際的，甚至應該是實業的。迪昂說：

> 如果笛卡兒的精神似乎經常出沒於法國哲學，那麼培根的想像力，以及該能力對於具體的和實際的東西的愛好，對於抽象和演繹的無知和厭惡，似乎進入英國哲學的命根子。(AS, p.67)

英國和法國精神之迥異也表現在其他方面。法國法律匯集在法典中，法律條文按次序排列在陳述了明確定義的抽象觀念的標題下。英國的龐大數量的法律和習慣法是一個接一個並置的、無聯繫的、往往相互矛盾的，但他們並未因立法的渾沌狀態而在審判中感到為難。英國人本質上是保守的，是尊重和保持過去的傳統的。法國人希望有一個以有序的、有條理的方式發展的、清晰而簡明的歷史，其中所有事件都從他所誇耀的政治原則出發嚴格地行進，恰如推論從原理演繹出來一樣。正是這種嚴密性，使法國人渴望明晰和方法；正是這種對明晰、秩序和方法的愛，導致他在每一個領域扔掉過去饋贈給他的一切，或把它們夷為平地，以便按照完善地協調好的計劃建構現在。迪昂的結論是：

> 這就是法國人的精神和英國人的精神之間的對立：法國人的精神強勁到足以不懼怕抽象和概括，但是在任何複雜的事物

被以完善的秩序分類之前，卻狹窄得不能想像它，而當我們比較這兩類人提供的具有永恒價值的作品時，博而弱的英國人的精神將不斷被我們理解。(*AS*, p.64)

　　這種比較在科學中表現得淋漓盡致，尤其是對模型運用的態度格外引人注目。法國物理學家泊松和德國物理學家高斯的靜電學理論，是由一群抽象的觀念和普遍的命題構成的，是用清楚而精確的幾何學和代數學語言系統闡述的，而且相互之間用嚴格的邏輯法則關聯在一起。這樣的體系充分滿足了法國物理學家的理性和對明晰性、簡單性和秩序的偏愛。可是對於英國人來說，質點、力、力線和等勢面這些抽象的概念並不能滿足他對想像具體的、物質的、可見的和可觸知的事物的需要。法拉第(M. Faraday, 1791–1867)不像法國人那樣把力線視為無粗細的或非存在的，他使力線實體化，把力線加粗到管子的維度，並用硫化橡膠填充其間。法拉第關於力線作用的機械模型受到麥克斯韋和英國學派的稱讚，並被視為天才的工作。洛奇(O. Lodge, 1851–1940)和開耳芬勛爵更是熱衷於構造形形色色的力學模型，並且用的是人們熟知的滑輪、回轉輪、繩子、齒輪、管子、曲柄、甘油、果子凍等。他們把PT還原為機械論的特殊形式❷，把理解物理現象等同於描述模擬該現象的模型。迪昂把英國學派的特徵概括如下：

---

❷　迪昂明白：「把英國學派區別開來的不僅僅是把問題還原為機械論，而是其嘗試在得到這種還原時所採取的形式。」「對說明理論和力學理論的偏愛並不是把英國學說與在其他國家興旺的科學傳統區分開來的充分基礎。」(*AS*, pp.72–73)例如法國笛卡兒的學說是機械論的理論，荷蘭惠更斯和瑞士的伯努利(Bernoulli)家族堅決主張保留原子論。

當英國物理學家力求構造足以描述PL群的合適模型時，他不會為任何宇宙論原理而為難，也不受邏輯必要性的強迫。他的目的不在於從哲學體系演繹出模型，甚至也不在於使它與這樣的體系符合。他只有一個目標：創造一個可見的和可感知的與抽象定律有關的圖像。沒有這樣的模型，他的精神就不能把握抽象定律。倘若該機制對於想像之眼來說是具體的和可見的，那麼原子論的宇宙論本身是否宣稱滿意它，或者笛卡兒原理是否譴責它，對他來說都毫無關係。(AS, p.74)

帕斯卡認為，精神的廣博性是在許多健全的幾何學研究中起作用的能力，更清楚地講，它是純粹代數學家的天才的特徵性能力。迪昂同意帕斯卡的看法，他指出代數學家不涉及分析抽象的概念和討論一般原理的精確範圍，而僅僅涉及按照固定的法則組合描繪的記號。代數計算技巧不是理性的贈品，而是想像能力的裝飾。因此，毫不奇怪，代數技藝在英國數學家中是十分廣泛的。這不僅表現在英國科學中十分偉大的代數學家的數目上，而且也表現在對符號計算各種形式的偏愛上。

對法國人和德國人來說，PT本質上是一個邏輯體系。如果代數計算介入，那僅僅是為了使把推論與假設關聯起來的符號化的鏈條變得更精巧，更容易把握，即只是使代數部分恰好代替為展開這個理論而使用的一系列三段論。而對英國物理學家來說，代數起模型的作用：它是想像可以達到的、服從代數法則的記號所起作用的器械；它或多或少忠實地模擬了所研究的現象的定律，就像按照力學定律運動的不同物體的器械模擬現象的定律一樣。因此，當法國或

德國物理學家運用代數運算代替邏輯演繹時，總是小心謹慎從事，否則便要受到喪失嚴格性和精確性的懲罰。另一方面，英國人則沒有類似的顧慮，他僅限於把PL與模擬它的代數模型加以比較，而不顧及PL在每一個組合中的協調。麥克斯韋理論就不是從假設演繹出的邏輯體系，不是人們所尋求的PT，而是運用模型類比得到的、被組合和被變換的、充斥矛盾的代數公式。

　　英國學派和大陸學派在理論的邏輯協調方面有著巨大的差異。後者運用嚴格的演繹法，產生了自然的宏偉體系，它宣稱把歐幾里得幾何學的完美形式給予物理學，這種PT具有十分嚴密的邏輯結構和統一性。而前者的PT既不是PL的說明，也不是PL的分類，而是PL的模型。這些模型不是為滿足理性而建立的，而是為滿足想像而建立的，因此它逃脫了邏輯的控制。在他們看來，用不同的模型描述同一定律並不矛盾，這反倒增添了額外的多樣性的魅力。這樣一來，在英國學派的PT中，就出現了許多混亂、不一致、不融貫和邏輯不協調，五花八門、前後矛盾的以太模型就是最為突出的例證。迪昂形象地比喻說，大陸學派的理論是明晰而有序的三段論的鏈環，而英國學派的理論則是斑駁陸離、模型雜陳的畫廊。迪昂把英國精神——這也是在英國創造的PT的一種職業標誌——概述如下：

　　　　英國精神的明顯特徵是，廣博地利用由具體的集合富有想像
　　力構成的東西，而缺乏作出抽象概括的方式。這種特定的精
　　神類型產生了特定的PT；同一群現象的定律並不放在一個邏
　　輯體系中相協調，而是用模型描述的。而且，這個模型可以
　　是由具體的物體建造的機械，或是由代數符號建造的器具；
　　在任何情況下，英國的理論類型本身在其發展中並不順從有

序的法則和邏輯所要求的統一。(*AS*, p.86)

　　迪昂指出，由於麥克斯韋這位偉大物理學家的工作，以及他的闡述者和追隨者的推波助瀾，英國精神和英國學派的理論類型成為一種時尚，在大陸傳布開來，赫茲❸和彭加勒❹在其中起了作用。迪昂分析了時尚傳布的原因在於崇洋媚外和工業社會中的短視行為。首先是對外來物的興趣，仿效外國人的願望，用倫敦式樣裝飾精神及身體的需要；許多人僅僅乞靈於一個主題：它是英國的！尤其是，工業訓練的影響和功利主義的泛濫構成對精確精神的完整性的永遠的挑戰。

　　迪昂針對後一個原因分析說，實業家具有廣博而淺薄的精神。組裝機械、處理商務和管理人員的需要，早就使他習慣於清楚而迅速地觀看具體事實的複雜集合，而離開抽象的觀念和普遍的原理。這樣一來，理智的力量在他身上逐漸萎縮了，英國人的模型正好適合他的智力傾向。此外，未來的工程師也要求在短時間內訓練出來，

---

❸　迪昂認為，卓越的赫茲促進了把數學物理學作為代數模型的集合來處理，因為他宣布：「對於『麥克斯韋理論是什麼？』這個問題，我無法給出任何比下述回答更清楚、更簡短的回答：『麥克斯韋理論就是麥克斯韋方程組。』」(*AS*, pp.80, 90)

❹　迪昂指出：「彭加勒比赫茲更正式地主張數學物理學有權擺脫過於嚴格的邏輯束縛，有權打碎它的各個理論相互之間的關聯。」(*AS*, p.91)因為彭加勒說過：「人們不要自以為他能夠避免一切矛盾；人們必須順從它。事實上，只要人們不把兩種矛盾的理論混在一起，只要人們不在它們之中尋求事物的基礎，那麼這兩種理論都可以成為有用的研究工具；假如麥克斯韋沒有向我們打開如此新穎、如此歧異的途徑，也許我們在讀他的書時不會受到這麼多的啟發。」參見❸，頁160。

他急於用知識創造金錢，他不能浪費時間，對他來說時間就是金錢。那些教工程學的人於是也走捷徑，寧願選擇英國人的方法並講授模型物理學，甚至在數學公式中也充斥著模型。迪昂對於這種流弊深惡痛絕：

> 弊病不僅僅觸及到為未來的工程師所設想的教科書和方針。由於許多把科學和工業混為一談的人的憎恨和偏見的傳播，它滲透到四面八方。這些人看到揚起灰塵、噴吐煙霧、散發臭味的汽車，以為它是人類精神的凱旋車。高等教育已被功利主義沾污了，中等教育成為時疫的犧牲品。以這種功利主義的名義，用大掃除來對待迄今用來闡明物理科學的方法。抽象的和演繹的理論被排斥，以利於向學生提供具體的和歸納的觀點。我們不再打算把觀念和原理灌輸給年輕的精神，而是代之以數和事實。(*AS*, p.93)⑮

　　迪昂告訴勢利者：如果模仿外國人的缺點是容易的話，那麼要獲得刻畫他們特徵的祖傳的品質則比較困難；他們在精神的淺薄性方面比得上英國人，但在廣博性方面卻比不上。他也提醒只要公式方便而不關心其精確性的實業家：低級而虛假的公式由於不可預料的邏輯報復作用，或遲或早會變成失敗的事業、潰決的堤壩、坍塌的橋梁；當它是人類生活的邪惡的收穫獲者時，那就是財政的崩潰。他最後向只教具體事物而正在造就實踐者的功利主義者宣布：他們

---

⑮ 這段引文還包含著迪昂對科學的本性和價值的清醒認識、對作為科學副產品的技術的負面影響的洞悉以及強烈的生態意識，而這竟是在近百年前說的！

的學生或遲或早將變成例行的操作者，機械地應用他們所不理解的公式；因為只有抽象而普遍的原理才能在未知的領域引導精神，啟發他解決未曾預見的困難。迪昂的這些忠告和警句，即使在今天仍然具有強烈的現實意義。

迪昂就「使用力學模型對於發現來說是富有成效的嗎?」進行了討論。他指出，英國人有一種流行的陳腐觀點：拋棄對於舊理論來說是如此重要的邏輯統一性的關心，用相互獨立的模型代替先前使用的嚴格聯結的演繹，就是把對發現極富有成效的敏感性和自由給予物理學家的探究。迪昂認為，這種觀點包含著大量的幻想，它是用完全不同的步驟作出的發現歸功於模型的使用了。在許多情況下，模型是用先前已經形成的理論，或由該理論的作者本人，或由其他一些物理學家構造的。逐漸地，模型使抽象理論湮沒無聞，而抽象理論本來在它之前；沒有這個抽象理論，它便不能被構想出來。模型彷彿是發現的工具，其實它只不過是闡釋的手段。未受到預先警告、而且沒有閒暇作歷史的探源溯流的讀者，就有可能上當受騙。迪昂以理論等溫線觀念、液態和氣態之間連續觀念的提出為例，闡明了他的看法。

迪昂洞察到，英國人歸之於模型的富有成效性，實際上是類比（類似）的作用：

> 物理學史向我們表明，對兩個不同現象範疇之間的類似的探索，也許在構造PT所實行的所有步驟中是最可靠、最富有成效的方法。(*AS*, pp.95-96)

迪昂注意到，物理學類比的使用常常採用更為精確的形式，即兩個

截然不同的現象範疇的抽象理論其方程在代數上等價。於是，雖然
兩個理論由於它們協調的定律的本性在本質上是異質的，但是代數
卻在它們之間建立起可靠的對應。這種代數是無限有價值的東西：

> 它不僅帶來了顯著的智力經濟——由於它容許人們把構造一
> 種理論的所有代數工具直接轉移到另一個理論中——而且也
> 構成了發現的方法。情況事實上是這樣：在同一代數方案覆
> 蓋的這兩個領域之一中，實驗直覺十分自然地提出問題並啟
> 示了它的答案，而在其他領域，物理學家並不是如此容易地
> 被導致闡明這個問題，並給它以這樣的回答。(AS, p.97)

　　迪昂告誡人們不要把類比方法與使用模型混為一談。類比在於
把兩個抽象的體系匯集在一起；無論已知它們之中哪一個，都有助
於我們猜測迄今未知的另一個的形式；或者二者中無論哪一個被闡
明，它們相互都可以弄清對方。「在這裡沒有能使最嚴格的邏輯學家
驚訝的東西，但是也沒有恢復使博而淺的精神感到親切的步驟，沒
有以想像的使用代替理性的使用，沒有拒絕從邏輯上對抽象概念和
普遍判斷進行理解，為的是用具體集合的想像力代替它。」(AS, p.97)
至於想像理論和力學模型，它們在物理學進步中的作用是十分貧乏
的。開耳芬勛爵的優美發現是借助熱力學抽象體系和經典電動力學
的闡明而作出的，實際上並不是依靠他構造的模型。靜電作用和電
磁作用的模型也無助於麥克斯韋創造光的電磁理論，他是借助類比
把電動力學的抽象體系擴展到位移電流而作出發現的。洛倫茲和 J.
J. 湯姆孫的工作也說明了這一點。迪昂的結論是：

> 讓我們坦率地承認，使用力學模型能夠在發現的道路上指引
> 某些物理學家，它還能夠導致其他研究結果。至少可以肯定，
> 它沒有把它誇口的豐富貢獻帶給物理學的進步。當我們把它
> 與抽象理論的豐饒的獲得物比較時，它源源輸送給我們大量
> 知識中去的戰利品的份額似乎是十分貧乏的。(*AS*, p.99)

事實上，即使在推薦使用力學模型的物理學家當中，也很少把模型
作為發現的工具，而是作為說明的方法。開耳芬勛爵並沒有宣布他
大量構造的模型機制的預測能力，只是認為這樣的具體描繪對於他
的理解是必不可少的。

　　無論如何，迪昂看到，使用力學模型的潮流並未能壓制和阻礙
對於抽象的、邏輯有序的理論的探究。因為追求PT的邏輯協調和科
學統一來自我們天生的情感，盡管純粹邏輯的考慮無力為這種合情
合理的情感追求辯護，盡管理性也沒有邏輯論據去中止會打碎邏輯
鏈條的PT；但是誠如帕斯卡所說：「當理性無能為力時，自然支持
理性，並且阻止它在這方面胡說八道。」(*AS*, p.104)不管怎樣，理性
還是要求理論的各部分在邏輯上都統一，而想像則需要用具體的描
述使理論各個不同的部分實體化。物理學家確信，倘若作選擇時，
那就不可能同時滿足二者。尤其是受理性絕對統治的強勁而精密的
精神，為了保護它的統一和嚴格，不再要求PT說明自然定律；受比
理性更強有力的想像引導的廣博而脆弱的精神，為了能夠使他們的
理論處於可見的和可觸知的形式中，便放棄了構造邏輯體系。但是，
在後一類人中，至少是在其思想值得考慮的人中，放棄從來也不是
全部的和最終的；除了作為暫時的避難所和打算拆除的腳手架❶外，

---

❶　迪昂1908年寫道：英國學派的模型是「脆弱的和暫定的結構」，是與「正

他們從未提供他們的孤立的和根本不同的建構。對於在某一天看到一個天才建築師按照完美統一的藍圖建立起一座嚴整的結構，他們從未表示絕望。只是那些一直憎惡理智力量的人，在把腳手架當作完善的建築物上犯了錯誤。

在《力學的進化》中，迪昂也多少涉及到兩類精神和模型問題。他說，當人們審查各種思想家對物理學理論的態度時，人們能夠把他們分為兩大範疇：抽象思想家的範疇和想像思想家的範疇。抽象思想家滿足於通過測量過程提供的、清楚地確定的量，而測量過程能夠成為嚴格論據的一部分，並能夠按照固定的法則進行精確的計算，這些量不能想像則無關係。例如，他們把熱的每一個強度與溫度對應起來，並知道把溫度與其他可測量的物理量聯繫起來的方程式的形式就滿足了，而不需要把溫度還原為活躍的分子的可想像的運動之動能。想像思想家具有截然不同的要求：他把由物體和物體系的尺度和形式構成的構形 (configuration) 作為科學對象的唯一元素。至於模型在物理學中的使用，

> 這種使用的合法性具有純粹的實踐的秩序而非邏輯的秩序。根本不同的模型序列不能被看作是PT，因為它在其中缺乏理論的真正本質，缺乏把不同的現象群的定律聯繫成嚴格秩序的統一性。它尤其不能作為在無機界觀察到的事實的說明而給出；它只能在PL和某些機制的行為之間提供合宜的、直觀的、豐富的類比；可是，正如一個古老的格言所說：比較並不是證據。(*EM*, p.103)

在完善的紀念館沒有本質關聯的腳手架(scaffolding)」(*AS*, p.329)。

由此可以再次看到，與其說迪昂反對英國人使用模型，毋寧說他反對他們並非首尾一貫地使用模型，這破壞了迪昂所鍾愛的PT的融貫性或邏輯統一性。

第二節　兩相對照：德國精神與法國精神

十年後，在《德國科學》中，迪昂主要把德國精神和法國精神加以對照。他把前者的基本傾向歸入幾何學精神或數學精神的範疇，把後者歸入敏感精神或直覺精神的範疇。

迪昂詳細地論述了兩種精神的特徵 (*GS*, pp.82–83, 119–121)。他說，數學精神和直覺精神並不是以相同的步調行進的：

> 數學精神的進展服從固定的法則，這些法則從另外的來源強加於數學精神之上。數學精神一個接一個地展開的每一個命題，都按必要的規律有它的預先指明的位置。要躲開這一規律，永遠是不行的；通過跳過演繹法所要求的某些中間環節從一個判斷到另一個判斷，對於這種精神來說就失去了它的力量，這完全在於它的嚴格性。……事實上，把這樣的推理連接在一起的鏈環不容許自由。(*AS*, pp.82–83)

因此，為了完美無缺地利用固定的演繹法的數學精神，必須不害怕費力的任務。這種方法藉以進行的符號鏈條冗長得令人厭煩，容易使人喪失它的序列。它要求過細的意識。最微小的錯訊、最細瑣的中間步驟的缺失足以完全破壞證明的嚴格性，足以使推理過程轉向結論的諸多錯誤。除非人們耐心地使自己的推理運動服從十分精確

的和固定的法則——不管它們是一般的邏輯法則還是人們希望展開
的結論的特定理論——否則就不可能實踐演繹方法。於是，迪昂反
問道：熱愛工作、注意細節、遵守紀律、服從命令的德國人的意志，
最有利於傾向數學精神的發展，這難道還不清楚嗎？

　　如果數學精神把它的演繹的所有力量歸因於它的進路的嚴格
性，那麼直覺精神的洞察力完全歸屬於它運動的自發的快速反應性。
直覺精神

> 沒有不可改變的原則決定它的自由努力所遵循的路線。我們
> 看到它在一個時刻大膽地跳躍，跨越把兩個命題分隔開來的
> 深淵。它在另一個時刻則滑進或潛入妨礙真理探求的許多障
> 礙之中。它並不是無秩序地行進的，它遵從他為他自己規定
> 的秩序。它按照環境和場合，不斷地以沒有精確的定義能夠
> 牽制它的曲折和不可預見的跳躍的方式修正秩序。(GS,
> p.83)

迪昂形象而生動地比喻⑰說，數學精神使人想起通過檢閱場行進的
軍隊。各種軍團以無瑕疵的規則性排成一線。每一個人都占據著按
照嚴整的秩序分配給他的正確位置。他感到在那裡用鐵的紀律約束
著。直覺精神的推進使人恰當地想起向一個艱難的陣地發起衝擊的
狙擊手。在一個時刻，他突然跳將起來。在另一個時刻，當他通過
豎立在坡道上的障礙物爬上去時，他秘密地匍匐行進。在這裡，每

---

⑰　把迪昂的比喻與彭加勒關於直覺和邏輯的作用的比喻對照一下是很
　　有趣的。參見李醒民《理性的沉思》，遼寧教育出版社（瀋陽），1992
　　年第1版，頁37–44。

一個戰士也遵守秩序。但是，除了占據陣地的目標外，並未詳細說明秩序的組成部分。每一個攻擊者對如何達到這個目的作自由的解釋，這種解釋傾向於把對每一個人來說似乎是有利於特殊目的的各種行動協調起來。

迪昂進一步剖析了直覺精神的種種特點。直覺精神給探索者以他的努力導向的目標的預見：在值得努力時，它以達到目標的洞察激發他；在不值得努力時，它便勸阻或阻擋他，以免白費氣力。直覺精神權衡呈現在我們面前的各種問題的狀況。它把那些要求解答的問題凸現出來，把不需要智力考慮的問題一掠而過。直覺精神感覺到，任何法則無論多麼完善，都不能推廣到所有可能的情況。它能辨認出會導致錯誤的紀律，並機智地逃脫這種紀律。追求真理直到每一個法則失效、每一個處方都未言明的區域，這正是它的特權。直覺精神能夠把對主人的尊敬和對真理的熱愛區別開來。在主人教錯了的地方，它拒絕接受教導。它能夠為思考而思考，能夠發現人們沒有教給它的東西。因此，直覺精神極其健全發展的人將很難使他自己順從於艱苦的、長期的勞動——這些勞動的目標在他看來並不具有明顯的吸引力，很難審慎地注意瑣碎的細節。缺乏直覺使德國人很容易實踐他們明顯具有的道德長處，但也造成了德國精神的一些缺憾。

迪昂指出，演繹法的緩慢而謹慎的步驟尤其適合德國智力的風格，對於完美的、嚴格的演繹的自然傾向是德國智力的標誌。這也是給德國科學打上特徵性的質的印記的東西,是把德國科學與法國、意大利和英國提出的理論區分開來的東西。德國人使用演繹法時十分嫻熟，但其直覺卻十分微弱，後者的缺失與前者的熟練一樣，刻畫出他們智力產品的特徵。正是德國精神在數學精神上的過度發展、

在直覺精神甚至簡單常識上的缺乏，妨礙了德國人產生與他們的巨大勞動相稱的出色成果。只見樹木而不見森林，只重細節而無視整體的「德國人用鐵緊身衣束縛了科學的富有成果的胸懷」(GS, p.115)。

迪昂一方面批評德國精神在演繹的圈子裡發狂地打轉轉，使一種能力的發展抑制了另一種能力的發展。他被剝奪了常識，被剝奪了對真理提供直覺認識的智力微妙性，從而不能判斷原理的真假，混淆真理與嚴格性的區別。另一方面，他又面對聽眾稱讚說：

> 數學精神不只是謹慎的精神。它也是有條理的和堅韌的精神。德國科學教導你們的不是像蝴蝶從一朵花飛向另一朵花一樣地從一個觀念飛掠到另一個觀念，而是像吃苦耐勞的蜜蜂一樣不放棄一個思想，直到你們從它的蜜腺汲取了所有使它們壯大的蜜一樣。(GS, p.69)

缺乏直覺精神，使德國人在科學起源時較少參予，但是當科學越來越多地利用演繹法時，對科學原理的發現來說裝備不良的德國數學精神卻找到易於使原理產生它們所包含的所有推論的機會。這也是德國人在文明國家中是最後一個進入逐步完善的物理學的原因。

迪昂指出，法國精神偏於直覺。這種精神是活潑的，樂於為富有魅力的想像的意見讓路，因而有時也會欺騙自己。它熱衷於奔向和飛向任何明亮而遙遠的目標，而不注意觀察道路兩邊的懸岩。正是在這一點上，迪昂批評說：

> 直覺到某個真理的發現者，為了給他的發現以完備的確實性，而對必須採取的冗長乏味和詳盡的預防措施感到不耐煩和焦

　　燥。他不時地繞過他斷定不重要的和容易替代的中間步驟。
　　多危險的草率! 使他滑落到錯誤的, 幾乎總是這類跳躍。
　　(*GS*, p.9)

不過, 在新假設或新思想的提出中, 直覺卻扮演了不可替代的角色。
這是一個沒有精確的法則指導去完成的繁難任務, 這本質上是洞察
和機靈的問題。面對這一任務, 卓識應該超越它自己, 即把它的力
量和易適應性推到真正的極限, 變成帕斯卡所謂的敏感精神或直覺
精神。此外, 一個對象的給定特徵是基本的標誌或必要的特性嗎?
兩個存在物之間的相像是真實的和深刻的類似還是表觀的和表面的
相似? 一個給定的學說應該被認為處於支配地位還是從屬地位? 這
些能夠被直覺到, 但卻無法推導出來。於是,

　　　　唯有直覺精神能夠給科學以自然秩序, 因為唯有它能夠決定
　　　各種真理的重要性的程度。如果它希望以充分的觀點安置基
　　　本命題, 這種決定就是必須的, 借助於基本命題, 理解力將
　　　辨認出不怎麼重要的命題的功能, 並發現把這些不怎麼重要
　　　的命題相互結合在一起的類似。這些次要命題將被主要命題
　　　因之顯得突出的光輝的反射照亮。最後, 半影將遮蓋細節,
　　　因為這些細節可能是無意義的。(*GS*, p.65)

迪昂在此表明, 德國人的數學精神不能設想, 我們所謂的無意義的
細節意指什麼。

　　迪昂也順便提及英國人。他說, 沒有比英國人的思想與德國人
的思想更為針鋒相對的了。在英國人的思想中, 沒有對能夠把判斷

相互連結起來的嚴格推理的要求，沒有對系統的人為秩序的追求，一句話，沒有數學精神；但是卻有清楚而明確地看見大量具體對象的巨大能力，同時容許它們中的每一個在複雜而變化的實在中有它自己的位置。英國科學都是直覺。似乎沒有什麼東西比英國思想更能平衡德國思想的過大影響了。(*GS*, p.69)

第三節　最後的簡短評論

一、迪昂在《結構》中大體上把法國精神（以及包括德國在內的大陸精神）劃入幾何學精神範疇，以與英國人的敏感精神對照；在《德國科學》中，又基本上把法國精神列為敏感精神，來和德國人的幾何學精神對置。乍看起來，這顯然是前後有矛盾、首尾不協調的。其原因也許與迪昂在十年（甚或近二十年）間的思想進化、科學發展和環境變化多少有關。更重要的原因也許在於以下兩點。第一，他注意到並贊成帕斯卡的交叉分類或跨類 (cross-classification)。他說：「精神的廣博性構成了幾何學家和代數學家的特殊天才。也許不止一位帕斯卡的讀者在看到他有時把數學家置於博而弱的精神之中而不能不感到驚訝。這種跨類不是他的洞悉較少的證據之一。」(*AS*, p.62)第二，迪昂認為，法國人比地球上其他地方的人更多地「在各種能力之間維持了最嚴格的平衡」，「外國人也樂意贊同這一點。他們高興地引用正直和平衡作為法國精神的標誌。」(*GS*, p.72)此外，以下有關項目也或多或少構成迪昂交叉分類的理由。

二、迪昂所謂的德國精神或德國科學、英國精神或英國科學等，並非具有固定的國別意義和僵硬的非此即彼特徵。迪昂認為，對智力類型的判斷從來也不是普遍可適用的。所有的英國人並非都是英

國類型的人，英國人構想的理論並非顯示出英國科學的所有特徵。在這些理論中，人們將會遇到完全可以認為是法國人或德國人的工作的東西。所謂的德國科學，也並非恰恰是德國科學家所作工作的集合，其特徵也常常能在作者並非德國人的著作中找到。(*GS*, pp.80, 115–116)迪昂看到，廣博的精神在每一個國家都可以找到。英國精神是博而淺的，但也能發現強勁而精確的精神——牛頓就是一個典型的例子。(*AS*, pp.77, 87)德國精神也有例外，例如克勞修斯和亥姆霍茲這樣的德國學者，他們的天才完美地處於平衡狀態，知道如何分配給每一種才能以其應得的地位，靈活地運用常識的直覺和幾何學精神的演繹。(*GS*, p.68)

三、在對兩類精神的論述中，迪昂的態度大體上是公正的，並未把光榮全歸於法國，也很少有民族主義情緒，盡管他當時對德國科學的評論是想抵禦外國思想對法國思想的侵犯和俘虜，使法國人的理性免遭德國人的毒害，使祖國恢復她的靈魂的充實和純潔(*GS*, pp.6, 67)。他號召從德國人那裡汲取教益：「德國數學精神教導我們對嚴格有耐心。它將教給我們對我們沒有證據的東西什麼也不要提出。」(*GS*, p.69)同時他又坦白地指出，德國數學精神的狹隘性使科學處於代數帝國主義控制之下，易於導致災難性的後果，它應從常識的倉庫接受它樂於服從的秩序。(*GS*, pp.111–112) 他較為公正地把德國科學的品質和缺點歸諸於德國意志的基本特徵，分析了這些特徵的優劣長短，指出了改良的辦法和完善的途徑，這在〈德國科學和德國人的美德〉一文中充分表現出來。

四、迪昂的觀點也是公允的。他認為傑作是全人類的，而不是那個國家或民族的。他倡導，為了恢復明晰和機智兩種品質，讀經典作家的科學名著，讀所有的經典作家，而不僅僅是法國人的名著。

(*GS*, pp.72–73) 他稱讚德國科學家高斯是明晰、卓識、秩序和適度的完美例子。他不滿意開耳芬勛爵和麥克斯韋使用相互矛盾的模型，但仍誇耀他們是傑出的科學天才。他尊重思想自由原則，不強迫英國人以法國人的方式思考，或法國人以英國人的方式思維。(*AS*, p.99)。

　　五、迪昂竭力在兩類精神之間保持必要的張力，強調二者的互補作用。他說，法國科學、德國科學二者都背離了理想的、完美的科學，但卻是以相反的方式背離的。一個過度地具有另一個貧乏的東西。德國科學中的數學精神使直覺精神處於窒息點，而法國科學中的直覺精神過快地免除了數學精神。因此，

　　　　為了使人類的科學可以充實地發展、和諧平衡地存在，也許最好能看到法國科學和德國科學一齊繁榮興旺，而不試圖去相互排擠。它們中的每一個都應當理解，它在另一個中發現了它的不可或缺的補充。(*GS*, p.110)

於是，法國人在沉思德國學者的工作時總會受益：或發現肯定真理的可靠證據，或找到輕率的直覺所導致的錯誤。德國人也能在法國發明者的著作中發現問題的陳述、分析和解決辦法，聽到與過度的數學精神相抗衡的常識的主張。但是，兩種精神保持和諧關係並不意味著二者具有同一等級。直覺發現真理，證明繼之而來並確證它們，數學精神賦予直覺精神起初構想的大廈以形體。在這兩種精神之間，存在著類似磚石工與設計師關係的等級制度——磚石工按照設計師的藍圖去工作，數學精神按照直覺精神辨認的目標追求富有成果的演繹。

六、迪昂認為理想的精神是兩種精神類型的優勢以恰當的比例集於一身的精神，理想的科學是無國別特徵的科學。迪昂說：

> 對於人的智力健全而言，上帝的意欲是，一個國家不應擁有這些品質的獨有特權。上帝的意欲是，每一個人都應該能夠以合法的自尊在他們身上發現某些才華，直覺和演繹應該在他們身上同等豐富地發展，並保持和諧的比例。(*GS*, p.72)

正是由於精神的缺陷，科學才背離了理想；而偉大的科學大師，則具有以和諧比例分配的理智，其理論也消除了私人的乃至國家的特徵。(*GS*, p.80)

七、迪昂關於精神類型以及模型的論述引起了不同的反應。馬赫對迪昂的看法作了細緻的詮釋和評論[18]。德布羅意認為，迪昂似乎不公正地看待第二類範疇的「圖像的」理論家，這些人對物理學的貢獻畢竟無可置疑地大於致力於公理化和完善嚴格的邏輯演繹的理論家(*AS*, p. xi)。可是，雅基認為，玻爾在1925年就指出，圖像描述對量子力學而言本質上是失敗的。十年後，狄拉克(P. A. M. Dirac, 1902–1984)注意到，就物理學而言，圖像是否存在的問題僅具有次要意義。在原子現象的例子中，在圖像的通常意義——意指基本上在經典的機械論的路向上起作用的模型——上不能期望存在圖像。這一切可以視為迪昂就物理學所倡導的方法的辯白，即放棄形象化的圖像或模型，總是賦予描述以抽象的意義。(*UG*, pp.314–315) 迪

---

[18]　E. Mach, *Knowledge and Error*, Translated by T. J. McCormack, D. Reidel Publishing Company, 1976, p.133.也可參見李醒民《馬赫》，東大圖書公司印行（臺北），1995年第1版，頁259。

昂雖然沒有全盤否定模型，但他是不贊成它的，尤其是當它造成邏輯不協調時。可是，一些現代科學哲學家如坎貝爾(N. R. Campbell, 1880–1949)、內格爾、圖爾明、赫西(M. Hesse, 1924–)等則反對迪昂的觀點，充分肯定模型對科學的作用和意義⑲。庫恩甚至把模型、隱喻或類比的根本變化視為科學革命的三大特徵之一⑳。這裡我們不想就模型方法的去留得失加以評論，我們只想指出，這些作者在某程度都未完全理解或忽視了迪昂關於模型源於抽象理論、模型是闡釋手段而非發現工具、模型與類比之區分的觀點。

⑲ I. B. 巴伯《科學與宗教》，阮煒等譯，四川人民出版社（成都），1993年第1版，頁206–208。

⑳ T. S. 庫恩〈科學革命是什麼?〉，紀樹立譯，《自然科學哲學問題》(北京)，1989年第2期，頁34–37。

第九章　獨到的科學史觀和編史學綱領

> 山圍故國周遭在，
> 潮打空城寂寞回。
> 淮水東邊舊時月，
> 夜深還過女牆來。
>
> ——唐・劉禹錫〈石頭城〉

　　作為一位名副其實的歷史學家，迪昂不僅撰寫了彪炳千古的科學史巨著，而且也從歷史哲學的角度對整個科學史乃至文明史進行了反思，在科學史觀和編史學綱領方面提出了許多鞭辟入理的見解。這些見解主要出自迪昂的史學實踐，但也得益於法國豐厚而優秀的史學傳統。

第一節　脫穎於豐厚的史學傳統

　　迪昂在中學和高師求學時就深受甫斯特爾・德・庫朗日的影響。他終生對甫斯特爾都十分敬重，那篇著名的代表迪昂歷史觀的〈歷史科學〉（1915年3月11日在波爾多大學天主教學生聯合會所作的講演）就是在甫斯特爾思想的激勵下完成的。迪昂十分推崇甫斯特爾下述經典性的卓見，並把它視為自己歷史工作的座右銘：

歷史總是具有比較和解的方式，它依然是一門純潔的、絕對
無私的科學。我們應該希望看到它在那些既沒有激情、也沒
有積怨或復仇要求的平靜區域裡高揚。我們要求它十足的公
正的魅力，公正是歷史的貞潔。……我們熱愛的歷史是如此
沉靜、如此簡樸、如此崇高的學問……歷史既不知道黨派，
也不知道種族仇恨。它只尋求真，它只稱頌美，而厭惡戰爭
和貪婪。它不服務於事業，它沒有祖國。它不教侵略，它不
需要復仇。(GS, p.48)

甫斯特爾堅持科學無國界、學問無祖國的世界主義觀點。他批
評德國歷史學家的相反立場：科學是國家的而非世界的，科學是手
段而非目的。他認為德國人的科學精神比通常設想的少得多，純粹
的和無利害關係的科學在那裡是個例外。德國人總想使學問服務於
某一事業，有一個目標，投合本國所好，與國家的抱負和國人的好
惡協調一致。因此，德國的歷史十分自然地變成真正的頌辭，從來
也沒有一個國家如此大吹大播。(GS, pp.51–52) 對於政黨史觀或輝
格史觀，甫斯特爾持堅定的反對態度：

五十年來，我們的歷史學家都是政黨的忠實支持者。盡管他
們可能是真誠的，盡管他們認為他們自己是無偏見的，但是
他們還是遵循把我們分開的這組或那組政治主張。熱情的探
索者、強有力的思想家、技藝嫻熟的作家，他們都把他們的
熱忱和才幹服務於一項事業。我們的歷史學類似於我們的立
法議會：人們能夠分辨出右派、左派和中間派。它是各種主
張在那裡鬥爭的競技場。寫法國史是為黨派效力而反對敵手

的工具。歷史於是在我們中間變成持久的內戰。(*GS*, p.47)

　　正是為了對抗國家主義和輝格主義，甫斯特爾才大力維護歷史
的貞潔，高揚求真頌美的歷史職份。迪昂明察到，甫斯特爾的倡導
之所以被聽信、被響應，首先是因為這位大師在他的教導中像在他
的著作中一樣，樹立了歷史學家所應有的美德的完美範例。其次是
因為他向法國人民強調：如果我們彼此之間過分地爭鬥，那麼我們
之中的許多人至少會為使用不正當的戰術而感到羞愧。迪昂也注視
到歷史學家的群星誕生並成熟起來，他們恢復了純潔的、沉靜的、
無偏見的傳統。迪昂本人正是從這樣的傳統中脫穎而出的。

　　迪昂在歷史研究的方法和觀念上也受惠於甫斯特爾。甫斯特爾
以批判的觀點對待原始資料。他一方面極其尊重記載，認為歷史本
身主要等價於它所寫的文獻。他總是堅持質問：「你有文本嗎？」他
對希臘、羅馬社會史的分析的名言常常被人們引用：

　　　幸運的是，對人來說過去從未完全死去。他可以遺忘它，但
　　　他總是在他身上保留著它。因為設想他處於任何時代，他都
　　　是所有較早時代的產物、縮影。讓他窺視他自己的心靈，他
　　　能夠通過它們中的每一個留在他身上的東西發現和分辨這些
　　　不同的時代。(*UG*, p.376)

另一方面，甫斯特爾又強調，歷史科學不僅僅在於文獻，而在於閱
讀它們的理智；歷史科學必須考慮較長的時代，以免他的講述退化
為純粹的傳奇或軼事。

　　作為甫斯特爾的門徒，迪昂關於歷史過程的有機的連續性思想

和對中世紀科學史的洞見也有其源頭。甫斯特爾在他的經典名著《古代城市》(1864) 中堅持認為，古典時代的三次偉大的社會革命——神權政治國王的廢黜，作為家庭的氏族的崩潰和平民進入政治生活——無非是連續性的運載工具，即相互責任的逐漸擴展，這種擴展在基督教到來時完成了。關於中世紀研究，甫斯特爾在1887年向史學家強調：「沒有什麼東西比中世紀更多地抗拒你的狹隘的說明方法了。」(*UG*, p.434)這是因為在那個時代，宇宙和人作為某種被創造出來的東西之存在的觀點，變成了不能從歷史意識中驅除的文化基質(matrix)。對歷史的反思無法逃脫這一點，這與近代不關心存在的創造性和它的固有的意圖形成尖銳的對照。甫斯特爾早在1871年就以明睿的眼力指出：

> 關於對中世紀的精確的和科學的、誠實的而非派別的認識，對於我們社會來說是某種具有頭等重要性的東西，因為這種認識是結束一些人的無意義的嚮往、另一些人的空洞的烏托邦和許多人的憎恨的最佳辦法。(*UG*, p.434)

這些告誡是針對尊重所有不管其來源和視野的事實的學者而講的。因為在中世紀，事實並沒有像基督教信仰激起的衝擊那麼高聳屹立。儘管異教的希臘人可以輕而易舉地打發掉造物的觀念，但是近代的對手要想成為學者，就沒有這樣的自由。除非認識到這一點，否則關於近代科學的誕生歸功於中世紀還是文藝復興的爭論，只能以十足的遁詞和刻毒的攻訐收場。勇敢地面對近代世界的基督教的過去，把這種過去視為對近代科學的產生具有潛在作用的過去，是一項比任何其他理智任務更為高潔的任務。這也許是迪昂從甫斯特爾那裡

獲得的珍貴教誨。

　　在斯塔尼斯拉斯，傑出的歷史教師、1870年代第一流的歷史教科書的作者康斯對迪昂也產生了重大影響，以致迪昂曾一度考慮把歷史作為職業。迪昂後來稱讚康斯「精確的、綜合性的和深刻的觀點」，「方法的可靠性和敏銳的批判意識」，「在他十分短暫的存在中激發出歷史學家的多少稟性！」(*UG*, p.28)但是對於康斯熱衷於革命概念和漠視中世紀，迪昂是斷然不能同意的。高師的歷史教授莫諾(G. Monod)像甫斯特爾一樣，也把連續性引入歷史。他告誡未來的作者要看到保證連續性的邏輯關聯，甚至在跨越法國大革命、宗教改革和文藝復興這樣的斷層時也應如此。至於對歷史的當代興趣，莫諾僅用一句話概括之：「我們的世紀是歷史的世紀。」(*UG*, p.376)

　　迪昂對進化透視的愛好能夠在歷史學家泰恩的論著中找到證據，須知泰恩是達爾文主義在政治史和思想史的倡導者。但是，迪昂不贊同借助盲目的偶然性的進化，也不接受把人類歷史看作是適者生存的無情鬥爭的歷史，他給目的留下餘地，同時揭示出達爾文主義的一些邏輯謬誤。迪昂讚賞地回憶了泰恩作為一個學者的正直和骨氣。他的《當代法國的起源》第一卷大大地激怒了保皇黨人；致力於大革命史的接連三卷觸動了雅各賓派反對的狂潮；最後的一卷招致了帝國主義的詛咒。在這部著作中，沒有一個人發現對他自己的黨派的阿諛奉迎的描繪。泰恩這位「名副其實的偉大而誠實的人」不需要這樣隨和的描繪，誠如他所言：

　　　　按照我的判斷，過去有它自己的輪廓，這裡所描繪的畫像只是類似於法國在以前歲月的畫像。我追溯它而沒有考慮今天的爭論。我寫它就像寫佛羅倫薩或雅典革命一樣。這正是歷

史，這正是所告訴的真理，我認為我作為一位歷史學家的職
業太高尚了，以致不能與之俱來地告訴另一個虛偽的故事。
(*GS*, p.49)

迪昂稱頌「像甫斯特爾和泰恩這樣的歷史學家知道如何保持對
真理的堅定不移的尊重，他們始終如一地是人，是具有靈魂的人，
他們堅貞不渝地熱忱獻身，他們中的每一個人為他們認為是正義和
善良的事業作出了貢獻」。他把烏薩耶(O. H. Houssaye)也列入這樣
的優秀歷史學家當中。烏薩耶在受稱道的《1814年》開頭寫道：

我們誠心誠意地尋求真理。在冒著打亂每一個人主張的危險
中，我們希望什麼也不遺漏、不隱藏、不軟化。但是，無偏
見不是中立。在這一尤其集中在法國、集中在重大傷亡的敘
述中，我們不可能不因憐憫和憤怒而顫抖。我們沒有站在拿
破侖一邊為皇帝的勝利而歡欣鼓舞,為他的失敗而悲痛欲絕。
(*GS*, p.49)

迪昂褒揚烏薩耶的心智微妙地知道如何把熱愛祖國的犧牲精神與熱
愛真理的戒備心理和諧地協調起來，其實這也是迪昂心靈的寫照。
　　迪昂的前輩和同胞孔德是科學史的創始人，或者至少可以說是
第一個對科學史具有清楚、準確認識的人。他在1830–1842年出版
的《實證哲學教程》中非常明確地提出了以下三個基本思想：(1)像
實證哲學這樣一部綜合著作，如果不緊緊依靠科學史是不可能完成
的;(2)要了解人類思想和人類歷史的發展就必須研究不同科學的進
化;(3)僅僅研究一個或多個具體學科是不夠的，必須從總體上研究

所有學科的歷史❶。不知孔德的這些思想是否給迪昂留有印象，但迪昂對實證哲學不感興趣則是不爭的事實。

不用說，迪昂得益於法國豐厚的史學傳統，但這並不意味著抹煞他自己的思想的獨創性。迪昂從這種傳統中當然獲得了某種觀點上的啟示，可是更多的還是治學態度和研究方法的熏陶，使他從未與流行的「剪刀加漿糊」和「鴿子籠方式」❷的歷史學沾邊，而逐步形成了他自己的別開生面的科學史觀和編史學綱領，從而開一代風氣之先河。

第二節　異彩紛呈的科學進化觀

迪昂向來把科學看作一種人文的、歷史的事業，看作一種不斷發展和進步的歷史文化過程。在當代科學哲學中，大體上有四種科學發展模式——累積模式、進化模式、革命模式和漸進模式，迪昂的觀點基本上可歸入進化模式，並兼有漸進和累積模式的部分內容。

❶　G. 薩頓《科學的生命》，劉珺珺譯，商務印書館（北京），1987年第1版，頁27–28。

❷　科林伍德(R. G. Collingwood, 1889–1943)認為，由摘錄和拼湊各種不同的權威們的證詞而建立的歷史學是剪刀加漿糊的歷史學。它實際上根本就不是歷史學，因為它並不滿足科學的必要條件，但是直到最近它還是唯一存在的一種歷史學。當這種歷史學家對抄錄別人的陳述已經厭煩時，他意識到自己也有頭腦，感覺到有一種值得稱道的願望要運用它們。於是，他們便創造一種鴿子籠體系，把他們的學問置入其中。這就是所有那些圖式和模式的來源，歷史便以驚人的馴服性被這些人一次又一次地強行納入其中。參見R. G. 科林伍德《歷史的觀念》，何兆武等譯，中國社會科學出版社（北京），1986年第1版，頁292, 298–299。

迪昂認為，科學像生物一樣，是漸進的進化過程，他偏愛的也是自然進化的理論。他說：

> 歷史向我們表明，PT從來也不是憑空捏造的。任何PT的形式總是通過一系列潤色進展的，潤色從幾乎無定形的第一個草圖逐漸把系統導向比較完善的狀態；在這些潤色的每一個中，物理學家的自由的首創精神受到形形色色的環境、人們的看法，以及事實教導我們的東西的勸告、堅持、引導、有時是絕對地被支配。PT不是突然創造的產物，而是緩慢的、逐漸的進化的結果。(*AS*, p.221)

迪昂覺得把「PT的進化」與漲潮相比較「似乎是十分恰當的」。他說，無論誰對衝擊到海灘的波浪投以短暫的一瞥，都看不到潮水上漲；他看到波浪升起、奔騰、展開自己，覆蓋了窄帶似的沙灘，然後離開它似乎要征服的乾地帶而退回去；新的波浪緊隨而至，有時比前一個波浪跑得稍遠一些，可有時還達不到被前一個波浪浸濕的海洋貝殼。但是，在這樣表面的往復運動下，產生了另外的運動，這種運動更奧妙、更緩慢，漫不經心的觀察者是察覺不到的；它就是在同一方向穩定持續著的累進運動，海面藉以不斷地上漲。波浪的來去是下述一些說明嘗試的忠實圖像：哪些只是在消失時上升，哪些只是在後退時前進；在哪裡的下邊，持續著緩慢而不斷的進展，它的潮流穩定地征服新的土地，從而對物理學學說而言保證了傳統的連續性。(*AS*, p.39)

迪昂的比喻的確是夠生動、夠形象的，也是很細緻、很入微的❸，他的下述分析也許可以看作是對上面的描繪的理論詮釋：

物理學進化的運動實際上可以分解為另外兩個不斷相互添加的運動。一個運動是一系列永恒的變化，在這些變化中，一種理論出現了，在一段時間統治了科學，然後分崩離析，而被另一種理論代替了。另一個運動是連續的進步，我們通過這種進步看到，在整整一個時期不斷創造越來越豐富、越來越精確的實驗向我們揭示的無生命世界的數學表達。(AS, p.306)

迪昂認為，力學的進化過程構成這種運動的第一個，牛頓的以及笛卡兒的和原子論的物理學經歷了成功和倒轉。大廈倒塌了，材料還是有用的，並為新理論留下遺產。第二個運動的連續進步導致了廣義熱力學，其中先前理論的所有合理的和富有成效的傾向都會聚到一起，這對於把理論引向它的理想目標來說是一個起點。迪昂通過對靜力學起源的考察得出的結論也許可以看作是他的科學進化觀的最精當的概括：

科學在其逐漸的進展中確實沒有突然的變化。它成長著，但卻是逐漸成長的。它前進著，但卻是一步一步前進的。個人的智力從來也不能一舉產生全新的學說，不管其能力或獨創性多麼大。迷戀於簡單的、膚淺的觀點的歷史學家為輝煌的發現而高興，這些發現以真理的燦爛光輝照亮了無知和錯誤的暗夜。可是，任何一個人只要願意深入地、仔細地分析一下乍看起來是獨一無二的和未曾料到的發現，他必定能夠立

---

❸ 聯想到迪昂在《靜力學起源》中對拉爾扎高原和維斯河的繪聲繪色的描述，人們不能不佩服迪昂的敏銳的觀察能力和高度的文字素養。

刻得出結論說，它是為數眾多的不可察覺的努力的結果和不
計其數的潛藏的傾向的結合。科學朝著它的目標緩慢地運動，
其進化的每一個階段都有兩個特徵：連續性和複雜性。(*OS*,
p.439)

迪昂雖然意識到科學有它的高峰時期（古希臘、十四世紀、十
七世紀），　但他從心底裡不認為有所謂的革命，也很少使用「科學
革命」和「危機」這樣的術語，這一點與彭加勒形成很大的反差❹，
也與今日流行的時尚相對立。的確，迪昂曾經明明白白地首肯比里
當的貢獻是「如此深刻、如此富有成效的革命」(*UG*, p.429)，吉布
斯以其熱力學的成就「成為化學革命的發動者」❺，但是這種說法
也許只具有借用的意義或強調其工作的重要性的意義，它並不包含
激進的不連續性或間斷性的突變。迪昂的本意和貫徹始終的基本觀
點是：「所謂的智力革命在大多數情況下無非是在長期內的發展的
進化。」(*OS*, p.9)例如，他把拉瓦錫的「革命」比之為橡樹子落地、
發芽、生根，最後成長為橡樹❻，這實際上否認了所謂的革命或突
變。他在1906年把流行的觀念描繪出來：「科學的歷史被如此相互
類似的觀念歪曲了，它們能夠融合為一個：流行的思想是，科學的
進步是由一連串突然的、未曾料到的發現作出的。按照一般的信念，

---

❹　彭加勒對物理學革命與危機有專門論述。參見李醒民〈評彭加勒關於
　　物理學危機的基本觀點〉,《自然辯證法通訊》（北京）, 第4卷(1983),
　　第4期, 頁31-38。

❺　P. Duhem, *Thermodynamics and Chemistry*, Authorized Translation by
　　G. K. Burgess, New York, John Wiley & Sons, 1913, p.iii.

❻　P. Duhem, *Medieval Cosmology*, Edited and Translated by R. Ariew,
　　The University of Chicago Press, 1985, p.xviii.

它是根本沒有前驅的天才工作。」 迪昂的科學史觀與此針鋒相對，他認為科學像自然一樣不作迅速的跳躍。他以進化認識論者的口吻說：

> 如果橡樹的枝條是如此龐大，如果它的枝葉是如此繁茂，那麼只是因為茁壯而眾多的根系從土地的最深處吸取了古老的營養物中儲存的汁液。盡管一般人眼睛看不見這些根系，但是那些不迴避耕作土地的勞動者卻可以看到它。(*UG*, p.390)

在當代，用進化論詮釋科學進步的哲學家和哲學理論不計其數，但在內涵的廣度上能與迪昂相提並論的並不很多。迪昂科學進化觀的內涵或特徵是什麼呢？

1.連續性

這是迪昂明確提及的一個特徵，也是他的科學進化觀的核心和標誌。連續性思想在迪昂對維斯河谷的描繪的隱喻中充分體現出來。迪昂指明，按照傳統的觀點，希臘科學以其充裕的、豐饒的洪水淹沒了廣大的地域。在那個時候，世界目睹了像亞里士多德和阿基米德這樣的人的偉大發現的發芽和生長，人們對這些發現一直讚不絕口。此後，希臘思想的源泉乾涸了，它所產生的河流直到中世紀喪失了它的生命力。那些歲月的原始狀態的科學無非是渾沌而已，其中無法辨認的古希臘人的智慧的殘餘堆積在亂七八糟的、死氣沉沉的和不結果實的廢料堆上，注釋者的幼稚而自負的注解像寄生的、令人膩煩的地衣一樣，附著在這些廢料堆上。所有的突如其來的吶喊搖撼了這片學究式的不毛之地。強有力的心智穿透了諸多世紀阻塞來自古代源頭的清泉的岩石。被這些努力釋放出來的泉水歡快地、

源源不斷地噴湧而出。不管它們流向哪裡，它們都使科學、文學和藝術再次獲得新生。人的精神同時重新恢復了它的活力和自由。此後不久，偉大的學說誕生了；數世紀之後，它們生長得根深幹粗，枝葉繁茂。對於這種傳統觀點，迪昂斷然斥之為「一派胡言」。 他認為，人的科學在其進化中幾乎沒有突然誕生或再生的例子，正如富克斯在許多河的源頭中是一個例外一樣：

> 河水不能突然充滿大河床。在河流浩浩蕩蕩地奔流之前，它起初只是一條溪流，其他千條小溪流匯成它的支流。這些支流有時變得眾多而豐富，迅速地形成河流。但是，當支流只不過是不多的幾個細流時，就幾乎不能形成河流。有時，甚至多孔沙土的裂口吸乾部分河水，使流水減少。但是，所有水流通過它時只是逐漸地變化，既不會完全消失，也不會處處冒出。(*OS*, p.439)

事實上，早在 1894 年，迪昂就具有科學知識連續進步的信念。他說：「在我們時代，許多人正在被懷疑論席捲而去」，但是那些在科學中發現「緩慢而逐漸的進步的傳統連續」的人將看到，「消失的理論從未完全消失」❼。此後，迪昂一以貫之地固守連續性觀念。在迪昂看來，偉大的發明均有先驅，均獲益於已有的科學積累和優秀的傳統。當然，這不排除天才的作用，但天才決非突然的先知。因此，在科學的宏偉建築中，每一個人的勞動都不會白費，都作了

---

❼　R. Maiocchi, Pierre Duhem's *The Aim and Structure of Physical Theory*: A Book Against Conventionalism, *Synthese*, 83 (1990), pp.385–400.

添磚加瓦的工作。正因為如此，他反覆強調，他歸功於1277年的更多地不是日期，而是生命的誕生問題，這是連續性的根本先決條件，包括生長的連續性，不管是生物的還是理智的。列奧納多的新觀念的種子也不是撒落在不毛之地，它利用了已經發達的營養生長體，他本人則是在他所閱讀的人和閱讀他的人之間占據了一個繼往開來的位置。此外，迪昂把連續性與假設的選擇、趨向自然分類和日益反映實在、反機械論和反原子論、翻譯的可靠性方面等相互關聯，相互支持。有人指出，迪昂至多只期望PT的連續性，而不認為科學方法是連續的❽。

2.複雜性

複雜性是迪昂明確提及的科學進化的又一個特徵，即科學是由簡單到複雜、由低級向高級進化的，這與生物的進化極其相似：

> 極小的和極簡單的種子與驚人複雜的、已完成的理論之對照，類似於博物學家觀察高級植物或動物發展時看到的東西。每一個研究科學史的人都導致類似的反思。靜力學中的每一個命題都是通過研究、實驗、猶豫、討論和反駁緩慢地精心製作出來的。在所有這些努力中，沒有一個被浪費。每一個努力都對最後的結果作出了貢獻。每一個努力都在形成最終的學說中起了或大或小的作用。甚至錯誤也被證明是有結果的。(*OS*, pp.446–447)

有人認為，由於原質的還原，進入我們理論中的質的數目將一

---

❽　Y. Wilks, Christopher Clavius and the Classification of Science, *Synthese*, 83 (1990), pp.293–300.

天天減少，作為我們理論化的物質在基本屬性方面將越來越不豐富，它將逐漸比原子論的或笛卡兒的物質更為簡單。在迪昂看來，這是「急燥的結論」。 他說，無疑地，理論的真正發展不時地可以產生兩種不同理論的融合。但是，另一方面，實驗物理學的不斷進步每每帶來新的現象範疇的發現。為了分類這些現象並把它們的定律聚集成群，就必須賦予物質以新性質。於是，

> 這兩種相反的運動——把質還原為其他質並傾向於使物質簡單化的運動，或者發現新性質並傾向於使物質複雜化的運動——究竟哪一個將占優勢？就這個問題闡明任何長期的預言都是輕率的。至少似乎可以肯定，在我們的時代，第二種趨勢將比第一種趨勢更為強有力，並且正在把我們的理論導向越來越複雜的概念，在屬性方面越來越豐富。(*AS*, pp.130–131)

迪昂認為，科學進步實質上是以日益增加的複雜性為特徵的❾，其證據在新力學（廣義熱力學）和舊力學之間的差異中可以找到。在迪昂看來，新、舊力學的不同之處不在於缺少統一性，而在於原理的複雜性。舊力學極其信賴基本原理的簡單性；它把這些假設濃縮在一個單一的假定內：每一個系統都能還原為按照拉格朗日方程運動的質點和固體的集合；由於赫茲，它還向前推進了，並在它的方程中取掉了真實的力。新力學並未耗費於簡化它的原理；

---

❾ 迪昂的這一看法與彭加勒（認為自然界不一定是簡單的，但科學必須是簡單的）有很大差異，但是與普里戈金卻基本相同。參見李醒民《理性的沉思》，遼寧教育出版社（瀋陽），1992年第1版，頁106–110。

當它判斷有必要時，它毫不猶豫地增加基本假設的複雜性；它承認
在它的方程中的各種性質和各種形式的項——粘滯項、摩擦項、滯
後作用項、電磁能項，舊力學無論何時都把這些與它的單一原理矛
盾的符號從它的公式中排除出去。迪昂說：

> 現在，實在是複雜的，無限地複雜；實驗方法的每一次新的
> 完善，事實的細察，都更深入地發現複雜性；人的精神由於
> 其軟弱而不顧這種複雜性，力求簡單地描述外部世界；它足
> 以使他把圖像與對象相對立，並以健全的信念比較它們，從
> 而證實，如此熱情需要的這種簡單性是難以捉摸的怪物，是
> 不可實現的烏托邦。不管願意不願意，實驗的教訓迫使他把
> 他希望排除的複雜性回歸到他的體系。如果他不顧一切地希
> 望維護基本原理的極其簡單性、第一批運動定律的極其簡單
> 性，那麼他就不得不借助於潛在運動和不可見質量，過分地
> 使系統——他打算應用這些定律於該系統——的幾何學構形
> 複雜化。為了不放棄力學說明所允諾的誘惑人的簡單性，這
> 種複雜性不得不引入到什麼樣的令人心碎的程度，我們對此
> 是瞭如指掌的。(*EM*, p.187)

迪昂指明，建立在熱力學基礎之上的新力學無論如何沒有把舊力學
所要求的誇大的簡單性強加在它的假設上；它承受了它們造成的一
切形形色色的東西，它承受了它們用最複雜的公式所表達的一切東
西。留給原理選擇的這一最大的範圍表明是幸運的和有成效的。為
了獲得可感覺的實在與必須代替它的數學方案之間的令人滿意的一
致，不再有必要過分地使後者複雜化；如果力學的開端比過去少一

點簡單性，那麼就可以以迄今未知的容易程度追求PT的發展。

正是出於這樣的科學史觀，迪昂除了1892年的論文外，從未把簡單性作為選擇假設和理論的充分而必要的標準。在談到物理學家在定律之間作出選擇時，迪昂說：

> 他將選擇某一公式，因為它比其他公式更簡單；我們精神的脆弱性強使我們賦予這類考慮以重大意義。有一個時期，物理學家設想造物主的智力沾染了同樣的脆弱性，這些自然定律的簡單性作為一種無可爭辯的教條強加，以這種教條的名義,任何表達得過於複雜的代數方程的實驗定律都遭到拒絕，簡單性似乎把確實性和發揮能力的餘地授予定律，該餘地超出了提出定律的實驗方法的範圍。……那個時期不再存在了。我們不再受簡單公式施加在我們身上的魔力的愚弄了；我們不再把那個魔力看作是較大確實性的證據了。(*AS*, p.171)

因此，簡單性不能自然而然地成為接受一個理論的理由，複雜性也不能理所當然地成為拒斥一個理論的根據。誠如迪昂所言：「天上運動的精確描述可以迫使天文學家逐漸地把他的假設弄得複雜起來,但是他將駐留於其中的複雜性不能成為排斥這樣的體系的理由，如果它充分地與觀察符合的話。」(*TSP*, p.17)質而言之，迪昂認為理論的選擇是由歷史的上下文決定的，是一個自然的、歷史的進化過程。

3.統一性

科學進化在趨向複雜性的同時，也越來越逼近（邏輯）統一性，

我們在前邊已多次涉及到迪昂的這一科學思想。按照迪昂的觀點，物理學的分支乍看起來是相互孤立的，它們中的每一個都訴諸自己的原理並依賴於特殊的方法。今天的物理學家已經認識到，他並不關心一大堆相互獨立的分支，而是關心從同一樹幹發出分支的大樹；他所培育的科學的所有部分像有機體的所有部分一樣好像是關聯的❿。他說，每一個科學家都自然地追求科學的統一，這種追求是與對自然分類的追求和對真理的追求是一致的。這種追求象科學一樣古老，而且歷史告訴我們它並非烏托邦。這些持續的努力通過緩而連續的進步，把起初是孤立的理論片斷融合到一起，從而產生出日益統一的和綜合的理論。(*AS*, pp.103–104, 295–297) 在堅持科學的統一性方面，迪昂與機械論者和原子論者同中有異（迪昂專注於邏輯的統一性），但與工具論者則格格不入。

4.緩慢性

　　緩慢性即漸進性，它既是科學進化的特徵，也是連續性的重要標誌。在迪昂看來，物理學像數學一樣「平靜地、規則地發展」，PT體系的進化是「緩慢而漸進的轉變」，人類精神正是以「緩慢的、猶豫的、摸索的步伐」「得到每一個物理學原理的清楚的觀點的」(*AS*, pp.10, 252, 269)。可是，普通的外行人卻斷定，PT的誕生好比雛雞破殼而出，或是科學的精靈用魔杖觸及一下天才人物的頭腦，完美的理論就如神來之筆，躍然紙上，猶如智慧女神雅典娜從宙斯的額頭蹦出來一樣。他們以為牛頓在果園看到蘋果落地，突然悟出了萬有引力定律。迪昂對此大不以為然：

　　　　那些對PT的歷史有較深刻的洞察的人知道，為了發現萬有引

---

❿　同❺, pp.vii–viii.

力這一學說的胚芽，我們必須到希臘科學體系中去尋找；他
們知道，這個胚芽在它的千年進化過程中的緩慢變化；他們
列舉了每一個世紀對於將從牛頓那裡得到它的生長發育形式
的工作的貢獻；他們沒有忘記牛頓本人在產生出完成的體系
之前所經過的疑慮和摸索；在萬有引力歷史的每一時刻中，
他們沒有察覺出任何類似於突然創造的跡象；沒有一個例子
表明，人類精神擺脫了任何異於訴諸過去的學說和目前實驗
反駁的動機的激勵，它會使用邏輯在形成假設時給予他的所
有自由。(*AS*, p.222)

5.曲折性

迪昂認為，科學的進化並非一帆風順，而是充滿迂迴曲折。科
學的理論是「通過無數的摸索、猶豫、悔悟才緩慢地進展到自然分
類的理想形式」(*AS*, p.302)，科學的道路「是荊棘叢生、沼澤密布、
深淵阻隔的羊腸小道」(*EM*, p.xl)，知識甚至是「通過否定進展的」
(*UG*, p.326)。例如，托里拆利原理是在它的作者打碎了產生它的所
有錯誤鏈條，消除了所有錯誤的痕跡，才變成無可辯駁的真理的。
在迪昂的眼中，科學史主要是錯誤的歷史，是失敗的理論和被拋棄
的立場的歷史。「科學不知停止地向前挺進，科學不知道停步不前，
總是善於接受相反的證據，總是準備承認它的錯誤。科學史無非是
人的心智的這樣的一連串的背叛。」(*UG*, p.135)

6.鬥爭性

迪昂認為，科學是在實在、事實或實驗與定律或理論之間永不
息止的鬥爭中進化的。他說，物理學的進步不像幾何學所作的那樣，
把新的、不容置辯的命題添加到它已經具有的最終的、不容置辯的

命題之中；物理學之所以取得進步，是因為實驗不斷地引起定律和事實之間爆烈的不一致，是因為物理學家不斷潤色和修正定律，以便它們可以更忠實地描述事實。(AS, p.177) 迪昂把物理學進步的道路描繪如下：

> 實驗家不斷地揭示出迄今未曾料到的事實並形成新定律，理論家通過設想更濃縮的表述、更經濟的體系，使有可能容納這些獲得物。物理學的發展刺激了「不厭倦提供的自然」和不希望「厭倦構想」的理性之間的持續鬥爭。(AS, p.23)

迪昂在1898年對這種鬥爭作了更為詳細的敘述。他說，當人類心智成功地把若干事實圍繞在某些似乎明顯的原理周圍組成一個體系時，它樸素地把這個體系看作是世界合適的和確定的表象，從此時起他按照它的信念將固執地抵制實驗證據揭示出的矛盾和不符。如果事實拒絕把它們自己容納於心智的理論中，那麼心智就對這些事實視而不見；它將宣稱它們是含糊的、所知甚少的、不重要的。它將從它的學說中拋棄它們。當心智感到它的努力太微弱以致壓抑不住實在的聲音時，當事實發出的吶喊太強烈以致無法再用緘默掩蓋時，此時它便肢解和折磨事實，它就訴諸詭計和陰謀，它就增加模糊的說明、不正當的推理、人為的區分、有缺陷的比較，它就力圖欺騙其他人，甚至力圖愚弄它自己。但是，屈從事實變得絕對必要的一天終會到來。於是，新體系便勝利地出現了，新體系比舊體系更充分、更綜合。在這個框架內，很容易容納以下兩種事實：舊體系成功地分類的事實和舊體系的狹窄所排斥的事實。人的心智於是接受了新的教條，並開始了新的一輪的鬥爭。(UG, pp.134–135)

在這裡，迪昂把科學內部事實與理論的鬥爭和科學家心智內的保守與革新的鬥爭描繪得多麼維妙維肖！

7.目的性

迪昂十分強調進化的目的性，認為輕視顯示出目的的發展的進化論的理性論是無意義的，並表明目的超越了物質的存在。他在1904年為迪富爾克的書所寫的序中說：

> 偶然性的產物，或更恰當地講無法擺脫地編織命運的後果，是由沒有目的的規律相互作用產生的，這就是理性論在人類歷史中看到的東西；它僅僅看到動物物種的進化；……為了更多地控制自然力，一些個體發明了科學，其唯一的合情合理的目標是分配給該物種的每一個代表的身體享受中增加份額；沒有目標的進化對個體來說，其化學力將消失，他在數年後便經歷痛苦而不是享樂；沒有目的進化對種族來說，其最後的代表將在嚴寒的行星上因凍餓而死去，地質學家在那裡將永遠掘不出它們的化石。(*UG*, p.377)

按照迪昂的觀點，「歷史的目標對人類來說是共同的意識的實現」；「科學不知道自發地生殖。甚至最出乎意料的發現從來也不是在生育它們的精神中完全詳盡地作出的。」(*UG*,pp.377,386)迪昂通過對靜力學的考察指出，眾多的個體勞動者艱辛、曲折的勞作，最終完成了科學的宏偉大廈，可是每個個人並不知道整體計劃，即便這個計劃預先處在設計者的頭腦中，他也沒有能力指揮和協調所有磚石工的勞動。盡管迪昂相信科學的進化充滿了足夠的邏輯，而沒有陷入盲目的機遇的魔法設置的陷阱，但是面對這一背後潛藏有明確目

的的神秘現象，類似愛因斯坦的「宇宙宗教感情」❶在迪昂的内心深處卻油然而生：

> 静力學的進化甚至比生物的生長更多地是指導思想的影響的表現。在這種進化的複雜的材料内，我們能夠看到神性的智慧——他預見到科學必須朝向的理想形式——的連續作用，我們能夠感到促使所有思想者會聚到這個目標的努力的神力。一言以蔽之，我們在這裡辨認出天公的作用。(*OS*, p.447)

8.有機性

迪昂認為科學的進步不是機械的發展，而是有機的進化；不僅僅是簡單的量的增長和添加（觀察材料的積累），更重要的是質的生成和變化——形成一個有結構的、有層次的、有機的理論體系。迪昂把科學史視為地球上的生命史——滅絕的理論在數量上超過倖存者，多次表明觀念和真理是有機地發展的，他經常用種子長成開花結果的大樹、毛蟲變成漂亮的蝴蝶之類的隱喻加以描繪。他還明確講過：「伽利略和托里拆利原理的歷史給我們提供了一個連續性的顯著例子，科學觀念最經常地是連續地發展的。我們能夠追溯這種發展，就像博物學家追隨有機體的發展一樣。」(*UG*, p.388)

9.無窮性

迪昂把羅吉爾·培根（Roger Bacon，約1220–1292）的名言作為他的工作的箴言：「任何科學從來也不是在任何特定的時間被發明出來的，而是從世界的開端起，知識就緩慢地成長，在當代它還

---

❶　李醒民〈愛因斯坦的「宇宙宗教」〉，《大自然探索》（成都），第12卷(1993)，第1期，頁109–114。

不完備。」(*UG*, p.402)作為一個看到科學進化是如此迂迴曲折和躊躇猶豫的歷史學家，迪昂也完全能意識到大量的改善能夠添加到任何無論多麼完美的工作之中。他把進化描述為真正的成長，這樣的成長必然是無盡頭的，包括他作為PT的理想的能量學也是如此。他說：

> 恰當地講，力學的發展是進化，這種進化的每一個階段都是在它之前的階段的自然結果,是隨它之後的階段的主要部分。對這個規律的深思必定是對理論家的安慰。設想他為之工作而達到的體系將逃脫在它之前的體系的共同命運，並將值得比它們持續更長的時間，這也許是十分自以為是的。(*EM*, pp.188–189)

其實，迪昂把PT的自然分類設想為一個理想的極限點，本身就隱含了無窮性思想。

10.世界性

迪昂指出，就其實質而言，考慮到科學的完善形式，科學應該是絕對非個人的、非國家的；科學傑作和科學天才都是全人類的；科學的國家特徵只不過是與科學的完善類型相背離的東西，它標誌著與理想形式的距離。迪昂堅決主張，科學進化而達到的完善形式必定是國際性的，而處於腳手架狀態之中的國家類型的理論是不合理的：

> 在工作中隸屬於種族和環境影響的東西尤其是缺點，這種缺點具有個人的偏見和共同無知的性質；相反地，擺脫這種影

響的東西則標誌這項工作是真正獨創的，從而作者把他自己
與喚起他的精神活力的他的祖先和同代人區分開來；因為不
考慮環境和種族、物理障礙和政治國界，這種精神在它喜歡
的地方處處盛開。(*MPD*, p.77)

科學活動是社會實踐，而不是個人遊戲；科學理論是對世界的
近似描述和分類，而不是隨心所欲的想像和虛構。因此，科學進步
的大方向是由外部的客觀實在和科學共同體的生活形式決定的。即
使人們一時對大方向的看法不盡完全一致（例如解決問題、逼真、
逼律等），但是科學實踐和科學的歷史無論如何都會使他們共同承認
某種發展結果。然而在對科學進步的歷史過程的詮釋上，科學革命
說和科學進化說的支持者均大有人在。歧見不用說與對革命和進化
二者的意義的理解有關，而爭論想必也不會有什麼最後的定論。不
管怎樣，對科學的進化認識論的詮釋還是吸引了許多科學哲學家，
連主張「不斷革命論」的波普爾也不例外。因此，迪昂的關於科學
進化及其特徵的觀點不僅構成了迪昂科學史觀和編史學綱領的重要
內容，而且也或多或少地溶進了當代的科學哲學文獻之中，留心的
讀者不難發現這一點。

第三節　別具隻眼的編史學綱領

在十九世紀，在科學史領域流行的編史學傳統是科學家的傳統
和哲學家的傳統（從職業角度劃分），或實證論的傳統和思想史的傳
統（從方法的角度劃分）。 這兩種傳統盡管促進了科學史的萌生和
壯大，但卻過度地帶有輝格史的傾向，明顯地沿用批判史的進路。

　　迪昂的編史學就脫胎於這樣的研究傳統。當他以科學家和科學哲學家的名義寫歷史時，他是為了得到啟發現在的眼光而考察過去的，並且倡導一種類似拉卡托斯「理性重構」的批判進路。他的《力學的進化》就是力學的凱旋史和批判史，《保全現象》也帶有稍為過分的哲學重組的痕跡。只是在本世紀初，迪昂才逐漸擺脫了科學史唯一指導現在的編史學綱領。在轉變過程中，他也清算了馬赫對他的史學觀的一些影響。在為《力學》法譯本所寫的二十頁的評論(1903)中，他說：「如果用馬赫先生要求的方法來處理，那麼力學史對於物理學家、即對在過去僅僅尋找現在的光輝的物理學家來說將是無限有趣的。」但是，歷史學家和心理學家對這樣的目標是不會滿意的，他們將抱怨作者忽略了笛卡兒，將抱怨作者的敘述與實在的雜繪相比過分簡單和有序了，將抱怨作者注入了過多的主觀性。迪昂雖然與馬赫一致認為，理論物理學應該完全獨立於任何形而上學或神學體系，但是他對馬赫關於它們之間關係的歷史考察的缺憾還是有禮貌地提出了批評：

　　　　在許多世紀，力學和物理學與形而上學、神學乃至隱秘的科學最密切聯繫在一起。哲學科學和神學與力學和物理學之間的這種頻繁作用和反作用必然經常地處在任何一個自稱恢復了該門科學創造者的思維方式的人的精神之中。……但是，十分經常地是，當〔自然哲學的〕這些定律達到它們的確定形式時，它們表明它們自己統統切斷了與所有哲學和神學觀念的聯繫，而它們長期以來從中汲取它們發展所需要的營養；……因此，在物理科學的歷史中僅僅尋找物理學的材料和具體內容的人，幾乎總是可能打碎物理科學的歷史與哲學體系

和神學體系的許多聯繫。……(*PD*, pp.143–144)

　　以此為契機，迪昂成為一個真正的歷史學家，撰寫出名副其實的多卷本歷史著作，並在歷史研究的過程形成了他的別具一格的編史學綱領，這集中體現在他的著名講演〈歷史科學〉中。在講演的開頭，迪昂就提出了如下的命題：

　　　　歷史的真理是實驗的真理。為了識別或揭示歷史的真理，精神要精確地遵循與揭示實驗真理相同的路線。不過，歷史與其說是觀察事實，還不如說是研究遺跡，它譯解文本。而且，這些遺跡和這些文本本身也是事實。(*GS*, p.41)

正是基於這樣的認識，迪昂高度讚賞甫斯特爾、泰恩和烏薩耶誠心正意、一絲不苟地維護歷史真理的純潔和貞潔。更重要的是，迪昂對歷史和歷史真理的認識和把握，遠遠行動在科林伍德之先❿。那些把迪昂的歷史著作誤解為辯護的人，不僅不符合事實，而且絲毫也不了解迪昂的編史學綱領。

　　正因為「歷史的真理是實驗的真理」，所以迪昂順理成章地認為，在所有歷史研究的開端正像在所有實驗研究的開端一樣，「預想的觀念是必要的」。這種觀念常常啟示歷史學家作出一些幸運的

---

❿　科林伍德說：「一切科學都基於事實，自然科學是基於由觀察與實驗所肯定的自然事實；精神科學則是基於由反思所肯定的精神事實。」兩者的不同之處在於：「對科學來說，自然永遠僅僅是現象」，「但歷史事件並非僅僅是現象、僅僅是觀察的對象，而是要求史學必須看透它並且辨析出其中的思想來。」同❷，頁ix。

發現，例如發現某個現在埋在地下的遺址或某個未知的文本，機遇使他在古城的廢墟中或圖書館的塵埃中發現它。

一旦心目中有了預想觀念，就必須把它與文獻對照。為了這樣作，有必要仔細研究這些文獻。這樣的研究往往是困難的，總是迷人的，但卻沒有明確的法則指導研究。人們在其中重新發現追求的魅力和不可預見性。指引這種追求的幾乎沒有什麼理性的推理，起作用的是鑒賞力，以致有人把技藝嫻熟的發掘者和檔案的探求者與追尋氣味的犬相比較。

關於如何利用收集到的文獻，如何有洞察力地細閱它，迪昂依據他的研究實踐作了詳盡而中肯的描繪。它是可靠的嗎？它所署的日期是它被正式遞交時簽署的，而不是事後由某個遺忘者或無知者添加的嗎？它是完備的嗎？或者，假如它是片斷，缺失部分的範圍、性質和意義可能是什麼？它是公正的嗎？作者毫無條件和保留地講出了他認為是真實的一切嗎？他的激情和興趣沒有導致他或誇大、或隱瞞、或竄改他重述的事件之部分嗎？作者消息靈通嗎？或者相反地，他並非適得其所地徹底解決了使我們大多數人感興趣的那些事件嗎？我們精確地理解了他所使用的語言嗎？對於他向其講話的那些人來說，他所提出的思想向我們適當地轉達了它們所具有的涵義嗎？

迪昂就文獻的可靠性、完備性、公正性以及作者的權威性和所用語言，一口氣提出了十一個值得考慮的問題。如果人們要把這些雕刻在石頭或金屬上、書寫在紙莎草紙或羊皮紙上的記符由死變活，讓它們告訴我們過去時代的栩栩如生的存在，那就必須解決上述一掠而過的問題。迪昂回顧了甫斯特爾關於如何利用文本的告誡——「我們要求它十分公正無私地講話，這是歷史的貞潔！」——之後

指出：

> 在文本面前，歷史學家應該像檢察官一樣面對證人——這位
> 證人不準確地看見了事情，或者他頑固地拒絕敘述他所看到
> 的東西，或者他喜歡捏造他沒有看到的事情。然而，檢察官
> 憑藉謹慎的、耐心的和嫻熟的接連詢問，最終引導這位不知
> 道的、或抗拒的、或作偽的證人講出準確的、真實的和有用
> 的信息。(*GS*, pp.42–43)

迪昂進而指出，當人們不得不使文本講話時，那就必須傾聽它們的
語言。它們的作證並非僅僅出示有利於預想觀念的證據，文本中的
有些條款也可能傾向於削弱我們的先入之見。這些條款的證明應當
在重要性上超過有利的證明嗎？或者它們必須譴責和立即拒斥我們
心智認為洞察到真理微光的先入之見嗎？檢察官必須字斟句酌地權
衡它們，才不致畸輕畸重。

　　一旦我們的初始假定被拒絕，我們就必須考慮所有已知的文本
和文獻另作假定。接著，如果可能的話，我們必須針對新文獻檢驗
第二個主張。以這樣的方式，通過不斷地把我們的思想與事實比較，
通過頻繁地以事實影響我們的思想，歷史的真理將會逐漸地變得明
晰、變得清楚起來。為了給法蘭克王國第二王朝加洛林王朝的君主
政體之起源假設以辯護，歷史學家需要像巴斯德為狂犬病病因的假
設辯護那樣進行工作。

　　迪昂在歷史學中也堅持嚴格性原則，嚴格性在這裡意味著尊重
原始資料，它是陷入重複陳詞濫調痼疾的有效解毒劑，更不必說是
捏造歷史的解毒劑了。嚴格性保證了編史學的確實性。迪昂沒有墮

進拉卡托斯所謂的「理性重構」——庫恩稱其為「哲學組裝例子」⑬
——的泥沼，他指出伽利略的傳奇是「太概略、太圖式化的編史學」
的產物，它使人們看不到力學在中世紀的自然發展(*UG*, p.389)。因
此，迪昂的科學史不是漫畫⑭，就更不是神話和虛構了。費耶阿本
德「回到史料那裡去」⑮的呼籲可以看作是道出了迪昂的心聲。當
然，迪昂也不是古董收藏家式的歷史學家，他從未把歷史理解為僅
僅是事實的客觀敘述，預想的觀念和事實背後的思想總是伴隨著他，
盡管未能誘使他背離真理。在這方面，托馬斯也可能為他樹立了榜
樣。托馬斯也是一位嚴謹的歷史學家，他引用歷史資料是很翔實的，
總是承認「本來樣子」的事物，從不「打算使它們適應自己對這些
事物所下的定義」⑯。

　　迪昂把高尚的道德品質視為公正的歷史研究的不可或缺的先
決條件，賦予其以極大的重要性。他說：

在每一個科學領域，可是特別在歷史領域，追求真理不僅僅
需要理智能力，而且也要求道德品質、正直、誠實、擺脫一

---

⑬　T. S. Kuhn, Notes on Lakatos, *Boston Studies in the Philosophy of
Science*ⅤⅢ, Boston: Reidel, 1971, pp.137–146.

⑭　拉卡托斯認為：「科學史常常是其合理重建的漫畫；合理重建常常是
實際歷史的漫畫；而有些科學史既是實際歷史的漫畫，又是合理重建
的漫畫。」參見I. 拉卡托斯《科學研究綱領方法論》，蘭征譯，上海譯
文出版社（上海），1986年第1版，頁191。

⑮　J. 洛西《科學哲學的歷史導論》，邱仁宗等譯，華中工學院出版社(武
漢)，1982年第1版，頁228。

⑯　A. 弗里曼特勒《信仰的時代》，程志民等譯，光明日報出版社（北京），
1989年第1版，頁176–177。

切偏好和激情。(*GS*, p.43)

迪昂繼續說，歷史學家應該具有公正的檢察官❶的所有品質，不僅是心理的嚴格和眼力，此外還有稱之為無偏見性的優秀而罕有的心靈美德。這種無偏見性常常十分難以實行。要放棄起初預先傾向的觀念是困難的，因為人們總是依戀他自己的見解。這往往是艱難的，尤其是因為我們希望確立的歷史主張在捍衛或攻擊時有用處：捍衛對我們來說是可貴的事業，或攻擊我們發現是可惡的學說。在這裡，我們很容易聯想到迪昂關於對科學假設的實驗批評從屬於特定的道德條件、科學家也要像公正而忠實的法官那樣評價PT與事實之間的一致性的論述。在這方面，歷史科學和物理科學亦有共同之處。

迪昂牢記著帕斯卡「我要引人渴望尋找真理並準備擺脫感情而追隨真理」(*SXL*, p.183)的教誨，他又從甫斯特爾等前輩學者那裡汲取了正直和獻身精神，他在歷史研究中從未讓感情戰勝理智，讓狹隘的民族主義和黨派立場蒙住雙眼。他尖銳批評說：德國歷史學家把嚴格性和真理混為一談，認為從前提演繹出的每一個結論都為真，認為每一個與他的利益和激情一致的判斷都是真理；在德國編史學訴諸的公理中，有一個至高無上的公理：德國高於一切；德國學術界辛苦收集的、審慎批判的文獻都應該證明：世界上偉大的、美麗的或善良的一切都是德國的；當德國歷史學家對文本感到不方便時，他便簡單地把它們隱瞞起來，或蠻橫地強使反叛的文本順從他的推

---

❶　科林伍德認為：法理方法和歷史方法的類比對於理解歷史學具有某種價值，但二者並非完全一樣，因為它們的目的各不相同。法庭對案件必須盡可能快地作出判決，而歷史學家卻沒有義務在規定的時間內作出決定。同❷，頁303–304。

理和紀律。他還贊同地引用了甫斯特爾關於德國歷史十分經常地是一個武庫,德國人從中給他提供為自己的行為乃至罪行辯護的公理。面對德國歷史學家不顧最明顯、最清楚的文本,把法國等國家的領土添加到德國之中,並為其武力侵略辯解時,迪昂也難以壓抑他的愛國熱情,抨擊德國人「驕傲自大、專橫放肆、毫無節制」,像「一群凶猛的野狼瘋狂嚎叫」「德國高於一切!」(GS, pp.50-56)迪昂的激憤也許是可以理解的,因為德國兵正在踐踏法國的國土,況且迪昂從烏薩耶那裡知道如何把熱愛祖國和熱愛真理協調起來。

　　迪昂指出,要完成歷史工作,必不可少敏感精神或曰直覺精神❶。人們能夠就這樣的研究用帕斯卡的話恰如其份地說,它的

原則就在日常的應用之中,並且就在人人眼前。人們只需要開動腦筋,而不需要勉強用力;問題只在於有良好的洞見力,但是這一洞見力卻必須良好;因為這些原則是那麼細微,而數量又是那麼繁多,以致人們幾乎不可能錯過。可是,漏掉一條原則,就會引向錯誤;因此,就必須有異常清晰的洞見力才能看出全部的原則,然後又必須有正確的精神才不致於根據這些已知的原則進行謬誤的推理。(SXL, p.1)

---

❶ 把迪昂的觀點與愛因斯坦的看法比較一下是有趣的。在愛因斯坦看來,有一種內部的或直覺的歷史,還有一種外部的或者有文獻證明的歷史。後者比較客觀,但前者比較有趣。使用直覺是危險的,但在所有各種歷史工作中卻都是必需的,尤其是要重新描述一個已經去世的人物的思想過程時更是如此。愛因斯坦覺得這種歷史是非常有啟發性的,盡管它充滿危險。參見《愛因斯坦文集》第一卷,許良英等譯,商務印書館 (北京),1976年第1版,頁622。

由於喪失了敏感精神，德國理智異常缺乏辨別力。可是，它竟宣稱探索出歷史工作的路徑，並盲目地用護欄如此狹窄、如此嚴格地加以劃定。它突然想到要把文獻研究、文本批判和證明結論簡化為如此精確、如此斷然的法則，以致最缺乏敏感性和最喪失常識的理智只要遵循它們，就可以準確地達到真理。這樣一來，這個不能察看時間的鐘表的表針被嚴格標明時間的、精確走動和嚙合的機械鉗制住。整個這些法則使歷史學家的批評變成完全固定的、機械地起作用的時鐘機構，它還想以歷史方法的名義贏得世人的稱讚。

迪昂對此作出了針鋒相對的回答：「沒有任何歷史方法，也不能有任何歷史方法。」(GS, p.44)這裡的歷史方法，迪昂指的是德國人在歷史中所使用的演繹法。按照迪昂的看法，無論誰說方法，他說的都是精確地追蹤程序的方式，它能夠毫無偏差地從一個界限導向另一個界限。在技藝中，在明確說明程序的地方都有方法，這種程序借助專門的工具容許人們無錯誤地完成規定的工作。在心理操作中，如果推理具有進行的法則，導致無誤地從某些已知的真理的知識發現是其必然推論的其他真理，那麼就存在方法。迪昂贊同亞里士多德關於推理即三段論的觀點，認為在理智領域，「方法」是與三段論推理同義的，它毫無例外是演繹的。正是在這樣的意義上，迪昂斷定：

> 方法占據一門科學，恰恰是在這門科學處於數學精神控制之下的時刻。只要一門科學的進步僅僅依賴於精神的敏銳，這門科學就反對一切方法。(GS, p.45)

反對歸納法的迪昂於是理所當然地認為，只要歷史不是通過演繹進

行的，就根本不存在歷史方法。

迪昂提出了一個有名的否定命題：「歷史將永遠不是演繹科學」(GS, p.45)。其原因在於，人及其問題太複雜了、太困難了，以致不能用任何定義約束，由於當他在太眾多、太精細、太混亂的媒介中運動時無法進行測量。例如，處於最佳狀態的目擊者也不能把一切盡收眼底，因而無法詳細說出瑣細環境的集合。最誠實的目擊者也不會報導全部所見所聞，他只是出於偏愛等微不足道的動機僅僅報道對他來說是值得注意的事情，或者由於時間、場合等關係而遺漏了重要情節。這樣一來，人們能期望通過嚴格的推理達到發生的事情和目擊者注意的事情之間、他看到的事情和他報導的事情之間的正確關聯嗎？在這個過程中，那些簡單的觀念、那些明確定義的概念在哪裡去發現呢？那樣的幾個基本原理——沒有它們演繹法就無法遵循——在哪裡去找呢？在迪昂的心目中，這顯然是無法解決的問題。

禁止歷史利用演繹法的另一個理由在於，為了使一門科學變成演繹的，就必須在它的探究的領域使結論必然地從資料推出。情況必然是，這個領域受嚴格的決定論的支配。這樣一來，人們永遠也不能在歷史中演繹，從來也不能斷言這樣的已知原因必然產生這樣的結果。事實上，人的意志將總是嵌入原因和由原因所引起的東西之間，而且這種意志將是自由的。例如，不可能制定確鑿無誤的程序，來辨認文獻給出的證據是否是真實的或捏造的。收集所有迫使作者掩飾真相的理由，引證所有誘使他的興趣，所有煽動他的激情，所有腐蝕他的惡習，他依然還是未免除誤解，因為他有可能講真理。如果你譴責他欺騙我們，那將是因為你的常識，你的敏感性使你懷疑他作偽證。這將不是三段論的結論，因為這個人的自由意志總是

妨礙你的三段論的適用。為了歷史批判像十分規則的機械一樣可靠和精確地起作用，那麼情況必然是，人本身是機器，他具有機器的簡單的、剛性的轉動裝置和必然的運動。可是情況遠非如此！

迪昂堅決反駁德國人的歷史目標——使歷史成為井井有條的歷史、演繹的歷史。從他所提出的作為確定的原理出發，他嚴格地宣稱引出不能不為真的、不能不符合實際的結論。如果事實與推理的推論不一致，那麼更糟的是事實。正是事實錯了，而不是三段論的結論。正是事實要被修改，而不是方法提供的預言。他批評德國歷史學家常常顯示出的壞習慣：在許多情況下，真理無法阻止如此強烈的利益和如此暴烈的激情，以致很難完全獨立地探求它，以致很容易誘使實在模仿人們意在認可的論題形成的圖像，而不是在事實之上形成論題。

歷史研究雖說沒有迪昂意義上的歷史方法，但畢竟是有一些合情合理的具體作法的，事實上迪昂本人也是這樣行事的。庫恩強調歷史學家的一個重要任務是：「恢復一種過時的科學傳統的整體性。」[19] 他還說：

> 在敘述能夠開始之前，歷史學家面臨著一個較早的任務：他們必須為他們自己和他們的學生恢復過去，並由此建立他們的敘述，即他們必須重建較早的知識主張(knowledge claims)[20]的本體和它訴諸的性質。在工作的這一階段，他必

---

[19]　T. S. 庫恩〈科學知識作為歷史產品〉，紀樹立譯，《自然辯證法通訊》（北京），第10卷(1988)，第5期，頁16-25。

[20]　知識主張是指尚未被經驗證實的假設，但卻可以作為真實的東西而相信。與此相近的又一個詞是真理主張(truth claims)。

須像人種學史研究者力圖理解和描繪異己文化成員的顯然不
相容的行為一樣。㉑

要知道，迪昂從1903年開始就這樣實踐了：他廣泛搜集、嚴格依賴
原始資料，防止過多地用現代的眼光看待過去，力圖恢復歷史的本
來面目，以便正確地鑒別事實在其所在時代具有的真實意義。迪昂
的史學實踐和史學著作，極大地影響了二十世紀的編史學。巴特菲
爾德的下述主張也許是迪昂的意圖的自然延伸：「歷史記錄堅持，
我們必須從內部觀察人物，像演員感受角色一樣感受他們，反覆思
其所思；要扮演行為者，而不是觀察者，否則便不可能正確地講述
歷史故事。」㉒

歷史的目標是詮釋，歷史本身是一種詮釋性的事業，這在很大
程度上已成為現代史學家的共識㉓。因此，理解就成為歷史學家的
準人類學任務的目標。歷史學家必須用釋義學(hermeneutics)方法閱
讀和譯解文本、詮釋比較古老的觀念，其目的在於向堅持它們的人
解釋那些觀念的一致性和似乎有理性。只有當人們理解了為什麼堅
持古老的觀念時，只有當人們理解了什麼似乎是它們的證據時，人
們才能夠希望去敘述、分析或估價它們被放棄和代替的過程㉔。迪

㉑　T. S. Kuhn, The Presence of Past Science, The Shearman Mamorial
Lectures, 1987. Type-script.

㉒　I. G. 巴伯《科學與宗教》，阮煒等譯，四川人民出版社（成都），1993
年第1版，頁241。

㉓　例如，庫恩說：「歷史是一種詮釋性事業，一種啟發理解力的事業，
因而它不僅要表現事實，還要表現事實之間的聯繫。」參見 T. S. 庫恩
《必要的張力》，紀樹立等譯，福建人民出版社（福州），1981年第1
版，頁14–15。還有，薩頓也持有這樣的觀點，參見❶，頁18。

昂很早就持有類似的觀點並作了真誠的嘗試（在中世紀神學和哲學的框架內理解中世紀的科學）。 他在談到如何詮釋和理解與我們相隔久遠的物理學家的實驗之後說：

> 相反地，如果我們不能夠得到關於我們正在討論其實驗的物理學家的理論的充分信息，如果無法在他所採納的符號和我們接受的理論所提供的符號之間建立起對應關係，那麼這位物理學家藉以把他的實驗結果進行翻譯的命題對我們來說既不真也不假；它們將無意義，是死的字母；在我們的眼睛看來，它們將是埃特魯斯坎語銘文或利古里亞語銘文㉕對銘文研究者來說的東西：用譯不出的語言寫的文獻。先前時代的物理學家積累的多少觀察就這樣地失去了！他們的作者忽略告訴我們通常詮釋事實的方法，從而不可能把它們的詮釋變成我們的詮釋。他們用一種記號密封了他們的觀念，而我們缺乏鑰匙打開這些記號。(*AS*, p.160)

迪昂進而指出，前人著作中的許多命題被未讀懂他的人看作是極其可笑的錯誤；可是如果換一種思路在當時的語境或文脈(context)中

㉔　參見㉑，；㉓，頁iii–v。庫恩在後者中還詳細敘述了他讀亞里士多德原著時的切身體會。

㉕　伊特拉斯坎(Etruscan)語是古羅馬人的近鄰埃特魯斯坎人通用的語言，它早在公元前八世紀就由希臘字母派生而來，其最後形式約在公元前400年形成，有20個字母。現存一萬多塊碑銘，至今未被成功解讀。利古利亞(Ligurian)語是前羅馬時期和羅馬建國初期在意大利西北部居住的利古利亞人所操的語言，這種語言主要靠經典著作中的少量詞彙注釋而見諸於世。

去詮釋和理解，結論就會迥然不同。拿現在最易於理解的方式去讀過去的文本，顯然是不合適的。在這裡，迪昂實際上在提倡一種文脈主義(contextualism)的編史學進路❷：注重科學家和思想家曾經正在工作時的輿境或語境，這種上下文的知識有助於我們理解，當使用目前流行的標籤或術語的涵義時，為什麼往往會出錯。現在，夏皮爾甚至主張一種文脈主義的科學發展模式❷。

迪昂完全可以被稱為歷史主義的先驅。盡管歷史主義的核心思想可追溯到十八世紀後期和德國浪漫主義早期階段，但是歷史主義在德國經常使用卻是在兩次世界大戰之間。這種觀念把歷史的根本意義看作是一種詮釋原則；該原則有各種各樣的涵義，不同的作者強調不同的方面──理解、集中注意個別現象等。巴勒克拉夫(G.Barraclough)認為：

> 歷史主義觀點的核心在於區別自然和精神，特別是區別所謂自然的世界和所謂歷史的世界，即區別自然科學所研究的世界和歷史學所研究的世界。據稱，自然科學所關心的是不變

❷ R. M. Burian, Maiocchi on Duhem, Howard on Duhem and Einstein: Historiographical Comments, *Synthese*, 83 (1990), pp.401–408. 作者在文中提出，文脈主義的科學哲學史家在分析特定人物的觀點時，至少可以使用四種透視：(1)他或她被捲入的哲學背景和爭論；(2)哲學考慮起初被涉及的科學爭端和這些考慮在當時的科學和哲學上下文中的詮釋；(3)這些哲學考慮在新科學背景和新哲學背景中的涵義，包括它們變得有影響的路線；(4)這些哲學考慮在後來哲學文脈中的涵義。事實上，迪昂在歷史研究中正是這樣作的。

❷ 李勇等〈「我不是新歷史主義者」──與D. 夏皮爾先生一席談〉，《哲學動態》(北京)，1995年第3期，頁34–35, 39。

性和永恒的反覆，是為了發現一般原則，而歷史學所關心的卻是獨特的、精神的和變化的領域。一個是「研究普遍規律」，另一個是「研究個別事實」，這個根本差別決定各自要求不同的研究方法。自然科學的抽象和分類方法不適用於歷史學研究，因為歷史學研究的對象是曾經活著的個人和集團，他們的獨特個性只有用歷史學家的直覺來理解才可能捕捉。[28]

把迪昂的編史學綱領與此加以對照，我們不難發現二者的契合之處。迪昂的歷史主義觀點也表現在他1904年為迪富爾克的書所寫的序中。在迪昂看來，人類的歷史服務於任何觀念的展開，更不必說偉大的觀念了。可是：

> 這種偉大的觀念並未在我們的目光之下以哲學論述的方式展開它自己。與我們現代的歷史學派喜愛的方法一致，那種偉大的觀念並不想用普遍命題表達。它寧可揭示它自己，就像它在世界中具體而生動地發展一樣；它將通過那些把教導人類作為他們天職的人之口講話；它將在擔憂人民的壓力、動亂和革命中激動；人們將看到，它在一大堆雜亂的事件之下穿越。不管它是人的言論還是事實的敘述，這一切都要通過嚴肅批評的嚴峻考驗，……(*UG*, pp.377–378)

迪昂關於人類歷史中存在的偉大觀念是在歷史世界中具體而生動地發展的思想，使他在規律性和獨特性、客觀性與個人涉入之間保持

---

[28]　G.巴勒克拉夫《當代史學主要趨勢》，楊豫譯，上海譯文出版社（上海），1987年第1版，頁19。

了必要的張力——這既避免了實證主義的極端偏執，又擺脫了存在主義的矯枉過正，從而在某種程度上克服了歷史主義對歷史學家的日常工作所造成的五點不良的實際後果❷。

　　把迪昂關於 PT 的基本觀點與編史學綱領比較一下是十分有趣的：他並不像早先的實證主義者那樣對待科學，也不像後起的存在主義者那樣看待歷史。按照迪昂的觀點，作為主體間可檢驗性的客觀性並不排斥個人涉入，而作為對特殊完形關注的獨特性也不排除對規律性模式的承認。主客體都有助於所有領域的知識，而且所有事件都可以看作是獨特的或有規律的。在這裡，迪昂已率先把斯諾(C. P. Snow, 1905–1980)後來所謂的人為分裂的「兩種文化」❸——科學文化和人文文化——部分地溝通或統合起來了。迪昂介於實證主義和存在主義之間的觀點有些類似於後來的懷特海的過程哲學。懷特海肯定主客體在知識中的作用，承認獨特性和規律性都是

❷　這些實際後果是：第一，歷史主義由於否認系統研究方法可以應用於歷史學，並且特別強調直覺的作用，這樣就為主觀主義和相對主義打開了大門——盡管在理論上也許未必如此。第二，歷史主義用特殊性和個別性鼓勵了片面的觀點，而不去進行概括或發現存在於過去之中的共同因素。第三，歷史主義意味著陷入更加繁瑣的細節——若非如此，歷史學家怎麼能夠抓住各種個別的形態和狀態呢？第四，歷史主義把歷史學引向「為研究過去」而研究過去，或導致近來的歷史主義的倡導者所表達的那種觀點：歷史學家的唯一目的是「認識和理解人類過去的經歷」。 最後，歷史主義贊同歷史學的要素是敘述事件並把事件聯繫起來，結果必然糾纏於因果關係，或陷入馬克・布洛赫(M. Bloch)所說的那種「起源偶像」崇拜。參見❷，頁20。

❸　這是斯諾 1959 年在他的著名論文〈兩種文化與科學革命〉中闡述的。參見 C. P. Snow, *The Two Cultures and Scientific Revolution*, Cambridge University Press, 1961.

重要概念。他把實在看作真正具有多元性的，盡管每一個實體都是由其相互關係構成的。在每一時刻，每一個實體都自己進行著自我創造，每一個實體都具有特徵和個性。然而，這種自發性和新奇性是在規則性的結構之中產生的。科學家能夠從世界的具體情景中抽象出、選擇出這些規律性模式，並且建立用以表示它們的符號系統。此外，過程哲學還突出了整體的作用，但也沒有忽視對部分的分析[31]。這種也許並非偶然的類似是否說明，懷特海直接或間接地受到迪昂的某種影響呢？

第四節　科學史的意義和價值

在迪昂看來，科學史是一項很有意義、很有價值的事業，這主要表現在以下幾個方面。

首先是認知價值。迪昂認為，要正確、深入理解任何智力努力或任何一門科學，就必須理解它的起源和發展。了解概念的沿革和準備解決問題的沿革，對於把握概念和解決問題是大有裨益乃至必不可少的。而且，熟悉科學史，也能看清科學的目的、本性和結構，有助於猜測和預見科學的未來趨向，避開誤入歧途的誘人時尚。因此，科學史成為科學理性構成中的重要因素，在科學認知中發揮著不可替代的巨大功能。

其次是方法價值。歷史方法是一種有效的方法[32]，奧斯特瓦爾德和薩頓都認為科學史是一種研究方法[33]。迪昂早就對此心領神會。

---

[31]　同[22]，頁262-263。

[32]　B. N. 戈什《科學方法講座》，李醒民譯，陝西科學技術出版社（西安），1992年第1版，頁37-43。

在迪昂的心目中，科學史不僅在PT的建構和完善——例如假設的提出和取捨、實驗證據的判斷、理論體系的修飾和協調等——中發揮其功能，而且物理學方法本身也離不開科學史的教導：

> 所有抽象的思想都需要事實的核驗；所有科學的理論都要求與經驗比較。我們關於恰當的物理學方法的考慮除非把它們與歷史教導相對照，否則便不能合理性地加以判斷。我們現在必須致力於收集這些教導。㉞

迪昂接著表明，能量學遵循的方法就不是一種革新，它來自古老而連續的科學傳統；邏輯並未把任何強制加於能量學，但歷史的教導卻極其確實可靠、極其小心謹慎地指導它。迪昂也認識到錯誤的歷史的方法論價值：它有助於評價真理，避免重蹈謬誤覆轍，在新時期重用舊方法或復興舊理論。

迪昂十分重視「歷史方法在物理學中的重要性」(*AS*, p.268)，他甚至作出下述論斷：

> 給出物理學原理的歷史同時也就是對它作邏輯分析。對物理學調動的智力過程的批判穩定而持久地與逐漸進化的闡明聯

㉝ 同❶，頁39。薩頓說：「舊的科學發現的順序向科學家提示類似的聯繫，使他能夠作出新的發現。已經廢棄不用的方法，巧妙地改進以後，可以重新有效。懂得了這一點，科學史實際上就成為一種研究方法。」奧斯特瓦爾德甚至說：「科學史只不過是一種研究方法。」

㉞ P. Duhem, Research on the History of Physical Theories , *Synthese*, 83 (1990), pp.189–200.

繫在一起，通過這樣的逐漸進化，演繹完成了理論，並用它
構造出觀察所揭示的定律的更精確、更有序的表達。(AS,
pp.269–270)

在這裡，迪昂並不是說要用歷史取代邏輯，要用歷史作通常邏輯也
能夠完成的事情。他的確切意思是：PT的歷史研究能夠意識到理論
的更深刻的邏輯，能夠意識到「理性所不知道的理由」即超越日常
邏輯但卻處於卓識範圍中的東西。紐拉特充分體悟到迪昂歷史方法
的價值，他說：「如果人們開始意識到歷史分析方法的話，那麼歌
德(J. W. von Goethe, 1749–1832)、惠威爾、馬赫、杜林、迪昂在物
理學史領域中的成就便不會如此被隔絕了。」❸

　　再次是教學價值。迪昂指出，準備讓學生接受物理學假設的合
理的、真正的和富有成效的方法是歷史方法。重新追溯經驗問題在
理論形式首次勾勒出來時自然成長所經由的變化，描述常識和演繹
邏輯在分析經驗問題中的長期合作，這是使學生和研究者了解關於
物理科學這個十分複雜的和活生生的有機體的正確而清楚的觀點的
最佳方式，甚至事實上是唯一的方式。不用說，為了教育，每一個
假設的進化要按透視法縮短和濃縮，必須按人的教育的時距與科學
發展的時距的比例減少。只要我們決定忽略所有僅僅是偶然的事實，
這種縮略幾乎總是容易的。尤其是，作出發現的方法的歷史在學習
物理學時具有重要意義。在幾何學中，演繹法的明晰與常識的不證
自明的公理結合在一起，教學能夠用完備的邏輯方式進行。可是在

❸　O. Neurath, *Philosophical Papers 1913–1916*, Edited and Translated by
　　R. S. Cohen and M. Neurath, D. Reidel Publishing Company, 1983,
　　p.14.

物理學中，情況則大不一樣，教學不可能是純粹邏輯的，必須通過歷史為每一個基本假設辯護，必須在邏輯要求和學生的智力需要之間妥協。(*AS*, pp.258, 269–270)

　　最後是平衡價值。科學史是一個平衡器，它能使科學家在諸多對立的和競爭的思潮、時尚、觀念、方法等之間保持必要的張力和微妙的平衡，它或遲或早總會把一切事物和人控制在其真實大小的範圍內，從而避免陷入某一片面的極端而不能自拔。誠如迪昂所言：

> 唯有科學史，才能使物理學家免於教條主義的狂熱奢望和皮朗 (Pyrrhon of Elis，約前360–前272) 懷疑主義的悲觀絕望。……物理學家的精神時時偏執於某一個極端，歷史研究借助合適的矯正來糾正他。為了確定歷史對物理學家所起的作用，我們可以從歷史那裡借用帕斯卡的下述言論：「當他吹噓他自己時，我貶低他；當他低估他時，我讚揚他。」歷史於是使他維持在完美的平衡狀態，他在這樣的狀態中才能健全地判斷PT的目的和結構。(*AS*, p.270)

例如，通過追溯在每一個原理發現之前的漫長系列的錯誤和猶豫，它使他警惕虛假的證據。他通過回顧宇宙論學派的盛衰，通過從被忘卻的境況中發掘一度獲勝的學說，它提醒他，最吸引人的體系也是暫定的描述，而不是確定的說明。通過展示連續的傳統和理論預言的實現，它使他看到PT趨向自然分類的理想，且日益反映出實驗方法不能直接沉思的實在。

　　迪昂無疑也認識到科學史的人文價值，因為他一直把科學看作是歷史進化中的人的活動和人的事業，盡管他未明確地加以闡述。

無論如何，從上述價值可以看出，迪昂對科學史的啟發意義和教育意義是心領神會的，他肯定會與富勒(T. Fuller, 1608-1661)的下述言論心照神交：

> 歷史能使一個年輕人變成一個既沒有皺紋又沒有白髮的老人；使他既富有年事已高所持有的經驗，卻沒有那個年齡所帶來的疾病或不便之處。而且，它不僅能使人對過去的和現在的事情作出合理的解釋，還能使人對即將來臨的事情作出合理的推測。❸⑥

　　迪昂的一生橫跨物理學、科學史和科學哲學三門學科，他的科學史支持了他的科學哲學和物理學觀點，他的科學哲學又被應用於物理學和科學史研究，他的物理學既是其他二者的研究對象（分別從歷史的和哲學的角度來研究），又是它們合理性的證明，於是三者之間形成了一個相互融貫、相互促進的密切關係。我們上面已涉及到他的科學史與物理學或科學的關係，現在稍稍涉及一下他的科學史與科學哲學的關係。

　　自十九世紀初葉科學哲學（科學應該是什麼）和科學史（科學曾經是什麼）獲得獨立並趨向繁榮以來至今，迪昂被公認是把二者結合得最好的思想家之一。可以毫不誇張地說，迪昂的重大科學哲學觀點無一不是從對科學史實的考察和分析中得出的，例如對歸納法、機械論、說明理論等等的反對，以及PT的本性和目的、物理學的自主性、整體論、科學進化連續觀等等的提出。反過來，迪昂的

---

❸⑥　G. 薩頓《科學史和新人文主義》，陳恒六等譯，華夏出版社（北京），1989年第1版，頁147。

一些科學哲學觀點也成為他的編史學綱領或歷史敘述的範疇乃至指導思想。在迪昂那裡，科學哲學的證言最終歸屬於歷史的語言，科學史的翔實材料中透露出有啟發性的思想；科學哲學是有血有肉的哲學而不是一付骷髏，科學史是有思想的歷史而不是材料的雜亂堆積。迪昂主義最有吸引力和非同尋常的特徵之一就是把紮實細緻的歷史研究和有獨創性的哲學分析有機地結合起來，迪昂的工作本身就為我們提供了分析科學史和科學哲學二者關係的典型案例。

迪昂的思想和榜樣對後人無疑有所啟示。拉卡托斯明確提出：「沒有科學史的科學哲學是空洞的；沒有科學哲學的科學史是盲目的。」❸夸雷等人確立了把哲學的洞察力與艱苦的學術工作結合在一起的歷史透視方式和研究方法。庫恩的《科學革命的結構》是迪昂風格的又一再現；他認為科學史有助於填補科學哲學家與科學本身之間頗為特殊的空缺，要讓歷史在科學哲學中發揮更大的襯托作用，要讓科學哲學在詮釋歷史中發揮畫龍點睛的功能；但又認為二者的研究不能同時而只能交替進行，目前需要的不是二者結合而是二者之間活躍的對話❸。不過，在這方面，米特爾斯特拉斯(J. Mittelstrass)的告誡值得人們深思：「由教條和自命不凡的科學哲學支持的科學史要冒雙倍盲目的風險，而由黨派的科學史支持的科學哲學同時要冒盲目和空洞的風險。」❸

❸　同❹，頁141。

❸　同❸，頁3–20。

❸　中國社會科學院哲學所編《國外自然科學哲學問題》，中國社會科學出版社（北京），1994年第1版，頁95。

第十章 結語：斑駁陸離的張力哲學

荷盡已無擎雨蓋，

菊殘猶有傲霜枝。

一年好景君須記，

最是橙黃橘綠時。

——宋·蘇軾〈贈劉景文〉

第一節 靈感之源：帕斯卡和亞里士多德

　　帕斯卡在《思想錄》中特別熱衷於倡導中道、中項或中庸思想。
他說：自然不會停止於一端。自然把我們那麼妥善地安置於中道，
以致我們如果改變了平衡的一邊，也就改變了另一邊。這使我相信，
我們頭腦裡的彈力也是這樣安排的，誰要是觸動了其中的一點，也
就觸動了它的反面。人在自然界中到底是個什麼呢？對於無窮而言
就是虛無，對於虛無而言就是全體，是無和全之間的一個中項。我
們在各方面都是有限的，因而在我們能力的各方面都表現出這種在
兩個極端之間處於中道的狀態。一切過度的品質都是我們的敵人，
極端的東西對於我們彷彿是根本就不存在似的，我們根本就不在它
們眼裡：它們迴避我們，不然我們就迴避它們。中庸最好，脫離了

中道就脫離了人道，認識耶穌基督則形成中道。(*SXL*, pp.27, 30, 32, 33, 548, 234)

其實，遠在帕斯卡之前，亞里士多德就指出，任何一種技藝的大師，都避免過多或不足，而尋求居間者並選取了它——不是就事物本身而言，而是相對於我們而言的居間者。美德是一種適中，它是兩種惡行——由於過度和不足而引起的——之間的中道，是以居間者為目的的❶。托馬斯是一位綜合和平衡的大師，他以亞里士多德的觀點作為聯繫德膜克利特和柏拉圖兩個極端的中間媒介，其學說在各種對立的兩極之間保持了必要的張力❷，無怪乎有人這樣讚頌他：「從他以後基督教思想就再也沒有失去科學態度，也沒有失去對物質感性的科學態度。全宇宙是一件完整的作品，無論如何破碎的現象都不會是形而上學的棄兒：在存在的秩序中有張力，但沒有對抗，……對比的出現是在一種更高原則上來表現對立的和諧，而並非要排斥掉一個前奏曲或將二者弄模糊。」❸

無疑地，迪昂對帕斯卡和亞里士多德的言論的真諦是心領神悟的，對托馬斯的行動的真率是心往神馳的。更重要的是，科學的多

---

❶　北大外哲史教研室編譯《西方哲學原著選讀》上冊，商務印書館(北京)，1981年第1版，頁155-156。

❷　1985年底，我在不知道亞里士多德、托馬斯、帕斯卡思想的情況下，是在愛因斯坦、海森堡(W. Heisenberg, 1901-1976)、庫恩等人思想的啟示下，就該課題寫了長篇論文，揭示了在對立的兩極保持必要的張力的豐富內涵和哲學依據。參見李醒民〈善於在對立的兩極保持必要的張力——一種卓有成效的科學認識論和方法論準則〉，《中國社會科學》(北京)，1986年第4期，頁143-156。

❸　A. 弗里曼特勒編著《信仰的時代》，程志民等譯，光明日報出版社(北京)，1989年第1版，頁149。

側面形象——它包括理論和實驗兩方面，它既需要理性和邏輯，也需要想像和直覺——也迫使他在構造概念世界時不能過分地拘泥於一種認識論體系或墨守於某一個流派。加之迪昂學識淵博，涉獵廣泛，思想敏捷，洞察深邃，且又虛懷若谷，從善如流，知往鑒今，獨闢蹊徑，這一切使迪昂最有條件知微知彰，在諸多的對立兩極中找到最合適的聯繫中介、最恰當的互補因素和最微妙的平衡支點，從而在人類的思想史上自成一家之言，自作一代之故，形成了他的獨樹一幟的斑駁陸離的、充滿張力的哲學。

第二節　張力哲學的顯現及批判學派

迪昂似乎沒有直接使用「張力」一詞闡述他的思想，但他卻用具有相近涵義的詞彙「比例」、「平衡」、「妥協」❹表徵他的觀點。盡管如此，他就張力哲學本身論述的話語似不多見，他的在對立的兩極保持必要的張力的思想特徵或曰張力哲學主要體現在他的觀點和方法上，滲透在他的字裡行間乃至具體行動中，以致迪昂的哲學論著和哲學體系充滿了這樣的張力或辯證法❺。在前面各章，我們已多次涉及到這個論題，現在擬總括而概要地加以論述。

首先，迪昂的張力哲學表現在他能恰當地對待他人的思想和學說，與他人保持必要的思想張力。他認真地研讀、分析、鑒別、批

---

❹　迪昂指出，科學史能使物理學家在「教條主義」和「懷疑主義」兩個「極端」之間「維持在完美的平衡狀態」(AS, p.270)；「PT的任何講解將必須在邏輯要求和學生的智力需要之間妥協」(AS, p.257)。

❺　列寧(WP, p.318)、雅基(UG, p.356)、馬丁 (R. N. D. Martin)(PD, pp.108–111)等人都注意到迪昂思想中的辯證法。

判、揚棄、汲取它們，而不管他們是古典大師，近代精英還是時下
名流，也不管他們是哲學家、科學家還是神學家。在熔他人智慧於
一爐的同時，他也通過自己的研究和思考，加入新的作料和催化劑，
從而熔鑄為具有新質的「合金」或「化合物」，而不是他人雜多觀
點的混亂堆積的「混合物」。打個比方，迪昂的工作是採百花釀甜
蜜的蜜蜂，而不是只用體液吐絲結網的蜘蛛，更不是只知搬運積累
的螞蟻。

　　亞里士多德和帕斯卡是對迪昂影響最大的思想家，迪昂是他們
的門徒和讚美者。亞里士多德的質的物理學❻，實在觀和真理觀，
連續性、自然類、中道、保全現象等概念，以及反功利主義和反實
用主義思想，在迪昂的哲學中都打下了深深的烙印，但他同時批評
亞里士多德的物理學不自主，批評他的質的概念是先驗的和絕對的，
並認為中世紀科學與亞里士多德決裂是幸運的轉折。迪昂從帕斯卡
那裡汲取了無數的靈感、智慧、信念和力量，但他並未皈依帕斯卡
的唯心主義、直覺主義、神秘主義、悲觀主義的不可知論，也未仿
效帕斯卡的宗教說教。

　　奧古斯丁和托馬斯的學說由於能與迪昂真摯的宗教信仰共鳴
而倍受迪昂關注。他們對真理的讚美和熱愛，對學術的嚴謹態度和
風格以及某些閃光的思想火花都能激發迪昂的激情，啟迪迪昂的理
智，但迪昂的進路與他們截然不同——迪昂的哲學是現代科學哲學
而非基督教哲學和神學，迪昂甚至認為中世紀科學也不是托馬斯路
向的。

---

❻　庫恩邁向範式論的重要一步，是由於他洞悉到亞里士多德的質的物理
　　學的內在融貫性。參見T. S. 庫恩《必要的張力》，紀樹立等譯，福建
　　人民出版社（福州），1980年第1版，頁ii–iv。

　　對於自己的同胞，不管他們是前輩、同輩和晚輩，迪昂同樣持分析和批判態度。笛卡兒的理性主義和演繹主義無疑感染了迪昂，但迪昂並未附和他的唯心論、還原論和機械論的傾向，對其形而上學說明的PT和純量的物理學也頗有微詞。迪昂從孔德那裡借用了實證論的方法論武器，以反對主觀主義、信仰主義、唯靈論、非理性主義和形而上學的說明理論，但他並不是一位真正的實證論者。他讚賞萊伊恢復科學和哲學之間的密切關係，但卻批判了萊伊的諸多指控和誤解。他拒斥勒盧阿的極端約定論，盡管他也同意某些受限制的約定論觀點。

　　對於科學家或哲人科學家，迪昂也持同樣的態度和立場。他贊同牛頓反對形而上學的說明理論，稱頌牛頓精神之完善，但又指出其歸納法並不實際。他是達爾文進化論的倡導者，但又不全然相信它。對於伽利略、麥克斯韋、開耳芬勛爵等，迪昂也堅持一種成熟的平衡的歷史觀，盡可能較為公正地評價他們。

　　在這裡，我們擬著重剖析一下迪昂與其所屬的批判學派的代表人物——馬赫、彭加勒、奧斯特瓦爾德——之間的思想張力。

　　我曾經論述過馬赫與迪昂的交往和思想關聯❼。迪昂與馬赫的通信從1903年至少持續到1909年，所交換的六封信談得都很籠統。但迪昂卻明確表示他是馬赫的「信徒」❽。迪昂1903年對馬赫《力學史評》的評論僅涉及到幾個細節，馬赫為此在1904年5月15日的信中感謝迪昂。馬赫1906年在《認識與謬誤》第二版和1912年在《力

---

❼　李醒民《馬赫》，東大圖書公司印行（臺北），1995年第1版，頁258–261。

❽　這是在1909年8月10日致馬赫的信中表示的。參見 J. T. Blackmore, *Ernst Mach: His Work, Life, and Influence*, University of California Press, 1972, p.197.

學史評》第七版對迪昂的評論（強調基本觀點的一致和細節上的分歧）無需贅述❾，他在1908年為迪昂《結構》德譯本寫的序中是這樣概括迪昂論點的：

> 作者表明，PT本身是如何地從在粗陋的或者多少科學的形而上學基礎上假定的說明轉變為依賴於幾個原理的體系，經濟地描述和分類我們經驗的體系。在這個過程中，說明的圖像多次變化，直到它最終完全消失，而描述部分幾乎不變地進入新的、更完備的理論之中。……迪昂認為模型像圖像一樣，是寄生的生長。❿

阿德勒在譯者前言中也重複了馬赫的意思：「消除所有形而上學構成了本書的基本傾向，馬赫首次闡述的思維經濟原理被一致地堅持下來。」⓫不過，他也負責而仔細地指出二人的分歧。例如，迪昂沒有考慮科學概念形成的任何基礎，像馬赫的「感覺要素」這樣的粗糙的「原子論的」還原論以其個體的經驗內容不僅賦予每一個可採納的命題，而且也賦予每一個可採納的概念，這樣的還原論與迪昂的整體論不相容。迪昂不像馬赫那樣要求假設有經驗基礎，而只是作為組織經驗的工具。迪昂也拒絕把這樣的強制強加在他的整體論的理論概念上，而堅持認為整個理論必須有經驗內容，而個別假設則不會有。

　　作為無神論者的馬赫，對天主教徒迪昂的「隱蔽動機」感到困

---

❾　同❽，頁258-260。

❿　D. Howard, Einstein and Duhem, *Synthese*, 83 (1990), pp.363-384.

⓫　同❿。

擾。他在1908年4月22日致信阿德勒：

> 由於經院哲學和天主教在法國依然顯示出權力和影響，無論
> 如可能的是，迪昂正在幕後培育某種魔鬼；他畢竟是托馬
> 斯·阿奎那的讚美者，他對這方面的某些事情毫不掩飾。可
> 是，只要他不放掉魔鬼，那會是什麼結果呢？也許他只是為
> 了給形而上學在物理學正對面贏得活動的餘地，而欲使物理
> 學擺脫形而上學。哲學家和神學家能夠作他們將就形而上學
> 去作的事情。就此而言，如果物理學家、生理學家和心理學
> 家使自己習慣於沒有形而上學也行，那麼一切都會成功。

馬赫的結束語是：「目前，我完全滿足於與迪昂一致的程度。」❷從
事後認識來看，馬赫信中所言是與迪昂在基本觀點上的重大分歧。
但是，馬赫和阿德勒當時並未清醒地意識到與迪昂分歧的嚴重性，
他們縮小了差異，尤其是馬赫多次強調他與迪昂的「一致」；加之
弗蘭克這位馬赫的熱情追隨者認為馬赫和迪昂觀點完全相容，並把
馬赫、彭加勒、迪昂都歸入「新實證論」之列❸，並稱迪昂是「馬
赫主義思想路線在法國最重要的代表人物」❹，以及萊伊這位迪昂
思想的早期詮釋者早在1907年就給迪昂貼上「新實證論」典範的標
籤❺，致使同代人或後人忽視或無視馬赫與迪昂之間的觀點差異和

---

❷　同❿。

❸　P. Frank, *Modern Science and its Philosophy*, Harvard University Press,
　　1950, pp.13–17.

❹　同❿。

❺　同❸, p.21。

思想張力。

其實，迪昂的主導哲學思想即理論整體論和關係實在論是與馬赫的實證論和感覺論難以相容的，迪昂也不滿意馬赫過度的工具論傾向，因為馬赫持有比較狹隘的理論觀，沒有考慮科學史給出的PT的漸進統一，尤其是忽略了迪昂的自然分類概念。即使在馬赫與迪昂相容之處，也是同中有異。例如，迪昂像馬赫一樣要求從科學中排除形而上學，但卻不像馬赫那樣認為形而上學無意義，而是賦予它以更高的認知價值（把握實在）。迪昂與馬赫一樣反機械論和反原子論，但馬赫並不像迪昂那樣熱衷於能量學；對於奧斯特瓦爾德把能量視為唯一的終極實在的唯能論，馬赫出於中性的要素一元論反對它，而迪昂則出於樸素實在論反對它。迪昂讚成馬赫科學是描述而不是說明的觀點，但在對理論的看法上卻大相逕庭：馬赫輕視和貶低理論，認為理論未增加知識，只是方便記憶和使用，只是為思維經濟；而迪昂則重視和贊美理論，認為理論是邏輯的符號體系，除經濟功能外，還有另外的功能，且日益反映出自然的本體論秩序。迪昂贊同馬赫的思維經濟原理，但他對它既有發展（雙倍經濟、原質數少），又有背離——迪昂認為把定律濃縮為理論也是經濟，馬赫大概不會同意迪昂，因為馬赫輕看理論，認為理論是間接描述，是需要用事實的直接描述代替的。

迪昂是彭加勒的學生和同事。這位老師對學生的科學哲學似乎漠不關心（或有意緘默?），在他的三本科學哲學名著❶中，居然沒

---

❶ 彭加勒的三本書是《科學與假設》(1902)、《科學的價值》(1905)和《科學與方法》(1908)。英譯本合集定名為《科學的基礎》是名副其實的。中譯本（《科學的價值》，李醒民譯，光明日報出版社，1988年第1版）的出版者為了撈取「經濟價值」，將《科學的基礎》擅改為《科學的

有一處提及迪昂（而數次提到馬赫）。彭加勒僅在《熱力學》(1892)
的引言中涉及到迪昂的科學觀點，而且是批評和反對的：

> 在本書中，我碰巧兩次與迪昂先生不一致。他也許會奇怪，
> 我只是在反對他時引用它。如果他想起有任何惡意的話，那
> 麼我會感到悲哀。我希望他不會設想我忘記了他對科學的貢
> 獻。我只不過認為，堅持他的結果在我看來似乎值得加以補
> 充的觀點比堅持我僅僅重複他的觀點更有用處。(*UG*, p.280)

迪昂雖然對彭加勒不加注明地引述或採用他的例子和觀點頗有微辭
(*AS*, pp.144, 150, 216)，但他還是多次引用彭加勒的言論，盡管批
評之處多於贊同。

　　迪昂贊成彭加勒❶的一些具體看法：數學家不能忘記外部世
界，麥克斯韋理論缺乏邏輯嚴格性和使用特設假設，邏輯不能阻止
使用兩個在邏輯上不相容的理論等。尤其是，他們都是關係實在論
者（不過，迪昂懷疑微觀實體實在，而彭加勒認為關係比原子、分
子更根本）。但是，對於彭加勒的下述觀點，迪昂是明確持批評態
度的：數學歸納法包含非演繹的推理，科學事實是語言的翻譯或約
定，自由落體定律是定義，作為約定或定義的假設不能被實驗證實
或證偽，科學必須是簡單的等。迪昂不滿意彭加勒放縱作為工具論
變種的模型，不滿意他對英國精神的傳播推波助瀾。不用說，迪昂

價值》。

❶ 關於彭加勒的科學哲學思想，讀者可參閱作者兩本專著《理性的沉
　思》（遼寧教育出版社，1992年第1版）和《彭加勒》（東大圖書公司
　印行，1994年第1版）中的有關部分，此處不一一注明出處。

肯定不會對彭加勒關於科學發展的「危機—革命」圖像感興趣。尤其是，在主導哲學思想和哲學創造方面，迪昂的整體論與彭加勒的約定論雖說有一點契合之處，但總的來說是不甚相容的：迪昂強調理論在實驗詮釋中的重要作用，假設的集合面對實驗的法庭，個別假設的取捨是由實驗、卓識和歷史上下文綜合決定的；彭加勒則認為假設無所謂真假，只不過是方便的約定，實驗對假設的取捨無能為力，只要它不多產即可棄之不用。把迪昂歸入彭加勒的約定論，是十分牽強附會的。

迪昂和奧斯特瓦爾德具有相同的科學研究領域（物理化學），二人都熱衷於構造能量學體系。由於奧斯特瓦爾德在他於1887年創辦的《物理化學雜誌》上多次發表迪昂的論文，並親自為迪昂撰寫書評，從而使迪昂的聲譽得以傳播。1896年，奧斯特瓦爾德預告《熱力學勢》將重印，說它在熱力學應用於與物理平衡和化學平衡的有關現象的發展中是起了重大影響作用的著作。在奧斯特瓦爾德看來，該書適逢其時出版具有巨大的歷史意義，因為「該科目其間經過這位著名作者的不倦研究，在不小的方面呈現出十分不同的面貌。」在1899年《力學化學基礎》第四卷出版時，奧斯特瓦爾德把它描繪為「著名作者的傑出方法的另一個紀念碑」。(*UG*, p.282)迪昂在1897年承認蘭金關於能量學的優先權時，他必定注意到，奧斯特瓦爾德1892年在〈能量學研究〉中首次使用了德文變體Energetik，後者既未在文章中提及蘭金，也未引用蘭金1853年的出版物[18]。迪昂只是

---

[18] 奧斯特瓦爾德至遲在1908年的《能量》一書中已表明「英國工程師蘭金於1853年就能量學這樣的學問發表了一篇短文，根據兩三個普遍原理，嘗試把物理學和化學的現象納入其中。」參見オストグルト《エネルギ》，山縣春次訳，岩波書店，昭和十二年，頁139。

提及奧斯特瓦爾德的能量學，從未給它以更多的榮譽。迪昂和奧斯特瓦爾德都反對機械論和原子論，但迪昂對後者的能量學的形而上學即沒有物質的能量的觀點並不喜歡，他也沒有像後者那樣在佩蘭實驗之後承認原子的實在性。

迪昂的張力哲學也表現在他善於在各種各樣對立的「主義」和形形色色的對立的觀點或思維方式之間保持必要的張力。前面各章我們已多次論述過，這裡僅涉及幾個補遺問題。

在迪昂張力哲學式的辯證法中，他力圖在客觀實在和科學的精確性之間，或常識發現的確實性和數學演繹的明晰之間保持必要的張力或尋找微妙的平衡。他認為勒盧阿的下述言論「忠實地表達了」他的思想，並且足以用「秩序」和「明晰性」代替引文中的「嚴格性」和「必然性」：

> 簡而言之，必然性和真理是科學的兩極。但是，這兩極沒有重合；它們像光譜的紅和紫一樣。在它們之間的連續體中，只有實在實際上經過，真理和必然性彼此相對於對方反向地變化，而不管我們面對兩極中的無論哪一個，也不管我們把自己引導向哪一個。……如果我們選擇走向必然性的東西，那麼我們就在真理方面折回來，我們努力消除一切經驗的或直覺的東西，我們傾向於圖式系統、唯一的推理和無意義符號的形式遊戲。另一方面，為了贏得真理，我們必須顛倒所必須採取的步驟；質的和具體的描述重新獲得了它們的卓越的權利，於是我們看到，懶散的必然性逐漸地消解於充滿活力的偶然性之中。最後，科學是必然的也是真的，或科學是嚴格的也是客觀的，這並不在同一部分或方面。(AS, p.267)

此外,迪昂還認為他的新力學既是亞里士多德的質之物理學的女兒,又是笛卡兒的量之物理學的女兒;它就質而辯護,而用數學符號闡明。「在它裡面開始會聚兩種傾向,這兩種傾向如此長久地在相反的方向描繪科學和自然。」(*EM*, p.188)在這裡,迪昂用定性的東西牽制日益泛濫的定量化「狂」——這導致了物化和非人化——的極端傾向,透露出人文主義的清新氣息。更重要的是,迪昂在科學、哲學、宗教之間也保持了必要的張力。

第三節　迪昂與二十世紀的科學哲學

以兩極張力為特徵的迪昂哲學對本世紀的科學哲學發展產生了不可磨滅的影響,它有力地促進了維也納學派和邏輯經驗論的萌生和發育。在談到「法國科學家、哲學家和歷史學家皮埃爾·迪昂」時,維也納學派早期成員弗蘭克生動地回憶說:

> 他的著作對於我們的小組產生了強烈的影響,尤其是對我們的思考產生了強烈的影響。通過徹底地研究迪昂,我們對科學、形而上學和宗教之間的關係獲得了更為精妙的理解,這在經驗論者中間通常是得不到的。

弗蘭克充分肯定迪昂關於PT本性的觀點「在通向把馬赫和彭加勒結合起來的道路上邁出了巨大的一步」,迪昂的整體論思想「在從馬赫的物理學概念到邏輯經驗論後來提出的概念的道路上行進得多麼遠」。他接著指出,「從另一個角度看,迪昂也對我們小組的哲學產

生了巨大的影響」，這就是科學與其他認知體系之間的關聯：

> 雖然我們小組沒有仿效迪昂的形而上學偏好，但是他的學說
> 對我們來說變成了一個參考框架，我們能夠據此把在科學和
> 宗教之間——更一般地講科學和政治意識形態之間——的流
> 行的所有衝突聯繫起來。⑲

　　維也納學派也對法國新托馬斯主義小群體興味盎然，被該學派視為新托馬斯主義者的迪昂再次受到關注和重視。在維也納學派的宣言⑳中，在追溯該學派的誕生和家譜時，其中就赫然列有先驅者迪昂的尊名大姓㉑。但是，我們在這裡不能不指出，迪昂哲學思想中的某些實證論因素僅僅是一種（恢復物理學自主性的）方法、手段和技巧，而不是取締形而上學的信條，邏輯經驗論者在馬赫的誤導（尤其是通過他為《結構》德譯本）所寫的序言）和萊伊的誤解的影響下在某種程度上誤讀了迪昂，不甚合邏輯地把迪昂視為實證論的同盟者。這也許是歷史的狡黠？

　　迪昂的影響是潛在的、持續的、深廣的，這既與他涉獵廣泛、思想深邃有關，也與他的張力特徵有關，以致不同學科、不同傾向的研究者都能從中獲取智力酵素和發掘精神寶藏。迪昂對邏輯和語

---

⑲　同⑬，頁15-17。

⑳　O. 紐拉特等〈科學的世界概念：維也納學派〉，曲躍厚譯，《自然科學哲學問題》（北京），1989年第1期，頁16-24。

㉑　馬丁認為，維也納小組成員顯然是在馬赫影響下，借助萊伊的詮釋閱讀迪昂著作的。弗蘭克顯然是依據風傳相信迪昂是新托馬斯主義的擁護者，他完全可能是關於迪昂的新托馬斯主義詮釋的主要來源。(*PD*, p.202)

言的重視，直接影響了邏輯經驗論路向的分析哲學和語言哲學。迪昂的歷史主義，無疑有助於歷史學派的崛起和繁盛。迪昂的科學思想和方法論見解，也激勵了像希爾伯特和愛因斯坦這樣的哲人科學家的靈感和智慧，從而間接地有助於豐富二十世紀的科學哲學。

在本世紀初，迪昂哲學曾被二十世紀科學哲學的奠基者馬赫、彭加勒、維也納學派和波普爾等認真討論過，這是迪昂哲學產生影響的第一次浪潮。第二次浪潮是由奎因在五十年代初掀起的，使迪昂哲學在英語世界得以較為廣泛地傳播和研討。第三次浪潮可以說肇始於八十年代末，其標誌是1989年3月在美國召開的關於迪昂的專題學術討論會。這次浪潮必將勃興於世紀之交，並延續到二十一世紀。其理由在於：在即將跨入新世紀之時，科學、哲學、宗教、歷史之間的關係日益引起人們的關注和探究，迪昂及其著作本身就是這方面的一個典型範例和思想源泉；未來的新世紀是一個科學文化人文化，人文文化科學化以及兩種文化融匯的時代，集科學精神和人文精神於一體的迪昂無疑會再度復活，為人們所青睞；當然，關鍵還在於迪昂思想迷人的魅力和永恒的生命力。弗蘭克說：「物理學家皮埃爾·迪昂在法國也部分獨立地提出了類似馬赫的概念。在他的闡明中，迪昂在視野的廣度上並非等同於馬赫，可是在邏輯敏銳性方面常常超過馬赫。」❷雅基贊同地引用芒特雷的話說：「迪昂的科學哲學優於彭加勒的科學哲學。」 (*UG*, p.363)因此，我們也有理由期待，隨著時間的推移和研究的深入，迪昂哲學的影響將不會亞於馬赫和彭加勒❷。

---

❷ 同❸，頁100。

❷ 關於馬赫和彭加勒對二十世紀科學哲學的巨大影響，讀者可參閱作者為本叢書撰寫的《馬赫》(1995)和《彭加勒》(1994)中的有關章節。

迪昂1896年在〈物理學理論的進化〉中曾這樣寫道：

> 在龐大的勞動中，沒有一個工作者浪費他的工作。並非那項
> 工作總是服務於他的作者設想的意圖：它在科學中所起的作
> 用往往不同於他賦予它的作用；它占據了抑制這一切鼓動的
> 他所預定的位置。(*PD*, p.213)

歷史已經證明並將繼續證明，迪昂的工作沒有白費。不管他想到還
是沒有想到，他的宏篇巨製已作為「世界3」中的不朽豐碑矗立起
來，在世紀之交這個特定的歷史情勢中，必將愈益發揮出不可替代
的精神力量。海倫用上述引文終結了她父親的傳記，我們不妨用它
伴隨下面詩句的隱喻，作為本書的結束語：

> 柳條百尺拂銀塘，且莫深青只淺黃。
> 未必柳條能蘸水，水中柳影引它長。❷

　　　　　　　　　　1995年9月21日中午完稿於北京中關村

---

❷　宋・楊萬里〈新柳〉。

後　記

曾經滄海難為水，
除卻巫山不是雲。
取次花叢懶回顧，
半緣修道半緣君。

——唐·元稹〈離思五首〉（其四）

　　從佳木蔥蘢的初夏，中經漫漫暑日，一直寫到涼風習習的仲秋，終於給四個月的辛勞畫上了最後一個句號。整日伏案的我如釋重負。恰好過幾天（9月27日）要赴香港科技大學參加一個學術會議，趁機可以輕鬆一下，換換空氣了。

　　常聽人唱「外面的世界多精彩」。不錯，能走入天高、地闊、氣清、人少的大自然，並全身心地融入其中，確實使人心往神馳。可是現在一出門，人擠人，車堵車，不絕於耳的噪音和臭味沖天的尾氣團團包圍著你，讓你躲也無處躲，藏也沒法藏，那來的什麼「精彩」！更不必說官場中的勾心鬥角，商海內的爾虞我詐，市場上的假冒偽劣，人際間的冷漠浮躁了。

　　我覺得，最精彩的莫過於淡泊者的內心世界。把喧鬧拒之門外，把浮華扔出窗外，仔細傾聽天籟的和諧，與思想大師心心相印地對話，間或情不自禁地發出內心的獨白，再添上「矮紙斜行閑作草，

晴窗細乳細分茶」❶的雅趣，不亦樂乎？只有這樣把人生的價值定位於無盡的精神追求，才能理解生命的真諦，把握生活的脈搏，才能作一個有頭腦、有根性的人。否則，就只會隨著潮流轉，跟著人家跑，從而陷入上不著天、下不附地、外不在人、內不識己的荒謬生存狀態。

「結廬在人境，而無車馬喧。問君何能爾，心遠地自偏。」❷這裡的關鍵在於「心遠」。 在這個「一次性消費」的時代，只知道趨炎附勢，圖虛榮，趕時髦，湊熱鬧，怎能不浮躁？怎能不「隨行就市」？怎能不炮製出「文化快餐」或「文字垃圾」？要知道，真正的學術成果和文化積累是冷板凳坐出來的，而不是熱鐵鍋炒出來的；表面上轟轟烈烈的爆炒和人為虛張的聲勢是暫時的、短命的，而寂寞中的紮紮實實的學術研究才是永恒的、有生命力的。「要緊的是，知識分子要鍥而不捨，開拓出自己的一片天地。」❸

作家張煒說得好：「真正的表演藝術家、作家、卓有成就的哲學家等，一年的勞作抵不上一個通俗歌手一次出場費。這種巨大的差異說明了什麼？一個具有五千年文明史的偉大民族居然可以接受這樣辛辣的嘲諷。但是作為藝術家、作家和哲學家本人，倒大可不必為此焦灼。一個人只有一生，用僅僅只有一次的生命去換錢，這對於他們來說太不可思議，這種交換恰恰也是智商低的表現。」❹

我以為，用僅僅只有一次的生命去忘我地追求思想，才是最有

---

❶ 宋・陸游〈臨安春雨初霽〉。

❷ 晉・陶淵明〈飲酒二十首（其五）〉。

❸ 這是劉述先教授1995年春節前在致作者的賀年片中所寫的箴言。作者在此深切地感謝他的諄諄教誨。

❹ 張煒〈心靈與物質的對話〉，《書摘》（北京），1995年第4期，頁7–11。

意義和價值的。因為思想是生活的真正珍珠，是人的全部尊嚴，也是社會發展和人類自我完善的遺傳基因（社會記憶）和智力酵素（文化信息）。 人這根軟弱的「蘆葦」之所以能屹立於天地之間，全在於他有思想，否則與草木禽獸何異之有？因此，為思想而思想是值得的，為熱愛學術而追求學術是值得的——這是聽從於上天的呼喚，這是受命於心靈的曉示。我1976年3月12日寫的〈沁園春・海珠橋之夜〉也許此刻能傳達出我的部分心境：

清風徐來，
天華燦燦，
海珠橋畔。
望南北燈火，
瞬息千態；
水陸流光，
彈指萬變。
長河凌空，
星漢墜地，
浮金躍銀眼花亂。
惟春枝，
有暗香浮動，
方曉塵寰。

夢醒流連忘返。
誠妙筆難繪此佳卷。
今即景抒懷，

壯心未滅；

賦詩言志，

浩氣倍添。

投粟粵海，

壘土白雲，

為我故國駐朱顏。

待來日，

若舊地重遊，

別有華篇？

　　歲近「知天命」，　自然不會像二十年前那麼少壯氣盛了，但無論如何對人生却有了較多的體悟，對世事長了不少的見識。金錢最多只能換取感官的片刻享受，官位也無非只能贏得一時榮耀，惟有文章是千古之盛事，惟有思想是萬古不沒的，而自主意識、獨立人格、科學良心和淡泊心境，才是安身立命之根本。坐下來繼續研讀資料吧，想必明年初夏能寫完《愛因斯坦》。　現在真不敢妄言「別有華篇」——怎麼年歲越大反而膽量愈小了？

李醒民

1995年9月22日謹記於北京中關村

主要參考書目

專著

(1) P. Duhem, *Thermodynamics and Chemistry*, Authorized Translation by George K. Burgess, First Edition, Revised,John Wiley & Sons, New York, 1913.

(2) A. Lowinger, *The Methodology of Pierre Duhem*, Columbia University Press, New York, 1941.

(3) P. Frank, *Modern Science and Its Philosophy*, Harvard University Press, 1950.

(4) P. Duhem, *The Aim and Structure of Physical Theory*, Translated by Philip P. Wiener, Princeton University Press, U.S.A., 1954.

(5) P. Duhem, *To Save Phenomena, An Essay on Idea of Physical Theory from Plato to Galileo*, Translated from the French by E. Doland and C. Maschler, The University of Chicago Press, Chicago and London, 1969.

(6) S. G. Harding(ed.), *Can Theories Be Refuted*, Essays on the Duhem−Quine Thesis, Dorrecht: D. Reidel, 1976.

(7) P. Duhem, *The Evolution of Mechanics*, Translated by M. Cole, Sijthoff & Noordhoff, Maryland, U.S.A., 1980.

(8) O. Neurath, *Philosophical Papers 1913−1946*, Edited and Translated by R. S. Cohen and M. Neurath, D. Reidel Pub-

lishing Company, 1983.

(9)B. 帕斯卡《思想錄》，何兆武譯，商務印書館（北京），1985年第
1版。

(10) P. Duhem, *Medieval Cosmology, Theories of Infinity, Place, Time, Void, and the Plurality of World*, Edited and Translated by R. Ariew, The University of Chicago Press, 1985.

(11) S. L. Jaki, *Uneasy Genius: The Life and Work of Pierre Duhem*, Martinus Nijhoff Publishing, Dordrecht, 1987.

(12) Duhem as Historian of Science, *Synthese*, Volume 83, No.2, May 1990, pp.179–323.

(13) Duhem as Philosopher of Science, *Synthese*, Volume 83, No. 3, June 1990, pp.325–453.

(14) P. Duhem, *The Origins of Statics, The Sources of Physical Theory*, Translated from the French by G. F. Leneaux, V. N. Vagliente, G. H. Wagener, Kluwer Academic Publishers, Dordrecht/Boston/London,1991.

(15) P. Duhem, *German Science*, Translated from the French by J. Lyon, Open Court Publishing Company, La Salle Illinois, U.S.A., 1991.

(16) R. N. D. Martin, *Pierre Duhem, Philosophy and History in the Work of Believing Physicist*, Open Court Publishing Company, 1991.

論 文

(17) P. Alexander, The Philosophy of Science, 1850–1910, *A Critical History of Western Philosophy*, Edited by D. J. Conner, Free

Press, New York, 1964, pp.402–425.

⑱ D. G. Miller, Ignored Intellect Pierre Duhem, *Physics of Today*, No.12, 1966, pp.47–53.

⑲ D. G. Miller, Duhem, Pierre-Maurice-Marie, C. C. Gillispie Editor in Chief, *Dictionary of Scientific Biography*, Vol. IV, Charles Scribner's Sons, New York, 1971, pp.225–233.

⑳ P. Alexander, Duhem, Pierre Maurice Marie(1861–1916), Edited by P. Edwards, *The Encyclopedia of Philosophy*, Vol. 1–2, New York/London, 1972, pp.423–425.

㉑ G. Æ. Oravas, Pierre Duhem: Scientist–Philosopher–Historian, in *EM*, 1980, pp.ix–xxxiii.

㉒ R. Haller, New Light on the Vienna Circle, *The Monist*, 65 (1982), pp.25–37.

㉓ R. Ariew, The Duhem Thesis, *Brit. J. Phi. Sci.*, 35 (1984), pp.313–325.

㉔ A. Grünbaum, The Falsifiability of Theories: Total and Partial? A Contemporary Evolution of the Duhem–Quine Thesis(Presented April 26, 1962), *A Portrait of Twenty–five Years*, Edited by R. S. Cohen and M. W. Wartofsky, D. Reidel Publishing Company, 1985, pp.1–18.

㉕ 李醒民〈善於在對立的兩極保持必要的張力——一種卓有成效的科學認識論和方法論準則〉,《中國社會科學》(北京),1986年第4期,頁143–156。

㉖ 李醒民〈皮埃爾・迪昂:科學家、科學史家和科學哲學家〉,《自然辯證法通訊》(北京),第12卷(1989),第2期,頁67–78。

⑵李醒民〈簡論迪昂的科學哲學思想〉,《思想戰線》(昆明), 1989
年第5期, 頁12–18。

⑵ P. Duhem, Logical Examination of Physical Theory, *Synthese*, 83
(1990), pp.183–188.

⑵ P. Duhem, Research on the History of Physical Theories,
Synthese, 83 (1990), pp.189–200.

⑶李醒民〈論作為科學家的哲學家〉,《求索》(長沙), 1990年第5
期, 頁51–57。

關於本書經常引用的參考書目在正文中的縮寫表示:

(2)*MPD*, (4)*AS*, (5)*TSP*, (7)*EM*, (9)*SXL*, (11)*UG*, (14)*OS*, (15)*GS*, (16)
PD;《唯批》(在《列寧選集》第二卷, 1972年第2版) 縮寫為
WP。

關於本書所用名詞的縮寫表示:

PT (物理學理論), PE (物理學實驗), PL (物理學定律),
Dt (迪昂論題), Qt (奎因論題), DQt (迪昂－奎因論題)。

年　表

1861年

　　6月9日，生於巴黎，父親誤記為6月10日。
　　6月13日，在教堂施洗禮。

1862年

　　雙胞胎妹妹出生，一名瑪麗－朱莉厄，一名昂圖安妮特·維克
托莉娜。

1865年

　　母親帶三個子女回娘家卡布雷斯潘旅行，繼承祖先房產，迪昂
感到十分歡樂。

1867年

　　進入一家私立學校讀小學，學制五年。

1870年

9月初，目睹法國軍隊開進首都抵禦德軍。

1871年

經歷了巴黎工人武裝起義的成功和失敗。

1872年

秋，進入斯塔尼斯拉斯學院上中學。

9月30日，小弟弟讓出生，11月15日不幸患白喉夭折。11月24日，妹妹昂圖安妮特也患白喉病死。迪昂和妹妹瑪麗去外婆家避瘟疫。

1873年

春，國民朝覲達到高潮，一家人異常歡快。

1875年

從是年到1882年，暑假部分時間在巴黎北30公里的鄉下親戚家度過，迪昂是孩子王。

1877年

夏，首次去Rhuis半島的漁村St. Gildas，參觀古老的教堂，收集標本。在此不幸患風濕病，該病一直折磨著迪昂。

1878年

參觀萬國博覽會。

7月，獲文科業士。

1879年

7月，獲理科業士。

1881年

春，患病，入巴黎高等師範學校的考慮延遲整一年。

7月，學完中學全部課程。

11月29日，正式任斯塔尼斯拉斯學院助理教師(1881-1882)。

獲法國科學協會化學獎。

1882年

2月22日，正式向教育部提交履歷書。

6月26-29日，參加初試，7月23-24日複試，8月4日收到教育部正式錄取通知書，以第一名考取高師。

1884年

12月20日，向巴黎大學遞交關於熱力學勢的博士學位論文。

12月22日，通過埃爾米特向巴黎科學院遞交了論〈熱力學勢和

伏打電堆理論〉的首篇論文。

1885年

在《巴黎高等師範學校科學雜誌》發表系列長篇論文〈熱力學對於毛細現象的應用〉、〈論熱力學對於溫差電學和熱電現象的應用〉，引起學界關注。

6月12日，博士論文因反對貝特洛最大功原理而被李普曼否定。

夏初，大學畢業，在高師度過兩個學術年。

10月，在巴斯德實驗室從事細菌化學研究，幹了一整年，任實驗室負責人。

在1885–1886學術年，向《理論物理學和應用物理學雜誌》提交三篇論文，向科學院呈交兩篇短論。

1886年

未獲通過的博士論文以《熱力學勢》(xi+247pp.) 為名作為《科學創新叢書》之一由A. Hermann出版。

參加高師學校教師學銜考試，10月20日正式獲准任命，年薪2400法郎。

1887年

10月之前，又準備好一篇數學博士論文。

10月13日，接受教育部委派，月底乘車前往里爾大學任教 (1887–1893)，年薪4500法郎。

1888年

2月15日，第二篇博士論文《感應磁化》(138pp.)被批准出版。10月30日參加答辯，後獲通過。論文中有關於磁化歷史的概覽。

1889年

4月7日，父親病逝。母親和妹妹到里爾，勸迪昂成家。與女友夏耶相識，次年訂婚。

1890年

10月28日，在巴黎舉行婚禮。赴比利時旅遊度蜜月。

1891年

《電磁學教程》第一卷(viii+560pp.)出版。
《流體力學、彈性、聲學》第一卷 (iv+378pp.) 和第二卷 (iv+310pp.)出版。
加入布魯塞爾國際天主教徒科學學會。
9月29日，女兒海倫出生。

1892年

1月，在《科學問題評論》發表第一篇科學哲學文章〈對物理學理論目的的一些反思〉。

《電磁學教程》第二卷(474pp.)和第三卷(vi+528pp.)出版。該書受到赫茲的讚譽。

7月28日，妻子在生二女兒時不幸母女雙亡，迪昂從此再未婚娶。

〈原子標記法〉一文是迪昂1890年代許多歷史文章的先行者。

1893年

發表著名的科學哲學論文〈英國學派和物理學理論〉、〈物理學和形而上學〉。

《力學化學引論》(177pp.)出版。

7月29日，離開里爾到雷恩任教(1893–1894)。

不願作法蘭西學院科學史教席候選人，堅持自己是一位物理學家，拒絕走科學史的「後門」回巴黎工作。

1894年

在《科學問題評論》6月號發表〈關於物理學實驗的目的的一些反思〉，首次闡述判決性實驗不可能的主張和整體論思想。

9月初，赴布魯塞爾參加第三屆國際天主教徒科學會議，發言引起轟動。

10月10日，赴布魯塞爾皇家科學院提交論文。

10月13日，公共教育部寄發通知，調迪昂去波爾多大學任教。迪昂在朋友勸說下赴任(1894–1916)。

1895年

3月1日，波爾多大學設理論物理學教席，迪昂被教育部任命為最低一級的四級講座教授，年薪6000法郎。

8月初，在波爾多參加第二次法國科學家大年會，宣讀關於電磁波和電磁理論的論文。

1896年

3月，為波爾多物理學和博物學學會會刊提交關於毛細現象、摩擦和偽化學平衡的熱力學理論的長篇專題論文。

《熱力學勢》再版，奧斯特瓦爾德盛讚該書的巨大作用和歷史意義。

1897年

《論力學化學基礎》第一卷(viii+299pp.)出版。

在《科學問題評論》發表30頁長文，批評貝特洛的《熱化學》(1897)。

1898年

《論力學化學基礎》第二卷(378pp.)和第三卷(380pp.)出版。

1899年

《論力學化學基礎》第四卷(381pp.)出版。

奧斯特瓦爾德稱其為「著名作者的傑出方法的另一個紀念碑」。

1900年

5月19日，被荷蘭哈勒姆科學學會選為外籍會員。

6月7日，波蘭克拉科夫大學建校500週年時授予迪昂榮譽博士學位。

7月30日，當選為巴黎科學院通訊院士。

8月，出席在巴黎召開的國際物理學會議，迪昂在會上展示物理化學的未來。

1901年

4月9日，應邀在布魯塞爾科學學會成立50週年發表講演。

向波爾多有教養的公眾開設關於物理學理論的目的和結構的講演。

11月24日，在巴黎大學慶祝貝特洛從事科學50週年，講演者無一提及最大功原理。

這有力地表明，迪昂當年的博士論文是正確的。

1902年

《熱力學和化學》(x+496pp.)出版。

把1900年和1901年發表的專題論文結集為《J. 克拉克·麥克斯韋的電磁理論》(228pp.)出版。

《混合物和化合物》(208pp.)出版，其正文是1900年發表的論文。

12月15日，當選為比利時皇家科學院外籍院士。

1903年

1月30日至4月30日，在雙週刊《純粹科學和應用科學綜合評論》
連載七篇論文，當年以《力學的進化》(348pp.)為題出版。

波蘭文版《力學的進化》在一年內出版。

《流體力學研究》第一輯(212pp.)出版，正文是1901年和1902
年發表的論文。

轉向中世紀科學史研究。

1904年

年初，開始進行中世紀科學史研究的宏大計劃。

1月初，由最低的四級教授提升為三級，增加年薪2000法郎。

《流體力學研究》第二輯(153pp.)，正文是1903年的專題論文。

1905年

《靜力學的起源》第一卷(iv+360pp.)出版，正文是1903–1905
年發表的論文。

《力學的進化》再版。

4月14日，當選為克拉科夫的波蘭科學院院士。

1906年

科學哲學名著《物理學理論的目的和結構》(450pp.) 出版，正

文為1904年和1905年發表的論文。英譯本直至1954年才出版。

《列奧納多・達・芬奇研究》第一卷(vii+355pp.)出版，正文為
1905年和1906年發表的論文。

《靜力學的起源》第二卷(viii+364pp.)出版，正文由1905–1906
年的論文組成。

《彈性學研究》(218pp.)出版。

8月26日，母親病逝。

1907年

3月18日，貝特洛逝世。

12月2日，科學院正式宣布迪昂獲純粹數學與應用數學傑出獎
Petit d'Ormony Prize，獎金10000法郎。

1908年

《保全現象》(144pp.)出版。

《物理學理論的目的和結構》德譯本出版，譯者為阿德勒，馬
赫為其撰寫序言。

堅持正直原則，拒絕接受榮譽勛位勛章。

1909年

《列奧納多・達・芬奇研究》第二卷(iv+474pp.)出版，正文為
1907–1908年的論文。

《絕對運動和相對運動》(284pp.)出版，由1907、1908和1909

年發表的論文組成。

7月7日，當選為鹿特丹的荷蘭實驗物理學學會會員。

12月20日，在科學院年會上獲比諾克斯大獎，是對迪昂作為一個科學史家的承認。

1910年

4月30日，晉升為二級教授，年薪10000法郎。

1911年

《論能量學或廣義熱力學》第一卷(528pp.)和第二卷(504pp.)出版。

1912年

《力學的進化》德譯本出版，譯者是弗蘭克。

3月24日，被選為意大利威尼托科學、文學和藝術研究會會員。

1913年

年初，公共教育部決定購買《宇宙體系》各卷300本，這保證了該書的陸續出版。

《宇宙體系》第一卷(512pp.)出版。

《列奧納多·達·芬奇研究》第三卷(xiv+605pp.)出版。

晉升為一級教授，年薪12000法郎。

5月18日，被選為意大利帕多瓦科學院榮譽院士。

波爾多大學天主教學生會成立，迪昂成為學生會的焦點。

向科學院提交《波埃爾·迪昂科學書目和工作簡介》，該文件即出版(125pp.)。

12月8日，被選為巴黎科學院非常駐院士。

1914年

《宇宙體系》第二卷(522pp.)出版。

《物理學理論的目的和結構》出版擴大版(viii+514pp.)，增收兩篇論文〈信仰者的物理學〉(1905)和〈物理學理論的價值〉(1908)作為附錄。

1915年

2月1日，發表論文〈對德國科學的一些反思〉。

2月25日至3月18日，在波爾多大學天主教學生會就德國科學發表四篇講演，與上述論文結集以《德國科學》(143pp.) 為題出版。

《宇宙體系》第三卷(549pp.)出版。

參與救助戰爭孤兒的慈善工作。

1916年

6月25日，波爾多大學女學生會成立，迪昂應邀發表講演。

發表〈德國科學和德國人的美德〉的文章。

《化學，她是德國的科學嗎?》(186pp.)出版。

《宇宙體系》第四卷(597pp.) 出版。其餘各卷的出版情況是：

第五卷 (1917, 596pp.)，第六卷 (1954, vi+740pp.)，第七卷 (1956, 664pp.)，第八卷 (1958, 512pp.)，第九卷 (1958, 442pp.)，第十卷 (1959, 528pp.)。

因全部著作尤其是《宇宙體系》再次獲 Petit d'Omony 獎。

9月14日，因心臟病發作逝世於卡布雷斯潘。

索 引

五　劃

七　劃

八　劃

十　劃

十一劃

十三劃

二十一劃

二十四劃

二十五劃

世界哲學家叢書（一）

書　　　　　名	作　　　者	出　版　狀　況
孔　　　　　子	韋　政　通	已　　出　　版
孟　　　　　子	黃　俊　傑	已　　出　　版
莊　　　　　子	吳　光　明	已　　出　　版
墨　　　　　子	王　讚　源	已　　出　　版
淮　　南　　子	李　　　增	已　　出　　版
董　　仲　　舒	韋　政　通	已　　出　　版
揚　　　　　雄	陳　福　濱	已　　出　　版
王　　　　　充	林　麗　雪	已　　出　　版
王　　　　　弼	林　麗　真	已　　出　　版
阮　　　　　籍	辛　　　旗	已　　出　　版
劉　　　　　勰	劉　綱　紀	已　　出　　版
周　　敦　　頤	陳　郁　夫	已　　出　　版
張　　　　　載	黃　秀　璣	已　　出　　版
李　　　　　覯	謝　善　元	已　　出　　版
楊　　　　　簡	鄭曉江 李承貴	已　　出　　版
王　　安　　石	王　明　蓀	已　　出　　版
程顥、程頤	李　日　章	已　　出　　版
胡　　　　　宏	王　立　新	已　　出　　版
朱　　　　　熹	陳　榮　捷	已　　出　　版
陸　　象　　山	曾　春　海	已　　出　　版
王　　廷　　相	葛　榮　晉	已　　出　　版
王　　陽　　明	秦　家　懿	已　　出　　版
方　　以　　智	劉　君　燦	已　　出　　版
朱　　舜　　水	李　甦　平	已　　出　　版
戴　　　　　震	張　立　文	已　　出　　版

世界哲學家叢書 (二)

書　　　　　名	作　　者	出　版　狀　況
竺　　道　　生	陳　沛　然	已　　出　　版
慧　　　　　遠	區　結　成	已　　出　　版
僧　　　　　肇	李　潤　生	已　　出　　版
吉　　　　　藏	楊　惠　南	已　　出　　版
法　　　　　藏	方　立　天	已　　出　　版
惠　　　　　能	楊　惠　南	已　　出　　版
宗　　　　　密	冉　雲　華	已　　出　　版
湛　　　　　然	賴　永　海	已　　出　　版
知　　　　　禮	釋　慧　岳	已　　出　　版
嚴　　　　　復	王　中　江	排　　印　　中
章　　太　　炎	姜　義　華	已　　出　　版
熊　　十　　力	景　海　峰	已　　出　　版
梁　　漱　　溟	王　宗　昱	已　　出　　版
殷　　海　　光	章　　　清	已　　出　　版
金　　岳　　霖	胡　　　軍	已　　出　　版
馮　　友　　蘭	殷　　　鼎	已　　出　　版
湯　　用　　彤	孫　尚　揚	已　　出　　版
賀　　　　　麟	張　學　智	已　　出　　版
商　　羯　　羅	江　亦　麗	排　　印　　中
泰　　戈　　爾	宮　　　靜	已　　出　　版
奧羅賓多·高士	朱　明　忠	已　　出　　版
甘　　　　　地	馬　小　鶴	已　　出　　版
拉達克里希南	宮　　　靜	已　　出　　版
李　　栗　　谷	宋　錫　球	已　　出　　版
道　　　　　元	傅　偉　勳	已　　出　　版

世界哲學家叢書（三）

書　　　　名	作　者	出　版　狀　況
山　鹿　素　行	劉　梅　琴	已　　出　　版
山　崎　闇　齋	岡田武彥	已　　出　　版
三　宅　尚　齋	海老田輝巳	已　　出　　版
貝　原　益　軒	岡田武彥	已　　出　　版
楠　本　端　山	岡田武彥	已　　出　　版
吉　田　松　陰	山口宗之	已　　出　　版
亞　里　斯　多　德	曾　仰　如	已　　出　　版
伊　壁　鳩　魯	楊　　適	排　　印　　中
伊　本・赫　勒　敦	馬　小　鶴	已　　出　　版
尼　古　拉・庫　薩	李　秋　零	排　　印　　中
笛　　卡　　兒	孫　振　青	已　　出　　版
斯　賓　諾　莎	洪　漢　鼎	已　　出　　版
萊　布　尼　茨	陳　修　齋	已　　出　　版
托　馬　斯・霍　布　斯	余　麗　嫦	已　　出　　版
洛　　　　克	謝　啓　武	排　　印　　中
巴　　克　　萊	蔡　信　安	已　　出　　版
休　　　　謨	李　瑞　全	已　　出　　版
托　馬　斯・銳　德	倪　培　民	已　　出　　版
伏　爾　泰	李　鳳　鳴	已　　出　　版
孟　德　斯　鳩	侯　鴻　勳	已　　出　　版
費　希　特	洪　漢　鼎	已　　出　　版
謝　　　　林	鄧　安　慶	已　　出　　版
祁　　克　　果	陳　俊　輝	已　　出　　版
彭　加　勒	李　醒　民	已　　出　　版
馬　　　　赫	李　醒　民	已　　出　　版

世界哲學家叢書（四）

書　　　　名	作　　者	出　版　狀　況
迪　　　　昂	李醒民	已　出　版
恩　格　斯	李步樓	排　印　中
約翰彌爾	張明貴	已　出　版
狄　爾　泰	張旺山	已　出　版
弗洛伊德	陳小文	已　出　版
史賓格勒	商戈令	已　出　版
雅　斯　培	黃　藿	已　出　版
胡塞爾	蔡美麗	已　出　版
馬克斯・謝勒	江日新	已　出　版
海德格	項退結	已　出　版
高達美	嚴　平	排　印　中
哈伯馬斯	李英明	已　出　版
榮　　　格	劉耀中	已　出　版
皮亞傑	杜麗燕	已　出　版
索洛維約夫	徐鳳林	已　出　版
馬賽爾	陸達誠	已　出　版
布拉德雷	張家龍	排　印　中
懷特海	陳奎德	已　出　版
玻　　　爾	戈　革	已　出　版
弗雷格	王　路	已　出　版
石里克	韓林合	已　出　版
維根斯坦	范光棣	已　出　版
艾耶爾	張家龍	已　出　版
奧斯丁	劉福增	已　出　版
魯一士	黃秀璣	已　出　版